文
景
——
Horizon

社 科 新 知　文 艺 新 潮

Evolution
and *Innovation*

演化与创新

再谈转型期中国社会的伦理学原理

Principles of Ethics for China's Transitional Society Revisited

著

上海人民出版社

目 录

自　序

　　我为北京大学国家发展研究院EMBA开设的这门课程，两个周末，授课四次（16课时），旨在探讨"转型期中国社会"的伦理学原理。不论是稳态期还是转型期，社会演化都有路径依赖性。基于常识，社会演化的三个主要维度——经济的、政治的、文化的，各自都有路径依赖性。虽然，复杂系统的演化总是由许多偶然因素驱动的。伦理学，中国社会与西方社会，各有自己的悠久传统。探讨转型期中国社会的伦理学原理，必须兼顾中西伦理传统及其转型和交会，以及未来可能的演化路径。

　　沿着上述思路，由世纪文景于2021年10月出版的《情理与正义：转型期中国社会的伦理学原理》，是在16课时的限制下，我为北京大学国家发展研究院EMBA 2019级学员讲授的内容。而现在的这本书则是我为2020级学员讲授的内容。就内容而言，这两本讲义是"姊妹篇"，构成一部完整的讲义。就授课的方法而言，这两本讲义迥然有别。

　　网络课程的授课效果敏感依赖于技术，从而也塑造了我的授课方法。我常用两种方法绘制课程的"心智地图"：（1）首先在苹果笔记本电脑上使用"iThoughtsX"，这款软件最适合呈现课程各讲的主旨及相互关联。与其他思维导图的制作软件相比，这款软件的优势在于可方便地贴入大量插图，同时还可方便地写许多文字。（2）将大致成形的心智地图输出为PDF格式，在iPad Pro（必须是最高配置）上使用"Pen & Paper"，输入PDF格式的心智地图，补充各讲内容细节，我喜欢大量使用插图。这款软件的最大优势在于可沿对角线放大64倍，而其他软件通常只放大16倍（远不足以显示插图细节）。与方法（1）相比，方法（2）不适合写许多文字。

我的伦理学讲义"姊妹篇"，上篇所用的心智地图使用上述方法绘制，下篇所用的心智地图使用新方法绘制：首先在苹果笔记本电脑上使用思维导图制作软件"Xmind"构想课程的脉络，这款软件最适合读书笔记，清晰呈现思维脉络。它的劣势在于空间利用率极低。同样的视窗面积，它只能容纳不到10个主题，且不能有插图，许多分支必须被隐藏，这些分支仅在大范围移动视图时才可呈现。为提高空间效率，我用这款软件绘制课程的四讲主脉及它们之间的联系，称为"印刷版心智地图"；然后输出PDF格式到电脑，改用"PDF Expert"，大量贴图并写文字。这款软件不能沿对角线放大64倍，但仍可清晰显示最小号的文字。借助这一方法，我在心智地图里贴了大约250幅插图，并写了数千字，称为"课堂用心智地图"，PDF文档尺寸约为230MB。通常，我交给教务老师拿到复印店去制作的印刷版心智地图，面积大约1平方米。贴了250幅插图的"课堂用心智地图"，若由"PDF Expert"沿对角线放大10倍，就相当于面积从1平方米扩展为100平方米。网课的共享屏幕（13英寸）需要10至30秒的时间才可清晰显示细节，而且，这也是对我的苹果笔记本电脑（MacBook Pro）散热能力的考验。检索旧文档，我2018年在北京大学讲授"行为经济学"课程使用的心智地图，以方法（2）绘制，大约450幅插图，PDF文档尺寸为830MB。那时，我在课堂的投影屏幕上清晰显示细节常要等候30至45秒。我为北京大学国家发展研究院EMBA 2018级学员讲授"转型期中国社会的伦理学原理"使用的心智地图，以方法（1）绘制，大约350幅插图，

iThoughtsX文档尺寸大约750MB，在投影屏幕上移动地图，需要20至40秒才可清晰显示细节。

选课同学人手一份"印刷版心智地图"，外加我在课程讨论群里发布的250幅插图，由这些课件组成一部教材，辅以提前两个多月开始的微信群课程讨论（参阅本书后附"第一讲之前的课程讨论群对话摘要"）。我在课堂上使用的心智地图，为便于在共享屏幕上讲解，可将每一讲的核心插图集中在同一屏幕，减少大范围移动视图时不可避免的时间延迟。

浏览《情理与正义》的目录不难看到，那里讲述的，是这一学科的常规内容。第一讲是"伦理"考源，中国的和西方的。第二讲和第三讲介绍伦理学主要流派——西方的、中国的、印度的。第四讲探讨"尼采之后的伦理学"，我向学员们推荐荣格的"自性化"学说——我称之为"每一个人的英雄之旅"。

姊妹篇，下篇与上篇的内容几乎完全不重叠，因为演化与创新不是这一学科的常规内容。在2011至2021年出版的英文著作中，以"演化伦理学"为主题的不过5种，我从中选了3种，算是参考书。关键是，西方学者阐述的演化伦理学始终难以摆脱哲学的规范视角，而我更愿意在科学的实证视角下阐述演化伦理学。故而，浏览了西方文献之后，我决定编写一部新的演化伦理学。当然，我的演化伦理学是跨学科的。首先是地球的演化史与生命的演化史（4课时），其次是社会的演化与伦理的演化，尤其侧重于生命系统各层级各子系统的"内平衡态"（4课时）。在社会文化层级上，内平衡态的一系列漂移，可视为转型期。中国社会的转型期，在两千年世界经济史的视角下，是19世纪中期以来的世界经济转型期的一部分——在这一转型期的目前阶段，对人类生活影响最大的是人工智能技术。未来的20年，任何不从事创新的人类成员，以极高的概率，将被机器智能取代。这也意味着，创新能力将成为每一个人的核心价值。有鉴于此，未来伦理学应是关于如何激发每一个人潜在创新能力的伦理学。然而谷歌检索"创新伦理学"，几无例外，都是关于创新活动应符合伦理规范的条目。于是，我有充分理由占用最后的4课时，讲解我自己的"创新伦理学"，当然，以我一如既往的博采众长的讲课风格。创新有个体与群体之别，企业创新兼顾二者，与领导者的人格特质密切相关。

在"导论"（4课时）部分，我概述将要展开的课程主题，并讲解学期论文的要求。我要求每一位选课学员根据自己的企业经验写一篇关于合作伦理的作业（占总分的60%），我手绘示意图并详细讲解了"合作伦理"三要素——承诺、宽容、正义。在转型期社会，三者难以兼得，退而求其次，在局部社会网络寻求合作秩序。选课学员在课程微信群（2021年9月11日建立）的讨论（占总分的40%），两个多月的时间（网课开始日期是2021年11月20日），表达相当充分。我整理的书末所附"第一讲之前的课程讨论群对话摘要"，为这本讲义提供了不可或缺的铺叙。

最后，我感谢文景出版公司的两位老友——总编姚映然和编辑李頔，我与她们的合作，一如既往地体现着转型期中国社会"合作伦理"的三要素。

2021年12月18日，帕克兰寓所

第一讲　导　论

一、课程概述与参考文献

现在开始上课。共享屏幕，是课堂用的心智地图（图1.1）。在进入"导论"之前，我琢磨了几天怎样"导论"这样一张涵盖范围广阔

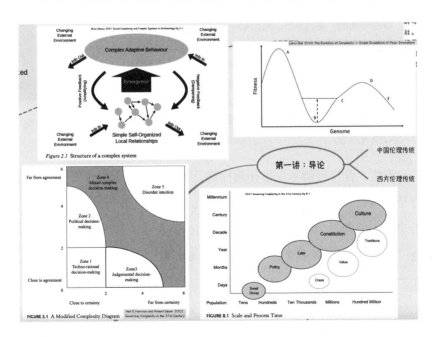

图1.1　共享屏幕（北京时间2021年11月20日上午8∶33∶25）显示课堂用心智地图"第一讲：导论"以及周围的四张图

的心智地图，写了一份"课程纲要"，放在我的 iPad Pro，紧靠在电脑旁边，所以我常要去看左侧的课程纲要，可能还常喝水，杯子在我的右侧。就算我正对着电脑，也常常是看我的心智地图而不是看摄像头。在我而言，这是讲网课与教室讲课的最大差异。后者是社会学家强调的"面对面"（face-to-face）交往，眼神和表情远比语言更重要。

但是在我讲解"课程纲要"之前，我应讲解"论文要求"，如图1.2。依照我的惯例，选课同学在课程结束之后的一个月内递交学期论文。论文要求：写你的企业内部你熟悉的合作伦理问题。注意，我重复一遍：首先，故事发生在你的企业内部，而不是你听说的其他企业的故事；其次，你熟悉的，而不是你不熟悉的故事；最后，凸显了"合作伦理"问题的故事。

递交作业：要求写你自己企业内部你熟悉的合作伦理问题。请查阅图册，第226图，转型期中国社会的合作伦理，我概括为三要素：承诺，宽容，正义。转型期中国社会的经济发展、政治演化、文化变迁，很大程度上是合作秩序的扩展问题。合作伦理的核心是：承诺的可信性与可信守性，可预期和可维持的正义，对偏离预期（因为预期本身并不稳定而且缺乏道德合法性）的各种行为的适度宽容。

图1.2　截自我为"转型期中国社会的伦理学原理"第一讲撰写的"课程纲要"

当然，合作可能不发生任何问题，可能很完美，但更常见的合作总是有问题要解决的，而且这些问题几乎总要涉及合作伦理。百度检索"合作伦理"，我很惊讶，没有找到任何关于合作伦理的定义或讨论。我又检索谷歌中文，只有两个结果：其一，张世云2018年的论文"公司治理伦理的运行机制研究"；其二，韩国公司LG编写的"LG伦理道德规范"。最丰富的是谷歌英文的检索结果，包括"谷歌学术"搜索引擎，在那里，我很高兴地见到这样一种表达：morality as cooperation（道德之为合作）。我讲授的上一门课程，"转型期中国社会的经济学原理"，介绍了哈耶克"人类合作的扩展秩序"学说。（参见2022年10月出版的讲义《收益递增》）哈耶克认为，真正的道德必须有助于合作秩序的扩展。至于在西方思想传统里"道德"与"伦理"这两个单词的含义怎样发生了错位互换，你们可阅读《情理与正义》的第一讲，也是根据其中的考证，这样的错位互换并未发生在中国思想传统里。故而，我继续使用"合作伦理"。

我现在原文朗读"课程纲要"（图1.2）中的这一段文字："转型期中国社会的经济发展、政治演化、文化变迁，很大程度上是合作秩序的扩展问题。合作伦理的核心是：承诺的可信性与可信守性，可预期和可维持的正义，对偏离预期（因为预期本身并不稳定而且缺乏道德合法性）的各种行为的适度宽容。"

图1.3就是我为你们手绘的"合作伦理"三要素示意图。其实，这是我为第四讲准备的示意图。我根据自己的理解，将这一原理表达为

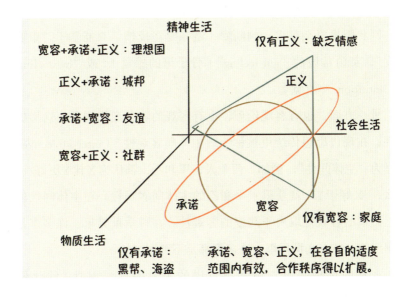

图1.3　我为"转型期中国社会的伦理学"手绘的合作伦理三要素示意图

三项要素——承诺、宽容、正义。只在理想状态，同时具备三项要素；在不理想的状态，可能只具备其中的两项要素，甚至一项要素。"转型期"的含义之一，就是社会演化可能进入同时具备三项要素的理想状态——仅仅是可能而不是必然。不过，我认为，不能同时具备三项要素的社会状态，就伦理生活而言，不是稳定的。

朗润园有一段时间，同时具备了上列的三项要素。我只是说，在我自己的感受中，朗润园在不长的一段时间里，出现过合作伦理的理想状态。这是主观判断，伦理是价值判断，故而是主观的。朗润园里其他人各有自己的主观感受，各有自己的主观价值判断。

听过我讲解"收益递增经济学"的同学应当知道，企业沿着哪一条路径演化可以有强烈的收益递增性，依赖于企业家的主观价值判断，依赖于企业家对网状因果关系的嗅觉或直觉。网状因果是复杂系统的特征，链状因果关系是简单系统的特征。

图1.4的左图表达了链状因果关系（可以有因果循环），右图表达了网状因果关系。链状循环的因果关系，要么是正反馈，要么是负反馈。网状因果复杂得多，判断哪一链条是正反馈，只能基于"重要性感受"，英语常说的"gut feeling"（骨子里的感觉），或"by smelling"，或"intuition"（直觉）。

另一方面，也有客观伦理，也有客观的收益递增现象。这里的客观性，在现代思想传统里被称为"主体间客观性"（inter-subjectivity），常译为"主体间性"。例如，两个人，甲和乙，都认为X比Y更好一些，那么，"X好于Y"就获得了甲和乙的主体间客观性。在主体间性的意义上，事的客观性取决于测度的客观性。在科学世界里，许多事都是可测度的；在人文世界里，许多事都是不可测度的。

客观的伦理是第二讲和第三讲的主要内容，所谓"演化伦理学"——考察生物之间合作秩序的演化，从最原始的到最晚近的。参

Mariusz Tabaczek 2019 Emergence --- Towards a New Metaphysics and Philosophy of Science 网状因果关系

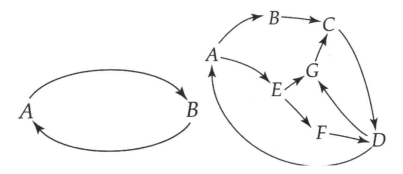

图1.4 截自：Mariusz Tabaczek，2019，*Emergence：Towards a New Metaphysics and Philosophy of Science*（《涌现：走向一种新的形而上学和科学哲学》）

阅我的文章"再谈竞争与合作"（汪丁丁财新博客2021年11月18日）。尽管谷歌检索"evolutionary ethics"这一短语的结果累以万计，但在西方伦理学文献里，符合我理解的"演化伦理学"的文献还是非常少见。

我只找到一本新书，封面如图1.5：*Empirically Engaged Evolutionary Ethics*（我建议的标题："与经验密切相关的演化伦理学"）。第二主编1978年出生于比利时，在比利时与荷兰完成学业，并在鲁汶大学和牛津大学完成了她的博士后研究，2019年担任圣路易斯大学哲学系的人文学讲座教授，专研宗教哲学与实验哲学。我更喜欢第一主编，他是圣路易斯的独立学者，有一张智慧的面孔。他们两位2015年合作的著作，*A Natural History of Natural Theology：The Cognitive Science*

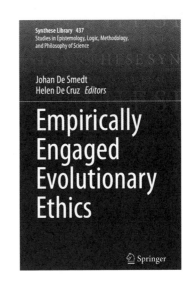

图1.5 Johan De Smedt and Helen De Cruz, eds.，2021，*Empirically Engaged Evolutionary Ethics*，封面截图

of Theology and Philosophy of Religion（《自然神学的自然史：神学认知科学与宗教哲学》，MIT Press），谷歌学术索引指数是"112"，这是很高的索引率。

根据 MIT 出版社 2015 年对这两位作者的访谈，这本书"which examines the cognitive foundations of intuitions about the existence and attributes of God"（考察关于上帝的存在性及其性质的直觉之认知基础）。这两位主编为 2021 年这本文集撰写的导读，关键词不仅列出康德和叔本华，而且列出"王阳明"和"克鲁泡特金"，足够引发我关注，于是列入今年这门课程的参考文献。

我为演化伦理学选择的另一参考文献，是 Scott M. James，2011，*An Introduction to Evolutionary Ethics*（《演化伦理学引论》）。这本书引发我关注的几乎唯一理由是第 3 章的题记，如图 1.6，引述《论语》："子贡问曰：'有一言而可以终身行之者乎？'子曰：'其恕乎！己所不欲，勿施于人。'"

The Caveman's Conscience: The Evolution of Human Morality

Scott M James 2011 An introduction to evolutionary ethics

Zigong asked: "Is there any single word that can guide one's entire life?" The master said: "Should it not be reciprocity? What you do not wish for yourself, do not do to others."

(Confucius)

图 1.6　截自：Scott M. James，2011，*An Introduction to Evolutionary Ethics*，第 3 章 "The Caveman's Conscience：The Evolution of Human Morality"（洞穴人的意识：人类道德的演化）

上述两本主要参考书，2011年出版的这本，算是科普著作，试图将老威尔逊《新的综合》的思路融入哲学的思路。所以，这本书只有两大部分。第一部分回顾伦理演化的生物学观察，标题是：From "Selfish Genes" to Moral Beings: Moral Psychology after Darwin（从"自私的基因"到道德生物：达尔文之后的道德心理学）。第二部分试图消除休谟提出的"应然"与"实然"之间不可逾越的界限，标题是：From "What Is" to "What Ought To Be": Moral Philosophy after Darwin（从"是什么"到"应当是什么"：达尔文之后的道德哲学）。注意，我使用了"试图消除"，因为，这一部分的最后一章，只有若干可能的解决方案。

更有学术价值的，是2021年出版的这本 *Empirically Engaged Evolutionary Ethics*。它有三大部分：第一部分是行为学视角下的伦理活动，标题是 "The Nuts and Bolts of Evolutionary Ethics"（演化伦理学的核心要素）；第二部分考察社会动物的伦理意识，标题是 "The Evolution of Moral Cognition"（道德认知的演化）；第三部分探讨文化传统的伦理学含义，标题是 "The Cultural Evolution of Morality"（道德的文化演化）——我认为这一部分的讨论很肤浅。事实上，这本书全部10章当中只有两章是优秀的：由这两位主编撰写的第1章，Situating Empirically Engaged Evolutionary Ethics（与经验相关的演化伦理学的位置）；以及 Neil Levy 撰写的第3章，Not so Hypocritical after All：Belief Revision Is Adaptive and Often Unnoticed（毕竟不是太虚伪：信念修正是适应性行为且常被忽视）。

上述第3章的作者，是澳大利亚墨尔本大学的哲学教授，在非常广泛的领域里发表了近百篇文章。他最重要的著作是2007年发表的《神经伦理学》，又于2015年担任《神经伦理学手册》（117章1800多页）的第二主编。基于认知科学和脑科学，他倡导第三种道德学说——既不是自由意志的，又不是完全决定论的，参阅 Neil Levy，2014，*Consciousness and Moral Responsibility*（《意识与道德责任》）。

现在返回图1.1，"导论"的两个主题，中国伦理传统与西方伦理传统。讲伦理，必须区分中西传统，可参阅《情理与正义》的第一讲。

课堂用的心智地图里，250幅插图中，保守估计，至少120幅以很高的概率不会出现在西方伦理学著作里。我上面引述的几位学者其实很边缘，不入西方伦理学主流。大多数主流伦理学家仍要从亚里士多德《尼各马可伦理学》开始讲，讲到康德的"三大批判"；或可上溯至柏拉图，下延至尼采之后，但始终无法摆脱规范伦理学传统。

反观中国传统，从孔子开始就没有什么"应然"与"实然"的区分，《论语》是在许多特定情境之内的师徒对话，常以见闻引出话题。禅宗在中土也如此，砍柴担水无非妙道，这是中国的伦理传统。所以，在"印刷版心智地图"里，我从中国伦理传统引出一条虚线到第四讲，这条虚线的名称是"允执厥中"（见图1.14），详细考证可参阅《情理与正义》。我又从西方伦理传统引出一条虚线到第三讲，这条虚线的名称是"黄金中庸与个人美德"（见图1.15）。这是亚里士多德伦理学的核心内容，延续至"小苏格拉底学派"，再与基督教融合为康德之前西方伦理学的主流。

从第二讲"演化伦理学"，我引出两条虚线到第四讲：其一，名称是"领导与人格"，主要的参考文献是：Robert Hogan（中文名"罗豪淦"）and Ryne Sherman，2020，"Personality Theory and the Nature of Human Nature"（人格理论与人性的本质），*Personality and Individual Differences*（《人格与个性差异》），vol. 152，109561。其二，名称是"情感与社群"，参考文献几乎是"印刷版心智地图"右侧所列的全部著作，但核心的两种，其一是Antonio Damasio，2018，*The Strange Order of Things: Life, Feeling, and the Making of Cultures*，中译本标题是《万物的古怪秩序》；其二是Gerd B. Muller，2017，"Why an Extended Evolutionary Synthesis is Necessary"（为什么扩展的演化综合是必要的），*Interface Focus*（《英国皇家学会跨学科通讯》），vol. 7，2017.0015。

二、转型期中国社会的合作伦理三要素

第四讲的开篇，就是我要求你们撰写学期论文时必须参考的，图1.3，"合作伦理三要素"。我认为，这些要素是转型期中国社会人与人之间能够形成合作秩序的若干条件。这里，我首先澄清"合作"的含义，然后澄清"合作秩序"的含义。

夫妻关系，是一种合作。当这种合作不存在时，种族繁衍就只能基于灵长目动物更原始的生育资源配置方式。鲁滨孙与星期五之间的合作，是另一种合作。此外，人与海豚也可以有合作。事实上，生物界最早的合作关系已存在了至少18亿年——那时的合作，称为"共生"（symbiosis）。根据 Michael C. Gerald 2015 年撰写并由 Gloria Gerald 绘图的科普读物 *The Biology Book*（《生物学这本书》），大约在16亿年前至21亿年前的这段时间里，出现了体积10倍于原核细胞的真核细胞，后者被认为由原核细胞之间形成的"共生"关系演化而来。根据2021年DK图册系列《生物学：大观念的简单解释》（*The Biology Book：Big Ideas Simply Explained*），当一个异养型的原核细菌捕捉到一个自养型的原核细菌却无法消化它的时候，已进入宿主体内的原核细菌可能演化为细胞核，形成"内共生"（endo-symbiosis）关系，如图1.7所示。

根据2021年出版的《分子细胞生物学》（封面如图1.8）开篇讨论的"生命之树"，如图1.9，在自养型生物当中，一种名为"阿尔法紫红菌"的真细菌（原核细胞）进入到早期的真核细胞体内并形成内共生系统，从而现在绝大多数动植物的细胞里都有许多这样的线粒体细胞。例如，每一个心肌细胞含有几十万个线粒体。演化至今，线粒体还可释放使细胞凋亡的化学物质，参阅英国皇家细胞生物学会网站的报告，"Mitochondrion：Much More than an Energy Converter"（"线粒体：功能远

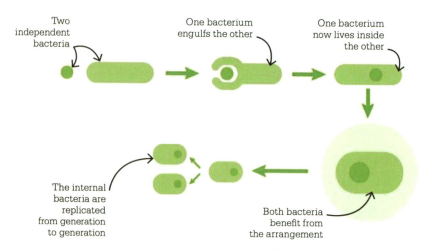

The theory of endosymbiosis suggests that eukaryotic cells evolved from early prokaryote cells being engulfed by other cells and developing a symbiotic relationship. Mitochondria formed when aerobic bacteria were ingested and chloroplasts formed when photosynthetic bacteria were ingested.

图 1.7   截自：DK，2021，*The Biology Book：Big Ideas Simply Explained*。内共生理论认为，真核细胞是从早期被其他细胞吸入并形成共生关系的原核细胞演化而来。当喜氧细菌被吸入细胞体内，形成了线粒体，当光合细菌被吸入细胞体内，形成了叶绿体

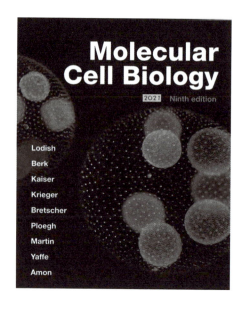

图 1.8   *Molecular Cell Biology*，9th ed.（《分子细胞生物学》第 9 版），封面截图

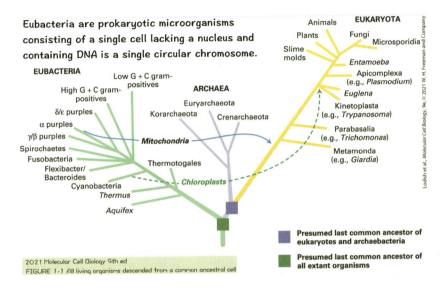

图1.9 截自：*Molecular Cell Biology*，9th ed.，第1章图1 "All living organisms descended from a common ancestral cell"（现有的全部有机体都是同一先祖细胞的后代）

比能量转换更多"，British Society for Cell Biology website，https://bscb.org/learning-resources/softcell-e-learning/mitochondrion-much-more-than-an-energy-converter/）。

又据利斯大学（Rice University）2020年出版的教材《生物学》第2版第23章"原生生物"第1节"真核细胞的起源"，今天存在的全部真核细胞很可能源自一种"类嵌合体"——名为"阿尔法变形杆菌"的原核细胞被球形细胞吸入体内从而形成"内共生"格局。

也是根据这部教材的这一章，叶绿体进入植物细胞形成于两次共生演化，如图1.10。在初级共生演化阶段，异养型的细胞将依靠光合作用的自养型细胞吸入体内，自养型细胞失去了三层胞膜的最外层胞膜，从而与宿主细胞构成共生系统。在次级共生演化阶段，初级共生系统被更大的细胞吸入体内并演化为细胞核，这一共生系统成为今天全部依靠光合作用汲取营养的植物细胞的先祖。

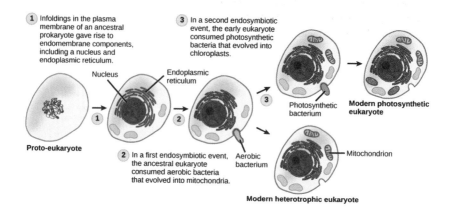

图1.10　截自：*Biology*，2nd ed.，第23章第1节，图6"次级内共生"。这里显示了假设中的多级内共生事件序列导致叶绿素植物细胞。在初级内共生事件里，一只异养型真核细胞吸入一只蓝菌。在次级内共生事件里，由上一事件产生的细胞被另一细胞吸入体内。由此形成的是现代叶绿素植物细胞的色素体。图示的最右端，色素体内有"残留的细胞核"

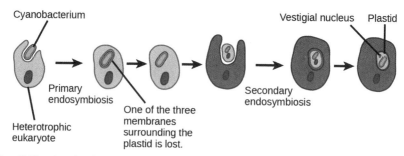

Figure 23.6 Secondary endosymbiosis. The hypothesized process of several endosymbiotic events leading to the evolution of chlorarachniophytes is shown. In a primary endosymbiotic event, a heterotrophic eukaryote consumed a cyanobacterium. In a secondary endosymbiotic event, the cell resulting from primary endosymbiosis was consumed by a second cell. The resulting organelle became a plastid in modern chlorarachniophytes.

图1.11　截自：*Biology*，2nd ed.，第23章第1节，图5"内共生的理论"。从第三图开始有两支演化：下支，喜氧型细菌进入真核细胞体内，真核细胞演化为动物细胞；上支，光合细菌进入包含线粒体的真核细胞体内演化为植物细胞

图1.11概述了动物细胞和植物细胞的共同演化阶段，以及二者分离之后的演化阶段。这是目前的主流理论，它可以解释为何动物细胞含有线粒体，而植物细胞含有线粒体和叶绿体。财新平台的"返朴博客"2022年1月13日发布《自然》杂志2020年几篇文章的中译综述，"原来我们都是古菌和细菌的爱情结晶"，其中，鲍姆兄弟2020年发表于《自然》杂志的细胞起源假说，可能成为新的主流理论，即在图1.11所示演化路径的第一环节就引入有触须的古菌，或有褶皱的细胞膜。

在经济学视角下，合作的各方（共生体）应从合作（共生）行为中获取正的净收益（适存度的增加），否则就不能算是"合作"。上述的"内共生"经典案例之外，常被引用的"外共生"案例是僧帽水母与双鳍鲳的共生关系，或更一般的，水母与幼鱼的共生关系。水母可释放毒素使捕食幼鱼的生物不能接近，幼鱼则帮助水母清除附着在触须上的寄生生物，虽然，水母也会误杀幼鱼。外共生的另一经典案例是"小丑鱼与海葵"的共生关系：小丑鱼的排泄物成为海葵的重要营养，海葵为小丑鱼提供保护。

假以时日，从生物演化中，似乎可以涌现从竞争到合作的全部可能形态。天才的考夫曼最近概述自己毕生研究并展望未来理论时指出：（1）世界不是一套定理，（2）复杂系统的涌现性质是不可预测的。参阅：Stuart A. Kauffman，2019，*A World Beyond Physics: The Emergence and Evolution of Life*（《一个超越物理学的世界：生命的演化与涌现》），Oxford University Press。首先，复杂系统的涌现秩序是路径依赖的，不具有"各态历经性"；其次，以往涌现的秩序成为即将涌现的秩序之制约条件——这是考夫曼对涌现秩序之路径依赖性提供的解释；最后，涌现之不可预测，足以颠覆最广义的还原主义科学。后者假设世界能被简约为一套定理，从而世界成为可预测的。

合作秩序可定义为关于合作行为的稳定预期，狭义而言，它是其有足够稳定性的合作行为。足够稳定的行为，就是我在《行为经济学讲义》里定义的"行为模式"。仍以上述的共生关系为例，假如水母误杀幼鱼的概率足够高，则水母与幼鱼的共生关系就是暂时的，不能成为合作秩序。我再强调一次，合作行为的稳定性只是相对于合作行为的不稳定性而言。

合作秩序之为关于合作行为的稳定预期，广义而言，它不仅涉及共生行为本身的稳定性，而且主要涉及生态链的稳定性。在 NetLogo 模型库提供的生物仿真模型当中，"狼—羊—草"这样的三体互动，特征是生态链的不稳定性，即生态链敏感依赖于仿真初值。而"族群中心主义"这样的四种策略互动，特征是族群内部合作行为的稳定性，即生态链不敏感依赖于仿真初值。

现在继续讨论图 1.3 所示转型期中国社会的合作伦理三要素。合作从偶然的行为涌现为"合作秩序"，狭义而言，要求合作行为足够稳定。在转型期中国社会，从任何局部的合作都很难预期社会生态链的稳定性。故而，在转型期结束之前，任何局部社会可达的合作秩序，必定是狭义的。

在局部社会合作伦理的三要素当中，基于"承诺"的合作秩序也许是可达性最高的。在中国经济发展的初期，血缘关系或地缘关系尚有足够大的存量价值，从而成为那一阶段合作各方可信承诺的社会基础。不过，这些存量的价值在大约 10 年的时间里，随着"三重转型期"对核心价值观的颠覆而迅速贬值。幸而"放权让利"的改革同样迅速地激发了各地政府招商引资的积极性，于是，由政府提供的承诺的可预期性，成为更大规模的合作秩序的政治基础。又经过大约 20 年的发展，当权力的腐败足以颠覆合作秩序的正当性的时候，社会似乎达成共识，要以法治制衡权力。另一方面，以特殊手段抑制腐败，至少在一定时间里获得了具有足够震慑力的成果。虽然，如何维持既有规模的合作秩序，成为新的挑战。

随着合作秩序的扩展，生活在许多不同局部社会的人都被市场纳入社会分工体系之内，他们的收入从主要依赖计划经济转向主要依赖市场经济，他们关于社会正义的主观感受也随之成为主要来自市场生活的感受。普通人的正义感通常局限于"可比"范围内，也称为"可比人群"，而可比范围随着合作规模而扩展。马克思说，商品是天生的平等派。来自市场生活的正义感倾向于将人与人之间的关系统统纳入公平竞争框架之内，从而倾向于否定任何人的任何特权。在这样的情形中，权力的普遍腐败当然具有颠覆性的危险。也是在这一意义上，正义成为合作伦理的要素。我写了很长的文章，考察正义问题，参阅我的《新政治经济学讲义：在中国思索正义、效率与公共选择》。简要概括，我在那本讲义里将社会正义理解为人与人之间关系的一种性质，关键在于，我们每一个人似乎都根据这一性质来判断这样的社会是否值得我们在其中生活。

在合作伦理三要素当中，我认为，在三重转型期的中国社会，"宽容"最难获得。虽然，宽容仍见于小规模的合作，例如父子之间、夫妻之间、朋友之间、师生之间……当然，仅仅基于宽容，合作的规模很难扩展。这是因为，宽容之为一种情感，很难从亲密关系扩展为超私人的关系。尤其在中国社会，也许因为两千多年的宗法传统，也许因为缺乏宗教宽容精神，也许因为百多年来的革命运动，总之，普遍可见的态度是"决不宽容"。人们持有这一态度的理由，似乎植根于被我称为"集体道德优越感"的深层心理结构。我浏览中文网站得不到任何带有短语"集体道德优越感"的搜索结果，但是检索结果中包含许多带有短语"道德优越感"的结果和村上春树的一段包含短语"自卑感"的文字。将每一个人的自卑感与他们集体的道德优越感结合起来，颇有鲁迅的风格。

百度检索列出的第一页结果的最后一项，是传为王小波所写的文章"为什么智商低的人道德优越感都特别强"。可是我检索王小波的15册文集（北京十月文艺出版社）和10册文集（北京理工大学出版社），却找不到"道德优越感"这样的短语，只找到一处"道德优越"，嘲讽"文革"期间知识分子的派系斗争。王小波文集10册"道德"一词出现170次，王小波文集15册"道德"一词出现161次。熟悉王小波作品的人都明白，他是嘲讽道德说教最杰出的作者。我继续检索，王小波文集10册里"智商"一词出现23次，其中20次见于《未来世界》，王小波描述他的舅舅如何被降低智商，因为管理低智商的人远比管理高智商的人更容易。在王小波文集15册里，"智商"一词出现了22次。他舅舅被降低智商的故事，写在《2015》这篇小说里。"智商"一词，在那篇小说里出现了17次。

假如我没有王小波文集的各种版本，假如我收集的这些文集电子版是不可检索的，假如我没有养成学术检索的习惯，那么，我只好继续传播上述的"传闻"——那篇博客文章的作者也只是将他在互联网上读到的文字搬运过来贩卖。事实上，在互联网上写文字的人，我认为，绝大多数都是互联网文字的搬运工。关键在于，他们似乎都相信自己搬运过来贩卖的文字的真实性。我这样琢磨：假如地球上至少有30亿人每天浏览互联网文字至少2小时——也许这是他们每天用于阅读的全部时间，假如全部互联网文字至少有五分之四是传闻，那么，人类是否必定进入"后真相时代"？

基辛格2015年访问北京时92岁，他的著作《世界秩序》中译本发行。他接受"财新"记者胡舒立和王烁的专访（2015年3月23日《财新周刊》封面报道"专访基辛格"），其中有这样一段对话：

你的书里谈到了社交媒体。考虑到你的资深程度，我很好奇，你是怎么看社交媒体如何改变国际政治这个话题的？

　　基辛格回答：我不想让自己觉得尴尬，不过我得说我不用社交媒体，我也没有必要告诉所有人我在干什么。当然，互联网完全改变了世界，它在人与人之间创造出一些以往不存在的联系，同时也唤醒了自我意识。当你如此依赖他人肯定之时，你对自己的判断还有几分信心？实时的、无处不在的舆论反馈，是我们这个时代的挑战。

　　社交媒体与互联网文字或许不是完全重合的，不过，让我将基辛格的问题与我的问题放在一起：当你如此依赖他人肯定之时，你对自己的判断还有几分信心？生活在"后真相时代"，真相无关紧要也不可能呈现给人，那么，人是否必定陷入尼采预言的虚无主义泥沼？

　　继续探讨"决不宽容"的深层心理结构，这是一个荣格式的主题。自性化，荣格原文是"individuation"，获得个性的过程。关于集群智能的研究表明，蚂蚁无法获得个性。蚂蚁的单独活动表现为无序，仅当与蚁群一起活动时，它的活动突然像是有了目的。人皆有个性与群性，由于人格气质的差异，有人张扬个性，有人趋同群性。每一个人都无法避免三种力量的交互作用：（1）社会规范，（2）自我意识，（3）无意识世界。

　　每一个人在无意识世界里都有一个"暗影"（shadow），他的自我意识很少获得能力直面自己的暗影。荣格提醒他的听众，自我意识直面暗影，是一种恐怖的经验。荣格思路的比较神话学家和比较宗教学家坎贝尔（Joseph John Campbell，1904-1987），将这一恐怖经验描述为"俄耳甫斯下降到冥府去寻找自己妻子"的英雄之旅。所以，我们普通人很难直面暗影。荣格提醒我们：世界上的全部冲突皆因暗影向外投射而生。我检索《荣格全集》（英译2014年第2版），"shadow"一词出现了854次，从荣格早期的论文到他晚期的演讲，贯穿始终，可见这一单词在荣格学说里的分量，又可见我们很难从荣格的任何单一著作理解"暗影"的全部含义。事实上，我试着阅读每一次出现"暗影"的上下文，我愿意宣称，这种阅读方法很适合用来浏览荣格全部学说的脉络。我试着从荣格晚期的阐述开始讨论并提供我自己的翻译，即1951年德文版的1959年英译本第九卷第Ⅱ部分第2章"暗影"。当然，我还将引述其他文献。

首先，第九卷第Ⅱ部分的标题来自古希腊语"Aion"，意思是"永恒"（中译"永恒纪元"）。荣格1950年写的自序开篇是这样的（我的译文）：

> 这部作品的主题是"永恒"观念。借助于基督教的、诺斯替的、炼金术的，关于自我的符号，我的研究试图理解包含于"基督教的永恒纪元"之内的精神情境之变迁。基督教传统就外在而言不仅充斥着关于时间之开端与终结的波斯和犹太观念，而且包含关于主宰的内在对立，我的意思是，基督与敌基督的悖论。

我要补充的是，根据迟至2019年才公开出版的荣格1936年"Bailey Island Seminar"详细记录稿，参会者提问：Will you please explain what you meant by saying that Christ went to both heaven and hell when he died？（可否解释一下您说的基督死时既升入天堂又进入地狱的意思？）荣格在详尽解答时指出：

> Hell is the shadow of heaven, the other side, the opposite world, the negative world. One has to put these two things together in order to make a complete mandala. That is why he went to hell. That is why you go to hell to a certain extent when you go through analysis, in order to put the

two ends together.（地狱是天堂的暗影，是另一面，是相对的世界，是负向的世界。人必须整合这两方面，才有圆融自足。这就是为什么基督去了地狱。这也是为什么你在接受心理分析时某种程度上进了地狱，为使两端整合为一。）参阅：C. G. Jung, Suzanne Gieser, Sonu Shamdasani，2019，*Dream Symbols of the Individuation Process: Notes of C. G. Jung's Seminars on Wolfgang Pauli's Dreams*（《自性化过程中的梦境符号：荣格关于泡利梦境研讨会的笔记》）。

其次，第九卷第 II 部分的副标题是"自我的现象学研究"。这里的"自我"（self），根据荣格的阐述（第九卷第 I 部分），等价于"整全人格"（the total personality），而"ego"（我常译为"自我意识"）是自我意识到的人格（the conscious personality），犹如海岛露出海面的部分。至于海岛没有露出海面的部分，靠近海面的是"自我无意识"，海床则是"集体无意识"，介于自我无意识与集体无意识之间的某个部分，韩德森（Joseph Lewis Henderson，1903-2007）称之为"文化无意识"。在自我无意识里存在的"暗影"（不妨简称为"自我暗影"），包含被自我意识压抑到海面以下的全部内容。自我暗影与自我意识，如影随形却不能见面。仅当理性脑休息的时候，例如在梦境里，暗影出现，带着不可告人的秘密。

荣格（1875—1961）生前参与写作的最后一部著作（他被自己的梦境说服，接受了BBC的这一建议），是1964年出版的《人及其象征》（*Man and His Symbols*），荣格亲自撰写了第一部分"Approaching the Unconscious"（接近无意识），韩德森撰写了第二部分"Ancient Myths and Modern Man"（古代神话与现代人）。韩德森在2007年以104岁高龄辞世之前，是最后一位接受过荣格临床分析和讲座指导的分析心理学家。事实上，他在102岁的时候仍在旧金山荣格研究院（他是联合创始人和院长）从事心理分析。又据维基百科"韩德森"词条，韩德森的母亲是达尔文的亲孙女。

　　韩德森在1988年的一次学术会议上首次提出"文化无意识"这一概念，并在后来发表的文章里提供了这样的定义：

> The cultural unconscious, in the sense I use it, is an area of historical memory that lies between the collective unconscious and the manifest pattern of the culture. ... it has some kind of identity arising from the archetypes of the collective unconscious, which assists in the formation of myth and ritual and also promotes the process of development in individuals. （文化无意识，在我理解的意义上，是介于集体无意识与文化的显明模式之间的一个历史记忆领域。……帮助形成神话与仪式并促进个体的发展过程，它包含某些源于集体无意识原型的身份。）

　　又据韩德森多年的合作者Sam Kimbles 2003的文章"Joe Henderson and the Cultural Unconscious"（"乔·韩德森与文化无意识"，*The San Francisco Jung Institute Library Journal*［《旧金山荣格研究院图书馆期刊》］，Vol.22，No.2，pp.53–58），韩德森初次论述"文化无意识"，是在苏黎世1962年分析心理学第二次会议上的发言，题为"The Archetype of Culture"（文化的原型）。基于1929至1930年间对荣格临床实践的敏锐观察，韩德森指出，荣格的集体无意识学说，很大程度上必须有"文化条件"。根据韩德森的回忆，接受荣格分析的患者，要么认为荣格富于宗教感，要么认为荣格富于科学精神，要么认为荣格富于哲学思考。这些西方文化的要素，构成这群患者与荣格共享的文化无意识。在分析一个族群的文化无意识时，族群的历史至关重要。韩德森回忆：

It (the cultural unconscious) has repeatedly rescued me and my patients from the arrogant assumption that history lives only in books and in pronouncements concerning the future. (文化无意识多次从那种认为历史只存在于书本和关于未来的宣言里的狂妄假设中拯救了我和我的患者。)

他相信，族群漫长的历史必定在族群共同的无意识世界里积淀文化无意识。首先，任一特定文明（例如中华文明）关于重要生活场景（例如婚丧嫁娶）的启动仪式反映某种文化无意识，称为"启动原型"，使参加这些仪式的人能够不断确认自己的族群归属感。其次，在临床实践中，韩德森讨论了似乎基于西方文化传统的五种"文化态度"，这些文化态度反映某种文化无意识：（1）宗教的，（2）哲学的，（3）审美的，（4）社会的，（5）心理的。

目前，文化无意识的研究仍在展开，已有了一些成果。我等待着中国的荣格派学者揭示中国人的文化无意识，即文化意识的"暗影"（对应于荣格晚年描述的"集体暗影"），通常表现为某种"情结"（complex）。在等待这类研究成果的时候，我认为，集体道德优越感，与中国人的"集体暗影"，构成一种集体心理情结。在这一情结的上端，是我们认同的文化模式，相当于我们每一个人的"大我"。在这一情结的下端，是文化意识在文化无意识里形成的暗影，相当于我们每一个人的"大我"的暗影，它的投射对象即"道德卑劣者"，与我们认同的"大我"构成集体心理情结。

当暗影向外投射时，自我意识陷入妖魔化的幻觉。其中最普遍的幻觉，如哈耶克指出的那样，是"我们vs他们"。实验数据来自社交媒体，宾州大学传媒学院的两位中国学者2020年发表了一份研究报告（Lewen Wei and Bingjie Liu, "Reactions to Others' Misfortune on Social

Media：Effects of Homophily and Publicness on Schadenfreude, Empathy, and Perceived Deservingness", *Computers in Human Behavior*, vol.102, pp.1-13）。根据这份报告（约400名被试包括了在美国生活的主要族群：70%白人，9%黑人，8%亚裔，4%拉丁裔，4%混血……），当被试在社交媒体上见到关于他人不幸的消息时，如果那人是与被试不很相似的，相较于那人是与被试相似的情形而言，被试更倾向于：（1）幸灾乐祸，（2）降低同情，（3）想象那是应得的。

中国传统文化还有一种暗影投射，"非我族类，其心必异"。当代流行的"阴谋论"，可认为是这种暗影投射的一个版本。当然，暗影投射首先产生针对特定个人的幻觉。常见的临床现象是，甲对乙的友善被乙认为是阴谋，于是，乙从甲的任何表达中都能感到或隐或显的威胁。鲁迅对传统社会体察入微，他的描写（《狂人日记》）值得抄录：

> ……然而须十分小心。不然，那赵家的狗何以看我两眼呢？……早上小心出门，赵贵翁的眼色便怪：似乎怕我，似乎想害我。……一路上的人，都是如此。其中最凶的一个人，张着嘴，对我笑了一笑；我便从头直冷到脚跟，晓得他们布置，都已妥当了。

一个人生活在暗影投射的无数映像里，只能有自我意识接受的个性（荣格称为"意识人格"），而不能有真正的个性（荣格称为"整全人格"）。他必须在上列三种力量之间持续寻求平衡，这样的努力导致扭曲的人格，犹如戴着"假面"（persona）。事实上，扭曲的社会犹如盛大的假面舞会。那些在互联网上投射自己暗影的人，同时也是假面舞会的牺牲品。

最佳的化解途径，我常这样讲，是"我们每一个人的英雄之旅"（参阅坎贝尔《千面英雄》）。意识与它的暗影面对面，这里是地狱的入口，这里是永恒。荣格说，自性化是一个没有终结的过程。真正的个性凸显，充满创意，是生命潜质的实现过程。荣格的建议是，意识应鼓起勇气接近自己的暗影，与它结成某种尽管是危险的联盟——汲取来自无意识世界的无限能量。这一联盟充满危险，因为，通过联盟，自我意识的现代理性随时可能被无意识的原始冲动颠覆。

我说过，精神生活的本质是自足，是不外求。社交媒体为心灵外求提供了也许是最廉价的方式，所以才有了基辛格的询问：当你如此依赖他人肯定之时，你对自己的判断还有几分信心？社交媒体为暗影向外投射提供了也许是最廉价的方式，所以互联网语言才格外缺乏宽容。注意，我为合作伦理界定的宽容，是"适度宽容"，而不是"纵容"。运用亚里士多德的"黄金中庸"于中国语言，宽容是一种美德，太少（苛求）或太多（纵容），都是恶。

再次回到《荣格全集》第九卷，第 I 部分的标题是"Archetypes and the Collective Unconscious"（原型与集体无意识）。收录在这一部分的三章（三篇长文），最关键的是第一章，德文发表于1954年，开篇提供了"原型"的字源学考察。在古希腊戏剧中，神是"光的原型"，从而，柏拉图也用"原型"描述共相。"archetype"（共相）是"type"（相）的本源。月映万川，理一分殊。引用荣格原文：

> So far as the collective unconscious contents are concerned we are dealing with archaic or — I would say — primordial types, that is, with universal images that have existed since the remotest times. （只要涉及集体无意识的内容，我们就是在处理远古的或——我会说——原初类型，也即带着从最遥远的时代就开始存在的普遍意象。）

根据荣格在第九卷第 II 部分第1章的分析，自我的无意识内容可分三大类：其一是记忆能及的内容，其二是被自我意识压抑到自我无意识世界里从而记忆不能及的内容，其三是从不进入自我意识的自我无意识内容。

请回忆海岛与海床的譬喻。海床是集体无意识，海面之上和海面之下，有许多海岛，共享同一海床。仅当海岛凸起在海床之上时才称为"岛屿"，仅限岛屿露出于海面之上的部分才称为"意识"。荣格认为，集体无意识只能通过各种原型呈现于个体的无意识世界，然后，个体才可能通过深层心理分析探知原型所表达的集体无意识内容。与现代理性社会有本质差异的是，在传统社会，原型直接表达为神话和祭神仪式，这些意象延续至现代社会，《人及其象征》收录了许多这样的插图。另一案例是古希腊的酒神崇拜，罗素认为，每七年一次的酒神狂欢，功能在于释放被理性压抑的心理能量，于是古希腊人日常的理性生活得以维持。荣格分析了酒神仪式，他指出，古希腊人通过这一仪式融入集体无意识，参阅《荣格全集》英文第2版第六卷第Ⅲ部分"阿波罗的与狄奥尼索斯的"（收录于中译本《荣格文集》第3卷）。

现代社会有太多的理性意象，荣格指出，我们丢失了太多的远古意象，它们带走了许多与当代生活相关的意义。于是，现代人求助于临床心理分析，通过梦境认识原型（远古意象），由此修复病态人格。随着社会的现代化转型，中国人也不可避免地有了太多的理性意象，同时也开始丢失远古意象，从而遗忘了许多与当代生活相关的意义。也因此，年轻一代的中国人越来越多地求助于心理门诊，为修复自己的病态人格。

根据第九卷第Ⅱ部分的目录，不难推测，荣格认为最容易认识的原型是"暗影"。第Ⅱ部分的第1章"The Ego"，第2章"The Shadow"，第3章"The Syzygy: Anima and Animus"，第4章"The Self"……为验证这一点，我抄录荣格的原文：

The archetypes most clearly characterized from the empirical point of view are those which have the most frequent and the most disturbing influence on the ego. These are the shadow, the anima, and the animus. The most accessible of these, and the easiest to experience, is the shadow, for its nature can in large measure be inferred from the contents of the personal unconscious.（在经验视角下被最清晰刻画的原型是那些最经常对自我意识产生最困扰影响的原型。这些原型是"暗影"、"阿尼玛"［男性的异性投射原型］、"阿尼姆斯"［女性的异性投射原型］。这些原型当中最可接近的、最容易体验的，是暗影，因为它的性质很大程度上可由个人的无意识内容加以推断。）

现在，《荣格全集》第十一卷"心理学与宗教：西方的和东方的"，第Ⅰ部分"西方宗教"，第Ⅰ篇"心理学与宗教"，第3章"一个自然符号的历史与心理学"（这个自然符号就是"十"），我抄录这段文字：

Everyone carries a shadow, and the less it is embodied in the individual's conscious life, the blacker and denser it is. If an inferiority is conscious, one always has a chance to correct it. Furthermore, it is constantly in contact with other interests, so that it is continually subjected to modifications. But if it is repressed and isolated from consciousness, it never gets corrected, and is liable to burst forth suddenly in a moment of unawareness.（每个人都带着一个暗影，并且它越少嵌入意识生活，它就越黑且浓。如果一种卑劣性是有意识的，一个人就总是有机会纠正它。况且，它恒常地与其他兴趣接触，于是它连续地被改变。但是如果它被压抑并被与意识隔绝，它就绝难被纠正，并肯定会在意想不到的时刻突然迸发。）

下面这一段文字，仍来自第九卷第Ⅱ部分第2章，对理解中国人的"集体道德优越感"至关重要：

> The shadow is a moral problem that challenges the whole ego personality, for no one can become conscious of the shadow without considerable moral effort.（暗影是一个对意识人格之全部构成挑战的道德问题，因为没有人能不经过巨大的道德努力而意识到暗影。）

然后，我跳至第九卷第Ⅱ部分第4章"The Self"，这个单词的中译名，申荷永用了"自性"。同时，他将"individuation"译为"自性化"。不读外文的中国人，很容易认为这两个单词有同一的起源。陈康先生谈"翻译"，特别指出，翻译应当刻意堵死那些容易引发歧义的思想。有鉴于此，我始终在琢磨如何翻译荣格学说的核心概念。例如，根据我理解的荣格学说，大约在20年前，我建议将荣格的"self"译为"大我"——这是民国初期《东方》杂志"无政府主义"专号里一篇文章使用的语词，与当时流行的另一语词"无我"，似乎构成一种关于"我"的谱系。据此，荣格阐述的"self"，也可译为"无我"。但是这样翻译"我"，有悖论的感觉，尽管它确实传达了荣格的深层思想。

如果我将荣格的"self"译为"大我"，那么，我或许同意将"individuation"译为"自性化"，我最初将这一语词直译为"个性化"，与抽象名词"individuality"（个性）有同一词根，不易引发歧义。然而，荣格阐述的"自性"和"自性化"，与日常用语中的"个性"和"个性化"有显然不同的含义。故而，我仍沿用申荷永的"自性化"。这样翻译了之后，就很容易理解荣格阐述的大我与意识自我（可称为"小我"）之间的关系：大我＝小我及其暗影＋集体无意识的其他原型。

荣格指出，在自性化的过程中，小我将集体无意识通过原型表达的无意识内容融入自身，从而扩展了小我的范围。由于小我与它的暗影达成了某种和解，暗影收回它的投射，使世界上的冲突有所缓解。遗憾的是，绝大多数人不能获得道德勇气直面自己的暗影。尤其，人与自身的暗影投射对象共同生活的时间越久，就越不能承认在幻觉中生活了这样久的时间是一种谬误。荣格有一位45岁的患者，20岁时就与他的暗影投射相伴，离群索居。他对荣格说：我无法承认我虚掷了25年的生命。

在当代中国，生活在三重转型期社会的中国人，绝大多数只在最近20年才或多或少知道有荣格心理学。在杭州这样的城市，也是根据20年前的研究报告，至少20%的人有心理障碍（mental disorder）。我推测，在深圳这样竞争激烈的都市，有心理障碍的人占人口的比例远高于杭州。不过，我必须转述由"科普中国"审核的百度百科"心理障碍"词条：通常所说的"心理障碍"有一个比较一般的定义，指没有能力按社会认为适宜的方式行动，以致其行为后果对本人或社会是不适应的。这种"没有能力"可能是器质性损害或功能性损害的结果，或两者兼而有之。可概括为：（1）心理机能失调，指认知情感或者行为机能的损坏；（2）个人的痛苦，该病症给个人造成痛苦；（3）非典型的或者非文化所预期的，不是该地区文化行为典型的特点。

尽管有"科普中国"的权威审核，我仍认为这一词条的编辑们并未理解荣格的"自性化"学说。根据我理解的自性化过程，在我列出的三种塑形力量当中，个体对社会规范的适应，仅仅是第一种塑形力量。远比这一力量更强大的，是第三种，尤其是来自集体无意识诸原型的塑形力量。更何况，第三种塑形力量还包括被自我意识压抑到自我无意识当中的那些强烈情绪——它们构成暗影的内容。随着社会失范，暗影或其他原型的投射，迅速蔓延到多数中国人的日常生活中，从而成为迅速增长的心理咨询服务之需求因素。更糟糕的是，中国的教育体制不可能同等迅速地培养适合中国人的心理咨询师。我必须强调"适合中国人的"这项定语，因为，我相当熟悉的西方临床心理学，必须由中国的临床心理学家全面改造（尤其要字斟句酌地重新翻译核心观念）才可培养适合中国人的心理咨询师。

事实上，我仍在琢磨"中国人的心理障碍"这一短语。因为，荣格提醒我们不可演绎地提出任何临床心理学命题。尽管心理学家很容易从男性的"阿尼玛"投射的临床表现，根据对称原则，演绎出女性的"阿尼姆斯"投射的临床表现。荣格自己最熟悉的，是西方患者的临床表现，而且更多的是西方基督教传统塑形的自我意识（小我）。"大我"与"神"是一体的，《荣格全集》第九卷第Ⅱ部分第3章的结语：

> The self, on the other hand, is a God-image, or at least cannot be distinguished from one. Of this the early Christian spirit was not ignorant, otherwise Clement of Alexandria could never have said that he who knows himself knows God. （大我，另一方面，是神的意象，或者至少无法与整全分离。关于这一点，早期基督教精神并不无知，否则亚历山德里亚的克雷芒决不会说那些知道自己的人知道上帝。）

然而，孔子之后，中国主流文化里不再有宗教。这件事有积极的含义，梁漱溟早就论证，它表明儒家思想足以满足人生在各方面的诉求，故而不必再寻求神的帮助。这件事当然还意味着，中国人的心性与西方人的心性有本质差异。因此，一个中国人求助于深层心理分析时，不应直接预约一位来自瑞士、不懂中文的荣格派心理分析师。我建议他/她首先阅读我上面引述过的迟至2019年才出版的荣格关于诺贝尔奖物理学家泡利的梦境分析讲座笔记，其次，根据荣格对泡利的态度为自己物色一位"合适的"深层情感交流之友。这是荣格临床经验当中最关键的环节，却往往被国内的临床心理学家们忽略。再次，交友一段时间之后，确认这样的深层情感交流是否在正确的方向上。此处"合适的"，荣格说，就是与患者人格气质相配的心理咨询师。事实上，荣格深思熟虑为智商超高的泡利安排的心理咨询师，是初入荣格学派的一位女弟子。她必须将泡利写给她的每一封信抄录一份寄给荣格，为了让荣格以这种间接方式密切观察泡利。我承认，这些建议在中国社会是过于奢侈的。

那么，中国人的集体道德优越感，也许植根于儒家传统的文化无意识，于是成为中国人的深层心理"情结"。王小波竭尽所能嘲讽的道德优越感，原来是我们的一种心理障碍。注意，不是个体的暗影，而是集体的暗影，使投射对象成为"道德卑劣的"。我感觉很遗憾，"集体暗影"这一短语在《荣格全集》里只出现三次——两次在第九卷第Ⅰ部分，一次在第十卷"Civilization in Transition"（转型期文明）。鉴于荣格讨论的转型期文明对中国三重转型期社会的意义，我首先抄录第十卷唯一有"集体暗影"短语的这一段文字：

None of us stands outside humanity's black collective shadow. Whether the crime occurred many generations back or happens today, it remains the symptom of a disposition that is always and everywhere present—and one would therefore do well to possess some "imagination for evil", for only the fool can permanently disregard the conditions of his own nature. (我们没有人站在人类黑色的集体暗影之外。不论这一罪行是在许多世代之前犯下的，还是今天发生的，它继续成为无处不在且无时不在的一种态度的症状，并且一个人或许因拥有一些"邪恶想象"而有不错的发展，因为只有傻子能恒久无视自己本性的条件。)

现在可以抄录第九卷第 I 部分两次出现"集体暗影"的段落，它们都来自第5章"童话故事中精灵的现象学"第二篇"丑角的心理学"，并且都与我提及的假面舞会有关：

（1）We are no longer aware that in carnival customs and the like there are remnants of a collective shadow figure which prove that the personal shadow is in part descended from a numinous collective figure.（我们不再注意在万圣节道具里和类似场景里仍有集体暗影意象的残迹，它们为个人暗影其实来自神圣的集体暗影意象提供了证明。）（2）The trickster is a collective shadow figure, a summation of all the inferior traits of character in individuals. And since the individual shadow is never absent as a component of personality, the collective figure can construct itself out of it continually. Not always, of course, as a mythological figure, but, in consequence of the increasing repression and neglect of the original mythologems, as a corresponding projection on other social groups and nations.（丑角是集体暗影意象，是个体品格中全部卑劣属性的总合。并且，由于个体暗影之为人格的成分从未离场，从而集体暗影的意象得以连续地从个体暗影重构自身。当然，不总是以神话意象出现，而是随着原初神话主题越来越被忽视和压抑，成为向着其他社会群体和其他民族的投射。）

阿卜拉莫维奇（Henry Abramovitch）曾任以色列荣格研究院院长，他发表于2007年的书评文章，"The Cultural Complex: Linking Psyche and Society"（"文化情结：连接心理与社会"，*Jung Journal: Culture & Psyche*［《荣格杂志：文化与心理》］, Vol.1, No.1, pp.49-52），开篇这样定义"文化情结"：

Cultural complexes are akin to personal complexes in that they are based upon repetitive, historical experiences that have taken root in the unconscious. They may slumber, but when activated, they take hold of the collective psyche of the group. They function autonomously, organize group life, facilitate functioning of the individual within the group, and may give a sense of identity, belonging, and historical continuity.（文化情结与个人情结有相类之处，它们都基于在无意识中生根的重复发生的历史经验。它们也许休眠，但在活跃时，它们控制族群的集体心理。它们自发运作，组织族群生活，支持族群里的个人履行功能，也为身份、归属和历史连续性提供意义。）

我继续从《荣格全集》第十一卷抄录文字（Part I, Essay I, Chapter 3）：

Mere suppression of the shadow is as little of a remedy as beheading would be for headache. To destroy a man's morality does not help either, because it would kill his better self, without which even the shadow makes no sense.（仅仅压抑暗影，疗效之微犹如头痛时将头砍掉。另一方面，毁灭一个人的道德同样不能有所帮助，因为那将杀死他较好的一部分自性，而这部分自性的消失甚至使暗影也失去意义。）

儒家文化传统，在以往两千多年，尤其是汉至清末的两千年，遍及宗法社会的每一角落，确立了"道德教义"（moral doctrine）的主导地位。我认为"五四"时期发表的大量书刊文献颇有偏激之嫌，反而是费孝通和吴晗1948年的著作《皇权与绅权》，提供了更客观的论述。绅权与皇权共同维系的宗法社会，儒家的道德教义主导中国人的生活两千多年。"四书五经""三纲五常""修齐治平"，真可谓"家喻户晓"。梁漱溟认为中国社会不同于西方社会，根本就在于中国社会是"伦理本位的"，而西方社会是"个人本位的"。当然，这一根本差异也导致中国人的心理障碍根本不同于西方人的。

伦理本位两千年，被这样的文化意识压抑到"文化无意识"里的无数"不伦"意象，构成了我们文化的暗影。中国社会开化极早，从那时起，正统文化决不与自己的暗影对话。也因此，在我们文化无意识里沉潜两千多年的伦理暗影，越来越黑且浓。它当然可以在社会失序的时期突然迸发，典型的，就是"文革"时期"伦理暗影"的投射。那时，任何人，只要成为伦理暗影的投射对象，他的道德就即刻毁灭。暗影的力量如此强大，以致许多这样毁灭的人失去了生存的勇气。关键在于，没有哪一个人是安全的。所以，我只能将这样的心理现象称为"集体道德优越感"。

当代新儒家学者杜维明（他的博士论文主题是熊十力）认为，"文化中国"的范围应当包括每一位认同中国文化的人，不论他是否在当代中国的行政区划里生活。确实，哈贝马斯指出，"文化认同"（identity）是现代人面对的三大核心议题之一（另外两个核心议题是"权利"与"正义"）。在"荣格—韩德森"心理分析视角下，文化认同相当于文化的自我意识。文化自我意识的暗影，构成了文化自我无意识的主体。

文化认同或文化身份，就中国人而言，由"集体暗影"的投射与集体认同的文化，构成荣格方法论所谓"冲突的两极"，即"卑劣"与"优越"。今天，移动互联网为集体暗影提供了最广泛的投射对象——熟悉的和陌生的，任何一个人，只要被他人指控为"道德卑劣"，不论那指控是否属实——真相在"后真相时代"是一个笑话，只要有足够多的人附和这一指控，就可将集体暗影投射到被指控的人身上。指控的真实依据，我认为，来自与中国文化无意识的暗影相对立的"集体道德优越感"。记住，在集体道德优越感面前，我们每一个人都是道德

卑劣的。只要我们的文化意识不能获得勇气直面我们文化无意识的暗
影，那么，"文革"就不会是最后一次。

我讨论的是合作伦理三要素当中最难具备的要素"宽容"，却引出
如此冗长的分析和考证。于是，以"我们为何不宽容"为题，我将上
面的万字长文发表在我的财新博客。感谢我的博客编辑周东旭，他修
订的初稿发表于2021年12月29日。我又根据东旭的编辑修订版继续扩
充，于次日将扩充版交给他以初稿发表日期更新。随后，我将文章截
图发到若干微信群，希望引发争论，这一主题被荣格派心理学家认为
是最容易得罪读者的。

老友陈嘉映读了之后，来信提问：你觉得中国人格外不宽容吗？
或者，当代中国人的不宽容很有特点？我知道嘉映的提问风格，于是
认真写了我的答复，如下：

> 嗯。我同意王小波对道德优越感的嘲讽。不过，我认为那些
> 人有道德优越感不是因为（王小波说的）智商不高。事实上，王
> 小波也写了知识分子相互之间的道德战斗。我尤其印象深刻的是，
> 钱理群写鲁迅临死前的"决不宽容"（一个也不原谅）。
>
> 我最初不打算走荣格的思路，因为那时，我常以中国社会
> "三重转型期"来解释不宽容。但有一次，我在课堂上遇到两名学
> 生讨论李约瑟问题，其中，杨东睿只抛出一句话：因为中国社会
> 缺乏宽容。在许多可能的解释中，他的这一句击中了我。我解释
> 几句，他的意思是：科技进步需要许多次失败才可以成功，而中
> 国社会对失败者缺乏宽容。
>
> 夫子之道忠恕而已，也可说是儒家对普通人的一种理想期待。
> 宗教不容易宽容，耶稣关于宽容敌人的言论也可说是"夫子之道"。
> 西方理性，我概括为"对话的逻各斯"，倾向于普遍主义（包括宽

容）。思来想去，我大约在2018年开始深入荣格思路，试图同时解释西方、中国、印度这些相对而言更熟悉的文化心理结构。

最近我在教育群的讨论也遇到类似的疑问：难道西方宽容吗？按照通常所说，非常粗略的文明分类，西方文明的"自我意识"标举"真"，故而西方文明的"自我无意识"形成的集体暗影容纳了西方两千多年的"假"。相比而言，也还是有许多学者论证，中国文明的"自我意识"标举的是"善"，故而它的自我无意识里形成的集体暗影容纳了两千多年的"恶"。

注意，荣格方法论的核心是"四象限"：纵轴的上下两端分别代表"意识"与"无意识"，但意识与无意识不会相遇（这是荣格的基本观察），无意识能量必须借助投射才可宣泄（获得表达）。横轴的上方是意识世界，横轴的下方是无意识世界。横轴的右端代表集体无意识的最简单的一个原型——"暗影"的投射对象，他或他们，与中国文化认同的道德优越感对立——"道德卑劣"。

如果讨论西方，虽然缺乏临床经验，我不妨继续推测：横轴的右端，西方集体暗影的投射对象，可称为"假"（谎、欺诈……）。横轴左端是"Self"，我主张译为"大我"。荣格说，大我与神合一。

所以，咱们中国人的不宽容确实独具特色，那就是以"集体道德优越感"（纵轴的上端）来对待横轴的右端——投射对象可以是个人或群体（我文章里引用了荣格的原文）。西方人的怀疑也独具特色，纵轴的上端对待横轴的右端。

印度人，需要更多论证。黑格尔说印度人生活在梦里，他这句话让我琢磨了几乎大半辈子。后来我觉着可以认为印度文化的自我意识其实是"美"，他们的宗教确实与基督教有本质差异。佛教与印度教很难割裂，不论南传的上座部（小乘）还是北传的大乘佛学，一致地有"美"的出世精神，恰好不妨碍他们生活在污泥浊水当中。以此推测，横轴的右端，印度集体暗影的投射对象，集结了各种"不美"（贪嗔痴……）。

上述似乎还可深入，中国人的不宽容主要针对道德问题，而西方人的不宽容主要针对真理问题。反过来看，咱们中国文化（主流）似乎对真假问题从来就缺乏敏感性，也可以说，中国人特别宽容谎言。而西方人特别宽容不道德。我现在如果回答杨东睿的那句话，或许会说，很大程度上，如果没有对真假问题的足够敏感性，西方人很难有后来这样的科学方法。

说到此处，我还要补充一项。咱们常说的"宽容"或"不宽容"，是一种态度，导致这种态度的，是关于一些特定的重要性的心理感受。我概述的怀特海三段论是：在任何理解之前，先有表达；在任何表达之前，先有重要性感受。中国人对谎言宽容，是因为在"文化心理结构"中缺乏这方面的重要性感受。类似地，西方人对不伦宽容，是因为在"文化心理结构"中缺乏这方面的重要性感受。

现在回到图1.3，哈耶克"扩展秩序"的学说十分中性，不排斥任何主义标签下的人类合作秩序，只要这些秩序可以扩展到更大范围。在中国社会的三重转型期，与其预期一套扩展秩序可能从天而降，不如预期从社会的许多局部涌现出来不同类型的合作秩序，并且这些局部秩序之间竞争形成一些更大的局部秩序。我手绘的图1.3，列出了我想象中最可能在三重转型期中国社会涌现出来的那些扩展秩序应当具有的三项要素。注意，我们不应过高地预期，从局部社会涌现出来的某一合作秩序同时具备这三项要素，虽然这是可能的。但我们更现实的预期是，局部的合作秩序只具备这三项要素当中的某两项甚至一项，然后，这些局部合作秩序在相互竞争的过程中可能形成更大范围的合作秩序，后者也许具备全部三要素。

三、转型期中国社会伦理学的"问题意识"

我从选修这门课程的学员们提交的35份学期作业当中，选择了得分较高的10份，融合我的点评，制成了这门课的"作业汇评"，即这一讲的"附录1"，这份作业汇评的开篇是这样的："这是一种新的形式，我称之为'作业汇评'。作业得分高的同学在微信群的发言未必得分高；反之，微信群发言得分高的同学，作业得分未必高。与经济学作业不同，E20学员的伦理学作业探讨企业内部人与人之间的合作问题，不仅涉及合作各方的权益分配，而且涉及当事人的性格与品质。故而，抽象的原理必须依托具体的细节才可呈现。也因此，有人际关系的细节描写，是作业得分较高的主要理由。"这份作业汇评的结语是这样的："综合上述10篇作业，我倾向于认为，在转型期中国社会，企业内部的合作伦理三要素当中，最宝贵的是宽容，它也是企业文化的'人性'基础。"

我常想象我可能帮助腾讯公司营造一个局部社会，让它成为"天才时刻密集"的局部，不是培养天才，而是让普通人有更多的天才时刻。学术语言，这是"group creativity"（群体创造性），也是第四讲的主题——群体创造性依赖于领导者的人格气质。在西方社会的历史中，最著名的三个不长的时期，常被称为"天才辈出的时代"：第一个是雅典，公元前5世纪；第二个是苏格兰启蒙时期，18世纪；第三个是奥匈帝国晚期的维也纳，19世纪初至20世纪初。社会演化的时间维度称为"历史时间"，与"物理时间"有本质差异。在历史时间里，变化不是匀速的，也不是单调的，而不妨说是"忽快忽慢"并且"忽前忽后"的。历史时间与路径依赖性，可说是一回事。

沿着历史时间，有若干高峰时期，有漫长的低谷时期，当然还

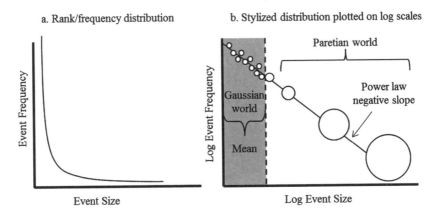

Figure 7.2 Stylized rank/frequency distribution. Bill McKelvey 2021 Management in the Age of Digital Business Complexity fig 7-2

图 1.12　截自：Bill McKelvey，2021，*Management in the Age of Digital Business Complexity*（《数字商业复杂性时代的管理》），第 7 章图 2。左图，横轴是事件的规模，纵轴是规模对应的事件发生频率；右图，横轴和纵轴都取对数表达

有从高峰跌入低谷的剧变时期。图 1.12 描述这样的时间或事件，研究文明的历史学家使用帕累托分布，而不使用高斯分布。这张图，出自 2021 年出版的一本书，《数字商业复杂性时代的管理》。这幅图的右侧，由于取对数而呈现为幂律——最重要的事件有最小的发生频率，其次重要的事件有略高的发生频率，再次重要的事件有更高的发生频率，最不重要的事件有最高的发生频率。然后，大量最不重要的事件堆积而成高斯分布，表达为这一分布的均值。

在我看来，这幅插图的重要性在于，它直观表达了我们对历史事件的重要性感受。首先，它的横轴不设标度，只是"重要性感受"。其次，右侧的图将万事万物划分为两个世界，其一是高斯世界，其二是帕累托世界。对于物理时间而言，高斯世界是主流；对于历史时间而言，帕累托世界是主流。我们在高斯世界里看不到人，因为每一个人都蜕化为原子（样本）。关注人的科学，人文学视角，应当在帕累托世界里。在这里，我们看到了人，虽然这里的人是不平等的，有爱因斯坦这样的人，有荣格这样的人，还有我这样的人……取决于主观感受的重要性。尽管这是我在2021年出版的各种著作里难得一见的插图，但它仍然是统计学的，故而无法表达更深层的意义图谱。

　　天才的霍兰德（John Henry Holland，1929–2015）绘制了一幅图示，以表达复杂适应系统的核心特征，他的图示已有许多现代版本，例如图1.13，取自2021年出版的《社会复杂性与考古学中的复杂系统》，足见霍兰德的影响。复杂系统的基本单元是一些简单元素之间的简单作用构成的自组织局部网络，如图1.13所示的网络——"简单的自组织局部关系"，复杂系统的关键在于系统内部有大量这样的基本单元以及它们之间的作用，每一局部网络都试图适应这样的环境，于是可以有强烈的非线性现象，可以有涌现秩序，而且这些现象或秩序总是路径

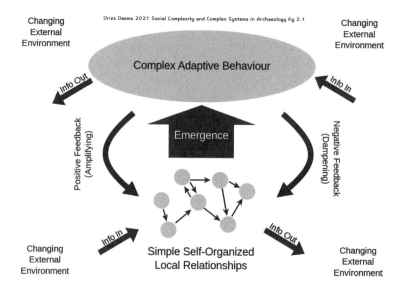

Figure 2.1 Structure of a complex system

图1.13　截自：Dries Daems，2021，*Social Complexity and Complex Systems in Archaeology*（《社会复杂性与考古学中的复杂系统》），第2章"复杂系统的结构"

依赖的（历史时间）。注意，路径依赖性意味着对系统演化的全部潜在可能性施加越来越强的约束，这些约束使复杂适应的局部网络的创造性集注于特定方向，从而新的秩序（复杂适应行为）更容易涌现。这是迪亚肯在晚近演讲中强调的思想，参阅：Terrence Deacon，2011，*Incomplete Nature: How Mind Emerged from Matter*（《不完全的自然：心智如何从物质中涌现》），尤其是第6章"约束"。

我始终关注迪亚肯，从他的第一部著作《语言物种》（参阅我的《行为经济学讲义》），到晚近他在各地的演讲视频。我注意到，他综合了大量不同学科的思路，试图解释自我意识如何从无生命世界里涌现出来。这一综合思路颇接近荣格晚年的综合思路——"生命物质的灵性"，参阅《荣格全集》第十卷第 V 部分 "Flying Saucers: A Modern Myth of Things Seen in the Skies"（飞碟：天域内可见之物的一种现代神话），尤其是最后两节。或者，可以表达为荣格与泡利对话时形成的"物理—心理"四象限，参阅我2021年出版的《情理与正义》第三讲图36—39。

在荣格"集体无意识"和"共时性现象"学说的视角下，重要性感受往往表现为"非因果的有意义关联"，它常常被认为是统计无关的。虽然，我在以往的著作里解释了"集体无意识老人"的长期经验是如何获得统计显著性的。（参阅我的《经济学思想史进阶讲义》第八讲"不动点定理、未来的社会科学、比较社会过程分析"）

只要融入荣格的集体无意识学说，重要性感受就可奠基于生命系统在漫长演化中不断累积的约束，并由此而持续涌现新的重要性感受。归根结底，我在阐述柏格森"创化论"思想时多次强调，仅当生命感受到与其潜质强烈互补的演化方向时，它才可获得涌现的冲动。不言而喻，这就是重要性感受的起源，参阅本讲"附录2"，我的博客文章"生命，技术，行为"。

关于图1.13，这本书是我偶然发现的。每年大约10月份开始，我需要浏览次年即将出版的英文新书。2021年10月下旬至11月上旬，就是讲这门课的时期，我很忙，主要因为浏览新书。我浏览了1000多种2021至2022年的新书，下载了其中的100多本。这本书是考古学家写的，引用霍兰德的复杂适应系统，确实难得。随着阅历和知识的积累，我浏览新书的时候更关注插图。我的"读图"要旨，列出读图的若干要素，归根结底还是"重要性感受"，即作者是否对具有根本重要性的问题有所感受，并借助图来表达这一感受。图是意象或象征，含义远超语言或文字。在荣格学说的视角下，图的象征意义常因集体无意识而涌现，故能直击心灵，尤其是中世纪晚期的雕版画，刻工精美，每一幅都很贵。如果没有重要性感受，制作这样的雕版就太不合算了。当然，艺术的内容与形式是辩证统一的。例如，鲁迅辞世前在上海首倡的版画（木刻），后来成为抗日战争和解放战争的大众艺术。（参阅：苏立文［Michael Sullivan］，2013，《20世纪中国艺术与艺术家》上册第8章，上海人民出版社）

所以，一方面，我们看到丢勒的铜版画表达了长久不衰的重要性感受；另一方面，我们看到木刻表达的革命精神直击人心。再早的图，尽管做工更贵，却不可索解。例如，沿着法国和西班牙的交界线过去200年来发现的远古洞穴壁画，现在是艺术史经典，它们的意义至今难以澄清。中国的图，宋代印刷术以来，直到明代达到顶峰，几乎无书不图，而且无图不精。明清的出版物，图多，却很难说表达了多少重要性感受。我们知道，明代皇权压倒了绅权，两千年中国政治的轴心"皇权与绅权"之间的平衡不复存在。中国的小说在明代达到顶峰，又在清代蜕化为低俗色情之类，应当与政治压力密切相关。

看到图1.14，我就想到课前在微信群里的讨论，我问诸友是否读了《情理与正义》的试读本。读完的同学当中，解海中是学习委员，我于是追问海中以及其他同学，何为中国伦理传统的基本问题。同学们发

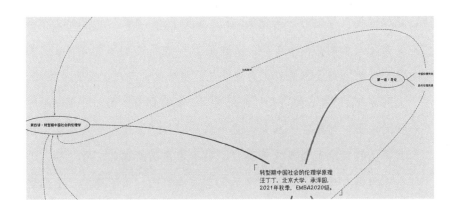

图1.14 截自"转型期中国社会的伦理学原理"印刷版心智地图。连接线的标题"允执厥中",是第一讲中"中国伦理传统"输出至第四讲的核心议题

言踊跃,却尚未触及主题。根据解海中发布在群里的照片,这张心智地图就挂在他家饭厅的正中央墙壁上。那么,这条连接线的标题,"允执厥中",就很醒目了。很遗憾,海中似乎没有注意这四个字。所以,我继续提醒同学们阅读《情理与正义》的第一讲和第二讲,关于这个"厥"字的考证,我在那里着墨甚多,因为,宋儒将这个"厥"字改为"其"字,传下来就是"允执其中"。可是,"厥"字,甲骨文是"欮"字,在远古很可能是实词,后来逐渐演化为虚词。"欮"字的含义当然涉及医学传统,而医书属于秦始皇"焚书坑儒"时不烧的三类书——医书、农书、占卜之书。故而,医古文是中国文化传统当中历经秦火而绵延不绝的部分。

我转述自己这本书的一段文字:

何晏《论语集解》"尧曰",也只有"允执其中"。《论语》无"厥"字,孔子编修《尚书》的时代,"厥"已成为虚词。这个字如果曾经是实词的话,必已失传很久。汉语的虚词,大多源自实词。"厂"字的核心含义是山崖,沿用至今。"欮"字的核心含义是"逆气"，《内经·素问》：厥，气凝于足。"屰"的甲骨文和金文都是人形倒立，头在下，双脚在上。"欠"字的甲骨文和金文都是跪着的人形大张着口，向外呼气，打哈欠，气短。据此可推测，商周时代，"屰"和"欠"都是实词，各自都有人形。一个向外呼气的人形，对着一个头足逆置的人形。"厥"，这两个人形在山崖之下。我想象这是夏代的葬仪，引申为中医所说的"厥"症，又引申为调节呼吸。凡与调息运气有关的实践，请不要忘记咱们这里讨论的"欮"字。

若沿上述思路理解远古先贤的"允执厥中"，则前提就是调节呼吸，使身心调适，情感中和，平心静气，然后可以把握"中"道。否则，情绪纷乱，何来"中"道？在这样的解释里，"允"字也有了更恳切的含义：允许自己调节呼吸，给自己安静下来的机会，否则很难把握中道。这样的解释当然是普适的，不论是稳态期社会还是转型期社会，只要决策者还有调适身心的能力，就可"允执厥中"。

其次，从第一讲的"西方伦理传统"到第三讲，有一条连接线，如图1.15，标题是"黄金中庸与个人美德"。根据亚里士多德《尼各马可伦理学》，"过"犹"不及"，二者都是恶，持中才是善，称为"黄金中庸"（golden means）。亚里士多德列举若干美德，例如，介于"怯懦"与"鲁莽"之间的黄金中庸称为"勇敢"；又例如，介于"吝啬"与"挥霍"之间的黄金中庸称为"慷慨"。

亚里士多德之后，公元前3世纪至公元4世纪，西方伦理传统最重要的部分是斯多亚学派的思想与实践。亚里士多德认为一个人不可能完全没有外在物质而保持"灵魂的持久良好状态"（这是"幸福"的古希腊含义），但斯多亚学派认为这是可能的，前提是拥有斯多亚主义美德。在现代西方社会，斯多亚主义至少在晚近20年再度成为"显学"。

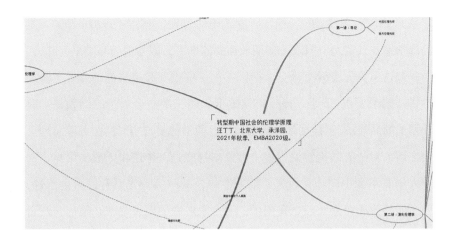

图 1.15　截自"转型期中国社会的伦理学原理"印刷版心智地图。连接线的标题"黄金中庸与个人美德",是第一讲中"西方伦理传统"输出至第三讲的核心议题

例如,我即将介绍的"表观遗传学",有一位核心人物,哲学家皮格鲁奇(Massimo Pigliucci),他也是我在"印刷版心智地图"的右侧上方列出的 2010 年文集的第一主编,注意,维也纳大学表观遗传学权威缪勒是这本文集的第二主编:Massimo Pigliucci and Gerd B. Muller, eds., *Evolution: The Extended Synthesis*(《演化:扩展的综合》)。检索皮格鲁奇晚近发表的著作和他的演讲视频,我发现他几乎完全集注于向公众推荐斯多亚哲学及其生活方式——节制、自律、内求。斯多亚主义代表的传统,今天称为"个人美德"伦理传统,与"黄金中庸"一起,成为西方伦理传统对现代社会的重要影响因素。

所以,我在《情理与正义》里将中国伦理传统与西方伦理传统共同的特征概括为"中道"。不过,在转型期社会,例如三重转型期的中国社会,很容易发生的事情是,一个人忽而被社会认为是"右派",忽而又被社会认为是"左派",其实这个人的基本立场并未发生激烈变化(邓力群《十二个春秋》)。社会转型越激烈,这个"中道"就越难把握。可以提及的是,当时在延安,宋平、邓力群、马洪,是党内最年轻的三位科长。

宋平是1917年出生的，今年104岁，还活着呢。马洪（1920—2007）是经济学家，其实是中国改革初期最重要的推手，因为他与邓小平、陈云、薄一波这三大元老皆有缘分，所以参与一些重要政治协商的方案（参阅本讲"附录3"）。于是，1984年党的十二届三中全会通过的纲领是"有计划的商品经济"。根据张五常的回忆，弗里德曼与当时的国务院总理见面之后，对张五常抱怨说，这一纲领本身就是一个逻辑矛盾。可见，西方人毕竟不懂中国。在西方，纲领性的公共政策首先要有逻辑自洽性，为了能够说服公众。但是在中国，通古今之变的纲领常常必须包含逻辑矛盾，也是为了能够说服公众。我在其他文章里多次论述，中国人的理性与西方人的理性，有本质差异。梁漱溟说中国人的理性其实是"性理"——性情之理，而西方人的理性其实是"理智"——知性之理。与这样的差异密切相关的是，借用梁漱溟的概括，中国文化是伦理本位的。彼得森（Jordan Peterson）多次强调，西方文明的核心仍是尼采说过的"求真意志"。

我为第一讲"导论"写了8项要点，称为"导论纲要"。今天讲了90分钟，第（1）项还没有讲完。邓力群在中国改革初期的作用至关重要，他在中央书记处下面设置了周其仁参与的小组，拿着中央介绍信到各地调查。我转录马国川采访周其仁的时候，其仁的一段回忆（原文发表于《经济观察报》2020年11月19日）：

　　也许是下乡十年的经历，对农村的实际生活有直接的观察与体验，所以那些教条化的理论，一概不能吸引我们的兴趣。当时，类似我这种情况的老三届学生不少。气味相投的，就聚到一起读喜欢读的书，讨论喜欢讨论的问题。后来，我们自发组织了一个业余读书小组，大家关心学问，也关心时事，聚在一起度过了许多难忘的时光。很巧，当时人大经济系的资料室有位老师叫白若冰，没有上过大学，但对理论问题有浓厚的兴趣，也参加我们同学的读书活动。白若冰的父亲跟杜润生是战友，他去看杜润生的时候，转述了我们读书会上争来吵去的一些话题。杜老当时官居国家农委常务副主任，竟然也对我们的议论有兴趣，把我们这些"毛孩子"约去交谈，听我们那些意气风发而又难免书生气的见解。1981年的早春，以部分北京在校大学生为主成立了"中国农村发展问题研究组"，立志研究中国农村改革和发展面临的重大问题。由于全部有过上山下乡的经历，其中有几位本人就是农民出身，大家志同道合，心甘情愿地重新走进农村和农民的生活。"发展组"得到了当时中共中央书记处两个研究机构的领导人邓力群和杜润生的支持。杜老在会上说："农民不富，中国不会富；农民受苦，中国就受苦；农业还是落后的自然经济，中国就不会有现代化。"——他是为了这么一桩伟大事业后继有人，才支持我们青年人自发汇聚起来的。杜老还要大家记住他的话："开头不易，坚持难，坚持到底更难。"这是多少年后我们都忘不了的。

图1.16显示的是四条连接线。从第一讲输入到第四讲的连接线，标题是"允执厥中"；从第二讲输入到第四讲的连接线，标题是"情感与社群"；从第三讲输入到第四讲的连接线，标题是"合作"。最后，从左侧的文献Robert Hogan and Ryne Sherman，2020，"Personality Theory and the Nature of Human Nature"（人格理论与人性的本质），输入到第四讲的连接线标题的英文中译是"领导与人格"。事实上，这门课程的第四讲标题，也是课程标题"转型期中国社会的伦理学"，因为转型期社会如何寻求"中"道，成为问题。

这里还要解释"导论纲要"的第（1）项，如图1.17，何为"问题

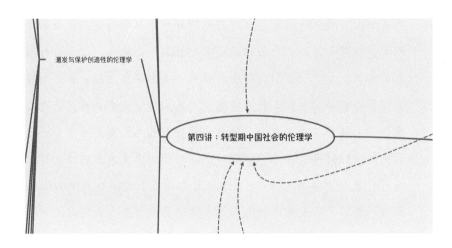

图1.16   截自"转型期中国社会的伦理学原理"印刷版心智地图

意识"。这个单词源自法语"problematique"，最初由刘东译为"问题意识"。后来林毓生告诉我说，这个法语单词源于帕斯卡尔代表的法国启蒙思想传统。林毓生在芝加哥大学"社会思想委员会"跟随哈耶克读博，是哈耶克的华裔闭门弟子，他的另一位导师是汉学家史华慈（Benjamin Isadore Schwartz，1916–1999）。史华慈长期任教于哈佛大学，也主持过哈佛燕京学社。1938年，他在哈佛大学以论文"帕斯卡尔与18世纪哲学"获得荣誉，并于战后返回哈佛师从费正清读博。据林毓生转述史华慈阐释的帕斯卡尔思想，法语"problematique"原意是一些相互纠缠且人类毫无希望解决的问题。尽管林毓生不同意刘东的翻译，但他也没有找到更好的翻译。

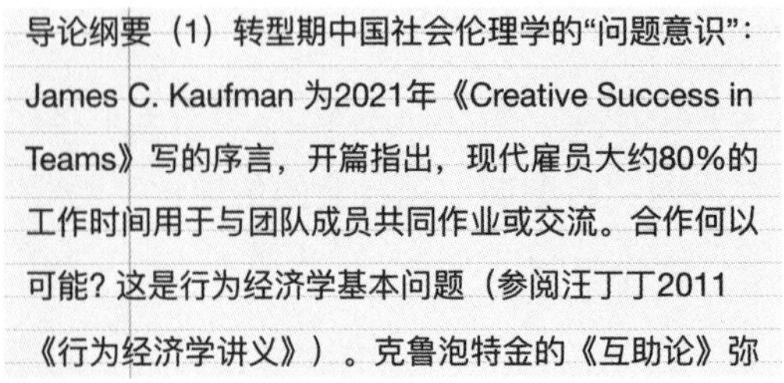

导论纲要（1）转型期中国社会伦理学的"问题意识"：James C. Kaufman 为2021年《Creative Success in Teams》写的序言，开篇指出，现代雇员大约80%的工作时间用于与团队成员共同作业或交流。合作何以可能？这是行为经济学基本问题（参阅汪丁丁2011《行为经济学讲义》）。克鲁泡特金的《互助论》弥

图1.17   我为2020级"转型期中国社会的伦理学原理"撰写的导论纲要（1）的前半部分

在上述法国启蒙思想传统里，"问题意识"是一个含有强烈悲观主义和宿命论倾向的语词。见图1.17，当代社会伦理学的问题意识，我引述了考夫曼（James C. Kaufman）为2021年《团队里的创造性成功》撰写的序言。他说，现代企业员工用于交流或共同工作的时间已占每天工时的八成。这一状况意味着，企业的创造性取决于团队的创造性。可是，与个体创造性不同，团队的创造性敏感依赖于团队领导者的人格气质。其实，团队创造性与转型期中国社会伦理学有同样的问题意识——"合作何以可能"。关键是，如图1.18，在群体选择的层面，合作通常优于不合作。其次，见图1.19，如上述，人们在转型期社会很难把握"中"道。例如，斯密《道德情操论》建议的方法是看大多数人在特定情境内的行为，然后可以判断自己行为的合宜性。显然，这是把握稳态社会之"中道"的方法。斯密生活在农业社会尚未转入工业社会的英国，如果斯密生活在咱们的"文革"时期，他不可能认为大多数人的行为是合宜的。其实，中国社会三重转型期伦理学的独特

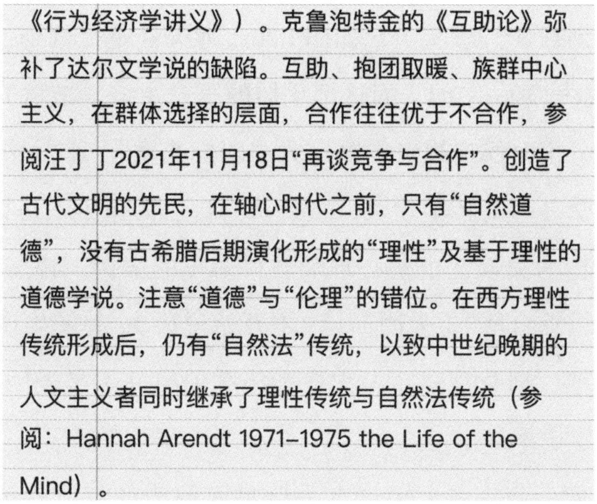

> 《行为经济学讲义》）。克鲁泡特金的《互助论》弥补了达尔文学说的缺陷。互助、抱团取暖、族群中心主义，在群体选择的层面，合作往往优于不合作，参阅汪丁丁2021年11月18日"再谈竞争与合作"。创造了古代文明的先民，在轴心时代之前，只有"自然道德"，没有古希腊后期演化形成的"理性"及基于理性的道德学说。注意"道德"与"伦理"的错位。在西方理性传统形成后，仍有"自然法"传统，以致中世纪晚期的人文主义者同时继承了理性传统与自然法传统（参阅：Hannah Arendt 1971-1975 the Life of the Mind）。

图1.18 我为2020级"转型期中国社会的伦理学原理"撰写的导论纲要（1）的后半部分

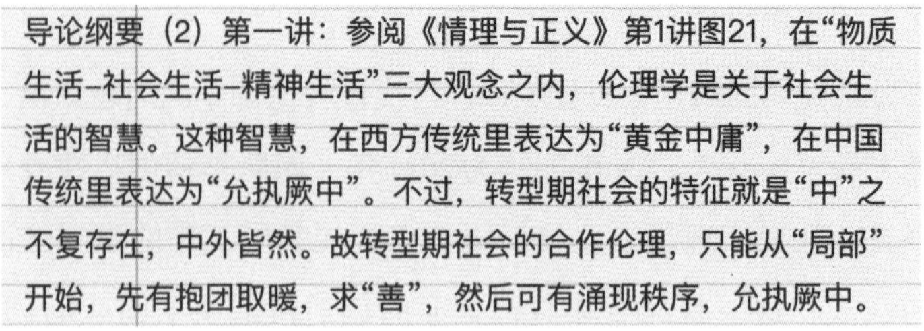

> 导论纲要（2）第一讲：参阅《情理与正义》第1讲图21，在"物质生活–社会生活–精神生活"三大观念之内，伦理学是关于社会生活的智慧。这种智慧，在西方传统里表达为"黄金中庸"，在中国传统里表达为"允执厥中"。不过，转型期社会的特征就是"中"之不复存在，中外皆然。故转型期社会的合作伦理，只能从"局部"开始，先有抱团取暖，求"善"，然后可有涌现秩序，允执厥中。

图1.19　我为2020级"转型期中国社会的伦理学原理"撰写的导论纲要（2）的前半部分

性恰好在于，不应轻易模仿大多数人的行为。有鉴于此，我们只能从局部开始合作，采取所谓"抱团取暖"的策略。而且，抱团取暖也不仅是策略性的行为，因为从这样的局部合作可以涌现或重塑人们关于"善"的伦理观念。

　　抱团取暖就是合作，转型期中国社会的伦理学，问题意识就是"合作"。注意，我介绍了两位考夫曼：第一位是天才的考夫曼，他的专业是医生，是"麦克阿瑟天才奖教授"，研究生命起源问题，晚年仍有著述；第二位就是这位研究天才的考夫曼，他小时候被老师判定为"弱智儿童"，后来成为出现在心理学教科书里的权威人物，研究智商、天才、创造性。事实上，如图1.20，考夫曼是《剑桥创造性手册》2019年第2版的第一主编，而这部手册的第二主编，施腾伯格（Robert J. Sternberg），小时候也被老师判定为"弱智儿童"。幸亏这两位主编的家长都不接受老师的转学建议，坚持认为自己的孩子不是智障。今天，他俩的故事传为美谈，也是心理学教科书里的案例。许多这样的儿童有"爱因斯坦综合征"（爱因斯坦7岁开始说话），林毓生说他7岁才开始说话。虽然，据我观察，考夫曼和施腾伯格并不是爱因斯坦这样的天才，林毓生也不是。

　　不论如何，我在图1.20这本手册封面截图的右侧写了一段注释：这本手册，初版于1999年，由施腾伯格主编，共24章。2019年考夫

图1.20　截自"转型期中国社会的伦理学原理"课堂用心智地图。左图是《剑桥创造性手册》2019年第2版的封面截图；右图是卡通漫画，达尔文手执"核小体"模型

曼与施腾伯格写第2版序言时，初版已被引用2500次。诸友浏览谷歌学者索引指标"Google Scholar Index"，应明白在20年内被引用2500次，是惊人的。理由在于，如这两位主编在第2版序言结尾所言：创造性，是关于人类未来的重大议题当中也许最重大的。这是收入第2版共36章的全体作者的共识之二。另外两个共识是：创造性可以被科学地研究；创造性不仅与先天因素有关，更与后天因素有关。因此，普通人也能变得富于创造性。这两位主编的早年经历反而激励他们成为研究创造性的学术权威。他们概括的全体作者共识之二，如哈拉里（Yuval Noah Harari）在《未来简史》最后一章宣称的那样，人类正处于最危险的时刻，基于三大理由：（1）人类已掌握了足以毁灭地球的科技力量，（2）人类对现状不满的程度日益增加，（3）人类不知道应当如何做。有鉴于此，创造性，当然是人类在哈拉里描述的最危险情境中最需要的能力。

图1.20的右图是达尔文，手里拿着一个核小体的模型，想不清楚如何表达。达尔文被称为"谦虚的天才"：首先，他是公认的天才；其

次，他出身英国上流社会的世家，很谨慎；再次，他深知演化学说受到广泛的怀疑和批评，不愿轻易发表激进观点。这幅漫画来自Cath Ennis and Oliver Pugh, 2017, *Introducing Epigenetics：A Graphic Guide*（《表观遗传学引论：图示导读》）。

　　回到图1.18，克鲁泡特金（Peter Kropotkin，1842–1921）的《互助论》是对达尔文演化学说的重要补充。明确地说，达尔文学说有一个致命缺陷，就是只谈竞争不谈合作。我在《行为经济学讲义》里说过，行为经济学的基本问题是"合作何以可能"。那时，行为经济学家通常承认已发表的行为经济学文献有两个核心议题："理性"与"合作"。根据更通俗的描述，这两个核心议题是"行为经济学的两个灵魂"——暗示这一领域的支离状况。

　　为弥补达尔文学说的缺陷，我写了两篇文章探讨竞争与合作的关系，第二篇发表于我的财新博客（2021年11月18日，"再谈竞争与合作"），第一篇则发表于2011年8月8日的《新世纪周刊》。此处的背景材料，可参阅我2009年11月12日在搜狐博客转贴的张剑荆2009年11月9日的文章——"评胡舒立辞职"。胡舒立的新闻团队与出资方的分歧导致最终决裂：《财经》杂志转由另一新闻团队接手，舒立新闻团队临时创办《新世纪周刊》。若干年后，这份周刊更名为《财新》。在张剑荆的这篇短文里，我抄录结语里的一段：

　　　　胡舒立是真正的新闻人。我这样说的意思是：她完全是以新闻作为轴线的。所谓新闻轴线，不只是说她写了几篇稿子，编了几篇稿子，策划了什么东西，而且是说，她发展成为新闻活动家。以纯新闻为中心，她组织起了巨大的财富流和人脉资源，而这些财富流和人脉资源代表着这个时代中最具进步意识、反思意识和自我批判精神的群体，《财经》的周围不是腐朽的、堕落的、物欲无边的人群。认识到这一点，就知道为什么《财经》会是一个奇迹。奇怪的不是胡舒立以及团队的离开，而是为什么能坚持这样久。所以，不必那么悲情，只要在大的历史视野里看问题，就不会绝望。

克鲁泡特金是俄国无政府主义思潮的领袖，对民国初期的中国知识界有巨大影响。你们也许知道，巴金因为崇拜无政府主义，从巴枯宁和克鲁泡特金各取一字得名"巴金"。你们检索巴枯宁，或可读到他与马克思激烈争论的那段历史，或可阅读我的《经济学思想史进阶讲义》第三讲第二节关于中国无政府主义思潮，包括它对毛泽东的影响。克鲁泡特金是专业地理学家，曾以沙皇军官身份任职于西伯利亚东部，在那里继续地理学研究，并初次读到普鲁东（Pierre-Joseph Proudhon，1809–1865）的无政府主义著作。他注意到，在西伯利亚极其严酷的环境里，动物相互之间合作多于竞争——这是他写作《互助论》的缘起。请注意，《互助论》的副标题是"A Factor of Evolution"（演化的一项要素）。

可以说，我即将介绍的以表观遗传学为核心内容的扩展的演化综合学说，是生物学家接着克鲁泡特金的合作演化学说继续展开的当代叙事。图1.9出现在我的财新博客文章"再谈竞争与合作"里。我在那里有详细解释，旨在表明，对最初的生命而言，一只古菌与一只真细菌之间的合作，使基于这一合作而形成的共生系统有了极大的竞争优势。如前述，财新平台的"返朴博客"发布《自然》杂志2020年几篇文章的中译综述，我认为，这篇文章介绍的假说很可能成为新的主流假说。现有的主流假说，参阅图1.10和1.11。

所以，如图1.21，在"印刷版心智地图"里，从第三讲的主题"规范伦理学"连线到第四讲的主题"转型期中国社会的伦理学"，这条连线的标题是"合作"，即转型期中国社会伦理学的问题意识。

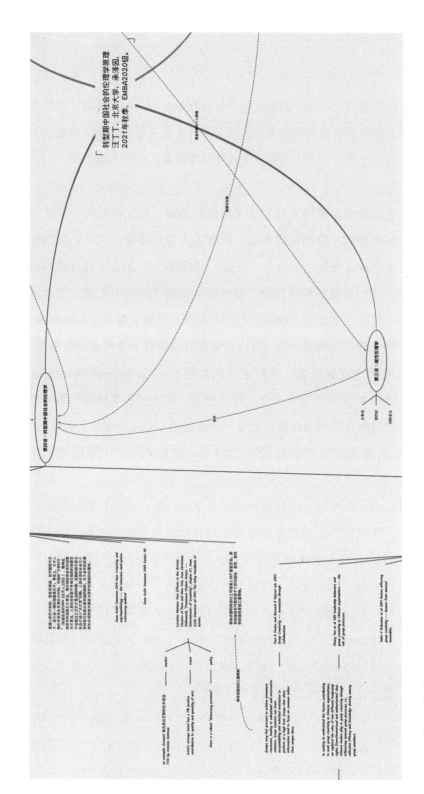

图 1.21 截自 "转型期中国社会的伦理学原理" 印刷版心智地图

四、中西伦理学的基本思路

现在看图1.22，我将中西伦理学的基本思路分为两类：其一是逻辑的、静态的、规范的，其二是历史的、动态的、经验的。古典时期之后，就是现代时期，在西方，契约论成为伦理学主流，美德论是潜流，义务论退隐或被融入契约论。在中国，伦理思想仍以先秦诸子为基础。其中，我引述1993年湖北荆门出土的"郭店楚简"，李零校勘，"儒家文献"："善不善，性也。所善所不善，势也。"我认为，这是上列第二类伦理学基本思路的典范，它是历史的、动态的、经验的。这样的伦理学甚至不会被西方哲学纳入"伦理学"范畴，因为它似乎缺乏任何规范。可是，我恰好最喜欢这样的伦理学思路，我觉得它是最普适的，

> 古典时期之后，当代的伦理学研究或可分为两种思路——契约论的和演化论的，前者是静态的、规范的、逻辑的，后者是动态的、实证的、历史的。善、不善，性也。所善所不善，势也。参阅金春峰2004《周易经传梳理与郭店楚简思想新释》注释"势"。李零认为，百家源于兵——核心原则是"任势不任人"（《孙子·势篇》："故善战者，求之於势，不责於人，故能择人而任势"），迥然不同于后来成为主流学说的六家——阴阳家（有兵家思想）、儒、墨、名、法、道德家。人与势的关系，也是当代道德哲学和政治哲学的棘手议题。我们只能有具体的研究思路，但我们可以有超越的理论视野——黑格尔主张的"逻辑与历史的统一论"。参阅《情理与正义》第3讲图25，康德和罗尔斯是契约论的代表人物，斯坎伦的契约论最接近社群主义。斯密、杜威、哈耶克，是演化论的代表人物。"经济"和"政治"与"社会生活"与"物质生活"有交集，它们又都与"伦理"有交集。并且，伦理和政治也与"精神生活"有交集。斯宾诺莎的伦理学，开篇讨论神的性质。孟子的伦理学，首先要求"吾善养吾浩然之气"。

图1.22　我为2020级"转型期中国社会的伦理学原理"撰写的导论纲要（2）的后半部分

不仅适用于稳态期，而且适用于转型期。

事实上，李零校勘的这套儒家文献，在同一篇，表达的思路是经验主义的。容我抄录这篇文献的开篇（李零：《郭店楚简校读记》，中国人民大学出版社，2007）：

（1）凡人虽有性，心无定志，待物而后作，待悦而后行，待习而后定。喜怒哀悲之气，性也。及其见于外，则物取之也。性自命出，命自天降。道始于情，情生于性。始者近情，终者近义。知情者能出之，知义者能入之。好恶，性也。所好所恶，物也。善不善，性也。所善所不善，势也。

（2）凡性为主，物取之也。金石之有声，弗扣不鸣。人之虽有性心，弗取不出。

上引第（2）明确表述了一种经验主义的方法论，即只有基于可观测的行为，才可推测人性的品格。人性善恶，是不必争辩的，可存而不论。上引第（1）只承认"善不善，性也"，虽然，"性自命出，命自天降"，这是先天的，必须在经验世界里有所表现之后才可知，此即"所善所不善"的意思。同理，"好恶，性也"仍是先天的，必须在经验世界里有所表现之后才可知，即"所好所恶"。人性在现实中之所以表现为善或不善，上引第（1）的核心命题是"所善所不善，势也"。金春峰《〈周易〉经传梳理与郭店楚简思想新释》（2004），解释"势"字的含义时引用孟子：水性向下，激而过山。据此类比，人性向善，迫于势而为恶；或反之，人性本恶，顺势为善。这两类现象，都是我们日常生活中常见的。先天的心性气质，在经验世界里，"待物而后作，待悦而后行，待习而后定"。甚至，例如，荣格在1933年之后为了维系国际心理治疗医学总会在纳粹德国境内的活动而担任会长（前任会长因犹太身份而被迫辞职）。荣格1934年在瑞士发表的文章清楚地表明，他不仅认为这一行动的初衷是善的，而且相信在经验世界里这一行动的后果仍是善的。虽然，这一行动引发了许多反法西斯人士的批评，参阅《荣格全集》第十卷"附录"。这一附录收入了荣格发表于1933至1934年的三篇文章，这些文章陈述了许多德国境内的政治细节。我的感受是，真正的善，可能必须在各种不利形势中才可证明内在的善。我的外公是国民党的情报人员，也出任日伪当局的北平新闻审查所所长，继续地下情报工作，他被捕牺牲之后，国民党在西安召开了英烈追悼会。我的外婆是中共北平地下党员，与我的外公分道扬镳，当然也不会相信他是抗日烈士，谈及前夫时，她只用"李鬼"称呼。古今义举，其实都是"赵氏孤儿"之程婴的翻版。

"规范"这个词的意思是"正常的""正态的""应当的"。说实话，我认为康德伦理学早已不适合现代社会，取而代之的应当是黑格尔伦理学，至少，黑格尔的思路更适合于转型期社会。

总括而言，我将伦理学定义为"关于社会生活的智慧"。在我常用的"物质生活—社会生活—精神生活"三维理解框架（现在我常表达为三个集合）中，伦理集中于社会生活，但与精神生活和物质生活都有交集。

关于"智慧"这一语词的中西含义，可参阅我十多年前的文章，"知识、秩序、悟性浅说"。我手绘了图1.23这幅插图，为说明各种各样的伦理学在普遍主义与特殊主义这两个极端之间的相对位置。注意，咱们中国人的情感方式决定了，在中国社会，尤其是转型期中国社会，大多数人愿意遵循的伦理原则，更接近特殊主义这一端。当然，有少数人，尤其是习惯于逻辑思维的人，可能愿意遵循康德的普遍主义原则。我在图中右上方写了注释：依照每一个人的性格，中国人愿意遵循的伦理原则大致分布在那样一个范围内，我称为"社群主义"。所

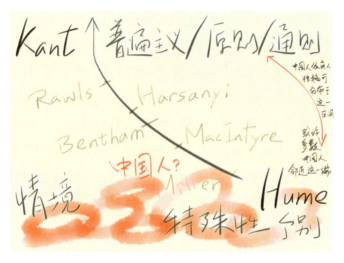

图25. 截图取自实时版心智地图：2012年丁丁手绘示意图，也是我的《新政治经济学讲义》插图3.8（世纪文景2013年出版）。 情理与正义第3讲图25

图1.23　伦理学诸家在普遍主义与特殊主义之间的相对位置，截自"转型期中国社会的伦理学原理"课堂用心智地图。

以，我认为大多数中国人骨子里就是"老婆、孩子、热炕头"，延伸而成"社群主义"。孔子发言不离开具体情境，善与恶，依赖于情境，与特殊主义接近，与普遍主义保持距离。

　　任何不是普遍主义的伦理原则，都有一种倾向，就是"合伙作恶"。其实，"抱团取暖"仿真实验，同样适用于"合伙作恶"。在经济学视角下，"腐败窝案"是个体腐败行为的理性化之必然。因此，如图1.24，第三讲是必要的，不能仅仅有特殊主义，还要有普遍主义。规范伦理学在康德那里达到顶峰，这是普遍主义对特殊主义的胜利。

　　我抄录写在课堂用心智地图第三讲标题左侧的文字："第三讲：契约论的伦理学，善恶之别，在心不在迹。演化论的伦理学偏于'迹'而昧于'心'，故必须补充以应然的行为模式，所谓'规范伦理学'（normative ethics）。规范有双重含义，其一是'正态分布的峰值'（行

第三讲：契约论的伦理学，善恶之别，在心不在迹。演化论的伦理学偏于"迹"而昧于"心"。故必须补充以应然的行为模式，所谓"规范伦理学"（normative ethics）。规范有双重涵义，其一是"正态分布的峰值"（行为规范），其二是"应当如何行为"。

参阅汪丁丁的EMBA讲义2021年9月出版《转型期中国社会的伦理学原理》。其中，斯坎伦的学说更接近演化学派。假如演化使实然趋于应然，则应然就有了罗尔斯所说的"稳定性"。中国的规范伦理学，最悠久的原则是"允执厥中"，这一规范，有传统则稳定，传统瓦解则失稳。

义务论
契约论
功利主义
第三讲：规范伦理学

杨昕发布：与罗尔斯把政治与伦理糅合在一起的契约论不同，斯坎伦提出了建立在共同体基础上的契约论。斯坎伦认为，生活在共同体中的人们，对于行为对错有着大致相同的标准和观点。反过来说，对行为对错持大致相同标准和观点的人们，构成了一种契约共同体或协议共同体。斯坎伦强调，契约论的基本精神在于知情、非自愿或非强迫性，而共同体中人们对道德原则的认同恰恰体现了这种契约精神。
——龚群（人民大学）：《国外伦理学研究前沿探析》，2014年

图1.24　截自"转型期中国社会的伦理学原理"课堂用心智地图

为规范），其二是'应当如何行为'。"

如图1.25，斯坎伦的学说更接近演化学派。假如演化使实然趋于应然，则应然就有了罗尔斯所说的"稳定性"。中国的规范伦理学，最悠久的原则是"允执厥中"，这一规范，有传统则稳定，传统瓦解则失稳。

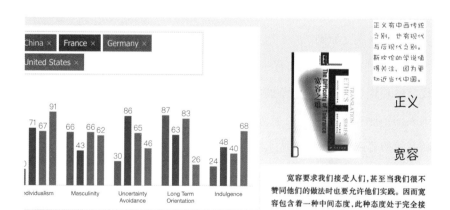

图1.25　斯坎伦著作《宽容之难》的中译本，截自"转型期中国社会的伦理学原理"课堂用心智地图

　　与考夫曼医生一样，数理哲学家斯坎伦（Thomas Michael Scanlon）也是麦克阿瑟天才奖教授，他转入伦理学领域，被认为是康德和罗尔斯之后最重要的伦理学家。他的主要著作都有中译本，但译文不容易读，可参阅我的《经济学思想史进阶讲义》关于他和海萨尼（John Harsanyi，1920-2000）的讨论，最好是去看他的演讲视频，反正我特别喜欢他的那些演讲视频，逐一下载收藏。他的伦理学核心命题是这样的：在任何社会，不论是稳态期还是转型期，一项行为是否正当，敏感依赖于与这一行为相关的人（行为主体在意的那些人）能否提出有根据的反对理由。

　　斯坎伦在加拿大某大学的一次演讲中谦虚地谈到他的伦理学核心概念"care"，杨昕建议直译为"在意"。也许，我推测，他读过海德格尔的《存在与时间》，因为海氏在论及个体生存的三重状态时，至少英文版也用了这一语词，海氏分析了焦虑与在意之间的联系。斯坎伦这样定义"正当行为"：对于行为X，如果行为主体在意的那些人无法提出反对这一行为的正当理由，则X就是正当的。请注意，随后，斯坎伦说，随着一个人在意的人的数目不断增加，最终，上述的定义将成为一个普遍主义原则。

　　我在图1.25的右上端有一段评语："正义有中西传统之别，也有现代与后现代之别。斯坎伦的学说值得关注，因为更切近当代中国。"中国人的情感模式是"爱有差等"，每一个中国人在意的人，由近及远，随着他的普遍主义精神日益觉醒。

　　斯坎伦的这种契约论，其实已偏离康德的普遍主义立场很远，与罗尔斯的正义论不同，斯坎伦的正义（正当性）原则有关键性的心理基础，就是"你在意的人"——社群主义精髓。此外，斯坎伦当然要论证何为"有根据的反对理由"。不论如何，我认为，第三讲的核心人物就是斯坎伦。其余的诸家学说，诸友可直接阅读《情理与正义》。

　　我讲完了"导论纲要"的第（1）和第（2）两项，现在介绍一下这门课的参考文献涉及的核心人物的中译名。任何一篇参考文献的重要性，通常取决于它的作者在这一领域里是否具有核心的重要性。依照出场的顺序（参看图1.26列出的英文姓名及参考文献发表的年份），这些核心人物是：缪勒、饶敦博、罗豪淦（2020年文章"人格理论与人性的本质"）、达马西奥（2018年著作《万物的古怪秩序》）、考夫曼和施腾伯格（《剑桥创造性手册》）、席梦顿（科普著作《天才101》，他主编了《天才手册》）、齐申义、葛浩德（《文化与组织》）。

导论纲要（3）今年课程的参考文献，有几位核心人物，他们的思路构成演化伦理学和激发与保护创造性的伦理学之基础。1）缪勒（Gerd B. Muller）2017；2）饶敦博（Robin Dunbar）1996, 2014, 2015, 他的四部著作有湛庐文化的中译本合集，我写了中译本总序；3）罗豪淦（Robert Hogan）2020；4）达马西奥（Antonio Damasio）2018；5）考夫曼和斯滕伯格（Kaufman and Sternberg）2019, 席梦顿（Dean Keith Simonton）2019, 齐申义（Mihaly Csikszentmihalyi 1934-2021）1975, 1999, 葛浩德（Geert Hofstede）2010。

图1.26　导论纲要（3），参考文献核心人物的中译名

　　然后是图1.27，我记得，这是我为选修这门课的2020级学员手绘的第一张图。它的主旨是一目了然地呈现从生物学和表观遗传学科普著作里难以索解的核心关系。生物学教材，我今年使用的是《分子细胞生物学》2021年第9版。图1.27务必看懂，至少理解它表达的主要关系，否则，我这幅手绘图示就浪费了。这是咱们下一讲的开篇内容，这张图将占用下次课程的前一半，也许还不够。现在下课。

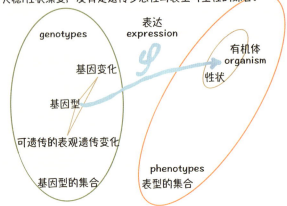

图1.27　我为2020级学员手绘的表观遗传学与基因遗传学图示，截自"转型期中国社会的伦理学原理"课堂用心智地图

附录1　从E20"转型期中国社会的伦理学原理"学员 35份作业当中得分较高的10份作业探讨企业内部的合作伦理问题

　　这是一种新的形式，我称之为"作业汇评"。作业得分高的同学在微信群的发言未必得分高；反之，微信群发言得分高的同学，作业得分未必高。与经济学作业不同，E20学员的伦理学作业探讨企业内部人与人之间的合作问题，不仅涉及合作各方的权益分配，而且涉及当事人的性格与品质。故而，抽象的原理必须依托具体的细节才可呈现。也因此，有人际关系的细节描写，是作业得分较高的主要理由。

　　李进超同学的作业，是我汇评的第一个案例。李进超的公司，创始人姓潘，是他在清华大学汽车工程专业读本科时的同学（不同班），而且住同一宿舍（一年级）。这家公司的联合创始人，潘总、李进超、黄同学（也是清华本科）之外，还有两位吉林大学的同届毕业生，辛同学和王同学。可是在公司的筹备阶段，李进超尚未离开自己以前的公司，并且潘总告诉李进超说黄同学有了另一个想法，自己出去创业了。如果李进超也不能履行承诺，则潘总的"清华大学三人组"就只剩下他一人，非常不利于草创时期的公司成长。于是，李进超继续履行承诺。经过一年多的发展，这家公司初具快速增长态势，股东人数也增加至六位——原有的四位＋新的两位吴和张，并吸引了一位IT资深人士于某加盟。但这位于某，瞻前顾后，在上一家公司和这一家公司之间犹豫不决，希望由他持有这家公司5%的股权。对于这一建议，六名股东意见分歧，吉林大学的辛同学和王同学坚决反对，他们认为：
（1）公司股权价值很高，（2）于某是典型的机会主义者。不过，其
余四名股东都愿意让出5%股权。投票以多数同意为原则，经此一争，
"吉林大学二人组"不久就离开了这家公司。这家公司已有160名员工，
最初的五名联合创始人现在只剩下两名。也许这就是转型期中国社会
的企业模式，在这里发生的合作关系，随着人员的流动而变化，合作
伦理的三项要素，在变动不居的合作关系里，各自的重要性也变动不
居。一般而言，企业发展的早期，最重要的合作伦理是可信任和可执
行的承诺。随着企业表现出快速增长态势，从而吸引更多的人加盟，
并诱致更多的机会主义行为，承诺之外，有必要确立关于公平（正义）
的共识。在中国转型期社会里若要成就一番事业，我的概括是：因人
设事，因事设制。故而，创业的前提是"交友"，几位意趣相投的朋友
在一起琢磨可能做哪些事，然后才设置制度，注册公司，拓展市场。
与中国非稳态社会迥然不同，在西方稳态社会成就一番事业，首先需
要新观念，其次是开发产品，然后创建公司；交友与否，并不重要，
因为市场和企业都有相对健全的制度，招聘人员，照章小事，适度灵
活，公平（正义）成为最重要的合作伦理。

　　杨正光同学的作业，是我汇评的第二个案例。他足够细致地描述
了公司内部两位女性主角H（人力资源主管）与F（财务主管）之间晚
近发生的一场严重冲突。人力资源主管H是"90后"，性格倔强，极
聪明，有创造性，能吃苦，往往一个人完成自己部门全体员工的工作，
深得1号位的信任，但又有文牍主义作风，不能通情达理，也不懂业务
和财务，动辄就讲政治或其他官僚话语，平日只对1号位负责，完全不
考虑其他领导的感受。财务主管F是家中的独子，个性倔强，智力水平
高，名校毕业，业务能力强，沟通能力弱，思维如审计，业务权限和
风险意识的边界尤其清晰缜密。也因此，H认为F缺乏大局观。杨正光

认为，首先，H和F共同的特质是：（1）"非黑即白"的简单思维方式，（2）个体意识强而群体意识弱，（3）对自己负责的局部有很好的承担，而对公司整体则缺乏敏感性；其次，1号位或多或少有"暗黑人格"——自恋、讲权谋，这样的企业领导从不将错误归咎于自己，因此很容易接受H对F的指责。与李进超的企业相比，杨正光的企业已有10年历史。按照中国的企业增长速度（年均35%以上），10年的企业，规模可达最初的20倍。据我观察，规模扩张10倍之后，企业内部的官僚化趋势就可十分严重，以致应当至少一次使用奥尔森所说的"shake-off"（抖掉）。企业像大海上的一艘轮船，官僚化的企业犹如轮船的外壳布满了附着物，越来越沉重，并且阻碍行船，奥尔森于是用"抖掉"这一语词，当然，必须是足够剧烈的"抖"。对于官僚化的企业而言，承诺已不再重要，宽容（情理）和公平（正义）成为最重要的合作伦理。

黄柏文同学的作业描述了更复杂的情形，是我汇评的第三个案例。他的企业主营芯片制造，技术团队主要来自台湾，约300人，占企业雇员总数的三分之一。根据他的描述，台湾员工面对不同于己的意见时，首先确认对方是否对相关的时空/环境/背景/人/事/物有着与己相似的了解，进一步再了解背后的动机及想法，最后再决定该如何处理。与之相对的是大陆员工的处理方式，大陆员工的服从性高，对于领导的指示较少表达不同的意见（相对于台湾员工），也相对少了事前事中的沟通，当出现和预期不同的结果时，处理的程序通常是先了解有没有违反相关的规定，有没有类似的情况被上级检查时判定违规。如果答案是"有"，接着就是按照程序走，很少尝试了解对方的动机以及目的，因此在这个层面上宽容度是低的；如果答案是"没有"，相对愿意了解对方的想法，宽容度也变高了。另一方面，宽容之为合作伦理，还取决于部门主管与部门的气氛。一般来说，大陆主管带领的部门对于员工表现的宽容度是高的，但出错以后处理的宽容度是低的。相对而言，台湾主管带领的部门，对于员工表现的宽容度是低的，但是出错以后处理的宽容度是高的。作为一个国企，有许多同人是通过股东方或是地方领导介绍进来的，一般来说，只要不是做得太离谱，这一群同人得到的宽容度也比其他大陆同人高，虽然这样的宽容对于提升营运绩效没有什么帮助，但在某些时候对公司和外部关系起到一些润滑的效果。我想这是在正义以外的宽容，是从人与人紧密的关系中拓展出来的，过去在台湾的公营企业也是常态，只是近年来随着科技企业在台湾的蓬勃发展，这类不含正义的宽容减少了非常多。黄柏文继续描述，在正义这个维度上，公司是正规经营的国企，因此明显违法违规的事情很难存在。除了上述事情，公司内部的正义相当程度取决于部门领导对正义的态度。举例来说，处长相当程度决定他带领下的处的正义。大陆的主管及同人明显将组织或是领导的正义认为正义，较少表达自己认为的正义，也不对组织或是领导的正义提出疑问，因此听命办事是非常普遍的现象。台湾主管及同人，相对而言，倾向于将上级认为的正义与个人认为的正义摆在心中审度，并在适当的时间提出自己的想法，而不是全盘接受。我常从黄柏文同学的作业受启发，这次亦然。我说过，所谓"企业文化"，就是企业内部人与人之间行为的稳定预期。根据黄柏文的描述，台湾员工和大陆员工各自有相当不同的企业文化，又恰好以三分之一和三分之二的比例共存于同一企业内部，构成微妙的平衡。关键是，这两群员工似乎缺乏日常生活的交集，于是这两种企业文化也就难以融合为一。

彭雪蔚同学的作业里有这样一段描述，与黄柏文同学的描述可以互参：作为在德国从事化妆品行业的华人CEO，公司既有德国员工，也有华人员工，在合作上基本都很融合。在契约精神上，德国员工做得更好，不用监督考核，非常自觉。华人员工喜欢钻空子，请客送礼，打听消息。但华人员工为了更好的业绩肯加班，工作的主动性强，会自己找到解决问题的办法，比较灵活。德国员工不行，比较死板，不会变通。所以，一般销售的工作放给华人员工，行政方面给德国员工。实验室的工作要双方参与，华人员工效率高，德国员工严谨认真，大家在一起工作，互补，经常会有一些更加高效的有意思的想法，提高了实验室的效率，对于困难的解决方案非常高效。在宽容方面，中国人比较包容，德国人更追求承诺，也非常重视规则与秩序。

陈涛同学的作业，成为我汇评的第五个案例。他担任律师期间，代表客户对企业A进行了一次尽责调查。这是广东一家30年前国企改制而成的民营企业，七人管委会，其中一人是技术主管，其余六人是1号主管、他的秘书和秘书的丈夫、他的前司机等。长期以来，企业内部的宽容主要表现为管委会成员之间对于决策错误甚至贪污腐化的宽容，普通员工则主要是履行自己的工作承诺，至于正义或公平，基本上不存在。陈涛认为，完全缺乏正义的合作是难以维系的。

刘廷超同学的作业是我汇评的第六个案例。他2016年参与一家互联网企业的科研开发工作，那时团队是"背水一战"，故很少考虑个人得失。刘廷超的总结是：承诺和宽容可以产生友情，友情在合作中起到稳定作用，虽然团队的付出并没有得到公司的认可，但团队成员之间增加互信，足以让团队共同面对各种困难。对比而言，2019至2020年他参与的公司，核心员工对公司发展有极高预期，如达不到这一预期，就导致高比例员工辞职。刘廷超的总结是：人员优化占离职总人数的61%以上，虽然淘汰了一些绩效不佳的员工，但剩下的员工对此乐于接受，大家也希望能共享公司未来上市的红利，团队士气也因此高涨。2020年，经过一年发展，公司转型没有获得预期的效果。亏损虽然有所扭转，但多款产品的行业位置出现了下滑，大家对公司的上市承诺逐渐丧失了信心，出现了大量员工离职的情况。离职人数上升了58%，主动离职率超过77%，和一些离职员工面谈后发现，最主要的离职原因是对公司的未来看不到希望，其次才是公司付给的工资低于行业水平。员工对公司的诉求首先是一个安身立命之所，如果不能够提供足够的安全保障，任何制度都无法阻止大家的离开。在形势不利的情况下，个人作用甚微，处在其中有着深深的无力感。市场上机会多、人员流动性大，导致企业无法对员工产生稳定的行为预期，企业不重视人才的长远规划，不注重员工的情感投入，员工也没有把企业当家，缺少归属感，人员流失严重。互联网行业的飞速发展，暴富神话的广为流传，促使很多企业盲目跟风，导致行业泡沫严重，同时也提供了大量的工作机会。缺少稳定的社会环境，企业鱼龙混杂，没有一致的价值认同。员工追求的目标仅仅是个人利益，对企业缺少也不适合有长远思维。员工与企业之间的承诺没有可信性和可信守性，企业对员工也不存在宽容，很少能容忍偏离预期的行为，彼此没有情感基础，正义不可维持也无法预期。如果缺少社会和精神层面的追求，崇尚金钱至上，公司只能是一个聚义分钱的平台。"月明星稀，乌鹊南飞，绕树三匝，何枝可依"，正是当代许多中国人面临的窘境。

瞿娜同学的作业里有一段描述，可与刘廷超上述结论互参：某部门设置部门主管一位，直接向公司总经理汇报。部门整体奉行结果导向原则，管理人员会要求员工严格按照工作流程完成日常工作来达成业绩目标，在这一基础上承诺员工个人发展，但对于员工的工作失误或者达成情况一般的会有严厉的指责甚至个人人身批评。面对这一情况，员工对于工作流程与方式严格遵从，专注于目标达成，因为不知道背后的逻辑和原因，很少会提出优化或改革建议。员工主动寻求原因，往往会被告知"你不需要知道原因，只要照我说的做就好了"。基于部门的风格，员工在对外沟通的时候，风格也偏通知型，导致销售同事对该部门的工作认可度低，整体合作水平也低。部门同事之间的沟通也少，且是非正式"抱团取暖"式的沟通，更多表达的是对高压环境的不良感受和不满意。据统计，2020年该部门离职率高达55.5%，而且有多位员工在试用期（6个月）内离职。

江长全同学的作业也有一段描述，与刘廷超和瞿娜的作业互参：管理人员主要以三兄妹为主，生产管理是由大哥即企业创始人负责，销售是由二弟负责，财务、物流、服务运营是由妹妹把关，大部分员工是由亲戚和朋友介绍的熟人，他是少数通过报纸上的招聘信息应聘进来的员工。从承诺、宽容、正义的角度阐述，在此阶段企业主要是通过亲戚朋友间的信任展开合作，该企业的员工之间，员工与企业主或者管理者之间，主要是靠宽容展开合作，由于没有完善的规章制度，企业主和员工之间对于对方偏离预期轨道的行为都会保持适度的宽容态度。举例来说，在企业方面，由于企业处于发展初期，市场销售不太稳定，企业的现金流不充裕，工资的发放有时会出现拖延的现象；由于管理的不完善，产品质量经常会出现问题，业务人员经常充当救火队员的角色；在此阶段，员工和客户对企业都会选择宽容的态度。在员工方面，销售人员偶尔会出现将公司货款挪作他用的现象，只要数额不大，并在公司需要钱的时候能归还，企业一般不会追究员工的责任。在发展阶段的中后期，企业开始引进职业经理人，以销售为例，2009年从外部招聘营销总监，引入绩效考核KPI管理模式。每年11—12月开始制定第二年的预算目标和绩效考核指标，主要是KPI考核指标，首先制定年度目标，然后根据年度目标编制预算，再制定出绩效考核指标，对销售部门主要考核销售收入、利润和销售费用，生产部门主要考核降本指标。指标制定之后，管理人员会与公司签订承诺书，公司根据承诺的达成情况对管理人员进行绩效考核管理，发放工资和奖金。该企业由之前的固定工资制和按老板的心情发放奖金的形式，转变为双方签订承诺书的形式进行合作，管理者和员工对企业有完成核心绩效指标的承诺，在员工达成绩效指标时，企业主对员工有兑现发放奖金的承诺。通过几年的实践，企业与员工之间对各自承诺的可信性和可信守性产生了较为确定的预期。该企业由发展初期的宽容的合作模式转向以承诺为主、宽容为辅的合作方式。

陈臻同学在作业里回顾了自己的经历，然后写了如下这一段总结："我对人才和合伙人的筛选还是比较重视的，因此在宽容的尺度上我希望自己能够把握得更好。如果在保持合伙人具有一定自由度、尊重他们的投资逻辑的基础上，也要坚守公司的投资逻辑和风险控制，在这部分，我希望自己通过制度＋人情味的沟通去保持平衡，让公司的团队及合伙人都能保持相对稳定的合作关系。"

李曙光同学的作业，有两段描述，都是关于宽容的："2012年我们公司计划在华东与一个贸易、加工类业务比较综合的钢材加工配送公司合作，就需要一个经理的人选。我们公司有一个庞经理，当时定这个人选的时候，各种评论较多，副总就说这个庞经理能力确实没问题，但是平时对钱比较计较，担心他不能胜任经理的工作。后来我在交流沟通的过程中，还是坚持派庞经理去做这个合作公司的经理，因为在合作公司，最重要的首先是开拓市场，快速增加销售，实现盈利。庞经理虽然有他的缺点，但是缺点也可以变成优点，只要有良好的奖励政策，反而能调动积极性，促进公司发展。我们有相应的公司管理要求，相应的层级、审批制度，这些会辅助我们去粗取精。后来证明这个决定还是正确的，2012到2020年之间，合作公司每年的盈利都在千万以上，取得了非常好的收益，庞经理个人收益也非常可观，重要的是收入高了之后，好像缺点也渐渐消失了。这是多方合作成功的一个典范。如果开始不能客观地理解一些事物的情况，不能以包容的心态去选择，就不会有这样好的结果。……我们公司主营钢材加工，2008年开始做这项业务。首钢2011年的时候也购买了德国进口设备，要开展同样的工序，这样就会影响到我们的市场前景，实际上就属于竞争对手。这个时候首钢还要求到我公司来培训操作人员，就有点过分，但是和首钢的合作，不只是加工，还有其他很多方面，采购、贸易、进出口等。最重要的是，这是首钢集团战略，也不是我一个公司可以左右的。我考虑再三，还是同意了，首钢员工培训之后效果非常好，当然我公司市场也受了很大的影响，有两三年的时间还是非常被动的。按理说钢厂应该是负责大型生产和大规模的制造，对这种比较精细的下游生产控制管理是有不相匹配的问题的。这些加工分类的业务应该搁到下游，各个行业专业做各个行业的事情才对。经过四五年的发展之后，市场也发生了变化，各种问题非常突出，首钢的加工线整体收益非常差，后来就关掉了。"

综合上述10篇作业，我倾向于认为，在转型期中国社会，企业内部的合作伦理三要素当中，最宝贵的是宽容，它也是企业文化的人性基础。

（2022年1月4日）

附录2　生命，技术，行为

阿瑟《技术的本质》中译本，我作序，将他的观点概括为这样一个核心命题：在动态视角下，技术就是生命；在静态视角下，生命就是技术。

与我的"广义经济学"密切相关或广义经济学必须由之开端的两大观念，是"生命"和"技术"。前者是经济活动的行为主体，后者是自然资源转化为生活资源这一过程之为经济活动的总称。参阅：Ulrich Witt，2005，"Production in Nature and Production in the Economy：Second Thoughts about Some Basic Economic Concepts"（自然的生产与经济的生产：关于基本经济学概念的再思考），*Structural Change and Economic Dynamics*（《结构变迁与经济动力学》），vol.16，pp.165–179。

上面这篇论文的作者维特教授，是我的老友何梦笔（Carsten Herrmann-Pillarth）的老师。我1996年离开香港大学，接受何梦笔的邀请到德国讲学。维特1995年离任弗莱堡大学教授，转任马克斯·普朗克研究院耶拿的经济学中心主任。他是演化经济学教授，还是一位"硬核"的哈耶克主义者。由何梦笔教授介绍，维特教授邀请我从杜伊斯堡大学（我任教的大学）到耶拿的马普研究院访问七天。那时，"两德统一"导致的财政负担极大。前东德人的失业率超过40%，也许高达80%。主要原因，经济学家认为，前东德人完全不适应市场经济。故而，大批的前西德人旅行到前东德来上班，与此同时，大批的前东德人靠失业救济维持生活。何梦笔教授对我说，前西德个人所得税平均超过40%（香港只有17%）。不论如何，就我的印象而言，维特教授不愧是"硬核"哈耶克主义者，他有哈耶克那样的广博知识，从哲学到生物学，从艺术到数学。

关于"生命"，最新版（2021年）的生物学标准教材，开篇是这样写的：At the most fundamental level, we may ask: What is life? Even a child realizes that a dog or a plant is alive, while a rock or a car is not. Yet the phenomenon we call life defies a simple definition. We recognize life by what living things do.（我的翻译：在最基本的层次，我们也许要问：何为生命？甚至儿童也意识到一只狗或一株植物是活的，而一块岩石或一辆车不是活的。可是被我们称为生命的这类现象拒绝任何简单定义。我们因活物之行为而认识生命。）——*Campbell Biology*，12th ed.（《坎贝尔生物学》第12版）

在关于"生命"的百多个不简单定义当中，我同意这样一个定义：生物区分于非生物，因为生物兼备三项能力：（1）代谢能力，（2）自我修复能力，（3）复制自身的能力。

设全部生命的集合是A，设全部生命通有的全部属性的集合是B，如果由属性集B内涵定义的集合∩{x有属性p}p∈B刚好是A，并且A的全体成员通有的属性都已包含于B，则（A，B）构成"生命"这一观念的"正规概念"，A是这一概念的"对象集"，B是这一概念的"属性集"。参阅：Bernhard Ganter and Sergei Obiedkov, 2016, *Conceptual Exploration*（标题直译"概念探索"）。第一作者当年与他的老师Rudolf Wille（1937-2017）在德国的达姆施塔特工业大学共同创建了"正规概念分析"学说：B. Ganter and R. Wille, 1999, *Formal Concept Analysis: Mathematical Foundations*（标题直译"正规概念分析：数学基础"）。他现在是德累斯顿技术大学代数研究所的"代数结构理论"荣休教授。

在给定的数据集合里，机器可以自动探索正规概念。这样的智能，我称为"狭域全局理性"。参阅"人类智能是广域局部理性而人工智能是狭域全局理性"（汪丁丁财新博客2020年8月15日）。人类智能是"广域局部理性"，首先，它不为自己的探索划定范围；其次，资源有限，它的探索只能基于重要性感受，从而只有局部理性。这一基本原理，我称为"Simon-Hayek-Smith"（西蒙—哈耶克—史密斯）演化理性思路。

广域探索是演化过程，资源稀缺，求生优先于求知。人类演化数百万年，觅食时间之外的闲暇时间多用于"生产性社会交往"，而极少用于"纯粹求知"。参阅我为饶敦博（Robin Dunbar）著作湛庐文化中译本"罗宾·邓巴'深度理解社群'四部曲"撰写的总序，标题是"社会脑的演化"。

演化的知识，经验最重要——"经验"两字连用，是中医的传统，经方（经典）、验方（临床有效）、经验方（经典再验）。再看（A，B），对象集A收纳的经验，有属性集B，由这一属性集B内涵定义的对象集未必就是A，故记为A'。知识是演化的，不能有全局完备。如果经验提供的属性太少，则A是A'的子集；如果经验提供的属性太多，则A'是A的子集。不论何种情形，都不满足正规概念的条件。比正规概念或概念更宽泛的二元体（A，B），我称为"观念"。参阅"观念为现象分类"（汪丁丁财新博客2020年8月18日）。在全体观念的集合上，可以有"观念拓扑"（详见我2022年的新书《收益递增：转型期中国社会的经济学原理》）。

生命之为"观念"，可以包含碳基生命之外的生命，例如在"百度百科"有词条的硅基或磷基生命，甚或外星系可能有的"重金属生命"。检索"硅基生命"词条可知，"代谢"这一属性，目前仍是碳基生命的属性。将来可能有的非碳基细胞，怎样界定生命的代谢能力，尚待解答。

姑且局限于碳基生命，它们是否通有复制自身的能力？脑内的神经元细胞的再生能力，即所谓"adult neurogenesis"的研究，尚无定论（Ashley E. Webb et al., May 11, 2021, "Adult Hippocampal Neurogenesis in Aging and Alzheimer's Disease", *Stem Cell Reports*, vol.16, pp.1–13）。可见，如果生命观念的属性集 B 包含上列全部三项属性，则由 B 内涵定义的对象集 A 可能不包含全部生命现象。另一方面，如果生命观念的属性集 B 只包含例如"复制自身的能力"这一属性，则由 B 内涵定义的对象集 A 可能包含全部生命现象以及生命现象之外的现象，例如晶体生长或电脑"蠕虫"病毒。这样的对象集可能太宽泛，以致难以区分生命与无生命。就目前的生物学知识状况，仍须假设生命观念的属性集 B 包含且仅包含上列三项属性。

关于"技术"，我发挥 Ulrich Witt 2005 年那篇文章的思路，以生活资源为一端，以生存环境为另一端，将环境到生活的全部转换过程称为"技术"。在这一视角下，技术是生命的延伸。技术之发生，是因为生活资源稀缺。所谓"稀缺"，是生命在特定时空的重要性感受。这种感受意味着行为主体欲求的生活不能完全靠既有的生活资源得以实现，于是发生寻求更多生活资源的冲动。这种冲动导致所谓"生产"过程，就是将生存环境所含原本不是生活资源的事物转化为生活资源。

生命只能在特定的感受域之内获得重要性感受，如下图所示。生命的感受域由参量决定，例如，人类有五官及官觉，人类没有引力感和电磁感，故而人类的感受域里没有引力和电磁力（庞加莱晚年讨论过这件事）。物理参量之外，还有"生理—心理"参量、"社会—文化"参量等。由于因果关系是网状的而不是线性的，我们很难严格区分"变量"和"参量"。在"有限理性"假设下，生命在感受域之内有能力感受并将其所感根据重要性加以排序。

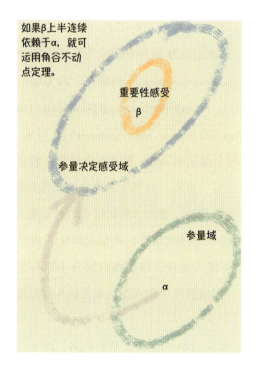

如果β上半连续
依赖于α，就可
运用角谷不动
点定理。

重要性感受
β

参量决定感受域

参量域

α

此处，参量域内的任一参量α，决定了生命的一个感受域，并且生命在这一感受域之内有重要性感受的集合β，在这一集合之外的感受，其重要性太低以致可被忽略。其实，我手绘这张图，是要呈现经济学"一般均衡"存在性定理在何种条件下可以拓展为"重要性感受"的一般均衡存在性定理（凸性和紧性都不如连续性重要）。生态演化的常识表明，这一拓展不可能成立。由此推测，重要性感受不能连续依赖于参量，或者，感受域不能连续依赖于参量。这一推测里的两项可能性，都符合常识

生态依赖于由近及远的自然条件和许多生命的行为，就此意义而言，生态的极小部分可以包含于特定生命的感受域里，这一极小部分的生态，称为这一特定生命能够感受到的"生存环境"。决定感受域的参量如果有所改变，生存环境当然也随之变动。

对特定生命而言，生存环境里的事物，要么已经是它的生活资源，要么不是它的生活资源，也许，改变这些事物的属性就可使它们成为它的生活资源。改变事物的属性，称为"转化"（transformation）。这种转化可以自然发生，也可由技术而实现。前者称为"生态"，后者称为"生产"。洛特卡（Alfred J. Lotka，1880–1949）是美国最早研究生态循环的数学家（可检索"洛特卡—福特拉"方程），根据他1925年的著作 *Elements of Physical Biology*（《物理生物学基础》），有机体是"能量转换器"（energy transformers），此处"转换器"的词根，也就是"转化"的词根。

生命有"行为",这是生命区分于无生命的特征——"我们因活物之行为而认识生命"。有机体通过代谢过程吸收营养并排泄毒素,此处"代谢过程"是有机体的一种行为。此外,维持内平衡状态和复制自身,是有机体的另外两种行为。这些观察引出关于"行为"这一观念,它的对象集是"行为主体的偏好"(简称"偏好"),它的属性集是"转化"。于是,行为=(偏好,转化)。这一定义意味着,行为,是由"偏好"诱致的"转化"活动。鉴于上述关于技术的讨论,"偏好"是由"转化"内涵定义的对象集的子集,而一切自然的转化构成"转化"内涵定义的对象集的另一子集。因此,"行为"是观念,而不是概念。

偏好是各种现实的和可能的"情境"(situation)在行为主体的感受中或基于认知的想象中的重要性之排序。不论行为主体是否有理性,总可假设演化导致的行为"似乎是理性的"(as if rational)。经典参考文献:Armen Alchian,1950,"Uncertainty, Evolution, and Economic Theory"(不确定性、演化与经济理论),*Journal of Political Economy*,vol.58,no.3,pp.211-221。皮尔士的知识论,以有利于社群繁衍为检验真理的标准,也可用来支持演化偏好的"似乎理性"假说。例如,海绵动物固着在有海流的开阔海底,形单影只,周围很少其他生物。这样三项属性,规定了一种生存情境。在演化偏好的视角下,海绵动物"似乎理性选择"了这样的生存情境,在海绵动物的感受或基于认知的想象中,这样的生存情境有最高的重要性排序。研究表明,海绵体内的数百万"领细胞"鞭毛摆动使海水快速穿过,从而滤取足够多的营养。上述的那种生存情境(开阔、竞争者少、海水流速高),最适合海绵生活。

在"行为"这一观念的对象集里,假设任一给定的偏好R,由R代表的行为主体,例如海绵,有一个给定的生存环境E=(G|E,M|E),在给定的世界=(G,M)之内,G|E表示集合G限制于环境E,M|E表

示集合M限制于环境E。在经济学视角下，E是可选方案的集合，是对行为的约束。对海绵而言，E包括许多可能的生存情境。R是定义在E上的价值排序，如果R满足阿罗"理性公理"（完全的和传递的），R在E上有最大元maxE，那么，行为＝（R，转化）的新古典经济学形式就是行为＝（R，maxE）。对海绵而言，maxE＝"开阔、竞争者少、海水流速高的情境"。

偏好，重要性感受的排序，也称为"半序关系"。如果偏好对应的转化与自然转化完全重合，行为就是"生态的"。如果偏好对应的转化偏离自然转化，行为就是"技术的"。仍以经济学为例，从环境资源到生活资源的转化过程被表达为"生产函数"——从初始资源到最终消费的技术规定。

生命的行为，绝大部分是生态的。哈耶克在《致命的自负》里宣称，是传统选择了我们，而不是我们选择传统。我沿袭哈耶克思路，将生命传统划分为三个层次：其一是物种的，其二是文化的，其三是个体的。关于"文化"，有400多个定义，我常用下列三个：（1）文化是生活方式之总合，（2）文化是意义之网，（3）文化是群体成员共享的行为预期。

（财新博客2021年4月28日）

附录3 逝者：马洪

马洪，著名经济学家，国务院发展研究中心名誉主任，2007年10月28日在北京病逝，享年87岁。

深秋，北京，1972年，从三里河至和平里的13路公共汽车上，一位着中山装的52岁男子心无旁骛地默默背诵着"元素周期表"。与他经历过的最错综复杂的政治斗争相比，默记元素周期表和更复杂的化工知识这样的功课，显得很轻松。这位中年人是中国第一套30万吨乙烯工程的副总指挥马洪，在李富春的安排下，两年前悄悄地由山西娘子关调回北京。

理有固然，势无必至。历史必须借助一连串偶然才可呈现出它的必然性。镜头切换到20年前，1952年11月15日，中央人民政府委员会第十九次会议决定，新成立的国家计划委员会由高岗担任主席，邓子恢、李富春、贾拓夫任副主席。该委员会的委员包括：陈云、彭德怀、林彪、邓小平、饶漱石、薄一波、习仲勋、黄克诚、刘澜涛、安志文、马洪、薛暮桥。16个月之后，1954年3月，毛泽东在对苏联驻中国大使尤金的谈话中委婉道出："我总觉得党内外有什么地方出了点问题，好像一场大地震即将来临。……我强烈地感到党内存在两个中心，一个在党的中央委员会，另一个却隐而不现。"（沈志华主编，《苏联历史档案选编》，"尤金日记"，社会科学文献出版社，2002年）这次谈话后不久，那个隐而不现的中心被摧毁了。也是那一年，马洪的行政级别被贬七级，调任北京一家建筑公司的副经理。

那场"地震"之后七年，逆境中的马洪，以不懈的调查研究和真知灼见，成为邓小平主持的"工业70条"的主要执笔人之一。此后，他被任命为化工部第一设计院的副院长。次年，"文革"爆发，马洪陷入更深的逆境。

在1930年代参加革命并多次经历逆境与顺境的大起大落的老党员当中，马洪表现出下列两方面素质罕见的恰到好处的结合：（1）兼有"克己忍耐"和"顽强斗争"这两种品格，（2）兼有敏锐的政治嗅觉和经济管理才能。

镜头切换到1935年，山西定襄一所宗族学堂，先生发现学生们答卷雷同，似乎有人在替他们做功课，追问之下，他发现了那位扫地孩子的天赋，允其入室，随后更保荐他去读大同铁路新学。正是在那里，不过两年，这位穷孩子成长为同蒲铁路工人运动的主要领导人之一。那年，他17岁。这位年轻的总工会负责人与阎锡山谈判时初露锋芒。阎锡山既感慨又恐惧，遂通令缉拿这位姓牛的小伙子。

姓牛的小伙由山西一位军官护送，去了延安，改名"马洪"（根据中组部部长陈云的建议），以期再返敌后。三年勤奋学习，21岁，马洪成为中央研究院政治研究室的研究员和学术秘书。1942年，他随社会调查高手张闻天赴陕甘宁边区，为期一年半，耳濡目染，见微知著，从抽象上升到具体。记住：没有调查与真知灼见，马洪决不发言。

远比"不发言"和"随意发言"更难的，是基于调查与真知灼见的恰到好处的发言。后者不仅需要对中国社会的深切了解，而且需要道德勇气和政治智慧，所谓"恰到好处"，但求成重要之事，不求留名于青史。例如，1984年，马洪被一连串偶然事件带到了这样一个历史关口。那是十二届三中全会前夕，"十年动乱"结束不久，人们还普遍缺乏以恰到好处的语言表达政治诉求的智慧。马洪以其丰富的政治经验，以比共和国年龄更久的经济管理资历，更以在漫长逆境里从未嫁祸于人而享有的广泛信任，不畏风险，不怕得罪老领导，终于能够有把握地向中央主要领导人提出他那最具稳健派风格的微妙且意义深远的政治表达。20年后，第一届中国经济学奖的评委会为马洪撰写的获奖理由，曾特别提及马洪及他的这封信在当时形势下的重大贡献："他建议中央领导同志将'社会主义经济是有计划的商品经济'这一文字表述写入全会决议，并说这个问题太重要了，如果不承认这一点，我们经济体制改革的基本方针和现行的一系列重要经济政策，都难以从理论上说清楚。"

马洪的风格是抓住历史机遇，顽强地推动中国社会演化，求成事不求成名，更不发空泛议论或以新说相尚。在"有计划的商品经济"这一政治表达获得合法性之后，1988年，马洪又提出要"进一步解放思想，为市场经济正名"，并受中央主要领导人的委托组织学者撰写了普及性读物《什么是社会主义市场经济》，最终使"社会主义市场经济"成为具有普遍合法性的中国经济模式的政治表达。

局外人看中国改革，称赞它是渐近的，并且远比苏联的激进改革成果卓著。局内人看中国改革，知道"渐近"的改革，其实每一步都必须有人敢于承担风险。否则，渐近改革就将面临最大的风险，即无限推迟不应推迟的改革措施，终致积重难返，走向彻底的失败。这就是渐近改革的内在逻辑，它要求稳健的表达、敏锐的头脑、顽强的斗志。中国改革的成功，很大程度上是因为逐渐地产生和确立了这样的政治文化，逐渐地弱化了以往疾风暴雨式的政治文化。

2007年11月7日晨9时，北京八宝山革命公墓的广场上，聚集着数百位前来向马洪遗体告别的亲友、学生、领导和同事。马洪像海水里的盐，默默地融化着自己，潜移默化，影响了一代接一代的中国改革者。在未来的岁月里，我们将更加怀念马洪，怀念他身上难得地融为一体的三种品质——稳健、敏锐、顽强。

（《财经》杂志总第198期，2007年11月12日）

附录4 什么是"精英意识"

编辑提要：在转型期中国社会里，精英的内在品质不仅被弱化，甚至比平均品质还要低劣。

在西方思想传统里，有几位特别不容易被西方人理解的思想者。赫拉克利特是其中一位，被马克思称为"爱菲斯的晦涩哲人"。怀特海是另一位，据贺麟先生回忆，在哈佛大学，怀特海的演说是以"听了不懂"著名的。

晚年怀特海的一系列演说，被编辑成一本小册子，名为《思维方式》。时隔近70年，2004年，这小册子有了勉强可读的中译本。在它的前三章里，尽量不使用任何需要进一步界定的语词，怀特海阐述了这样一项本质地不同于西方思维方式的陈述：在"理解"之前先有"表达"，在表达之前先有对"重要性"的感受。

这里显然需要解释什么是"重要的"。带着他一贯的数学表达的特征，怀特海的解释是：当你感受到非表达不可的冲动时，你感受到的，通常是重要的。换句话说，被感受到的重要性，通常伴随着渴望表达的激情。当代的认知科学和脑科学，就我的阅读而言，可为这一解释部分地提供支持。例如，Ben-Ze've在2000年出版的情感研究专著《情感的微妙性》中总结说：任何"私人性显著事件"的体验必定伴随着强烈的情感。

于是，我们自然要询问：那些伴随着激情的重要性的感受，是与私人事务有关呢，还是与公共事务有关，抑或同时是私人的和公共的？

在大约四年的时间里，我反复讲解过"精英意识"，试图让我的听众明白这一概念与"精英"之间的本质差异。简单而言，精英是外在的"身份"，精英意识则是内在的"品质"。身份的基础可以是任何一类外在于心灵但受到社会成员普遍尊重的社会学特征——财富、权势、名望。这些社会学特征之所以普遍受到尊重，是因为在稳态社会里，它们统计性地或多或少反映了普遍受到尊重的内在品质。然而，外在身份与内在品质之间的这一显著关系在非稳态社会里往往失效。中国转型期社会恰好就是这样的非稳态社会，在这里，精英的内在品质不仅被弱化，甚至比平均品质还要低劣。

下列两特征的合取式界定了我要解释的"精英意识"的内涵：（1）对重要性的感受能力，也就是对具有重要意义的公共问题的敏感性；（2）在足够广泛的公共领域揭示出被感受到的重要性时必须具备的表达能力和道德勇气。

上列第一项特征意味着，首先，被感受到的重要性必须与公共利益相关而不是仅仅与私人利益相关；其次，感受者必须有足够敏感的心灵；最后，这样的心灵，在与公共利益相关的重要问题上保持足够敏感性的同时，还必须有机会与重要问题相遇——所谓"历史机遇"。这一点，我们中国知识分子似乎比西方那些稳态社会的知识分子更幸运，因为我们的生活方式正经历着"千年未有之变局"，我们有机会与人类社会的那些具有根本重要性的问题相遇。所以，对我们来说，问题只在于我们的心灵是否能够对公共利益保持足够的敏感性。

　　上列精英意识的第二项特征意味着更复杂的事情。首先，被感受到的重要性必须同时具有私人意义，否则人难以产生激情，从而缺乏表达这一重要性的冲动。黑格尔（《历史哲学》）描述过世界精神的那些承担者（所谓"历史的创造者"）的激情，他说，这些英雄人物一旦完成了自己的使命，就倒下并死去。这里，激情是决定性的因素。当激情消失的时候，人就消失。

　　其次，这种表达的激情必须足够强烈，从而被感受到的重要性可在足够大的公共范围内被表达出来。因为，当范围足够广泛时，这样的表达往往需要勇气。我可以在私人晚宴的餐桌上表达我对重要政治问题的感受，这通常不需要勇气或激情。为支持广泛的公共领域内的表达所需要的勇气，称为"道德勇气"，因为它要求表达者置自身安危于不顾。

　　最后，表达是一种艺术，它要求表达者掌握亚里士多德（《修辞学》）阐述过的言说的艺术。如果被说出来的重要性不能在公共领域内获得倾听，"说"的意义便消失了。可是，具有根本重要性的问题往往不被倾听，恰如赫拉克利特描述的那样，人们遇见真相的时候却如睡着了一般视而不见。所以，表达的艺术首先要求表达者熟悉倾听者的深层心理状态和本土社会情感，其次要求表达者取得倾听者的信任，最后才要求表达者寻求恰当的语言来表达被感受到的重要性。

　　我必须承认，在上述界说中，"精英意识"似乎不是一种"意识"（consciousness），因为它的两项特征都不是通常我们理解的"意识"概念所包含的。不错，可是请读者注意，我之所以要界说"精英意识"，理由在于我试图阐明"外在的精英"和"内在的精英"之间的本质差异。外在的与内在的，在"心物二元论"的视角下，分别对应物的世界和心的世界。只在这一意义上，我认为可以用"精英意识"来表达真正的精英的内心世界。

或者，我可以这样辩解我的立场：所谓"内在精英"是一种意识，只在这一意识的引导下，只有具备精英意识的人，才可能履行精英的社会职能。

（《IT经理世界》2007年第24期）

第二讲　演化伦理学：地球与生命

一、生命的演化

这一讲的主题是演化伦理，要从生命的演化开始叙述，然后讲饶敦博的五本书，即"社会脑"的演化。

图1.27是我的"生命科学"读书笔记。我从1998年开始读脑科学，迟至2008年才开始重读生命科学。我说"重读"，因为在1998年以前的几年里，我当然读过几本生命科学的书。我不喜欢化学，所以，在讨论生命起源的时候，遇到分子生物学，我会立即离开。但是有些内容是无法绕开的，必须认真对待。例如，图2.1，取自2008年出版的大英百科《图示科学图书馆》，这本书的基本知识并未过时。对照2021年出版的《分子细胞生物学》，大英百科的图示在细节方面当然需要补充，例如关于"核小体"的知识。故而，你们看到，在课堂用的心智地图里，我的"生命科学读书笔记"手绘图示（图1.27）周围贴满了关于核小体的细节，如图2.2所示。暂且不考虑细节，图1.27提供了生命从基因型到表型的"概观"。

达尔文出现在图1.20，我在那里列出三项理由解释达尔文为何是"谦虚的天才"。他的学说，应当被称为"演化学说"，而不是现在国内常见的"进化论"。首先，达尔文自己就否认演化只是"进步"。远

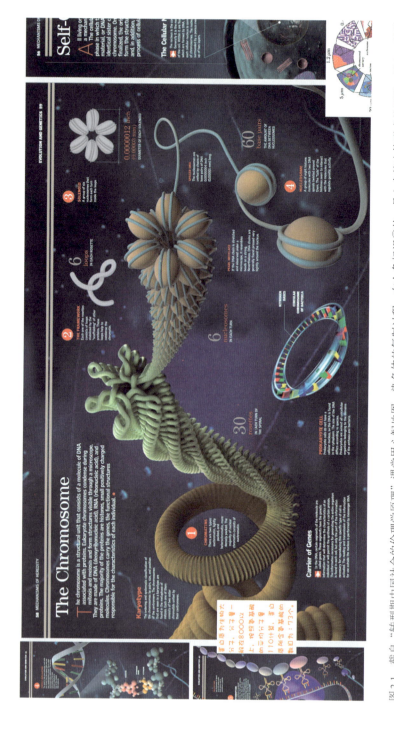

图2.1 截自"转型期中国社会的伦理学原理"课堂用心智地图。染色体的复制过程。右上角标识③的，是六个核小体形成的圆环。其中，标识④的是一个核小体的结构——八个组蛋白分子与两圈DNA的组合。并且，"组蛋白尾似乎与调节遗传过程的分子交互作用"。这句话表明，在2008年，大英百科仍很难确认组蛋白尾的功能

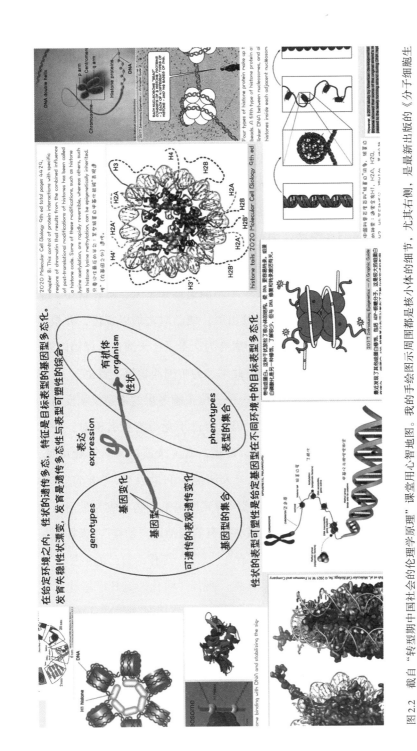

图 2.2　截自 "转型期中国社会的伦理学原理" 课堂用心智地图。我的手绘图示周围都是核小体的细节，尤其右侧，是最新出版的《分子细胞生物学》提供的组蛋白图示

比达尔文更激进的赫胥黎（Thomas Henry Huxley，1825–1895）在辞
世前两年于1893年5月18日发表著名演讲"Evolution and Ethics"（演
化与伦理），严复1896年译为"天演论"。严译影响之深远，可从百度
百科"天演论"词条窥见一斑：《天演论》从翻译到正式出版，经过
三年时间。这三年，即1895年到1898年，是中国近代史上很不平常的
三年，甲午战争惨败，民族危机空前深重，维新运动持续高涨。这时
候《天演论》出来了，物竞天择出来了，自然引起思想界强烈的震动。
以文名世的同治进士吴汝纶看到《天演论》译稿后，赞不绝口，认为
自中国翻译西书以来，无此宏制。这位五十几岁的老先生，激赏之余，
竟亲笔细字，把《天演论》全文一字不漏地抄录下来，藏在枕中。梁
启超读到《天演论》译稿，未待其出版，便已对之加以宣传，并根据
其思想作文章了。向来目空一切的康有为，看了《天演论》译稿以后，
也不得不承认从未见过如此之书，此书"为中国西学第一者也"。青年
鲁迅初读《天演论》，也爱不释手……一位头脑冬烘的本家长辈反对鲁
迅看这种新书，鲁迅不理睬他，"仍然自己不觉得有什么不对，一有
闲空，就照例地吃侍饼、花生米、辣椒，看《天演论》"。于此可见，
《天演论》深受当时社会的欢迎。《天演论》问世以后，"天演""物
竞""天择""适者生存"等新名词很快充斥报纸刊物，成为最活跃的
字眼。有的学校以《天演论》为教材，有的教师以"物竞""天择"为
作文题目，有些青少年干脆以"竞存""适之"等作为自己的字号。

　　严译《天演论》，不仅译文典雅，而且"演化"远比"进化"更
科学。就什么是"科学"而言，我们今天仍以波普（Karl Raimund
Popper，1902–1994）的否证主义原则为基本判据。任何学说，如无法
提出否证自身的条件，就仅仅是学说而不是科学。据此，达尔文的演
化学说是学说而不是科学，原因在于，许多物种消亡了，从而是不可
观测的。物竞天择，那些生存至今的，固然可观测，却因为消亡物种

的样本缺失而不是统计无偏的，虽然，古生物学家持续努力要弥补生物演化的这些"缺环"。

西方科学的基本原理，我用黑格尔的名言加以概括：凡是存在的都是合理的，而合理的东西在其展开过程中表现为必然。科学家的工作就是建构这样的必然性，注意，必须是建构的（必然性），不能是虚构的（偶然性）。这就要求寻找证据，例如寻找那些因为不能适应环境而消亡的物种留下来的化石。达尔文发表《物种起源》，教会的批评之外，还有科学家的批评，因为那时没有足够多的化石，以致达尔文学说在很多人看来是虚构的。演化学说不是科学理论，但它激发了许多重要的科学理论。赫胥黎之所以重要，因为与达尔文不同，他是解剖学家。于是，他收集了体质人类学的证据，这些证据甚至超前于达尔文，故而成为赫胥黎1863年著作 *Evidence as to Man's Place in Nature*（《人类在自然界中的位置》）的封面，如图2.3。此书之后八年，达尔文《人类的由来》于1871年发表。

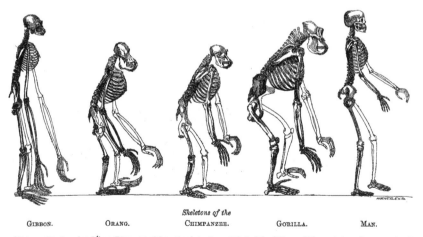

图2.3　*Evidence as to Man's Place in Nature* 封面插图原图

但是在民国时期，严译"天演论"逐渐被更激进的"进化论"取代。据赵坚考证（"澎湃新闻"特约撰稿，2015年12月8日，"天演还是进化：中日对进化论不同理解如何影响鲁迅"），鲁迅的观念从天演的变为进化的，主要因为后者强调人的主观能动性。李泽厚的名言：救亡压倒启蒙。（参阅：李泽厚，《中国现代思想史论》第一章"启蒙与救亡的双重变奏"）至今，我也无法说服"知乎"诸友，经过多次争论，我意识到周濂那句话"你永远都无法叫醒一个装睡的人"是真实的社会现象，于是我就不再试图说服任何人。西方人有类似的见解，新学说必须等待信奉旧学说的人统统死去，才可能说服更多的人。达尔文学说发表于1859年，半世纪之后，大约在1910年以后才逐渐占据显学的位置。我在《行为经济学讲义》里提供了数学方程，称为"演化基本方程"，那是一套偏微方程组，没有解析解，故而只能有数值解。薛定谔1944年的小册子《生命是什么》，激发了一批又一批的理论物理学家和数学家转而研究生物学基本问题，这是人类智商资源的重新配置。达尔文是博物学家，赫胥黎是解剖学家，大致而言，生物学家群体的均值智商低于理论物理学家群体。饶毅在自己的博客里提供了解释：因为生物学不需要高智商，只要坚持实验，就有成果。

薛定谔那本小册子的第1章提问：为什么原子那么小？我们可能认为这不是一个问题。据说激发爱因斯坦相对论的，是爱伦·坡的提问：为什么夜是黑的？薛定谔说，原子为何那么小，是相对于生命的分子而言；换句话说，真正的问题在于，为什么生命的分子这样大。他在那本小册子里提出的核心命题是：生命是逆熵过程，这样的过程需要形成足够复杂的秩序。

图2.4取自2022年的一本书，《初学者的生物物理学》，副标题是"穿越细胞核的旅行"。这张图应当顺时针阅读，从"9点"开始，细

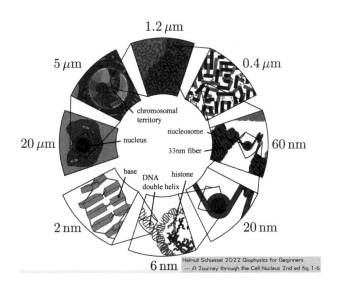

图2.4　截自：Helmut Schiessel，*Biophysics for Beginners：A Journey through the Cell Nucleus*，2nd ed.，第1章图6

胞核的直径是10至20微米。如果细胞是一个国家，那么细胞核就如同咱们的首都北京这样复杂。这里有许多结构，每一类结构都可占用分子生物学教科书里十几页的篇幅。然后是细胞核内的染色体集聚区，相当于明清两代的紫禁城，直径是5微米。在"12点"和"13点"的位置，是染色体局部，学名是"染色质"，直径是1.2微米至0.4微米，DNA和蛋白质各占大约50%的分子量。在"15点"位置，是"核小体"，直径是60纳米。在"18点"位置，是核小体的组蛋白分布，直径是6纳米。注意，核小体由组蛋白及缠绕在组蛋白上的DNA构成，然后呈现DNA的双螺旋结构，碱基对的直径是2纳米。即便在图2.4所示的最小尺寸，2纳米窗口，仍然无法呈现原子的尺寸。

图2.5显示染色质由一圈一圈的核小体构成。现在的基因编辑技术集注于基因的甲基化和组蛋白尾的乙酰化这样的主题上。基因的甲基化导致基因沉默，俗称"敲掉"，而组蛋白尾的乙酰化导致缠绕在组蛋

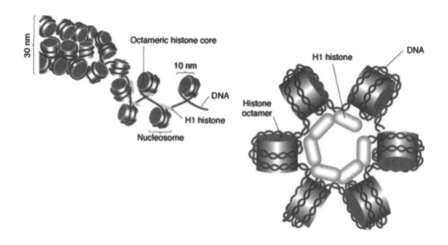

图2.5　六个核小体被组蛋白H1固定为一圈，因此，组蛋白H1也称"链接者组蛋白"，而其余的组蛋白（H2A，H2B，H3，H4）功能是使DNA紧紧缠绕在它们外面，如图2.4位于"18点"的窗口所示

白上的基因局部"放松"，如图2.6所示，从而可以参与转录及调控过程，俗称"激活"。这些技术的详细说明，诸友可检索短语"染色质可及性"。

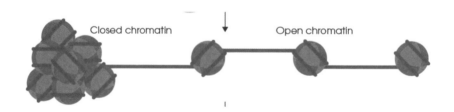

图2.6　染色质的开与合：左边的核小体是"闭合的"，右边的核小体是"打开的"

　　其实我一丝一毫也不想读分子细胞生物学——这门学科与我的性情简直格格不入。可是，我必须读，因为要更透彻地阐明合作问题。事实上，合作与生命几乎同时起源。钱穆说，每一个人都有个性与群性。现在的分子细胞生物学教科书呈现的图景是，每一个细胞都有个性与群性。更完整的阐述，我只能请诸友再次参阅"再谈竞争与合作"
（《收益递增》第三讲附录2）和这一讲的附录1。

　　演化学说在1910年之后的发展大致可分两个阶段：（1）1910至
1950年代，融合了孟德尔遗传学和达尔文演化学说的"演化综合"学
派崛起而成主流；（2）1950年代至今，重视"合作"和"突变"现象
并融合了"表观遗传学"思想的"扩展的演化综合"学派渐成显学。

　　基于演化基本方程，如图2.7，某一特定微分方程在相平面里的
"全局定性分析"，旨在呈现复杂系统的可能演化路径。这篇2020年
的文章，是生物哲学家对"扩展的演化综合"思路的支持。老威尔逊
（Edward Osborne Wilson，1929–2021）最近辞世，他1975年发表《新
的综合》，又在2000年出版了该书的"四分之一世纪"纪念版（这两
种书都有很好的中译本）。威尔逊的"新的综合"其实是上述"演化综

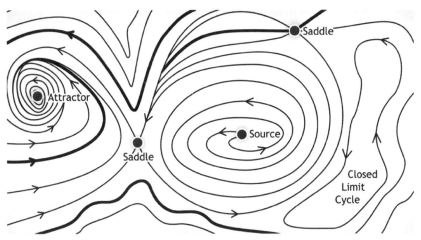

Fig. 2. **Two-dimensional cross-section of an evolutionarily dynamical system**[13].

图2.7　截自：T. Y. William Wong，2020，"Evolutionary Contingency as Non-trivial Objective
Probability：Biological Evitability and Evolutionary Trajectories"（演化偶然性之为不可忽视
的客观可能性：生物学的可避免性与演化路径），*Studies in History and Philosophy of Biol. &
Biomed. Sci.*，vol.81，101285

合"学派的代表作，他晚年发表了 *The Social Conquest of Earth*（《地球的社会征服》，2012年），正式鼓吹"多层次选择"的演化学说，并强调"合作"而不是"竞争"在生物演化中的作用，被认为是"扩展的演化综合"学派的代表作。也因此，他与以往的同盟者道金斯（Richard Dawkins）发生了一场以互贬为结局的辩论。

生物学家和复杂系统理论家考宁（Peter Andrew Corning）是西雅图华盛顿"复杂系统研究所"的主任，他于2005年发表了一部著作，*Holistic Darwinism: Synergy, Cybernetics, and the Bioeconomics of Evolution*（《完整的达尔文主义：协同论、控制论与演化的生物经济学》），试图建构一套"整体论"的演化学说，既可容纳碳基智能的演化，又可容纳硅基智能的演化，他的思路，现在称为"新演化范式"（the new evolutionary paradigm）。自从库恩（Thomas Samuel Kuhn，1922-1996）1962年发表名著《科学革命的结构》之后，"范式"就成为家喻户晓的一个"大词"。使用这一语词，就意味着"范式的变迁"（paradigm shift）。考宁2005年这本书，正是在这一意义上使用"范式"这一语词，开篇介绍"新的演化范式"之缘起，他列出十大理由，强调"多层次选择"学说，并驳斥道金斯《自私的基因》。

容我列举并翻译考宁列出的十大理由：（1）A growing appreciation for the fact that evolution is a multilevel process, from genes to ecosystems; coevolution has come to be recognized as a many-faceted phenomenon（不断增长着的关于演化之为多层次过程——从基因到生态系统——这一事实的欣赏；共生演化已被再次承认是一种多相面的现象）；（2）A revitalization of group selection theory, which was banned (too hastily) from evolutionary biology more than thirty years ago（再次获得生命力的群体选择理论，它在以往30年里被演化生物学匆匆禁止）；（3）An increasing recognition that symbiosis is an important phenomenon in nature and that symbiogenesis is a major source of innovation in evolution（不断增长着的对共生系统之为自然界的一种重要现象以及对共生遗传性之为演化过程的创新来源的再次承认）；（4）A broad array of new, more advanced game theory models, which support the growing evidence that cooperation is commonplace in nature and not a rare exception（一种广谱的新鲜且更前沿的博弈论模型，支持关于在自然界常见而不是罕见的合作的不断增长着的事实）；（5）New research and theoretical work that stresses the role of developmental dynamics, "phenotypic plasticity, " and organism-environment interactions in evolutionary continuity and change; an inextricable relationship between nature and nurture are the rule, rather than the exception（强调发育动力学的理论工作和新的研究，"表观可塑性"以及演化连续性和变迁中的"有机体—环境"交互作用；先天与后天纠缠在一起的关系之为规则，而不是例外）；（6）A flood of publications on the role of behavior, social learning, and cultural transmission as pacemakers of evolutionary change, a development that is especially relevant in relation to the evolution of humankind（关于行为、社会学习与文化传输的洪水一样的出版物之为演化变迁的地标，与人类的演化实质相关的一种发展）；（7）New insights into the nature of the genome, and increasing respect for the fact that the genome is neither a "bean bag" (in biologist Ernst Mayr's caricature) nor a gladiatorial arena for competing genes but a complex, interdependent, cooperating system（关于基因组本质的新洞见，越来越多地涉及这一事实——基因组既非一次"大爆炸"［生物学家梅尔的讽刺］，又非一个基因竞争的角斗场，而是一种复杂的且相互依存的合作系统）；（8）The emergence of hierarchy theory, which stresses that the natural world is structured and influenced by hierarchies of various kinds（分层理论的涌现，强调自然界是有结构的和受到各种分

层之影响的）；（9）The rise of systems biology, a new field that emphasizes the systemic properties of living organisms; one scientist, writing in the journal *Science*, called it "whole-istic biology"（系统生物学的崛起，关于活着的有机体的系统性质的一个新的领域；某位科学家在《科学》杂志的文章里称它为"最整体论的生物学"）；（10）The claims advanced by various theorists for the role of autocatalysis, selforganization, network dynamics, and even "laws" of evolution (though I remain guarded about them)（各种各样的理论家们推动的关于自催化、自组织、网络动力学甚至"演化之法则"的论断）。

出版于2017年，另一位威尔逊（A. N. Wilson）以作家的身份，对生物学各流派之间的争论做了一次文献综述——关于达尔文演化学说的两项基本假设：（1）生存就是竞争，（2）演化始终是渐变的。这位年轻威尔逊的结论是：在现代科学视角下，达尔文这两大假设都是错的。参阅 *Charles Darwin: Victorian Mythmaker*（《达尔文：维多利亚时代的神话制造者》）。

在更晚出版的一本书中，作者努力澄清达尔文学说与他所处的时代精神之间的密切联系：Richard G Delisle，2019，*Charles Darwin's Incomplete Revolution: The Origin of Species and the Static Worldview*（《达尔文未完成的革命：物种起源与静态世界观》）。这本书的主旨，如它的副标题强调的那样，就是要还原这样一位达尔文，他生活在16和17世纪"科学革命"的时代，既无可能摆脱甚至也没有反省那一时代的静态世界观。于是，在现代科学视角下，他陷入一种尴尬处境。

昨天，我读到两位西班牙作者于2022年1月发表的一篇文章，如图2.8，"The Biological Information Flow: From Cell Theory to a New Evolutionary Synthesis"（生物信息流：从细胞理论到一种新的演化综合），这篇文章发表在 *BioSystems*（《生物系统》）杂志上，第二作者是阿

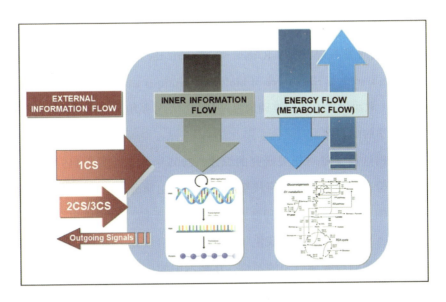

图2.8　截自：Pedro C. Marijuan and Jorge Navarro，"The Biological Information Flow：From Cell Theory to a New Evolutionary Synthesis"，*BioSystems*，vol.213，104631

拉贡大学"多判据决策"的研究者，第一作者是独立学人并在阿拉贡大学"生物信息"项目兼职。晚近我引述的论文，引我关注地出现了不少"独立学人"身份的作者。我推测，当人均收入超过某一阈值时，独立学人的数目就越来越多，为反抗"学院派"几十年来日益官僚化的倾向。

　　图2.8的文字解释：Energy flows and information flows are represented as the basic exchanges of the living cell with its inner/outer environment. They are shown respectively as blue arrows in the right part (energy flow), grey ones in the center (inner information flow), and red arrows in the left part (external information flow). 我的翻译：生活在内环境和外环境中的活细胞的能量流与信息流的基本交换关系的表达。图的右方，蓝色箭头（能量流或代谢流）；图的中央，灰色箭头（内部信息流）；图的左方，红色箭头（外部信息流）。

作者们在这篇文章中明确批评了"中心法则"学派，取而代之，他们建议的另一思路是：Rather, we advocate the centrality of the cellular signaling system as the source of biological semiosis along the evolutionary process（取而代之，我们推动的思路是细胞信号系统之为演化过程的生物语义学的中心性）。

根据这篇文章对相关研究的综述，2005年发表的关于145个基因组的一份研究报告表明：原核细胞的单一蛋白质分子已经有了关于环境信息的一个"输入端"和涉及基因转录因子的一个"输出端"。就数量而言，这种不包含磷酸化环节的单一蛋白质分子的系统，与带有磷酸化环节的更复杂分子的系统，在样本中的比例大约是4∶1。由单一结构处理信息流的生命系统，在图2.8中由"1CS"（即"单结构系统"）代表；那些更复杂的生命系统，由"2CS"（即"双结构系统"）和"3CS"（即"三结构系统"）代表。

在古菌的世界里，绝大多数的生命系统是1CS，而更复杂的生命系统是建基于并始终依赖于这些单结构系统的。在演化视角下，一些作者提出了"细菌智商"的概念。以一种大肠杆菌（E. Coli. K-12）为例，它的基因组包含至少4400个基因，大约有30个"双结构系统"和2个"三结构系统"，外加上百个"单结构系统"，参阅图2.8。这种细菌既可在自由环境内生存，又可在脊椎动物的肠道内生存，因此，它需要一种更快速而且更聪明的信号策略以及惊人的代谢能力。它有各种专门化的感知系统，能够感知内环境与外环境中的150至200种物质微粒，并对这些代谢所需的微粒做出适应性响应，从而它的基因几乎在任何环境内都可获得表达。

晚近发表的两份研究报告意味着，在严酷的能量制约下，这种细菌的基因，在任何时刻，大约只有30%至40%获得转录，其余的则受到抑制。也就是说，大肠杆菌在基因转录过程的激活与抑制之间保持着微妙的平衡。包括所谓"看家的基因"在内，大约有1000个基因的转录过程始终保持激活状态。这些基因负责建构"1-2-3 CSs"（"单结构—双结构—三结构"多层系统），单结构系统主要监控大约300个转录因子。大肠杆菌基因转录的自我调控过程有七个核心参量，它们对环境的若干状态最为敏感，这些状态包括：有利于增长的条件、温度、渗透压力、饥饿、缺铁，诸如此类。这些核心参量将RNA聚合酶与基因转录因子和基因启动因子链接为一个系统——其中一个核心参量监控大约40%的基因转录，其余的核心参量则监控约100个基因的启动。同时，这些核心参量自身也受到系统的严密监控。在系统内，有诸如"反核心参量"和"反反核心参量"这样的蛋白质，它们监测决定着基因表达的各种特定的状态变量。这些核心参量的行为，使人联想到"情绪"在中枢神经系统里的作用。

现在是关键性的结论：晚近发表的研究报告充分表明，哪怕是对诸如大肠杆菌这样简单的有机体而言，"中心法则"也不再成立。显然，环境变量与基因表达如此紧密地纠缠着，以致这一过程只能被称为"环境与基因的共生演化"，于是有了这篇文章标题里"新的演化综合"这一短语。

我们知道，古菌是生命的最初形态，大约出现于38亿年前。在古菌时代，原核细胞已形成了与环境的合作关系。这一讲的附录1，提供了更权威的案例，即"线粒体"和"叶绿体"的起源。所以，根据"再谈竞争与合作"，逐渐成为演化学说之主导性视角的，是"合作"而不是"竞争"。

饶敦博毕生致力于研究"社会脑"的演化。图2.9是出版于2022年的三卷本《行为神经科学百科全书》第3卷的图示，右利手的人的社会脑位置。如图2.9A所示，人的"社会脑"依照功能分为"社会认知"

（蓝色的上图）与"社会情感"（褐色的下图）两类脑区。图2.9B的四排
脑图，由上至下，分别为被社会认知和社会情感两种实验任务激活的面
积百分比：认知，9%激活；认知，56%激活（核心脑区是右侧颞顶交），
并且，情感，14%激活；认知，9%激活，并且，情感，26%激活（核心
脑区是内侧前额叶）；情感，16%激活（核心脑区是岛叶前回）。

　　社会脑的认知脑区当中，最重要的是（1）内侧前额叶（mPFC）——
抑制本能冲动的脑区，（2）右侧颞顶交（TPJ）——探测他人意图的脑
区。社会脑的情感脑区当中，最重要的是（1）岛叶前回（AI），（2）梭
状回"面部表情区"（FFA）。参阅我的《行为经济学讲义》。

　　虽然左利手的人数约占人口总量的10%，但仍缺乏关于左利手被
试的社会脑研究报告。右利手的人，语言中枢在大脑左半球，包括左
侧颞顶交；同时，社会脑在大脑右半球，包括右侧颞顶交。如果一位
被试是左利手，似乎，他的语言中枢应当在大脑的右半球，于是占据
了右侧颞顶交；相应地，他的社会脑就应当在大脑的左半球。这是我
的推测，缺乏最新研究报告。不过，我仍可推荐一份早期的研究报告：
Jeannine Herron, ed., 1980, *Neuropsychology of Left-Handedness*（《左利手
的神经心理学》），第2章。那时脑成像技术尚未普及，这一章的作者
主要根据1980年之前的脑手术案例，初步结论是：（1）左利手样本的
大脑左半球专业化于语言功能的频率低于右利手；（2）左利手的语言
功能依赖于大脑左右两半球的情形多于右利手。我注意到，1996年发
表的一份研究报告支持了这一结论，B. F. W. van der Kallen et al., 1996,
"Handedness and Gender Related Differences in Hemispheric Language
Dominance in Volunteers Using Whole Brain FMRI"（使用志愿者的全脑
核磁共振功能成像的关于大脑半球语言主导性与手性和性别相关的差
异），abstract, *NeuroImage*, vol.3, issue3, supplement, page S462。

　　然后，Donna Piazza Gordon发表于1985年的一篇研究报告，标

题是这样的：The Influence of Sex and Handedness on the Development of Lateralization of Speech Processing（"性别与手性对语言处理在大脑两半球之间分化发育的影响"，*Journal of Neurolinguistics*［《神经语言学杂志》］，Vol.1，Issue 1，July 1985，Pages 165–178）。请注意，直到1990年代中期，甚至1T强度的核磁共振功能脑成像技术也很少用于这类研究。因此，这篇文章也无法获得确定性的结论。根据作者的观察，儿童的性别与手性可能影响他们成年时期语言中枢在脑内的位置。

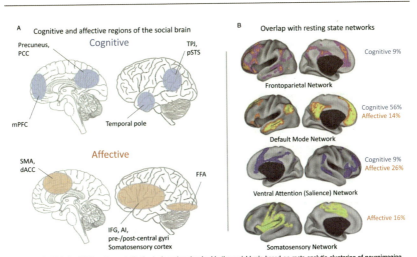

Towards a Social Brain 427

Fig. 1 The Social Brain. (A) Cognitive and affective brain regions involved in the social brain based on meta-analytic clustering of neuroimaging data across different social-cognitive tasks (Schurz et al., 2020). (B) These cognitive and affective regions share overlap with brain networks based on resting state fMRI data. AI, anterior insula; dACC, dorsal anterior cingulate cortex; FFA, fusiform face area; IFG, inferior frontal gyrus; mPFC, medial prefrontal cortex; PCC, posterior cingulate cortex; pSTS, posterior superior temporal sulcus; SMA, supplementary motor area; TPJ, temporal parietal junction. % Overlap figures from Schurz et al. (2020). Resting state maps are from Lee et al. (2012).

图2.9　截自：Sarah Whittlea, Katherine O. Bray and Elena Pozzia，"Toward a Social Brain"（走向一种社会脑），in Sergio Della Sala, ed.，*Encyclopedia of Behavioral Neuroscience*，2nd ed.

　　写这一讲的时候，经过再次检索，我推荐的一份权威文献是2020年出版的*Handbook of Clinical Neurology*（《临床神经病学手册》），Vol.173（3rd Series），Neurocognitive Development：Normative Development（卷173：神经认知发育：正常的发育），Chapter 10，"Development of Handedness,

Anatomical and Functional Brain Lateralization"（第10章"手性的发育，解剖的与功能的脑偏侧化"）。根据这篇综述文章：（1）右利手的样本，占人口的90%，提供了绝大多数常态的脑分化模式，而左利手的样本往往混合使用大脑两个半球的功能，故而难以确定脑分化模式；（2）胎儿可在第23周形成语言脑的核心区域"希尔维亚裂"以及社会脑的核心区域"颞上沟"，于是决定了大脑左半球的语言优势和大脑右半球的社会交往优势；（3）由于颞上沟的偏侧化，儿童早期就可形成相应的"空间注意力"，并由此导致运动平衡能力的手性。

最后，我检索《行为神经科学百科全书》2022年第2版，关键词"left-hand"。这套三卷本一共2000多页，这一关键词总共出现39次，其中大多数出现于样本选择或参考文献目录，只有两次出现是重要的，都见于"偏侧性"词条。这一词条的开篇有一幅示意图，足以呈现关于脑的偏侧性研究的最新结论，如图2.10，其中左图表达了脑功能的"对称性"，也就是说，这里出现的"兴趣脑区"就功能而言是左右对称的，至少没有统计显著的差异性；中图展现了对于个体而言脑功能的"偏侧性"，在这里，大脑左侧前部的蓝色方块表示"语言"功能脑区，大脑右侧后部的绿色方块表示"社会"功能脑区；右图展现了对于群体而言脑功能的"偏侧性"，与中图相比而言，群体样本的功能偏侧差异是最广泛的。

性别和手性，既有先天的决定因素（如前述），又有后天的决定因素。关于后天因素的研究报告，Seungyeon Cho，2021，"Is Handedness Exogenously Determined：Counterevidence from South Korea"（"手性是外生决定的吗：来自韩国的反例"，*Economics and Human Biology*[《经济学与人类生物学》]，vol.43，101072），使用韩国的大样本数据分析，结论是：家庭收入与父母的手性，都对儿童的手性有统计显著的影响，但韩国数据不支持先天的或后天的"决定论"。不论如何，性别与手性，都对脑的偏侧性有统计显著的影响。

显然，诸如"合作"这样的高级行为，绝不是任何基因单独能够决定的，仅就合作行为的先天因素而言，至少也要由数十个甚至数百个基因共同决定。抑郁症的先天因素研究表明，至少数百基因参与抑郁症的形成与发病机制；此外，当然还有后天因素。就"社会脑"而言，抑郁症似乎是一种介于"反社会行为"与"合作行为"之间的模式。关于反社会行为，我在《行为经济学讲义》里介绍了一些研究报告，例如，如果胎儿在围产期内从母体吸收了过多的睾酮素（雄性激素），那么，他们成年时期就表现出统计显著的反社会行为。

我们根据大五人格模型不难推测，人格差异与合作意向之间有统计显著的相关性。例如，与性格内向的人相比，性格外向的人更容易合作。又例如，与神经质的人相比，在尽责性和宜人性这两大维度上得分高的人，更容易合作。高智商的人，统计显著地，在神经质和开放性这两大维度上得分很高，不容易合作。开放性意味着好奇心很强，当然，好奇心太强会带来危险，英语常说"curiosity kills the cat"（好奇心害死猫）。另一方面，企业家则更多地表现为在开放性和尽责性这两大维度上得分很高。这些研究结果现在都已经是心理学的常识。例如，著名的彼得森教授在多伦多大学心理系的课程，经常介绍这些常识。

总之，大五人格模型里，社会性（群性）的维度是A（宜人性）、C（尽责性）、E（外倾性），研究表明，这些维度的可遗传性远低于另外两个维度的可遗传性，也就是N（神经质）和O（对新鲜经验的开放性），它们与智力水平密切相关，可遗传性大约是35%以上，出于政治正确，学术期刊发表的文献确认这种可遗传性不高于50%。其实，在"政治正确"成为流行病之前，研究表明，这两大维度的可遗传性在50%至75%之间。

在左利手的研究之外，我还关注女性和同性恋群体的研究，总之

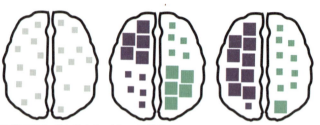

Figure 1 The three different forms of laterality. Left panel: Symmetry. Middle panel: Individual-level asymmetry. Right panel: Population level asymmetry.

图2.10　截自：Sergio Della Sala, ed., *Encyclopedia of Behavioral Neuroscience*，2nd ed.，由德国波鸿鲁尔大学生物心理学教授Sebastian Ocklenburg撰写的词条"laterality"（脑的偏侧性）

就是我自己无法体验的那些人的心理状态。我和妻子第一次去旧金山，是1981年，那时还没有"硅谷"。旧金山那时号称"世界同性恋首都"，同性恋大约占人口的三分之一。我们很少游览旧金山的街道，因为一出门，就看到两名彪形大汉手拉手在街上走。

　　我在美国读博时期收集的资料表明，同性恋群体具有超过普通人群体的创造性。例如，芝加哥大学的一位心理分析学教授，在事业的鼎盛期辞职，为了从事他更有兴趣的"人类研究"。那时同性恋不合法，他辞职后移居纽约，成立了"第九街中心"，并创建同性恋研究期刊。他的名字是罗森菲尔斯（Paul Rosenfels, 1909–1985），我还写了一篇"边缘"文章发表在2000年的《财经》杂志上，标题是"性、性关系与社会发展"，即本讲附录2。我在2006年的博客日记里再次发布这篇文章并写了按语：这篇文章应当是在2000年底的《财经》杂志发表的（那时"边缘"可以随意增加版面），我引述了芝加哥大学男同性恋社会学家的文章，现在仍可在Google搜索到他的文集。我曾希望李银河翻译这部文集，未果。对我来说，演化社会理论视角下的同性恋问题，始终值得研究。

罗森菲尔斯的那部著作，*Homosexuality: The Psychology of the Creative Process*（《同性恋：创造性过程的心理学》），是1971年出版的。据他的经验与考察，同性恋意味着"阴阳合体"，这是创造性最强的生存状态，他称之为"人之为人的一种状态"（a human condition），甚至是一种"心理成熟"状态。我记得，周其仁考察"硅谷"回来之后在私人聚会上发表了一番感慨：硅谷文化的根源很可能是旧金山的同性恋文化，在那里有一如既往的反主流情结，这样的文化传统有利于培养和保护创新精神。

最近，如图2.11，我读了一位意大利作者和一位波兰作者联合发表于权威期刊《人格与个体差异》的论文：Peter K. Jonason and Severi Luoto，2021，"The Dark Side of the Rainbow: Homosexuals and Bisexuals Have Higher Dark Triad Traits than Heterosexuals"（彩虹的阴暗面：同性恋和双性恋有高于异性恋的暗黑三人格），*Personality and Individual Differences*，181，111040。很遗憾，这篇最新的报告没有脑图。不过，也符合常识，暗黑三人格，首先是"自恋"（水仙花人格），这与"阴阳合体"是一致的。概而言之，关于同性恋的研究报告太少。检索"homosexual brain"，在图2.11所示的这一篇之外，我没有见到值得索引的文献。

下面我要介绍更具普遍性的群体创造性研究。因为我关注这一主题已超过10年，写了三篇同一标题的文章，"互联与深思"。2011年动笔写了第一篇，在胡舒立新闻团队2011年初的"财新年会"上做了一次发言。随后，2014年1月19日，我为"中国数字论坛"准备主题发言时，写了第二稿，仍是这一标题。继续扩充我的手稿，篇幅增加了若干倍，发表于我主编的《新政治经济学评论》2015年总第29卷。

晚近的研究，例如MIT的计算机科学家彭特兰（Alex Pentland）领导的"社会物理学"项目报告表明，群体创造性的两大决定因素是：

Personality and Individual Differences 181 (2021) 111040

Contents lists available at ScienceDirect

Personality and Individual Differences

journal homepage: www.elsevier.com/locate/paid

The dark side of the rainbow: Homosexuals and bisexuals have higher Dark Triad traits than heterosexuals☆

Peter K. Jonason [a,b,*], Severi Luoto [c]

[a] University of Padua, Italy
[b] Cardinal Stefan Wyszyński University, Poland
[c] University of Auckland, New Zealand

ARTICLE INFO

Keywords:
Homosexuality
Bisexuality
Sexual orientation
Dark Triad
Gender shift hypothesis

ABSTRACT

Research on the Dark Triad traits—psychopathy, Machiavellianism, and narcissism—reveals malevolent, transgressive, and self-centered aspects of personality. Little is known about the Dark Triad traits in individuals differing in sexual orientation, with some studies showing that non-heterosexual individuals have Dark Triad profiles resembling those of opposite-sex heterosexual individuals. In a cross-national sample ($N = 4063$; 1507 men, 2556 women; $M_{age} = 24.78$, $SD_{age} = 7.55$; 90.58% heterosexual, 5.74% bisexual, 2.83% homosexual) collected online via student and snowball sampling, we found in sex-aggregated analyses that bisexuals and homosexuals were more Machiavellian than heterosexuals. Bisexuals were more psychopathic and narcissistic than heterosexuals. The only significant findings in within-sex comparisons showed that self-identified bisexual women scored higher on all Dark Triad traits than heterosexual women. The findings support the gender shift hypothesis of same-sex sexual attraction in bisexual women, but not in lesbians nor in men. The finding that bisexuals are the sexual orientation group with the most pronounced Dark Triad profiles is opposite to what would be predicted by the prosociality hypothesis of same-sex sexual attraction. The life history and minority stress implications of these findings are discussed as alternative hypotheses to the gender shift hypothesis.

图2.11　Peter K. Jonason and Severi Luoto，"The Dark Side of the Rainbow：Homosexuals and Bisexuals Have Higher Dark Triad Traits than Heterosexuals"

（1）群体成员平均的社会敏感性——女性通常有较高的社会敏感性，因为数百万年的采猎时代，女性负责根块采集并维持家庭关系；（2）群体内部的民主化程度，通常需要很高水平的相互交流，不论是聪明的成员还是愚蠢的成员，协调到一定水平之上，犹如原子反应堆达到"临界质量"，可以有创造性的爆炸。既然是创造性，彭特兰的报告似乎没有列出"智商"这一要素，于是激发了许多不同意见。由此引发的后续研究提出第三决定因素：群体成员的平均智商不应低于人口均值。人口智商的均值，我们知道，在85至115之间，均值是100，上下一个标准差。

　　当然，上列第三要素仍有争议，例如，可否有天才？我们知道，如果群体成员都是天才，那么，群体创造性不会很高，因为天才们缺乏合作能力。但是，如果群体成员的智商都低于85，那么，这样的群体能够求解的问题难度，也许远超智商85的个体能够求解的问题。基于常识，一群傻瓜肯定不如一个爱因斯坦或一个特斯拉。就发明创造的能力而言，特斯拉是独一无二的天才。我最近在朋友圈里连续10天连篇累牍地贴特斯拉的传记资料，因为我实在太喜欢他了。关键是，他性格内向，却没有被抑郁症扼杀。我们知道，玻尔兹曼也是天才，可是天才常抑郁。奥地利皇帝建议玻尔兹曼到自己的地中海别墅疗养，但仍未能挽回他的生命。在某一个早晨，玻尔兹曼在临海的窗外上吊自杀。

关于群体创造性还有一项关键因素，我在"印刷版心智地图"右侧列出一篇重要的参考文献，我为这位作者找到的中文名字是"罗豪淦"。他这篇论文发表于2020年，根据这篇研究报告，群体创造性的第四个决定因素是领导者的人格特质。

现在看图2.12，右图，"核小体"的结构：八个组蛋白被DNA缠绕两圈，组蛋白和DNA各占50%的分子量，它们共同组成一个核小体。组蛋白伸出来的尾巴，称为"组蛋白尾"，可以有许多方法活化，导致核小体的放松。

这张图出自2017年出版的《表观遗传学导论：一种图示的指引》（ *Introducing Epigenetics: A Graphic Guide* ），并且由机器人翻译为中文。诸友可直接阅读这一页的文字，从第一行开始阅读，即核小体的结构因为组蛋白的修饰而被"放松"，从而DNA更容易转录。阅读第二段文字可知，晚近发现，组蛋白可有许多修饰方法。虽然，关于转录因子如何受到调控，我们所知甚少。有些转录因子仅见于特定的细胞类型，另一些转录因子仅见于细胞分化。毕竟，在目标基因与转录因子之间并不存在完全的对应关系。有时候，转录因子出现而基因却没有被激活。放松了的核小体，形态如图2.12的左图所示，我在那里注明带电组蛋白。这种干扰放松了核小体的结构，使 DNA 更容易转录。组蛋白磷酸化是另一种修饰，了解较少，但与 DNA 修复和转录激活有关。

最近发现了其他组蛋白修饰，包括 ADP-核糖分子，这是较大的组蛋白修饰之一。组蛋白 ADP 核糖基化似乎以类似于乙酰化的方式起作用，物理破坏核小体结构，使 DNA 更容易转录。某些更大的蛋白质也可以直接连接到组蛋白尾部。SUMO 和泛素蛋白的附着似乎与基因沉默和基因激活有关，这取决于它附着的位点。

识别并理解额外的组蛋白修饰仍然是一个非常活跃和持续的研究领域。已知的组蛋白修饰列表及其已知和可能的作用的作用似乎每年都在增加！

2017 Introducing Epigenetics — A Graphic Guide

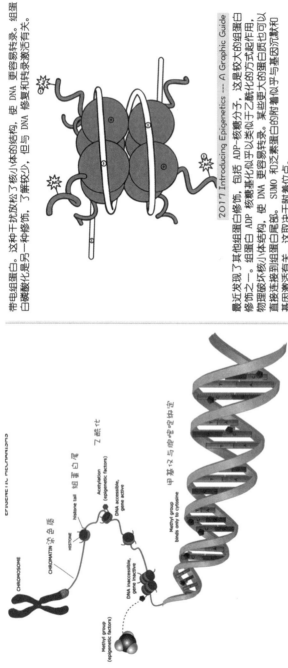

FIGURE 2.1 From parent DNA to chromosome, via epigenesis.

Image Credit: Shutterstock

图 2.12 载自"转型期中国社会的伦理学原理"课堂用心智地图

了"乙酰化"。右图里，注意，最后一段文字最初写于2017年。识别并理解更多的组蛋白修饰仍然是一个非常活跃且持续活跃的研究领域。已知的组蛋白修饰列表及其已知和可能的作用似乎每年都在增加！

这些发表于2017年的科普叙述，早已超越了上面引述的大英百科2008年的图解系列。我引用的这几页大英百科图解，例如图2.13A，展现的基本事实仍然是正确的，只需要补充细节。图2.13A显示的细胞核里面只有染色体，可是，根据德国莱比锡大学的生物物理学教授Claudia Tanja Mierke 2020年的著作，如图2.13B，染色体在细胞核里只占据了左下方的一部分区域。细胞核的中央有一个"核仁"，许多细胞器分布在核仁周围。

图2.13A的右下角，可见到蕨菜的染色体数目是1262，远超包括人类在内的其他物种的染色体数。因为DNA太长，要封装在如图所示的细胞核里，还要保持自我复制的灵活性，细胞在演化中找到的方法就是将DNA分解为染色体。当然，能够采用这一方法的前提是，我们知道，在DNA链条里有大量的"垃圾代码"——它们的功能尚待研究，尤其是大量的重复代码，如果DNA在有许多重复代码的环节断开为染色体，应当不会影响"有效基因"的复制过程。

关于DNA双螺旋链为何封装在许多分离的染色体里，我能够检索到的主要原因，就是节省细胞核内的空间。如此做了之后，每一染色体的结构，即染色质的基本单元，就是核小体。最后，核小体的组蛋白H1，功能是保持核小体的DNA链条紧密缠绕在八个组蛋白上。这样，DNA通过封装为染色体而有了"高阶结构"，而组蛋白H1的功能就是维持这一高阶结构的稳定性，如图2.14中央插图所示。

基因复制自身，当然也要合成这些组蛋白。真核细胞可以产生修饰组蛋白尾的酶蛋白，它们读取组蛋白的编码，然后，这些组蛋白可被合成。参阅："Reading the Histone Code"（读取组蛋白编码），2021，

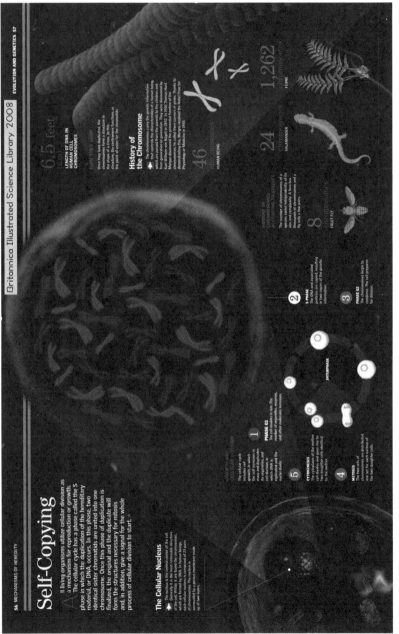

图 2.13A　截自 2008 年出版的 *Britannica Illustrated Science Library*

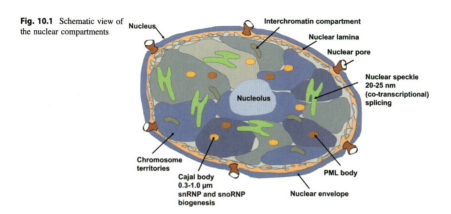

Fig. 10.1 Schematic view of the nuclear compartments

图2.13B　截自：Claudia Tanja Mierke，2020，*Cellular Mechanics and Biophysics：Structure and Function of Basic Cellular Components Regulating Cell Mechanics*（《分子力学与生物物理学：调节细胞动力学的基本分子成分的结构与功能》），第10章

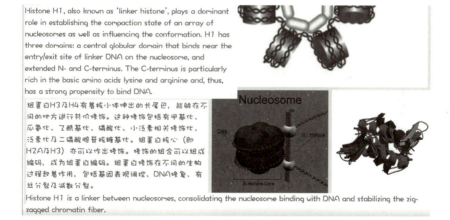

图2.14　关于组蛋白已知功能的注释文字，截自"转型期中国社会的伦理学原理"课堂用心智地图

Molecular Cell Biology，9th ed.，第7章。关键是，修饰了的组蛋白是可遗传的，也是在这部教科书的第7章，词条是"Epigenetic Memory"（表观遗传记忆）。也就是说，真核细胞有表观遗传机制。又据百度百科词条"三域系统"，古菌也有组蛋白。

我写了一段注释文字，如图2.14所示：组蛋白H3及H4有着核小体伸出的长尾巴，能够在不同的地方进行共价修饰。这种修饰包括甲基化、瓜氨化、乙酰基化、磷酸化、小泛素相关修饰化、泛素化及二磷酸腺苷核糖基化。组蛋白核心（即H2A及H3）亦可以做出修饰。修饰的组合可以组成编码，成为组蛋白编码。组蛋白修饰在不同的生物过程中起着作用，包括基因表观调控、DNA修复、有丝分裂及减数分裂。

晚近20年出现在生物学教科书里的"生命之树"，与20年前的迥然有别。我们小时候只知道古典的生物分类"种、属、科、目、纲、门、界"，大约在18世纪之前，有两界——植物界和动物界。传奇般的德国博物学家海克尔（Ernst Heinrich Philipp August Haeckel，1834-1919）1886年提出"三界"——植物界、动物界、原生生物界。最新出版的达尔文传记（《谦虚的天才》）记录了海克尔与达尔文的交往。海克尔精美绝伦的生物绘图传世至今，我收藏了海克尔1904年德文版彩图卷。海克尔的分类于1969年被美国植物生态学家魏泰克（Robert Harding Whittaker，1920-1980）的理论取代，魏泰克提出了"五界"系统：原核生物界、原生生物界、真菌界、植物界和动物界。遗憾的是，维基百科"魏泰克"词条很短，几乎没有可引述的资料。

伊利诺伊大学香槟校区（UIUC）的"基因生物学"讲座教授和生物物理学家乌斯（Carl Richard Woese，1928-2012）根据他想象的RNA世界，于1990年提出比"界"更高一级的"三域"系统——细菌域、古菌域、真核生物域，沿用至今。目前生物分类的方法仍在更新。图1.9是我从2021年《分子细胞生物学》第9版第1章截取的，也是这部权威教科书的第一张图。注意，在古菌与真核生物共同的根部写着"预设的最后共同祖先"。这是一个著名假设，缩写为"LUCA"（the last universal common ancestor of cellular life）——全体细胞生命的最后共同祖先。更早的演化阶段，是真细菌域与LUCA共同的根部，即生命之树的根部。

　　与以往的"生命之树"相比，图1.9中最醒目的，是两条连接线：其一，从真细菌域的"阿尔法紫菌"到真核生物域的根部，标题是"线粒体"；其二，从真细菌域的"蓝菌"到真核生物域"眼虫属"的根部，标题是"叶绿体"。关于线粒体和叶绿体对动物细胞和植物细胞的价值，更详细的叙述，我写在"再谈竞争与合作"里。目前，关于这两种真细菌是怎样与宿主细胞构成"内共生系统"的，仍不断有新的假说。

　　总之，线粒体和叶绿体是共生系统的经典案例，也是"多层次演化"过程中最早出现的合作现象，本讲附录1提供了更详细的阐述。根据图1.9，地球上现存的全体生命都是同一先祖细胞的后代。因此，地球的演化史，尤其是地球初期的环境，对生命的先祖细胞至关重要。

　　地球和其他行星是从太阳初期旋转云团里较轻的物质生成的（冰在最外，火在最内，尘埃云团介于冰与火之间）。地球在初期是尘埃云团，重力作用导致云团旋转，水汽被挤压到表层，形成最初的"海"；伴随着火山喷发，还有许多彗星、陨石、微行星，从地球所在的"内行星带"飞往木星（在木星接近火星的时期），它们撞击地球时留下了巨量的"外太空"物质——包括第一代恒星的超新星爆发带来的重金属（例如"铁同位素60"）和许多类型的有机分子（飘浮在太阳系里的"分子云团"），史称"重轰炸晚期"（41亿年前至39亿年前），此后不久，地球上有了最初的生命。我使用的最新参考书是：Thomas Hockey et al.，2022，*Solar System: Between Fire and Ice*（《太阳系：在冰与火之间》），第1章"我们太阳系的起源"。

　　所谓"第一代恒星"，是指138亿年前"宇宙大爆炸"之后形成的第一代恒星。这些恒星质量最大，故寿命也短——大约80亿年，它们死亡时形成"超新星爆发"，释放它们内部远比氢和氦更重的物质，也是太阳系初始云团里重物质的来源。于1987年首次观测到的超新星爆发，戏剧性地确认了关于太阳系里比氦气更重的元素来源于超新星爆发，这些重物质约占太阳系物质总量的2%。此外，太阳系形成于银河系里的"分子云团"——主要由分子构成，包括大量有机分子。如果没有这些重物质和有机分子，地球生命是不可能出现的。参阅：John Chambers and Jacqueline Mitton，2014，*From Dust to Life：The Origin and Evolution of Our Solar System*（《从尘埃到生命：我们太阳系的起源与演化》）。

　　我们的太阳系大约在48亿年前逐渐形成。冥王星于2006年被国际天文学会降级为"矮行星"之后，太阳系有"八大行星"。虽然，晚近修订的海王星质量与计算机仿真的运行轨道相符，故而不必继续假设未知行星。不过，美国夏威夷双子天文台的天文学家Chad Trujillo与华盛顿卡内基学院的Scott Sheppard于2014年在《自然》杂志报告说，他们发现了一个轨道奇特的小行星，与此前观测到的小行星"Sedna"有类似的运行轨道。稍后，2016年，仍由《自然》杂志报告，天文学家们发现了更多小行星有类似的运行轨道，这就再次引发了关于未知的"行星X"的探讨。参考文献：英文维基百科词条"planet beyond Neptune"。

　　所谓"再次引发"，是因为，早在1990年代观测到海王星运行的不规则很难从冥王星质量获得解释，故可推测在海王星之外还有未知行星，史称"行星X"。围绕这一未知行星，发生了许多神秘主义的猜测。例如，源于已破译的古代苏美尔楔形文字记录的"Annunaki genesis"，参阅：Andy Jardin，2016，*Annunaki Genesis：The Truth Was Written in Stone*（《阿奴那基创世记：真相就写在石头上》）；Jan Erik Sigdell，2016（德文版），*Reign of the Annunaki：The Alien Manipulation of Our Spiritual Destiny*（《阿奴那基时代：外星智慧操纵我们的精神归宿》），2018年英译本；Gerald Clark，2013，*The Anunnaki of Nibiru：Mankind's Forgotten Creators,*

Enslavers, Destroyers, Saviors and Hidden Architects of the New World Order（《尼比鲁的阿奴那基：人类被遗忘的创造者、奴役者、毁灭者、挽救者和新世界秩序的隐秘建筑者》）。关于末世降临的"尼比鲁灾难"，参考文献：英文维基百科词条"Nibiru cataclysm"。

现在返回主题。地球早期，45亿年前至40亿年前，海水温度大约80度，伴随着火山岩浆和浓郁的二氧化碳和硫。最初出现在海水里的生命是极端厌氧极端嗜热型的真细菌，大约在38亿年前出现，例如蓝菌。这是一种"光—自养型"原核生物，它们依靠"光合作用"（水、阳光、二氧化碳）获得碳（所谓"碳基生命"），并释放氧气，使后来依靠氧气的生物得以出现。它们也是最初的光敏细胞，演化为后来的"眼"。

检索"New Scientist"主页的词条"evolution of the eye"：寒武纪初期的三叶虫的眼，是已知最早的眼。研究表明，三叶虫的眼源于更早演化阶段的水螅皮肤内的"光敏"斑块，这种光敏斑块的核心是细胞膜上的"视蛋白"以及相关的离子阀门。

细看"生命之树"，在"真细菌域"的根部，比蓝菌出现更早的是"嗜热菌"。更早出现的真细菌是"Aquifex"，据我检索，它应当是极端嗜热的嗜酸菌，与火山和岩浆相伴。

以上关于地球生命起源的叙述，我的根据是：（1）David W. Deamer，2020，*Origin of Life: What Everyone Needs to Know*（《生命的起源》），牛津大学出版社"每一个人都需要知道"丛书；（2）关于地球早期环境与地球生命起源的最新报告，出版于2022年，是这一课题前沿领域研究者们的文集，*Prebiotic Chemistry and the Origin of Life*（《前生命化学与生命起源》）。第一主编来自著名的跨学科重镇——瑞典的乌普萨拉大学，第二主编来自爱丁堡大学的天体生物学中心。这本文集是"Advances in Astrobiology and Biogeophysics"（"天体生物学与生物地质物理学前沿"）丛书的一种。

二、合作的先天与后天因素共生演化

经过上面这样冗长的讨论之后，我可以总结：（1）在地球上，生命的合作倾向是普遍存在的；（2）决定合作行为的先天因素和后天因素是共生演化的；（3）生命具有"演化理性"，这是"复杂适应系统"的行为特征——"似乎是理性的"（as if rational），或者，观察者赋予这些行为某种程度的理性。

容我补充说明这三项要点当中的第（2）项。我们完全可以想象在另一个星球上，那里的生命普遍没有合作能力，也就是说，合作的先天因素是不存在的。例如，甲对乙表达的善意被乙认为是恶意。如果这样的善意普遍被认为是恶意，那么，合作很难发生。其实，人类先祖也差一点就走入演化的死胡同——先天就没有表达善意的能力。

大约20年前，我写过一篇很长的文章综述我的人类学阅读，也称为"读书笔记"（发表于《浙江大学学报（人文社会科学版）》），标题是"信誉：在从猿到人转变过程中的意义"。根据考古学研究，600万年前至400万年前，人类的四足猿先祖，可能因为气候变冷，在树冠上很难找到足够的食物，于是尝试在草原上谋生，史称"从四足猿到两足猿"的演化阶段。

已知最早的石器工具，大约是250万年前的。至少根据目前的分类，手的灵巧程度超过某一阈值之后，有能力制造石器工具的猿人，被称为"能人"——也许能人之外，还有其他猿类可以制造石器工具。根据饶敦博的图示，如图2.15，能人的脑容量均值是400立方厘米，只是现代智人脑容量（均值是1200立方厘米）的三分之一，大约不到直立人（生活在大约70万年前）脑容量的二分之一。身体直立于两足之上的后果是骨盆缩窄从而极大限制了胎儿的脑容量，于是必须"早产"，然后在体外

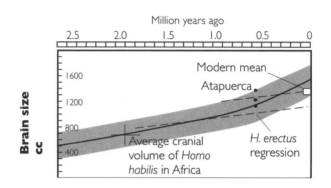

图2.15　截自：Robin Dunbar et al.，2014，*Thinking Big: How the Evolution of Social Life Shaped the Human Mind*（《大思路：社会生活的演化如何塑造人类心智》）

养育胎儿至例如14岁，甚至25岁（大脑完全发育成熟）。

　　人类先祖生活在树上的时候，以果实为生。诸友可观察猴子是如何吃食的。见到美食，猴子匆匆将食物送到嘴里却来不及咀嚼，于是两颊的下半部分开始膨胀，因为嘴里的食物保存在那里。这就是所谓"猴急"，与牛性情迥异。牛吃食物不紧不慢，送到自己的四个胃里，然后"反刍"——食物从胃里返回嘴里咀嚼。这就是先天因素，它们塑造了动物吃食的方式。

　　这些先天因素也塑造了猿猴脸部的解剖结构。肉食动物需要臼齿和尖利的门齿。猿猴以果实为生，不需要臼齿，但需要尽可能大的口腔——称为"颊囊"。于是，猿猴的脸部就要向前凸出，嘴比眼睛和鼻子更靠前。这样的脸部造型，微笑的表情很难表达善意，与其说是"微笑"，不如说是"狰狞"。

　　面部表情的识别能力，在以"眼—手"协调能力为竞争优势的灵长类的脑内占据重要位置。就人脑而言，1990年代晚期才发现位于颞叶底部的这一专业化于表情识别的脑区，被称为"面部表情梭状回"（the fusiform face area）——这一脑区的神经元被认为对正常面部表情的认知具有核心作用。我从2019年DK图册系列《人脑之书》（即我在

《行为经济学讲义》里引用的卡特1998年《脑的地图》的最新版本）截图贴在这里，如图2.16，呈现了最新研究结论。

首先注意图中左上角：黄色面积的英文名称是"梭状回面部区域"——位于梭状回里的面部认知脑区，用以识别熟悉的面孔，并分析各种表情的情绪信号。绿色面积是"杏仁核"——记录自我和他人的情绪。

我继续翻译图中左下方的英文注释：

> 面部表情是一种信号——关于意图和心智状态——也是实现人与人之间同情共感的手段。表情最初在杏仁核被无意识地处理，这里监测与情绪内容有关的数据。杏仁核对这些数据的响应是产生它监测到的情绪。例如，一种令人生畏的表情，使杏仁核激活并使观察者心中产生恐惧感。随着杏仁核的激活，表情就被记录在梭状回的面部表情认知区域。研究表明，如果一张面孔表现情绪，那么，杏仁核将通知梭状回的面部表情认知区域以识别这一情绪的意义。

现在注意图的中部两图：上图是无表情的面孔，它较少激活杏仁核，故而，"杏仁核—面孔识别区"回路保持低调，大脑只获取少量信息；下图是有表情的面孔，它在杏仁核引发镜像情绪反应，例如，一次微笑，激发以微笑回应的反应。

图中右侧图示，仍与合作行为密切相关：孤独症患者的"社会认知脑区"，在儿童社会脑发育的时间窗口没有被激活，于是，如图，在大脑前额叶，与正常被试的脑区（红色）对照，阿斯伯格综合征患者的脑区（黄色）在社会交往中并不活跃。参阅我的《行为经济学讲义》，关于孤独症儿童的脑科学研究及教育问题：社会脑的发育，时间窗口通常在3—5岁，错过了这一窗口，社会脑的发育就可以非常缓慢，

RESPONDING TO EMOTION

Facial expression is a signal—of intention and state of mind—and also a means of achieving empathy between people. Expressions are initially processed unconsciously by the amygdala, which monitors incoming data for emotional content. It responds by generating the emotion that has been observed. A fearful expression, for example, produces amygdala activation that triggers fear in the observer. Soon after the amygdala activation, the expression registers in the face-recognition area situated in the fusiform gyrus. Studies suggest that if a face expresses emotion, the amygdala signals this area to scrutinize it for meaning.

Insula
Activity here correlates with self-reflection

Amygdala
Registers emotion in self and others

Fusiform face area
Face-recognition area within fusiform gyrus recognizes familiar faces, and analyzes faces for emotional signals

Posterior temporal sulcus
A sense of one's own presence is triggered by activity here

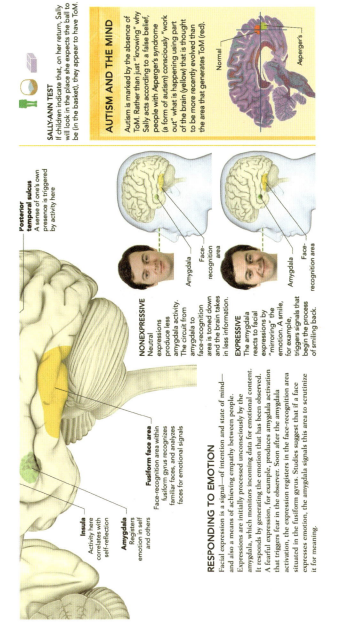

NONEXPRESSIVE
Neutral expressions produce less amygdala activity. The circuit from amygdala to face-recognition area is toned down and the brain takes in less information.

Amygdala
Face-recognition area

EXPRESSIVE
The amygdala reacts to facial expressions by "mirroring" the emotion. A smile, for example, triggers signals that begin the process of smiling back.

Amygdala
Face-recognition area

SALLY-ANN TEST
If children indicate that, on her return, Sally will look in the place she expects the ball to be (in the basket), they appear to have ToM.

AUTISM AND THE MIND

Autism is marked by the absence of ToM. Rather than just "knowing" why Sally acts according to a false belief, people with Asperger's syndrome (a form of autism) consciously "work out" what is happening using part of the brain (yellow) that is thought to be more recently evolved than the area that generates ToM (red).

Normal

Asperger's

图 2.16　截自：Rita Carter, *The Human Brain Book: An Illustrated Guide to Its Structure, Function, and Disorders* (《人脑之书：关于它的结构、功能及失调的图示指南》), p.139

以致成年之后仍缺乏社会交往能力。中国的幼教也许是教育领域失败最严重的环节，"3岁看大，7岁看老"。十多年前的一次调查显示，沿海地区大约有60%的儿童是隔代养育的。随着经济的发展，这一状况逐渐向内地迁移。隔代养育的儿童，由于缺乏亲子接触，最容易错过社会脑的发育窗口。

图2.17呈现的，是"利他主义"行为的脑激活状态。参阅我的《行为经济学讲义》，利他主义行为的定义是：有利于改善他人的适存度，同时并不改善甚或降低自己的适存度。这类行为，图中的定义是：人们能够在没有对自己的直接回报时为他人做事情。不过，脑扫描显示，当我们为他人做"好事"的时候，确实感受到个人回报。我的《行为经济学讲义》提供了大量的参考文献，这种个人回报在脑内的荷尔蒙系统被称为"鸦片回报系统"。

在关于利他主义行为的实验中，如图中左下角的两张脑图所示，接受利他行为的人激活了哺乳动物情感脑（左图的中央部分）和岛叶（左图的右下角）；而给予者的脑内，被激活的是内侧前额叶和眶回（右图的左下角）。

显然，利他与自利是有冲突的。这种情感冲突也有脑内表达，图中右侧两图当中的上图：扣带回的前部（较深的绿色）与扣带回的后部（较浅的绿色）、眶回又称"眶前额叶"（较深的黄色）和前额叶（较浅的黄色），是涉及情感冲突的脑区。在更早的脑科学研究中，扣带回被认为是"自我意识中枢"，虽然，晚近发表的报告倾向于认为自我意识有更复杂的脑结构。

两图当中的下图是社会认知的脑区，参阅我的《行为经济学讲义》：由MIT的Rebecca Saxe小组2009年发现的"rTPJ"（右侧颞顶交），即浅蓝色的区域，是探测他人意图的核心脑区。至于这里的浅黄色区域，即外侧前额叶（又称两侧前额叶），主要功能是"执行"各种指

ALTRUSIM

The notion of altruism assumes that people can do things for others with no motivation of a direct reward for themselves. However, brain scans show that doing "good" things is personally rewarding. One fMRI study was conducted while participants made or withheld donations to real charities. The participants could keep any donations they refused to make. The result showed that both keeping the money and giving it away activated the brain's "reward" pathways.

Giving away money also enhanced activity in areas concerned with belonging and group bonding.

REWARD AREAS
Giving and receiving activate areas linked to pleasure and satisfaction. Areas linked to bonding and social cohesion are active when giving.

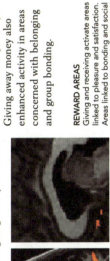

RECEIVING   GIVING

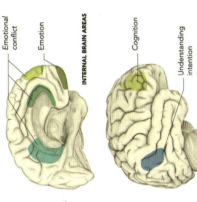

Emotional conflict

Emotion

INTERNAL BRAIN AREAS

Cognition

Understanding intention

EXTERNAL BRAIN AREAS

BRAIN DAMAGE AFFECTS MORALS
Damage to any one of several brain areas can affect moral judgment. They include: areas involved in feeling emotion and assessing emotional intent and conflict; the frontal areas involved in thinking about current situations and assessing action; and the area at the junction of the parietal and temporal lobes, which allows for understanding others' intentions.

图 2.17 截自：Rita Carter，*The Human Brain Book*，p.141

令。严格地说，这一脑区不应列入社会脑的范围。

图2.18显示了心理变态的脑激活状况，上图是正常人的脑，下图是心理变态的脑。两图的显著差异在于：正常人的脑，包括杏仁核系统（红色椭圆形区域）在内的"哺乳动物脑"（学名是外缘系统）被激活，而心理变态的脑，这些区域几乎完全沉默。

上述脑成像意味着，心理变态者缺乏同情能力，甚或从他人的痛苦获得享受。注意，是缺乏这种能力，不是有能力而不同情。我在2018年"行为经济学"课堂上特别讨论过在脑图里先天与后天的关系。

相由心生，脑图也是"相"。我在课堂上详细讲解了2018年饶敦博团队发表的两篇脑科学报告，结论是：如果一个人的行为模式从A改变为B，并且这一改变维持30天以上，那么，这个人的脑内网络随之发生改变。其实，我在《行为经济学讲义》引述的2004年出版的神经科学教科书，已有类似的案例，将恒河猴的两根手指绑定，几十天之后，这只恒河猴的身体感觉区域（中央沟的顶叶一侧）就有显著的改变，被绑定的手指在身体感觉区域里的表达（以"面积"衡量）显著减少。

因此，脑图只是"相"，是行为的后果。科学固然无法探测"心性"，但至少斯坦福大学的心理学派，以行为认知疗法名世。这套疗法有效地缓解了"高空恐惧症"，例如害怕乘坐飞机的心理。行为认知疗法强调行为在认知之前，只要坚持正确行为几十天，脑内的认知回路就随之改变了。

据此，我琢磨图2.18所示的"心理变态"脑图，似乎很难设计一套正确行为让被试坚持几十天，因为这也许是先天因素主导的。例如，错过了社会脑发育时间窗口的儿童，他们成年之后右侧颞顶交仍保持沉默，缺乏探测他人意图的能力，不是有这种能力而不去探测。

以上所述，大致体现了合作的"先天因素与后天因素共生演化"这一原理。根据最新出版的三卷本《行为神经科学百科全书》，深度刺激或脑手术，十年前被中国政府"叫停"，现在再次成为心理治疗的前沿课题。借助深度刺激或脑手术，先天因素可能被改变。

三、表观遗传学与基因遗传学

现在，我的叙述可以返回我的手绘示意图，即图 1.27。全部基因型的集合之内，任何一个基因型到表型的映射，有两类变化，分别称为"基因变化"和"可遗传的表观基因变化"。请回想，紧接着图 2.14，我引用了 2021 年《分子细胞生物学》第 9 版第 7 章的词条"表观遗传记忆"。

最初提出"表观遗传学"（epigenetics）这一概念的，是英国的发育生物学家沃丁顿（Conrad Hal Waddington，1905–1975），他 1957 年的著作，*The Strategy of the Genes: A Discussion of Some Aspects of Theoretical Biology*（《基因的策略：关于理论生物学若干性质的讨论》），流行于 1970 年代，并于晚近 20 年成为显学。沃丁顿也是传奇人物，不仅是发育生物学家，还是古生物学家、基因学家、胚胎学家、哲学家，他奠定了系统生物学、演化发育生物学和表观遗传学的基础。他在建构最初的表观遗传学原理时，试图将拉马克的"用进废退"原理融入达尔文学说，这就是所谓"基因同化"（genetic assimilation）——基因型在特定环境里的表型由于适应环境而获得的特征可改变基因型，从而使这些性质成为可遗传的——或称为"表型可塑性"（phenotypic plasticity）的特例。虽然不被科学界承认，拉马克原理似乎开启了后来的表观遗传学思潮。

不论如何，沃丁顿最早批评"演化综合"学派信奉的"中心法则"，他认为这一法则极糟糕地无视基因之间相互作用的现象，他用"扩展的演化综合"来命名自己的理论。这一讲的附录 1——我再次提醒诸友——对这一学派的思路有更详细的阐述，虽然，附录 1 似乎话题太广泛，并且为此使用了很多插图，反而增加了阅读障碍。

PSYCHOPATHY

Psychopaths are marked by an abnormal lack of empathy, to the extent that some even enjoy seeing others suffer. They may, however, be charming, intelligent, and capable of mimicking normal emotions so well that they are difficult to spot. Psychopathic behavior is linked to risk-taking, irresponsible, and generally selfish behavior, but those with high intelligence can curb these tendencies and become very successful. A large number of leading businesspeople show psychopathic tendencies, as well as a large proportion of criminals. The brains of people who have psychopathic tendencies show less emotional response to images of people being hurt, and the emotional parts of their brains have fewer connections with the frontal areas that consciously "feel" for others.

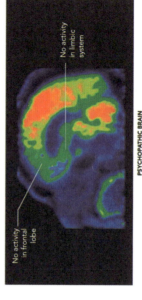

Strong connected activity in frontal lobes

Activity in limbic system

NORMAL BRAIN

No activity in frontal lobe

No activity in limbic system

PSYCHOPATHIC BRAIN

PSYCHOPATHIC BRAINS

Psychologist James Fallon studied psychopathic prisoners and scanned their brains (bottom right) as they viewed emotional images. Professor Fallon found that his own brain has psychopathic markers, which he acknowledges reflects his lack of empathy. His intelligence and insight allow him to overcome his emotional dysfunctions.

图 2.18　截自：Rita Carter，*The Human Brain Book*，p.141

　　文化传统塑造特定的行为模式，是在群体层次上的"表型可塑性"。在"扩展的演化综合"学说中，各种文化必须接受"群体选择"的压力。文化传统里积淀的文化要素，各有自己的适存度。

　　现在我来解释图1.27，左边的集合，名称是"全体基因型"，包括从古到今全部有机体的基因型。如果我们接受图1.9"生命之树"的假设——全部活着的有机体都是同一祖先的后代，当然就可以想象全体基因型的集合。图1.27右边的集合，名称是"全体表型"，包括从古到今地球上全部环境里存在的有机体。根据"演化综合"学派的定义，任一有机体都是它的基因型决定的全部性状在这一有机体的生存环境里的显型性状的集合。根据"扩展的演化综合"学派的定义，表型的变化（发生新的性状）也可能获得遗传。故而，我在"有机体"下面只写了"性状的集合"，没有刻意区分显性和隐性。

　　在理解图1.27的时候，我认为最关键的环节，其实是"表达"。在数学视角下，这是从左边的集合到右边的集合的一个映射。但是在细胞生物学视角下，这一映射涵盖着从基因到蛋白质以及形成蛋白质高阶结构的全过程。我抄录2016年第11版《发育生物学》教科书第1章"总结"里的这一段文字，并提供我的翻译：

　　　　Development is the route via which an organism goes from genotype to phenotype, and it can be studied at any level of organization, from molecules to ecosystems. （发育是这样一种路径，有机体通过这一路径从基因型抵达表型，可以在组织的任何层次上研究这一路径，从分子到生态系统。）

　　之所以抄录，是因为我注意到这部教科书在科学出版社2020年中译本中的这一段文字容易引发误解，故而，我必须重译。

我在图 1.27 底部写了一行字："性状的表型可塑性是给定基因型在不同环境中的目标表型多态化。"诸友如果阅读缪勒 2017 年的文章（详见本讲附录 1），可知"表型多态化"是缪勒概述的"扩展的演化综合"讨论的首要证据。

与表型多态相对的，是"中心法则"可以容纳的"遗传多态"。我在图 1.27 顶部写了它的定义："在给定环境之内，性状的遗传多态，特征是目标表型的基因型多态化。"最新的文献如下：Crkvenjakov and Heng，2021，"Further Illusions：On Key Evolutionary Mechanisms That Could Never Fit with Modern Synthesis"（进一步的错觉：论不可能容纳于现代综合的关键性演化机制）。虽然，这篇论文的标题——至少它的中译标题——可能使人误以为这是一篇为"现代综合"（即"演化综合"）学派辩解的论文，但是我喜欢这篇论文，因为它强调区分关于有机体的两类信息：（1）有机体之为生命系统的信息，简称"系统信息"，是由"基因组"提供的；（2）有机体的各局部信息，简称"局部信息"，是由"基因"提供的。

我抄录这篇论文"摘要"的结论：

> Finally, research on genome-level causation of evolution, which does not fit the MS, is summarized. The availability of alternative concepts further illustrates that it is time to depart from the MS.（最后，在基因组水平上关于演化的因果关系的研究，不能纳入现代综合框架，在这里被总结。可用以取而代之的其他概念进一步展示，现在是时候离开现代综合学说了。）

读者如果注意到这篇论文标题里"错觉"的英文是"illusions"，而它的摘要里"展示"的英文是"illustrates"，这两个语词有相同的词根

"illus-"，不难推测，这篇论文的标题其实应当译为"进一步的展示"，而不应译为"进一步的错觉"。这种进一步的展示，来自基因组学的研究。事实上，发育的全部过程，即图1.27的映射，不仅涵盖基因组学，也涵盖蛋白组学（proteomics），或《自然》杂志2021年7月22日报道的"多组学"（multiomics）。

现在诸友应很容易理解我在图1.27里画出的"基因型"的遗传学含义：在全体基因型的集合里，每一点代表一个基因型，它被扩展为一个三角形，上端点代表遗传变异，下端点代表可遗传的表观遗传变异。只有如此，在"扩展的演化综合"视角下，发育过程，即图1.27的映射（又称"表达"算子），才是完整的，故而有我在图中顶部第二行的文字："发育是遗传多态性和表型可塑性的综合"。

我在课堂上特别强调了"基因型"必须由观测才可知，而观测必须基于发育过程，即"表达"算子；否则，生物学家无法界定"基因型"，即决定一个有机体的全部遗传信息的DNA链条。字源学的考证是这样的，希腊词根"pheno-"，意思是表面、幽灵、现象，pheno-types，汉语译名是"表型"，其实是"表现型"。在科学传统里，"现象"与"本质"是一对范畴。由于历史的缘故，"表型"与"基因型"是一对范畴。但是，要科学地界定表型的基因型，必须在特定环境里观测。

我在微信群里询问诸友：你见过"人"吗？在西方思想传统里，这是一个中世纪经院哲学的问题。事实上，我们没有见过抽象的"人"，我们只能见到具体的人。界定"基因型"，任何观测都是具体的，在特定环境里考察特定有机体的性状，试着从DNA链条里区分那些决定了这些性状的基因。这是"中心法则"的思路，假设"基因—性状"之间存在"一一对应"（映射关系的特例）。事实上存在由许多基因共同决定一个性状的情况——例如"肤色"，也存在一个基因参与形成许多性状的情况——例如"FOXP2"。换句话说，"基因—性状"之间不存在

"一一对应"。请你们回顾第一讲的附录2，并参阅本讲的附录3，试着理解我在那里定义的"广义技术"，以及我解释的"龛位"。

我们观察一个特定的"环境"——在这里，任一有机体的"环境"，包括在这一环境里生存的其他全部有机体（参阅我的《行为经济学讲义》关于"演化基本方程"的章节），在这一环境里，我们通过观察特定的有机体，收集它的各种性状，从而能够界定这一有机体——它的全部可观测性状的集合。如果有机体因不能适应环境而消失，那么，我们已观测到的性状在其他有机体身上可能不再出现，可能继续出现。不再出现的性状相当于，如图1.27，基因组里决定这些性状的那些基因不能通过"映射"在表型里获得表达。晚近关于核酸的研究集注于："transcriptome — which represents all the expressed genes in a cell"（转录组——它代表在一个细胞里获得表达的全部基因）。百度百科"转录组"词条极短，以致令人生疑，不论如何，我应抄录这一词条：转录组（transcriptome）广义上指某一生理条件下，细胞内所有转录产物的集合，包括信使RNA、核糖体RNA、转运RNA及非编码RNA；狭义上指所有mRNA的集合。

我抄录2016年第11版《发育生物学》教科书第3章开篇"差异性基因表达"的定义：

Differential gene expression is the process by which cells become different from one another based upon the unique combination of genes that are active or "expressed." By expressing different genes, cells can create different proteins that lead to the differentiation of different cell types. （科学出版社2020年中译本：差异性基因表达是细胞基于具有活性或"被表达"的独特的基因组合而产生差异的过程。通过表达不同的基因，细胞能产生不同的蛋白质，导致不同细胞类型的

分化。）

我注意到，这段译文，英文"唯一的基因组合"，被译为"独特的基因组合"，这是不确切的翻译，应当译为"唯一的基因组合"。

人体有约25 000个基因，由于基因转录和翻译之后的修饰过程，多种（但不超过10种）蛋白质可追溯至同一基因。根据伊利诺伊大学生物学荣休教授Gerald Bergtrom 2021年1月3日为"生物学"写的科普文章，"Proteins, Genes and Evolution：How Many Proteins Are We？"（蛋白质、基因与演化：我们有多少蛋白质？），人体有约10万种蛋白质。人体有约250个细胞类型（cell types），对应地，有250种蛋白质组（参考文献：Tim Schroder, "The Protein Puzzle", Max Planck Research, BIOLOGY & MEDICINE Cell Research）。

碱基的4个代码（A，T，C，G），选3组合成一种氨基酸。人类从食物中吸收20种氨基酸，它们漂浮在细胞内（在细胞核外），参阅："What is a Protein：A Biologist Explains"（什么是蛋白组：一位生物学家的解释），2021年1月13日，The Conversation。

氨基酸在核糖体内被组装成一条肽链，即蛋白质的初级结构，第21和第22种氨基酸是蛋白质合成过程的"终止密码子"，仅见于少数蛋白质。通常由数十个氨基酸构成一条肽链，核糖体遇到终止密码时，就停止合成并释放已合成的肽链。在tRNA（常译为"转运RNA"）的参与下，核糖体根据mRNA的代码合成相应的氨基酸并嵌入氨基酸链——嵌入的位置不同，就形成不同种类的蛋白质。之所以将"tRNA"译为转运RNA，因为tRNA短链只有两个端点，其中一个端点表达的是氨基酸编码（即上述的4选3），另一个端点则绑定与这一编码对应的氨基酸，如图2.19所示。

注意，在图的中心位置，有一个核糖体正在组装肽链。它的尾部

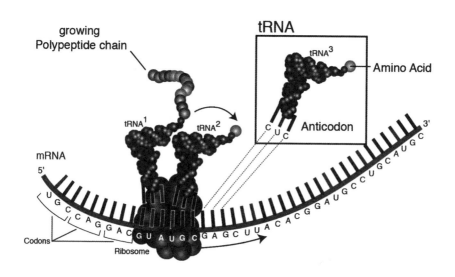

图2.19　截自：Dennis P. Waters，2021，"Behavior and Culture in One Dimension：Sequences, Affordances, and the Evolution of Complexity"，fig.A-5，National Human Genome Research Insitute（瓦特尔2021年的文章："单一维度中的行为与文化：序列、可用性与复杂性的演化"，美国国家人类基因组研究院网站）

左端维系着一个转运RNA（编号1的"tRNA"），在这个转运RNA的另一端，有一条正在合成的肽链，核糖体的尾部右端，是一个恰好与转录RNA带来的氨基酸编码"吻合"的转运RNA（编号2的"tRNA"），在核糖体尾部的两端之间有一个箭头，意思是，肽链将从编号1的转运RNA改接到编号2的转运RNA，此外，还有一个编号3的转运RNA等候进入核糖体，因为恰好它携带的编码与转录RNA带来的下一个氨基酸编码互补（吻合）。

　　由于光谱分析技术的进展，多组学研究正在兴起，Jeffrey M. Perkel 2021年7月22日在《自然》杂志撰文，标题是："Single-cell Analysis Enters the Multiomics Age"（单一细胞分析进入多组学时代）。"共生演化"学派之所以取代"中心法则"学派而"渐成主流"，是因为它获得了越来越丰富并且越来越令人信服的数据支持。

四、灵长类动物的生态龛位

在转入饶敦博的主题之前，我应介绍灵长类动物的生态龛位。饶敦博指出，人类演化形成了三大龛位：石器手斧、火的使用、语言。最初的龛位是手斧，形成这一龛位的前提条件就是手的灵巧性。在数千万年的演化中，灵长类动物的竞争物种是猫科（豹）和犬科（狼）。在这样的环境里，灵长类似乎毫无竞争优势，只能在树顶上谋生，于是必须依靠更好的视力和更灵活的手，如图2.20。很可能，人类的前额叶——被称为"新脑皮质"——最初的扩张始于灵长类的"手—眼"协调能力的发展。

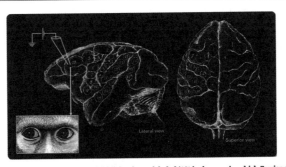

Fig. 1 – Ferrier's Monkey Brain Map (1874). The highlighted area labeled '12' is the area in which Ferrier observed to cause eye and head movements when electrically stimulated. This area was located in the peri-arcuate frontal cortex.

图2.20　截自：Laurent Petit and Pierre Pouget，2019，"The Comparative Anatomy of Frontal Eye Fields in Primates"，*Cortex*，118，51–64

基因测序表明，眼镜猴（即阿喀琉斯基猴）与灵长类大约在5500万年前有共同祖先。根据英国《新科学家》杂志2018年集体创作的科普著作。眼镜猴的先祖很可能是灵长类的先祖，如图2.21，有一个箭头从眼镜猴的先祖到灵长类的先祖。

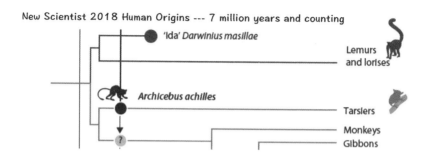

图2.21　截自：*New Scientist*，2018，*Human Origins：7 Million Years and Counting*（《人类起源：700万年与考核》）

　　也是根据这本书，眼镜猴当时生活在中国南方，尤其是现在湖北荆州地区的亚热带丛林里，身长不过30厘米，形如松鼠，擅长爬树，有很好的"手—眼"协调能力，如图2.22和2.23。

　　关于灵长类的最早先祖物种，新冠疫情以来，我检索北京大学的科学服务器，找不到2018年以后发表的研究报告。然后，我在谷歌检索关键词"ancestors of primates"，在LiveScience网站，有一篇2021年3月4日的文章，作者是这家刊物的科学记者Patrick Pester，文章标题是"Primate Ancestor of All Humans Likely Roamed with the Dinosaurs"，图2.22是这篇文章开篇的插图。可见灵长类最早的先祖物种身体尺寸与松鼠类似，它们从更早的"食虫类"演化而来，以昆虫为主食。

　　随后，我在百度检索到了这篇文章的中文版，2021年3月2日发表于"神秘的地球"，标题是"最古老的灵长类动物Purgatorius mckeeveri化石表明其祖先曾和恐龙一起生活"。我抄录这篇文章的主要内容：New Atlas报道，研究人员已经确认的已知最古老的灵长类动物化石，其年代大约在6590万年前。这正好是在地球最大的一次大灭绝事件之后，这表明所有灵长类动物的祖先最初是和恐龙一起生活的。在这项研究中，研究小组分析了一组来自古灵长类动物的牙齿化石，使他们能

Primate ancestor of all humans likely roamed with the dinosaurs

By Patrick Pester published March 04, 2021

Our ancient ancestors looked like squirrels.

A reconstruction of the newly described primate species, Purgatorius mckeeveri, which is thought to be one of the earliest known primates. (Image credit: Andrey Atuchin)

图2.22　截自："Primate Ancestor of All Humans Likely Roamed with the Dinosaurs"，LiveScience，2021 March 4

Archicebus

Archicebus is a genus of fossil primates that lived in the early Eocene forests (~55 million years ago) of what is now Jingzhou in the Hubei Province in central China, discovered in 2003. The only known species, *A. achilles*, was a small primate, estimated to weigh approximately 20–30 grams (0.71–1.06 oz), and is the only known member of the family Archicebidae. As of 2013, it is the oldest fossil haplorhine primate skeleton discovered, and is most closely related to tarsiers and the fossil omomyids, although *A. achilles* is suggested to have been diurnal whereas tarsiers are nocturnal. Resembling tarsiers and simians (monkeys, apes, and humans), it was a haplorhine primate, and it also may have resembled the last common ancestor of all haplorhines as well as the last common ancestor of all primates. Its discovery further supports the hypothesis that primates originated in Asia, not in Africa.

图2.23　右：2003年于湖北荆州发现的眼镜猴化石，也是2013年以前发现的最完整的眼镜猴骨骼化石；左：根据化石想象的还原图片

够确定它们的年龄以及它们属于哪个物种。其中一些牙齿被发现是来自以前已知的一种叫作Purgatorius janisae的物种，这是一种大约老鼠大小的早期灵长类动物，被认为是吃昆虫的。另有三颗牙齿有明显的特征，以前从未见过。研究小组确定它们属于一个全新的物种，将其称为Purgatorius mckeeveri。最重要的是，这些化石的年代约为6590万年前，即大规模灭绝发生后的10.5万年至13.9万年之间。这使得它们成为已知最古老的灵长类动物化石，比之前的纪录保持者早约100万年。

故而，2021年的这篇报道更新了《新科学家》杂志2018年关于眼镜猴之为灵长类先祖的报道，据此，灵长类先祖生活的年代不是5500万年前，而是6590万年前，仅在白垩纪的生物大灭绝（包括恐龙灭绝）之后10万年。关于这种动物的名称——Purgatorius mckeeveri，我检索到一项结果是这样写的：普尔加托里猴（学名Purgatorius），又名普罗猿或普尔干猴，是一属已灭绝及最早期的灵长动物，或更猴形亚目的祖先。它们的遗骸在美国蒙大拿州被发现，估计属于6500万年前。它们最初于1974年由William Clemens描述为"像灵长类的"动物，约有老鼠的大小。普尔加托里猴目前是更猴形亚目中唯一一类可能衍生出后期的更猴形亚目或更高端的灵长类的。虽然它们的分类在统兽总目的情况并不确定，牙齿证据及臼齿形状则显示它们与灵长目很接近。

又据中科院北京古脊椎动物与古人类研究所的倪喜军研究员发表于2017年6月29日的科普文章"灵长类及其近亲的起源与早期演化"，Purgatorius的化石发现于美国蒙大拿州的一座山——"炼狱山"，故这种动物通常被译为"炼狱山兽"。

根据眼镜猴化石的还原想象，如图2.23所示，不难推测，眼镜猴已获得较强的"手—眼"协调能力。在更晚的演化阶段，这种身体很小的猴子，至少在漫长的冰川时代，被身体更大的树栖动物驱赶到树的顶端——那里的枝丫无法承受身体更大的树栖动物。在这样的生态环境里，尤其，它们必须经常从一棵树的顶端跳跃到另一棵树的顶端，"手—眼"协调能力进一步演化成为它们的生态龛位。

灵长类的"手—眼"协调能力，经过漫长的演化，尤其突出地体现在人的脑图里。例如，由神经外科学家Wilder Penfield（1891–1976）最早绘制的脑图，又称"潘氏图"（参阅我的《行为经济学讲义》），如图2.24，在大脑皮质中央沟的两侧，前侧是身体运动的脑区表达，后侧是身体感觉的脑区表达。

注意，图2.24表达的仅仅是触觉。由于视觉、听觉、嗅觉的特殊演化过程，它们很难在"身体感觉"和"身体运动"的脑区获得显著的触觉表达。但是味觉（口舌）如图所示，在"身体感觉"和"身体运动"脑区有很强的表达。

继续看图，人类的双手在大脑皮质的身体感觉中枢与身体运动中枢获得最显著的表达，它们在中央沟两侧占据的脑区面积最大，请回忆图1.27的"表达"算子。其次获得显著表达的，是人类的口舌与生殖器官，正所谓"食色性也"。

在灵长类的脑内，味觉、视觉和听觉远比触觉和味觉的表达更显著，各自演化形成了大脑皮质的专门脑叶或专门脑区——视觉—枕叶、听觉—颞叶、嗅觉—内嗅脑。其中，源自两栖动物（3亿年前）和鱼类（5亿年前）的内嗅脑，后来扩展为人类脑内最古老也最接近荣格所说的"无意识世界"的长期记忆脑区，这里保存着"内隐记忆"的主要部分。只在很晚的演化阶段（大约1亿年前），才形成可读取且可修改的"外显记忆"。根据人类大脑皮质的解剖结构不难推测（参阅我的《行为经济学讲义》），枕叶和颞叶的演化晚于内嗅脑。

在人类的感觉器官当中，只有嗅泡的神经通路紧贴着眶前额叶的腹部，嗅觉信号不通过丘脑而直接从鼻腔通达大脑皮质的内嗅脑（entorhinal cortex），即图2.25中央脑图的蓝色区域，然后通达杏仁

图 2.24　截自：Sensory and Motor Homunculus Models at the Natural History Museum, London. Dr. Joe Kiff（伦敦，自然历史博物馆：感觉与运动的侏儒模型），展品的标题是"在大脑皮质内部"。侏儒的名称是"大脑皮质的人类"，侏儒身体各部分的比例，左边的按照"身体感觉"的脑区比例制作，右边的按照"身体运动"的脑区比例制作

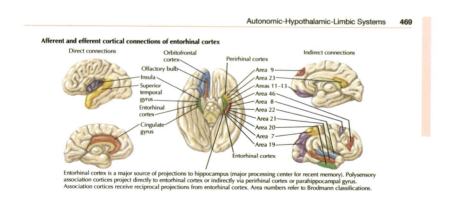

图 2.25　内嗅脑的大脑皮质输入与输出连接，截自：2021，*Netter's Atlas of Neuroscience*，4th ed.，p.469

核（恐惧感的中枢）和海马回（近期记忆脑区），如图2.26。并且，如图2.25，其余四种感觉信号都要经由丘脑整合，大脑皮质的脑区（颞叶、顶叶、枕叶）也要与嗅脑和海马回建立相互神经通路从而有各种感觉的统合。在更长期的演化视角下，如图2.29，发生最早的应当是味觉，其次是视觉，再次是嗅觉，最后是触觉和听觉。

关于基因"FOXP2"的考古研究表明，大约在能人（250万年前）与直立人（75万年前）的演化阶段，言语的能力逐渐演化为语言能力。我在《行为经济学讲义》里介绍了诺贝尔生理学或医学奖的得主埃克尔斯（John Eccles，1903–1997）1989年发表的著作《脑的演化：自我的创造》（*Evolution of the Brain: Creation of the Self*）。埃克尔斯在那本

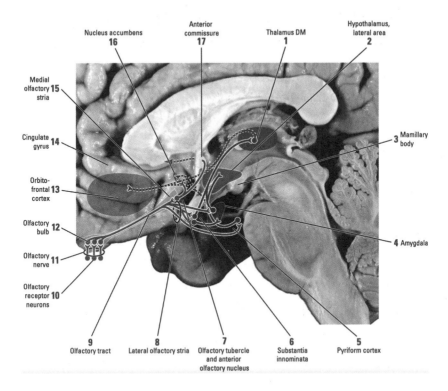

图2.26　截自：2017，*The Brain Atlas: A Visual Guide to the Human Central Nervous System*（《脑图：关于人类中枢神经系统的视觉指南》，第4版），"Olfactory Pathways"（嗅觉的神经通路）

书里详细考察了人类大脑皮质的演化过程，给我留下深刻印象。虽然，我最初注意他的著作，是上世纪研读波普哲学时，读了他与波普的对话录《自我及其脑》（Sir Karl R. Popper and Sir John C. Eccles，1977，*The Self and Its Brain*）。根据埃克尔斯的考证，大脑皮质在从猿到人的演化中，最显著的改变大约发生在50万年前，由于语言脑区的迅速扩张，人与猿在大脑的"顶枕裂"周边形成了差异最大的脑区——新出现的"枕叶—颞叶—顶叶"三角形区域，又称为"视听动"联合区域。这种"视—听—动"的功能结合，是人类语言的特征。

至此，饶敦博所说的人类三大龛位的最后一个，"语言能力"，已经形成，存在争议的是这一能力形成的准确时期，也许形成于190万年前至50万年前，也许形成于更晚的时期。例如，根据杰出的考古学家克莱因（Richard G. Klein）关于非洲河谷"洞穴时代"人类生活的考察（参阅 Richard G. Klein and Blake Edgar，2002，*The Dawn of Human Culture*［《人类文化的曙光》］），与合作秩序同时扩展的是语言能力，大约在15万年前至5万年前。

白垩纪晚期生物大灭绝之后开始的灵长类和人类的演化考察，可参阅克莱因1989年发表的权威著作 *The Human Career: Human Biological and Cultural Origins*（《人类事业：人的生物与文化起源》，University of Chicago Press）。

检索维基百科"ecological niche"词条，我抄录"生态龛位"的定义：In ecology, a niche is the match of a species to a specific environmental condition（在生态学里，一个龛位是指一个物种与一种特定的环境条件之间的匹配）。有机体改变行为以适应环境并由此形成的龛位，称为"格林耐尔龛位"（Grinnellian niche）；有机体改变行为同时也改变环境从而形成的龛位，称为"艾尔通龛位"（Eltonian niche）；为特定生态内的全体物种建立共生演化系统模型并识别这些物种在这一生态系统内各自的动态龛位，称为"哈钦森龛位"（Hutchinsonian niche）。

上述三类龛位当中的艾尔通龛位和哈钦森龛位，符合"共生演化"学派的思路。其实，参阅本讲附录1，格林耐尔龛位也不能从"中心法则"学派的思路获得令人满意的解释。

我检索各类参考书及谷歌，找到一张令人满意的图示，很直观，如图2.27。在这张图的底部，表型是"果蝇的一只翅膀"。这张图的顶部是影响发育过程的三类变量：（1）等位基因的变异——图1.27所示的"基因变化"，（2）噪声——各种发育因子可能产生的功能误差，（3）环境的改变——生态原本是动态过程。这张图的中部是发育过程的两大决定因素：（1）基因型，（2）环境。最后，黑匣子上写着"发育"。

上列五类因素共同参与发育过程——从基因型到表型的映射。所以，沃丁顿使用了这样的语词"epi-genetics"，这里的前缀"epi-"意思是在什么之外，放在"基因"这个单词之前，意思就是"在基因之外"。于是，"表观遗传学"这一名称，最初的暗示是，在基因之外还有一些可遗传的现象。

总而言之，上述的解释，最终还是返回到图1.27左边集合里由那个三角形表示的基因型。当然，我在绘制图1.27的时候，应考虑将表观遗传因素放在"表达"算子之内。因为，只有"表达"算子才是发育过程。可是，如果将表观遗传变异放在"表达"算子下面，我就无法区分可遗传的表观遗传变化和不可遗传的表观遗传变化，因为它们都在图1.27左边的集合之外。这就是简约主义的弊端——我在图1.27使用"表达"算子，是一种数学简约主义。正统的生物学家常常对数学家或物理学家在生物学领域里的简约主义表示强烈反感——生命拒绝抽象。

在印刷版心智地图右侧上方，第一篇就是缪勒的文章：Gerd B. Muller，2017，"Why an Extended Evolutionary Synthesis is Necessary"。

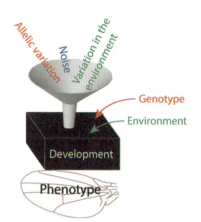

图2.27 "有机体的发育过程"，截自
"转型期中国社会的伦理学原理"课
堂用心智地图

他这篇文章论据的第一项，见图2.28，"表型可塑性"，是这样定义的：the capacity of organisms to develop altered phenotypes in reaction to different environmental conditions（有机体在对不同的环境条件的反应中

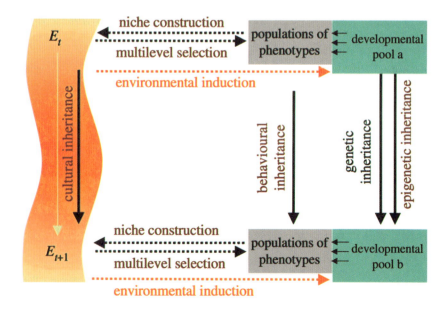

图2.28 缪勒提供的"演化—发育"示意图，截自"转型期中国社会的伦理学原理"课堂用心智地图

发育成另类表型的能力）。这一定义再次让我们想到龛位现象，这里出现的似乎是格林耐尔龛位。如果龛位使改变了的行为是可遗传的，就可能出现另外两类龛位。

缪勒文章论据的第二项，"inclusive inheritance"，字典里译为"包容性继承"，似乎是直译。这一短语中的"包容"，涵盖了下列诸种可遗传性：epigenetic, behavioral, cultural, and ecological forms of inheritance（表观遗传的、行为的、文化的、生态形式的可遗传性）。这样广泛的可遗传性，只好直译为"可继承性"。因为，可继承的未必可遗传。文化遗产是可继承的，却不是可遗传的。

缪勒文章的第三项论据，"基因组学"，明确反驳了"演化综合"学派：

Novel genomic segments and biochemical functions can be acquired from other cells and organisms, rather than exclusively by inheritance from their progenitors. Comparative genomics has greatly changed the concepts of both the evolution of primitive life forms and eukaryotes. Among prokaryotes, viruses, plasmids, etc., horizontal gene transfer is ubiquitous and even among eukaryotes much more frequent than hitherto assumed. （新的基因片段和生物化学功能可从其他细胞或组织那里获得，而不仅仅从它们的祖先那里获得。比较基因组学已经极大地改变了原生生物和真核生物的演化概念。在原核细胞、病毒、质粒或诸如此类的事物当中，基因的横向转移是无处不在的，甚至在真核细胞当中也比以往假设的要远为频繁。）Mobile elements, in particular, make genomic evolution exquisitely dynamic and non-gradual. （特别地，可移动的因子，使基因演化格外地是动态的并且是非渐进的。）Furthermore, functional genome reorganization can occur in response to environmental stress.（更进一步，功能基因组的重组过程可因对环境压力的响应而发生。）

缪勒的第四项论据是"multilevel selection theory"（多层次选择理论），涵盖了下述内容：

Span selective processes from genetic, cellular and tissue levels up to kin selection, group selection and possibly even species selection, making it necessary to distinguish individual fitness from group fitness.（将选择过程从基因的、细胞的和组织的层次扩展到包括亲缘选择、群体选择和也许甚至物种的选择，于是必须区分个体适存度和群体适存度。）Natural selection may act at different levels simultaneously, possibly even in opposing directions.（自然选择可能同时作用于不同层次，甚至可能有相反方向的选择。）下面这段文字，我的翻译并不顺畅：Interest in multilevel selection theory has resurged in connection to work on the major transitions in evolution and definitions of biological causality.（关于多层次选择理论的兴趣已在与演化的主要转移和生物学因果性之定义相关联的工作中爆发。）

缪勒的第五项论据是"niche construction"（龛位的建构）。我已有冗长的讨论，此处从略。

缪勒的最后一项论据是"systems biology"（系统生物学）：

The capacity of systems biology is better interpreted as a scientific attitude that combines "reductionist" approaches (study of constituent parts) with "integrationist" approaches (study of internal and external interactions).（系统生物学的能力最好解释为一种将"简约主义者的"思路——关于系统各局部的研究与"整合主义者的"思路——关于系统内部与外部相互作用的研究相结合的科学态度。）

这里，我建议诸友阅读本讲附录4，我在那篇长文里详细解释了"系统生物学"，从这一学科的思想史引论到它的前沿课题的研究者。

我在解释图2.25和2.26的时候，写了这一段文字：在更长期的演化视角下，如图2.29，发生最早的应当是味觉，其次是视觉，再次是嗅觉，最后是触觉和听觉。这是因为，最早的生物（细菌和古菌）在海水里生活，必须足够敏感于海水的化学成分，这种敏感性被称为"味觉"，大约形成于20亿年前。其次是对光的敏感性，例如我在图1.9详细介绍的蓝菌，可以说是最早有"视觉"的生物。虽然，最早有眼的生物，如前述，是5.7亿年前的三叶虫。然后是大约5亿年前，鱼类和两栖动物的嗅觉和触觉。最后是鱼类和陆栖动物的听觉，大约形成于3亿年前。

事实上，各种感觉的演化顺序敏感依赖于这些感觉对处于特定生存环境中的有机体的重要性。此处，我们再次遇到了拉马克的"用进废退"原则，也再次遇到"龛位"这一主题。我们看看灵长类的龛位，同时看看与灵长类竞争的猫科和犬科的龛位。显然，猫科和犬科的龛位意味着远比灵长类发达的嗅觉。事实上，猫的鼻子里有超过2亿个气味感受器，狗的鼻子里有超过20亿个气味感受器，可是人的鼻子里只有大约500万个气味感受器，即图2.26标号"10"的气味感受神经元。狗的嗅脑与大脑皮质面积的比例远高于人类。其次，狗的听觉也远超人类，经过训练的狗可以听到超音频或超低频，尽管狗的听觉随着老龄化而迅速衰退。再次，狗的味觉远不如人类，大约只是人类的四分之一。最后，狗的触觉和视觉都不如人类。同样的情况也发生在猫身

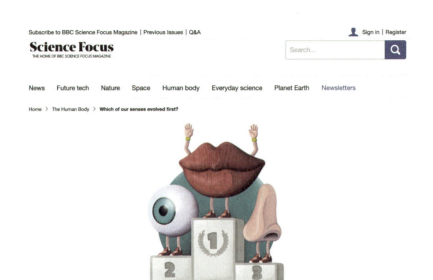

Which of our senses evolved first?

图2.29　截自：Luis Villazon，"Which of Our Senses Evolved First?"（我们的哪一种感觉是最早演化的？），*BBC Science Focus Magazine*。这里展示的演化顺序是：味觉、视觉、嗅觉

上，它们的味觉远不如人类，它们的触觉和视觉也很弱。

在群体选择的层次，优胜群体的文化就是重要的"龛位"。那些处于劣势的群体，为了生存，不得不接受优胜群体的文化。哈耶克《致命的自负》七个附录里，特别讨论了这一现象。

生态层次的选择，可以说是最高的层次，将来也许有跨星球的选择层次。在生态这一层次，地球的演化史可以说塑造了生命的演化史。我们看看图2.30，来自《新科学家》杂志2016年第3卷第2期，"The Collection"（文选），"Life on Earth：Origin, Evolution, Extinction"（地球上的生命：起源、演化、灭绝）。

图中顶端写着：生命始于38亿年前。沿着地球演化的轨道，第二个节点，有一个蓝色的地球，那里写着：25亿年前的大氧化事件。注

意，从生命的发端到地球被大规模氧气笼罩，经历了13亿年。在这样漫长的时间里，先是嗜热厌氧的蓝菌，后是基于光合作用的自养型藻类，在大范围内繁殖并释放大量氧气，为后来出现更复杂的多细胞生物准备了条件。

图2.30，第三个节点，23亿年前第一次雪球事件，可参照图2.31。检索维基百科"ice house"词条可知，"雪球地球"是一个假说，持这一假说的科学家认为，地球气候，长期而言，在"温室"状态和"冰室"状态之间摆动。

又据维基百科词条"snowball earth"，加州理工学院的地质学和地球物理学教授柯尔士芬克（Joseph L. Kirschvink）发表于1992年的文章，"Late Proterozoic Low-Latitude Global Glaciation：The Snowball Earth"（元古代晚期低纬度全球冰川：地球变成了雪球），意味着在7亿年前至5亿年前之间，地球不仅处于冰室状态，而且大约在6.5亿年前还发生了"雪球"事件——海水从表层到底层完全结冰，数千米的冰层使海水暖化的物理化学和生物过程变得异常缓慢，这次雪球事件延续了千万年之久。

又据古地质学的考证，24亿年前至21亿年前，延续了3亿年之久的大冰川期，是"第一次雪球事件"，肇端于25亿年前的"大氧化事件"。原始大气层主要由氢气和氦气构成，并且随着火山喷发而含有大量的甲烷。细菌和古菌在13亿年里释放的氧气大幅度减少了大气里的甲烷含量——氧气与甲烷结合产生二氧化碳和水，这一过程不像甲烷那样可以保持大气温度。于是，气候变冷，也许导致了地球初期的大冰川期和微生物的大灭绝，参阅：Mihai Andrei，2019年9月5日，"Geologists Uncover Ancient Mass Extinction from 2 Billion Years Ago：It's All about the Oxygen"（地质学家发现20亿年前的古代生物灭绝：完全与氧气有关），*ZME Science*，生物学版。

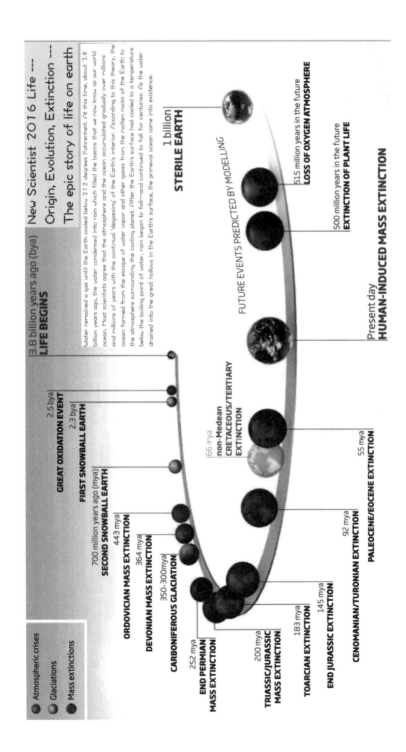

图 2.30　截自 "转型期中国社会的伦理学原理" 课堂用心智地图

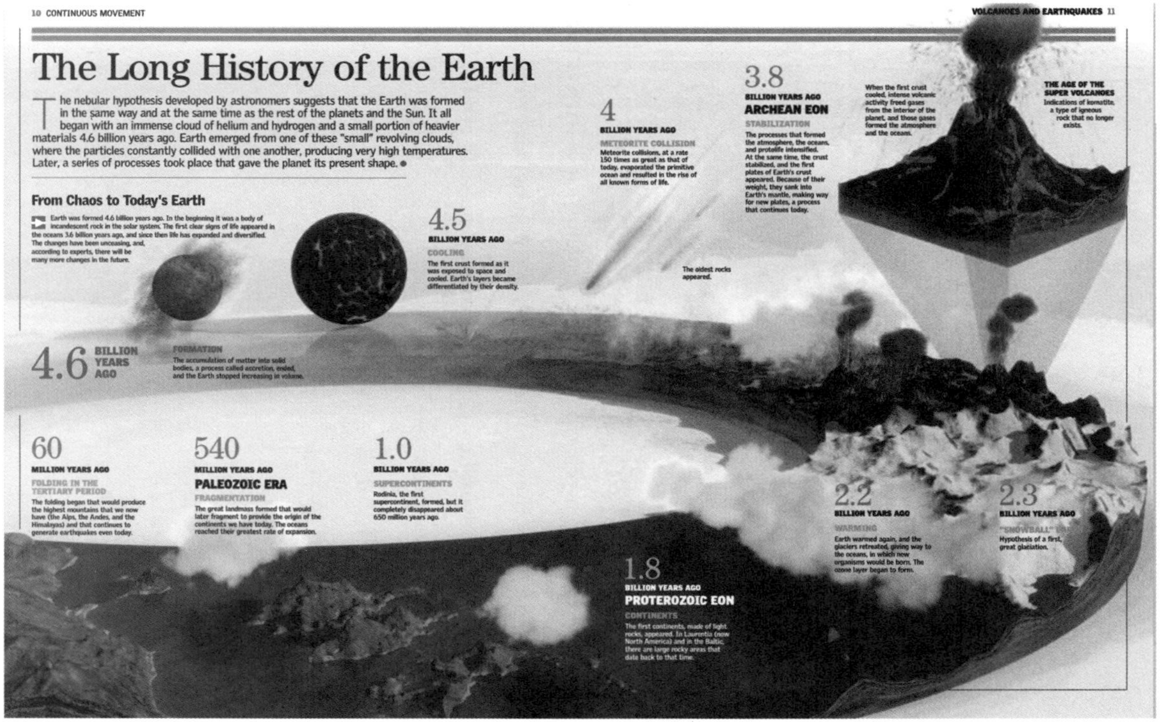

图 2.31　截自：Britannica Illustrated Science Library，2008，"Volcanoes and Earthquakes" 分册，pp.10-11，地球早期的状况。

注意生活在 38 亿年前至 23 亿年前的第一次冰川期的极端厌氧的嗜热菌

微生物也有大灭绝，这真是出人意料。来自斯坦福大学的研究团队领导人Malcolm Hodgskiss这样说：This shows that even when biology on Earth is comprised entirely of microbes, you can still have what could be considered an enormous die-off event that otherwise is not recorded in the fossil record（这表明甚至当地球生物完全由微生物构成的时候，你也能有被视为一种大规模死亡事件的化石记录）。他领导的研究团队在加拿大的一个富含硫酸钡的矿山发现了这样的化石样本——关于地球早期岩石的氧化记录。根据化石记录，地球大气在24亿年前含氧量仍极低，直到蓝菌登上舞台，事情才发生了戏剧性的变化，它们改变了全部生态系统，这就是所谓"大氧化事件"。

The finding also supports the "Oxygen Overshoot" theory, which suggests that the oxygen-releasing microorganisms hit a critical peak and spread more than they should. Without the nutrients to sustain them, they started to dwindle, which led to a decrease in atmospheric oxygen.（这一发现也支持所谓"氧气过多"理论，该理论认为释放氧气的微生物数量达到某一阈值之后继续繁衍，以致它们很难找到足够的营养，于是开始消亡，然后导致大气含氧量的降低和生物灭绝事件。）

我注意到上面的文章发表于2019年，而图2.30发表于2016年，故而后者并未列出紧随"大氧化事件"而来的"微生物灭绝事件"。图2.30列出的第四个节点，7亿年前第二次雪球事件，即我在上面引述的加州理工学院的柯尔士芬克教授提出的假说。在这两次雪球事件之间，生命演化的标志性事件是：（1）大约18亿年前真核细胞生物的有性繁殖，（2）大约10亿年前（最早可能在15亿年前）出现多细胞生物。

同样，图2.30也没有列出寒武纪的生物大爆发——5.4亿年前至5.2亿年前，延续了2000万年，在寒武纪岩层里保存着今天所有主要动物类群的化石。根据《自然》杂志2016年2月16日的报道，在非洲纳米比亚海底发现大约5.4亿年前由蓝菌制造的大面积的羽状礁，意味着寒武纪初期蓝菌制造的丰富氧气使多细胞生物在数百万年里迅速演化为食肉动物。参阅：Douglas Fox，2016，"What Sparked the Cambrian Explosion"（什么触发了寒武纪生物大爆发），*Nature*，530，268–270。故事似乎更复杂，因为食肉动物不仅需要氧气，它们的骨骼还需要矿物质。

另外两次生物灭绝，是图2.30的第五个节点——4.43亿年前奥陶纪生物灭绝事件，和第六个节点——3.64亿年前泥盆纪生物灭绝事件。检索维基百科"extinction event"（生物灭绝事件），依照规模排列的前五位是：二叠纪大灭绝、奥陶纪大灭绝、白垩纪大灭绝、三叠纪大灭绝、泥盆纪大灭绝。

图2.30中，泥盆纪之后出现的六次灭绝事件，时间距离较近，相继发生于2.52亿年前（二叠纪）至0.55亿年前（白垩纪）。我直接从我新出版的书《收益递增：转型期中国社会的经济学原理》第四讲抄录一段文字：

> 大约3.5亿年前至3亿年前的石炭纪冰川期之后，每隔数千万年就发生一次生物大灭绝事件，似乎有越来越频繁的趋势：第三次是二叠纪晚期（2.52亿年前），第四次是三叠纪（2亿年前），第五次是侏罗纪早期（1.83亿年前），第六次是侏罗纪晚期（1.45亿年前），第七次是白垩纪晚期（0.92亿年前），第八次是白垩纪第三纪（0.66亿年前），第九次是古新世（0.55亿年前）。

紧接着0.55亿年前的生物灭绝，是灵长类的崛起。因为，灵长类是被恐龙和其他大型食肉动物捕食的物种，恐龙消失，是灵长类的福音。那次生物灭绝规模不大，灵长类这样的小动物可能幸存。然后，地球的气候变迁是关键因素，在两次大规模的冰川期之间，通常有间歇期，可能足够长。例如，参阅图2.32，最近的1万年，气候稳定在目前水平，为农业的发生提供了极佳条件。

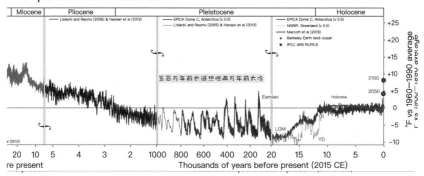

图2.32　地球形成至今的温度变化，截自维基百科词条"Geologic temperature record"（地质学温度记录），根据各种地质学记录拼接而成的长图，这里截取这幅长图的后半段

地球的气候问题十分复杂，我只是门外汉，但收集和阅读了最新出版的文献，可以在这里提供一种基于我个人理解的概述。不过，我的思维习惯是从高空俯瞰地面，阅读文献时，通常在心里建构从高空俯瞰地面的图景。这幅图景当然与专业领域的常见图景不同，它是基本问题导向的，而不是专业问题导向的，故而，它只关注"俯瞰地面"的整体状况而不关注"地面"的细节。

我所谓"地面"的细节，包括洋流和季候风这类因素。但是我在课堂用的心智地图里贴了不少介绍地面细节的图，大多来自Lewis Dartnell 2019年的著作 *Origins: How Earth's History Shaped Human History*

（《起源：地球的历史如何塑造人类的历史》），这本书对于我们理解全球资本主义运动和世界贸易体系，更进一步理解世界政治的基本格局，是很关键的。这位英国作者引我关注，他出生于1980年11月21日，算是"80后"，以三本著作名世，我上面列出的是他的第三本著作。他的另外两本著作是：2007，*Life in the Universe：A Beginner's Guide*（《宇宙中的生命：入门指南》，企鹅版）；2014，*The Knowledge：How to Rebuild Our World from Scratch*（《知识：怎样在毁灭之后重建我们的世界》）。

我浏览了上列三本书，不打算引用2014年的那本，因为它的主旨是将保存在人类知识里的文明成果重现于一系列"草图"，假如文明毁灭，那么这些草图保存了重建文明所需的知识。这本书的副标题中的"草图"一词，是双关语——"乱涂"（毁灭）与"草图"。

我很喜欢他2007年的那本书，那时他才27岁。也许因为他是天体生物学家——牛津大学生物学本科和伦敦大学学院天体生物学博士，他熟悉这一领域的最新研究及各种争议，写作这本书可谓驾轻就熟。这本书列入"企鹅丛书"，理所当然。

最后，我在课堂用的心智地图里引用的，是他2019年的这本书。这是他39岁时的著作，更加成熟，对文明有更丰富的反思。他现在是威斯敏斯特大学（属于英国皇家理工学院系统）的"科学传媒教授"——这个头衔有些令人费解。

下面我将引用的数据完全来自：Britannica Illustrated Science Library Universe，2008，*Encyclopaedia Britannica*（大英百科2008年版《图示科学图书馆》，《宇宙》分册）；辅以"维基百科""百度百科"和南京天文台提供的资料。

恒星形成于物质云团在重力作用下的旋转，有证据表明宇宙也在旋转。对于银河系整体而言，这种旋转是顺时针方向的。对我们的太阳系而言，这种旋转是逆时针方向的。故而，当太阳系行星形成时，它们的自转方向应是逆时针的。可能由于外来的撞击，只有金星例外，顺时针自转。也是由于外来冲击的影响，太阳系里的行星有不同的自转轴倾角。天王星的倾角几乎是90度，以"卧姿"绕日。

这里所谓"右手规则"的含义是，如图2.33所示，我的右手拇指向上，其余四指握拳。这时，我右手握拳的方向是逆时针的，并且拇指的方向就是自转轴的"上端"。所谓"倾角"，就是自转轴偏离黄道平面垂直线的角度。地球现在的倾角是23度，水星倾角是0.1度。当然，金星的旋转遵循"左手规则"。

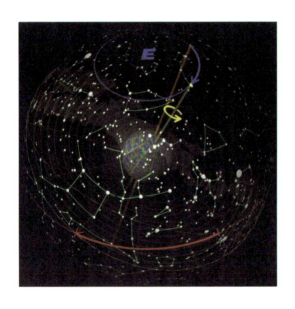

图2.33 截自维基百科词条"axial precession"（自转轴的倾角），在局外人的视角下，地球倾角变化导致的星象变化

基于常识，物体的温度由受热过程与散热过程决定。行星大气层的厚度与成分、行星倾角和自转周期、行星绕日周期和轨道形状、行星的表面结构与内部结构，都参与塑造行星的表面温度与季节性。这些因素当中，最关键的是大气层的厚度与成分。水星没有大气层，倾角是0度，自转周期等于地球的59天，并且绕日周期等于地球的88天——这两项周期结合导致水星上的两次日出相隔176天，这些因素

使水星表面的温度白天高达473度而夜间是零下183度。另一经典案例是金星，它的大气主要成分是二氧化碳、硫酸和尘埃，几乎完全不透光——在金星表面看不到星空，也因此，在地球上看，金星"白亮"（大气层反光）。金星的倾角是117度，以"左手规则"自旋，自转周期是243天，而绕日周期是224天——于是金星的"年"只有17个小时。由于二氧化碳的温室效应，金星表面温度高达462度——主要来自内部的红外辐射。

在太阳系的内环最外面的行星是火星，它的倾角是25度，自转一周需要1.88年，与绕日周期等长。火星大气极为稀薄，主要成分是二氧化碳（95%）和氮气（3%），"冬季"零下140度，"夏季"舒适得多，17度。

图2.34来自"大英百科"，这是2008年的版本，但与"百度百科"南京天文爱好者编辑的"银河系"词条对照，不需要任何订正。如图所示，银河系的自转方向遵循"左手规则"。虽然，银河系里的恒星可以有不同的自转方向。太阳系在这张图里，位于银河系的下方，在边缘与中心之间。

地球在自转周期和绕日周期之外，还有两个周期："进动"——周期是25 800年，"章动"——周期是18.6年。地球并非严格的圆球，而是椭圆球，在太阳和月球的引力作用下，地球表面受力不匀，这是进动和章动的主因。我在下面的叙述，主要参考书是2015年出版的一部专业著作：V. Dehant and P. M. Mathews，*Precession, Nutation and Wobble of the Earth*（《地球的进动、章动与晃动》，Cambridge University Press）。

地球绕日轨道大致是在一个平面里（因其他星球的引力作用而有偏离的波动），称为"黄道平面"。所谓"倾角"，就是地球两极连线与垂直于黄道平面的直线的夹角，也即赤道平面与黄道平面的夹角（"黄赤交角"）。赤道所在的圆环与黄道所在的圆环有两个交点，即"春分

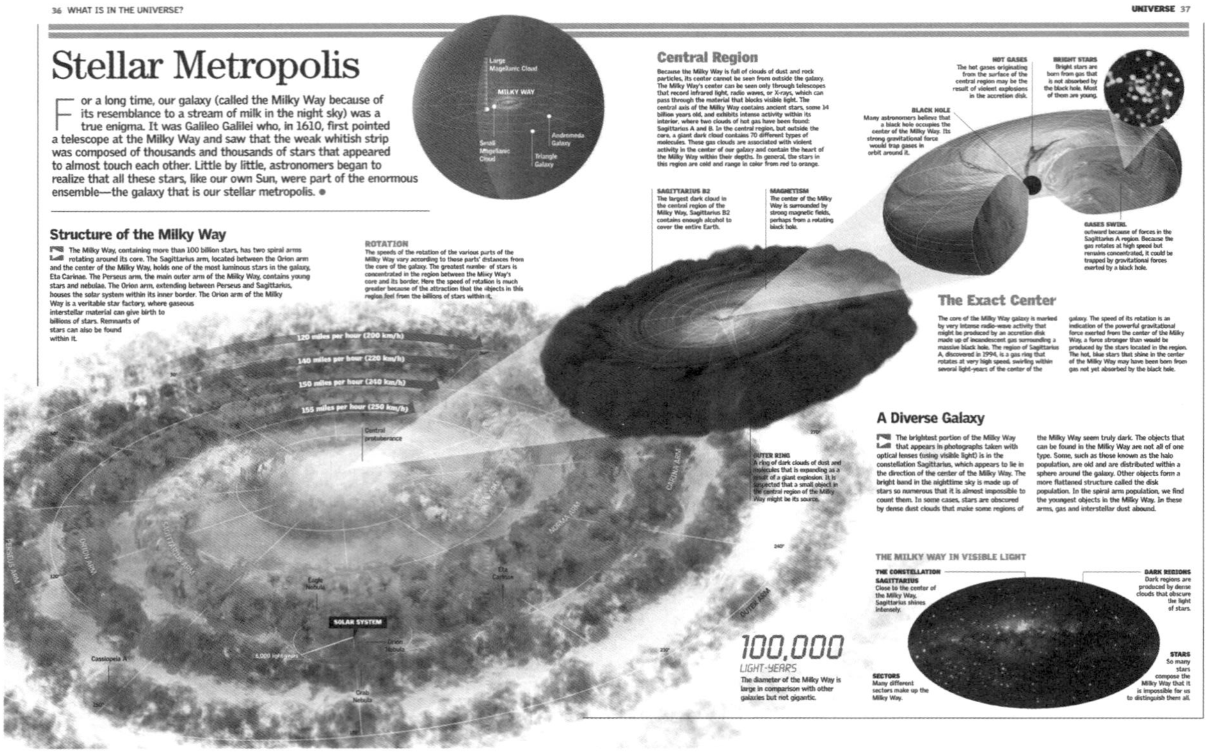

36 WHAT IS IN THE UNIVERSE?

UNIVERSE 37

Stellar Metropolis

For a long time, our galaxy (called the Milky Way because of its resemblance to a stream of milk in the night sky) was a true enigma. It was Galileo Galilei who, in 1610, first pointed a telescope at the Milky Way and saw that the weak whitish strip was composed of thousands and thousands of stars that appeared to almost touch each other. Little by little, astronomers began to realize that all these stars, like our own Sun, were part of the enormous ensemble—the galaxy that is our stellar metropolis. ●

Structure of the Milky Way

The Milky Way, containing more than 100 billion stars, has two spiral arms rotating around its core. The Sagittarius arm, located between the Orion arm and the center of the Milky Way, holds one of the most luminous stars in the galaxy, Eta Carinae. The Perseus arm, the main outer arm of the Milky Way, contains young stars and nebulae. The Orion arm, extending between Perseus and Sagittarius, houses the solar system within its inner border. The Orion arm of the Milky Way is a veritable star factory, where gaseous interstellar material can give birth to billions of stars. Remnants of stars can also be found within it.

ROTATION
The speeds of the rotation of the various parts of the Milky Way vary according to those parts' distances from the core of the galaxy. The greatest number of stars is concentrated in the region between the Milky Way's core and its border. Here the speed of rotation is much greater because of the attraction that the objects in this region feel from the billions of stars within it.

Central Region

Because the Milky Way is full of clouds of dust and rock particles, its center cannot be seen from outside the galaxy. The Milky Way's center can be seen only through telescopes that record infrared light, radio waves, or X-rays, which can pass through the material that blocks visible light. The central axis of the Milky Way contains ancient stars, some 14 billion years old, and exhibits intense activity within its interior, where two clouds of hot gas have been found: Sagittarius A and B. In the central region, but outside the core, a giant dark cloud contains 70 different types of molecules. These gas clouds are associated with violent activity in the center of our galaxy and contain the heart of the Milky Way within their depths. In general, the stars in this region are cold and range in color from red to orange.

SAGITTARIUS B2
The largest dark cloud in the central region of the Milky Way, Sagittarius B2 contains enough alcohol to cover the entire Earth.

MAGNETISM
The center of the Milky Way is surrounded by strong magnetic fields, perhaps from a rotating black hole.

BLACK HOLE
Many astronomers believe that a black hole occupies the center of the Milky Way. Its strong gravitational force would trap gases in orbit around it.

HOT GASES
The hot gases originating from the surface of the central region may be the result of violent explosions in the accretion disk.

BRIGHT STARS
Bright stars are born from gas that is not absorbed by the black hole. Most of them are young.

GASES SWIRL
outward because of forces in the Sagittarius A region. Because the gas rotates at high speed but remains concentrated, it could be trapped by gravitational forces exerted by a black hole.

The Exact Center

The core of the Milky Way galaxy is marked by very intense radio-wave activity that might be produced by an accretion disk made up of incandescent gas surrounding a massive black hole. The region of Sagittarius A, discovered in 1994, is a gas ring that rotates at very high speed, swirling within several light-years of the center of the galaxy. The speed of its rotation is an indication of the powerful gravitational force exerted from the center of the Milky Way, a force stronger than would be produced by the stars located in the region. The hot, blue stars that shine in the center of the Milky Way may have been born from gas not yet absorbed by the black hole.

OUTER RING
A ring of dark clouds of dust and molecules that is expanding as a result of a giant explosion. It is suspected that a small object in the central region of the Milky Way might be its source.

A Diverse Galaxy

The brightest portion of the Milky Way that appears in photographs taken with optical lenses (using visible light) is in the constellation Sagittarius, which appears to lie in the direction of the center of the Milky Way. The bright band in the nighttime sky is made up of stars so numerous that it is almost impossible to count them. In some cases, stars are obscured by dense dust clouds that make some regions of the Milky Way seem truly dark. The objects that can be found in the Milky Way are not all of one type. Some, such as those known as the halo population, are old and are distributed within a sphere around the galaxy. Other objects form a more flattened structure called the disk population. In the spiral arm population, we find the youngest objects in the Milky Way. In these arms, gas and interstellar dust abound.

100,000
LIGHT-YEARS
The diameter of the Milky Way is large in comparison with other galaxies but not gigantic.

THE MILKY WAY IN VISIBLE LIGHT

THE CONSTELLATION SAGITTARIUS
Close to the center of the Milky Way, Sagittarius shines intensely.

DARK REGIONS
Dark regions are produced by dense clouds that obscure the light of stars.

SECTORS
Many different sectors make up the Milky Way.

STARS
So many stars compose the Milky Way that it is impossible for us to distinguish them all.

图2.34　截自：大英百科，2008年，《图示科学图书馆》，《宇宙》分册，第36—37页

点"和"秋分点"。

　　太阳和月球对地球的引力，是地球上"潮汐力"的主因。地球是椭圆的，在椭圆长轴的两端及周边区域，潮汐力的扭矩不能被完全抵消，如图2.35所示，椭圆表面与太阳和月球距离较远的区域（E_1）引力较小，而与太阳和月球距离较近的区域（E_2）引力较大。

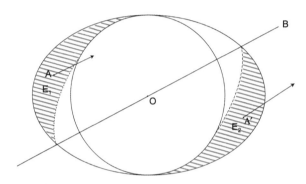

Figure 1.1 Gravitational forcing on the Earth. The figure shows the cross section of a hypothetical homogeneous ellipsoidal Earth with its inscribed sphere, and a celestial body B. Gravitational forces due to B acting on equal mass elements located symmetrically about the line passing through the center (O) and in the direction of B are of equal magnitude and produce equal torques, while in opposite directions, they cancel each other out. But the regions E_1 and E_2 outside the sphere are not symmetrical about the line in the direction of B. So there are net torques on these regions (say at A, A'), which do not cancel out: the torque on E_2 is stronger than that on E_1 because the former region is closer to the gravitating body B.

图2.35　截自：V. Dehant and P. M. Mathews，2015，*Precession, Nutation and Wobble of the Earth*，第1章

　　现在想象，太阳、月球、地球，三者运行轨道的"共同平面"，即三者间的引力的"平均方向"所在的平面，姑且称为潮汐力平面。显然，这一平面随着月球绕地和地球绕日的运行而改变。事实上，《地球的进动、章动与晃动》整部著作的主旨是要借助数学方法推演潮汐力平面的变化——难度不亚于"三体问题"，图2.35只是一种简化模型的图示。

不论如何，图2.35所示的引力扭矩倾向于将地球的赤道平面拉向潮汐力平面，即减小这两个平面的夹角。地球在绕日旋转的过程中受到这种潮汐力扭矩的影响，常被譬喻为一个公转并且自转的陀螺在第三力作用下的行为："摇摆"（进动）并"点头"（章动）。根据百度百科"章动"词条，月球轨道面（白道面）位置的变化是引起章动的主要原因。

我在上面引用的Lewis Dartnell 2019年著作 *Origins*，提供了图2.36。这里显示了一个最漫长的周期，称为地球绕日轨道的"偏心率周期"——约10万年。其中上图显示"偏心率"的周期约为10万年；左下方图示"进动"的周期约为2.6万年；最后，右下方图示"obliquity"（黄赤交角）的周期约为4.1万年。

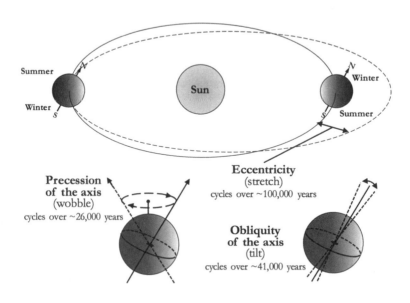

The Milankovitch cycles: variations in Earth's orbit and axis that affect our climate.

图2.36　截自：Lewis Dartnell，2019，*Origins*，"米兰科维奇周期——影响我们气候的地球轨道和轴心变动"

　　我注意到，2019年的这本书并非专业著作，而且主旨也不是数学推演米兰科维奇三大周期律。另一方面，2015年的那本书是专业著作，满篇数学公式，旨在研究弹性球体的进动周期，但关于刚性球体的进动周期，却只有一张插图，即图2.37，其中标明"18.6"年，与大英百科的数据相符。根据大英百科2008年版《图示科学图书馆》的《宇宙》分册第74—75页，地球进动周期的倾角变动是一个直径47度的环形——半径23.5度，故地球倾角的均值是23.5度。与此相比，地球章动周期的倾角变动只是正负3度。百度检索"黄赤交角的周期"，是4.1万年，与图2.36的右下图相符。综上所述，英文"obliquity"，同时表示两个周期——"章动"（nutation）周期18.6年和"黄赤交角"（obliquity）周期4.1万年。百度检索相关词条都写明"黄赤交角"的周期是4.1万年，在3度范围内变化。

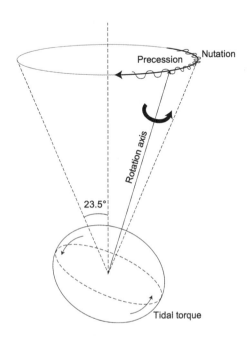

图2.37　截自：V. Dehant and P. M. Mathews，2015，*Precession, Nutation and Wobble of the Earth*，第1章

　　我认为合理的解释如图2.37：（1）章动是叠加于进动的，地球上某一区域的日照强度，随着进动的周期，从相当于北纬80度的日照强度逐渐变为相当于北纬60度的日照强度，叠加章动之后可能相当于北纬57度的日照强度。（2）章动周期是围绕进动周期的正负3度叠加，故而进动周期2.6万年相当于章动周期4.1万年。可以想象，图里的进动环形拉长为章动环形，则2.6万年将拉长为4.1万年。（3）地球并非刚性球体，计算进动与章动的周期，应假设地球是弹性球体，此时，如图2.38所示，潮汐力由很多因素联合决定。

　　常见于科普著作的进动与章动，都是基于刚性球体假设，最初由塞尔维亚科学家米兰科维奇计算的周期。更严谨的计算，需要考虑图2.38由不同程度的淡化文字标识的因素。

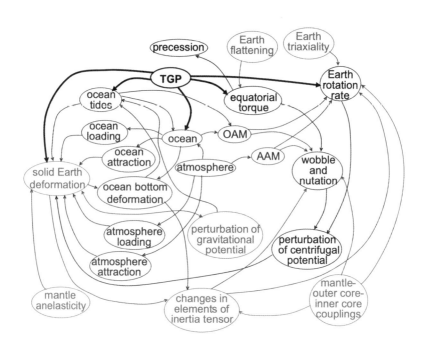

图2.38　截自：V. Dehant and P. M. Mathews，2015，*Precession, Nutation and Wobble of the Earth*、第1章

我广泛检索百度百科，"章动""进动""倾角"或"黄赤交角"，以及它们的周期，无法获得完整且自洽的描述。尤其是百度百科"章动"词条，似乎由一位研究"弹道"问题的编辑撰写，主要讨论章动对导弹轨道的影响。科普中国的一篇文章，"倾角对气候的影响"，与上述我认为合理的解释之第一项是一致的。另一方面，由中国天文学会检核的百度百科"地球进动"词条过于简单，只写了进动周期"约25 700年"。

综上所述，我姑且搁置我喜欢的这位"80后"天体生物学家Lewis Dartnell 2019年这本书关于4.1万年章动周期的描述，转而引述他关于地球在最近数亿年内的演化对人类演化的塑造性影响。并且，我更相信大英百科2008年这本图册的权威性，我从中选一幅概述，即图2.39，这幅插图从高空俯瞰地面的范围，足可涵盖Dartnell 2019年的著作 *Origins*。

我们在图2.39里看到，生命从起源到智人出现的演化概貌——从图的左下角延伸到图的右上方，伴随这一演化的，是地球的大陆板块漂移概貌——从图的左边延伸到图的中央上方。图的右上角显示了地球表面从46亿年前到现在的四个演化阶段，并在阶段D有这样的注释：地球表面大约在39亿年前出现了水，地球是太阳系里水最丰富的行星，也是迄今所知唯一有生命的行星。图的右下角是由化石揭示的地球及地球生命的演化过程。最后，在图的右下角左侧，是由地壳八个板块在边缘的冲突导致的山脉与海沟以及由这些冲突塑造的火山和地震活跃带。我注意到，图2.39左上方的文字概述，需要补充和修订许多细节。毕竟，这一概述只反映2008年以前的人类知识。根据今天的知识，如果太阳系没有诞生于富含有机分子的"分子云团"，则地球生命几乎不可能演化为寒武纪大爆发以来的高级形态。

我坚持要对这幅图进行一番荣格式的补充，其实也是对我将要介绍的达马西奥的意识学说进行一番荣格式的铺叙。诸友在我的另一门

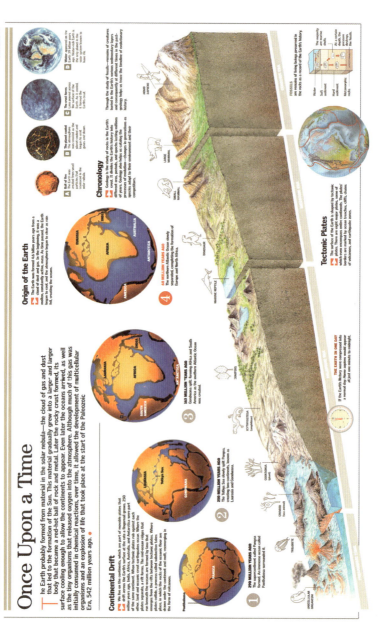

图2.39　载自：大英百科，2008年，《图示科学图书馆》,《宇宙》分册，第72—73页

课程里应当熟悉荣格的"集体无意识"学说，于是在阅读这幅图时应当联想到生命的意识起源以及生物心智的可遗传性。达马西奥是脑科学权威，他在2018年著作（中译本《万物的古怪秩序》）里概述的意识学说，应当视为对荣格集体无意识学说的继承。达马西奥相信，例如，在图2.39的左下方，最原始的单细胞生物也已经有了"心智"。那么，在漫长的物质演化过程中，原始心智也随环境而演化，并将最基本的机能以"表观遗传"方式传给后代。在图中的智人阶段，不难想象，人类与以往存在的全部生物很可能共享着一些最基本的心智——荣格所谓"集体无意识"。我之所以必须写这一本伦理学讲义来补充或接续上一本伦理学讲义，就是考虑到，受篇幅的限制，《情理与正义》的第四讲"尼采之后的伦理学"指出了荣格思路，但不能展开阐述。况且，荣格的学说必须与今天的脑科学研究成果相结合才焕发出更强烈的生命力。

如图2.40所示，2.9亿年前的"盘古大陆"（图2.39左下方标号"1"的地球），1.75亿年前分裂为两个古大陆板块——"劳亚古大陆"（包括现在的亚洲、欧洲、北美）和"冈瓦纳古大陆"。根据大英百科2008年版"科学图集"之《火山与地震》分册第14—15页，那时已有"南极板块"（1.8亿年前）。赤道洋流穿过这两块古大陆的裂隙，由东向西（地球由西向东自转），构成西半球的"泛大洋"。在劳亚古大陆的开环内，可见到"古地中海"（Tethys），它在图2.39左下方标号"2"的地球（2.5亿年前）只是一个小小的蓝色内陆湖。也就是说，1.75亿年前，地球上有两块大陆和一个大洋，以及古地中海。诸友还应参考图2.39中央部分标号"3"的地球，1.63亿年前，冈瓦纳古大陆一分为二，形成了非洲板块和南美板块。

大约在8000万年前，如图2.41所示，大陆已分裂为八个主要的板块：劳亚古大陆裂解为亚洲板块、北美板块、地中海及周边的欧洲板

块；冈瓦纳古大陆裂解为非洲板块、南美板块、印度板块；以及，1.8
亿年前形成的南极板块裂解为澳大利亚板块和南极洲板块。随着大陆
板块的增加，在图2.40的基础上，形成了南大西洋和印度洋。

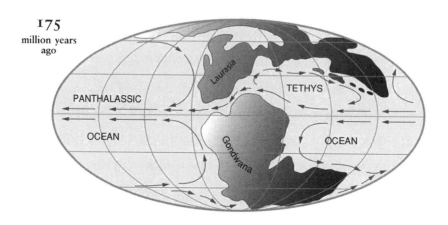

图2.40　1.75亿年前"古大陆板块与洋流的形成"，截自"转型期中国社会的伦理学原理"课堂用心智地图

　　大约在4500万年前，如图2.42，大陆的八个板块继续分解，出
现了格陵兰板块和新西兰板块，以及，在亚洲板块的边缘形成的群
岛。洋流的分布中，出现了"北大西洋流"——大西洋的海流被赤道
洋流分为南北两部分，南大西洋流已出现在图2.41里。

　　不论洋流的形成因素多么复杂，我认为热力学第二定律仍是最基
本的原理。大洋里的水，从非均衡态向着均衡态演化。给定地势，水
体温差是水流的第一要素。我检索百度，关于"洋流是怎样形成的"，
只能用"惨不忍睹"来描述相关知识的贫瘠状态。我好奇写这些词条
的人与其胡思乱想为何不直接抄录大英百科 *Weather and Climate*（《天
气与气候》）分册，那里早已提供了最清晰的解释呀！我写在下面的叙
述，主要来自大英百科2008年版"科学图集"的《天气与气候》分册
和《火山与地震》分册。

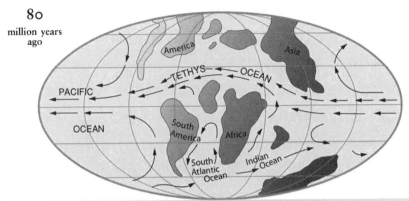

图2.41　地球在8000万年前的大陆板块分布，截自"转型期中国社会的伦理学原理"课堂用心智地图

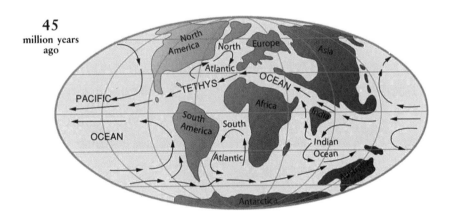

图2.42　4500万年前的板块及洋流——大致接近目前的格局，截自"转型期中国社会的伦理学原理"课堂用心智地图

　　大陆板块之所以"漂移"，就晚近1亿年的情形而言，因为洋底火山喷发形成大西洋中央海岭和太平洋中央海岭。洋底的火山喷发持续形成新的洋底，于是推动旧的洋底沉入海沟。在大西洋中央海岭的欧

洲这一侧形成海底平原，并且在它的美洲这一侧形成大西洋海沟。类似地，在太平洋中央海岭的南美板块这一侧形成海底平原，并且在它的亚洲板块这一侧形成太平洋海沟。

气候系统的主要结构是：运动中的"大气层"、海洋和其他形式的"水层"、大陆板块和其他形式的"岩层"、极地冰盖和其他形式的"冰层"，还有"生物层"。这些结构不仅持续运动而且相互作用，持续传送着水的三态（气态、固态、液态）、热能、电磁辐射。

气候是复杂系统，在这一系统之内，对"天气"这一子系统而言，上列因素是"参量"——外生于"天气系统"的因素。但"温度"和"风"，是天气系统的两项具有根本重要性的"变量"——内生于"天气系统"的因素。而外生于气候系统的最重要参量，是来自太阳的能量（阳光、磁场、引力），此外还有来自月球和其他行星的影响。

在天气系统之内，有机体能够直接感受的变量是温度与风。随之而改变的，是环境里的水（气态、固态、液态）及其数量。但是在天气系统之外，气候系统的变量和参量，足以改变有机体的生存环境，于是构成生物演化的外因。物竞天择，内因与外因共生演化——大气层、水层、冰层、岩石层、生物层，它们相互作用形成它们的历史。最后，地球气候系统的五层结构与外部参量共同构成太阳系——可视为包含着行星气候系统的更大系统。

大气层吸收太阳辐射，按照维度不同而形成不同的气压带。两极各有一个极地高压带，赤道则有一个低压带，南纬30度和北纬30度各有一个副热带高压带，南纬60度和北纬60度各有一个副极地低压带。如图2.43左下角所示，气从高压带向低压带流动形成循环气流，并且，如图左上方所示，在地球自转的科里奥利效应作用下，形成赤道以北的顺时针旋转洋流以及赤道以南的逆时针旋转洋流。

我抄录百度百科"科里奥利力"词条的一段文字：由于受地转偏

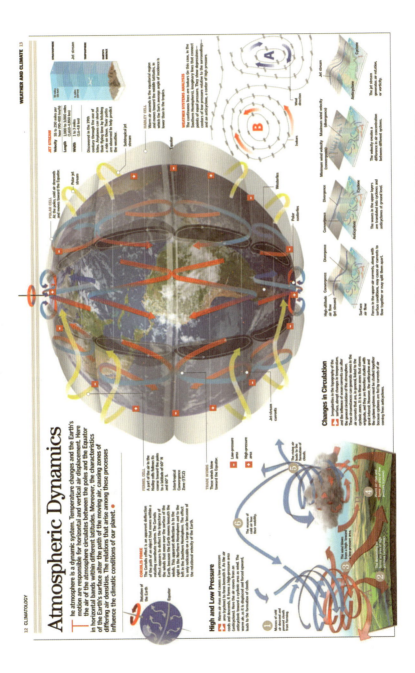

图2.43 截自：大英百科，2008年，《图示科学图书馆》，《天气与气候》分册，第12—13页，"大气层的动力学"

向力的作用，南北向的气流却发生了东西向的偏转。北半球地面附近自北向南的气流，有朝西的偏向。在气压带之间形成了六个风带，即南、北半球的低纬信风带，南、北半球的中纬西风带，南、北半球的极地东风带。

在气候系统里，大气层在1万米以下称为"对流层"，10千米到50千米称为"平流层"。在平流层之内，10千米到20千米常出现"高速气流"（乱流），10千米到35千米常称为"同温层"，20千米到30千米常称为"臭氧层"。图2.43中，红色气流表示热空气上升故而在地表形成低气压带，蓝色气流表示冷空气下降故而在地表形成高气带，黄色气流表示乱流——图中右上角列出了它的性质与用途。在气象学里，上述大尺度的气流和洋流，模式稳定，是可长期预测的。但小尺度的气流和海流，如图中右下角所列，随机因素太多，很难有10天以上的准确预测。

大约1500万年前，如图2.44，欧亚板块与非洲板块渐行渐近，古地中海的东端被压缩为"古地中海海峡"，而古地中海的西端被压缩为另一个海峡，即今天的直布罗陀海峡。

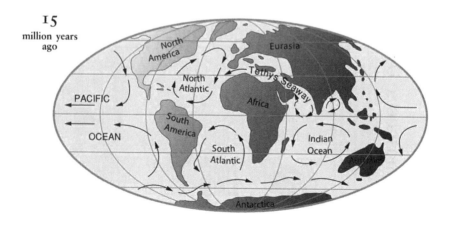

图2.44 地中海的形成，截自：Lewis Dartnell，2019，*Origins*

　　2005年发表于《古海洋学》的一份研究报告称，根据分布于全球57个采样地点的深海"有孔虫"化石样本的氧同位素含量推测的以往500万年地球温度变化曲线，与根据米兰科维奇地球绕日轨道的偏心率周期驱动的"冰川模型"测算的温度变化曲线相符，如图2.45所示。参考文献：Lisiecki and Raymo，2005，"A Pliocene-pleistocene Stack of 57 Globally Distributed Benthic Delta-18 Oxigen Records"，*Paleoceanography*，vol.20，PA1003。撰写这篇报告的两位科学家来自布朗大学和波士顿大学的地质科学系。

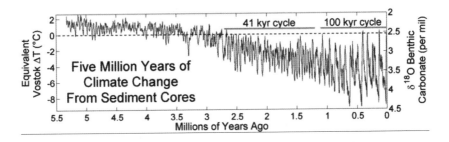

图2.45　截自维基百科词条"geologic temperature record"（地质学的温度记录）。左侧的纵轴是俄罗斯科学家1999年发表的北极冰盖2千米深的采样记录，通称"沃斯托克"（即俄罗斯北极"东方站"）记录；右侧的纵轴是2005年这篇报告提供的温度记录

　　我查看元素周期表专业版，总共13种氧同位素，其中9种的半衰期都可谓"转瞬即逝"。半衰期最长的氧-15，是122秒；余下的3种同位素——氧-16、-17、-18，没有关于半衰期的数据。百度百科"氧-18"词条，只写了"是稳定型"同位素。根据中国科普协会鉴定的词条"氧"，"已知有17种氧同位素……其中氧-16、氧-17和氧-18三种属于稳定型"。故而，氧-18没有半衰期，有孔虫生活于海底，体内的氧-18含量可能就此反映了地球温度的长期变化。我不是专家，读上述那篇论文，只能大致判断论文作者使用的研究方法。但我坚持引用这篇研究报告，理由在于强调图2.36。

　　请诸友对照图2.36——米兰科维奇三大周期，图2.45记录的最近百万年温度变化与米兰科维奇的"10万年"温度周期吻合，而最近100万年至250万年温度变化与米兰科维奇的"4.1万年"温度周期吻合。由于这两项吻合，我们当然倾向于信任图2.45呈现的更早年代的温度变化。

　　根据图2.45，地球在350万年前至500万年前平均温度比基准温度高2度。此处的"基准温度"，根据维基百科词条"地质学的温度记录"，是1960—1990年这30年的平均温度。我们知道最近这次"气候峰会"达成协议非常艰难，而且很可能无法实现目标。全球减排目标的设立就是希望保持平均温度不要比基准温度高2度。这个"高2度"意味着海平面将上升几十米，而且那时北极冰层将不可逆转地消失（意味着海平面将继续上升百米）。当然，伴随这一过程的，是密集出现的极端气候灾难。根据NASA"Earth Observatory"（地球观测站）2022年1月发布的报告，2021年全球温度高于基准温度1度。因此，回顾上一次地球温度比基准温度高2度时期的地球及生物状况，对我们理解中国承诺的"碳达峰"和"碳中和"目标是很关键的。

　　根据人类演化史，与上述这一段时期对应的是四足猿到两足猿的演化阶段。大约300万年前的南方古猿，脑容量不超过现代人的四分之一，如图2.15所示。已知最早的石器，大约是250万年前的。已知最早使用火的遗迹，大约在160万年前。而且，饶敦博指出，虽然被动地利用火是在160万年前，但使用各种方法使火发生，是一个延续几十万年的知识积累过程，大约在晚近50万年才有了人工"生火"的遗迹——那时，参阅图2.15，直立人的脑容量已超过1000毫升，大约是南方古猿的三倍。也就是说，对照图2.45，从出土的最早石器（大约250万年前），到人类学会生火（大约50万年前），地球上的温度始终在下降，有许多个周期，从低于基准温度4度到低于基准温度8度。最冷的时期是50万年前左右——60万年前至45万年前，然后有三次返回基准温度的周期，其中第三次周期之后，大约12万年前，是一个越来越冷的时期，至2万年前大约比基准温度低9度。

有地质记录的更早期温度，如图2.46，是从5亿年前开始的，基准温度仍是1960—1990年间的平均温度。显然，在长期视角下，地球温度的变化范围远比人类先祖或任何恒温动物能够忍受的温度范围剧烈得多。在5亿年前至1亿年前，地球温度似乎经历了三个周期，从基准温度之上15度变化到基准温度之下4度，然后返回到基准温度之上5度，并且在5000万年前再次返回基准温度之上15度。

根据图2.46，只是在5000万年前之后，温度才进入长期趋冷的周期波动。大约在1000万年前，温度返回到基准温度之上2度的范围内。

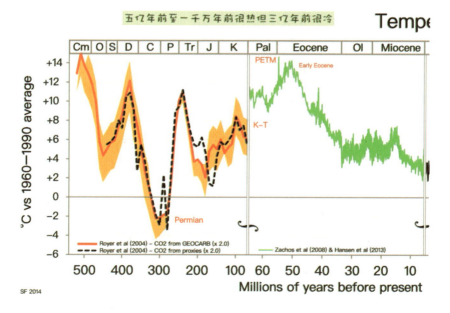

图2.46　地球形成至今的温度变化，截自维基百科词条"Geologic temperature record"（地质学温度记录），根据各种地质学记录拼接而成的长图，这里截取这幅长图的前半段

　　最近2万年，可以说是地球温度演化历史中最难得的时期，也可说是一个"瞬间"，见图2.32。这一瞬间的第一个1万年，温度低于基准温度10度，史称"最后一次最大冰川期"（Last Glacial Maximum）。然后是第二个1万年，温度始终保持在基准温度附近，被称为"奇迹"。

　　我们知道，有文物遗址的最早农业，如图2.47，大约1万年前发端于中东的"新月沃土"（the Fertile Crescent），被称为"小麦文明"。

　　世界最早的"稻米文明"，学界公认是浙江"跨湖桥"遗址，约9000年前。而浙江的"上山"遗址群落，据中国考古学会理事长王巍报告，在1万年前已开始栽培水稻。几十位专家在2020年11月14日"上山遗址二十周年"研讨会闭幕式上宣布：上山文化是世界稻作文化的起源地，也是中华文明形成过程的重要起点。虽然，"万年稻米"之说的唯一证据，是仅有的一粒"万年米"。跨湖桥遗址出土的稻米数量足以说明，至少9000年前，浙江已有稻米。

　　不论如何，小麦文明和稻米文明，大约在1万年前，存在于"新月沃土"和"良渚—上山"这样广大的区域。这一事实与图2.32所示温度回暖的记录是一致的。

　　顺便提及，图2.32显示，这次温度回暖格外迅速，大约在1.2万年前，从基准温度之下5度，在不到2000年的时间里，突然返回到基准温度。在此前则有一次突然返回冰川时代的短时期降温，12 900年前至11 700年前，史称"新仙女木事件"（Younger Dryas）——仙女木是阿尔卑斯山的一种野花，也是古气象学家使用的物候标识，花瓣多见于冰川晚期沉积岩化石，这一事件标志着更新世的终结和全新世的开端。参阅维基百科词条"Younger Dryas"。

　　在被称为"民科"的考古学家当中，我最关注也最尊重的，是汉考克博士（Graham Bruce Hancock），多次引述过他的著作。新闻界通常认为是特朗普开启了"后真相"时代。其实，这一时代的标志是克林

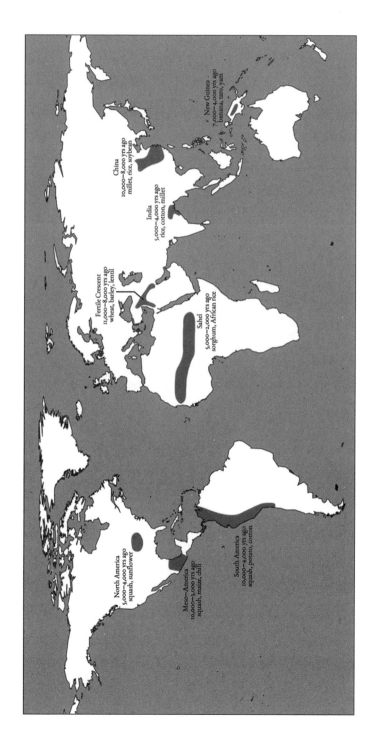

图 2.47 截自：Lewis Dartnell, 2019, *Origins*, "Origins of crop domestication"（各物发源地）

顿"白宫丑闻"和"辛普森案件"的审判。西方世界，包括它的主流媒体，在后真相时代的特征是：真相不再重要，因为媒体技术足以操纵公众舆论。故而，哈贝马斯的"公共空间"学说与"社会交往"学说，都不再适用。考古学尤其如此，真相可能被主流学说长期遮蔽。故而，汉考克博士的努力，对我而言格外重要。事实上，他在世界各地不信任主流媒体或对主流学说保持批判性思考的人群当中，始终是最受欢迎的一位民间科学家。我收集了他的全部著作和主要的演讲视频，其中值得提及的，是他关于1.2万年前那次温度突然回暖引发远古文明纷纷消失的研究。这些远古文明大多在今天大陆架的海底，也就是我在上面介绍过的大西洋和太平洋的洋底海岭背面的平原上，例如，柏拉图描写过的"大西岛文明"（Plato's Atlantis）和新西兰周边海底的"新西兰古大陆"（Zealandia），美洲、亚洲和欧洲的巨石遗址，包括著名的哥贝克利石柱阵和英国的巨石阵，这些巨石遗址的特征在于百吨重的巨石相互之间嵌合的独特方式。汉考克博士也收集并论证了关于柬埔寨吴哥窟与海底遗址和天象之间的关系，此处不赘，诸友可检索维基百科相关词条。

由于上述的温度剧变，最早从事农业的人类，可以说是"从冰里走出来的"，如图2.48，2万年前，海平面低于现在120米，地球上的水聚集于覆盖地表面积80%的冰川（白色区域）。由汉考克博士收集并论证其存在性的那些远古文明，都在海平面之上。地球上的生物聚集于图中所示适合生存的那一带状区域内。图中最醒目的大陆板块，由左至右，是南美板块、非洲板块、亚洲板块，当然，安第斯山脉和喜马拉雅青藏高原在白色区域内。

已知的古代文明，如图2.49所示，无一例外地位于大陆板块的交界处。这里，欧洲的米诺斯文明和古希腊文明与农业的关系值得探讨。通常认为，古希腊诸城邦的自然状况非常不利于农业，或许，古希腊

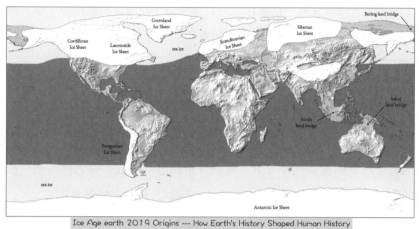

Ice Age Earth, showing the major continental ice sheets, and sea levels 120 metres
lower than today.

图2.48 截自"转型期中国社会的伦理学原理"课堂用心智地图。这幅插图印证了《牛津世界史》2019年版第1章的标题"从冰里走出来的人类"

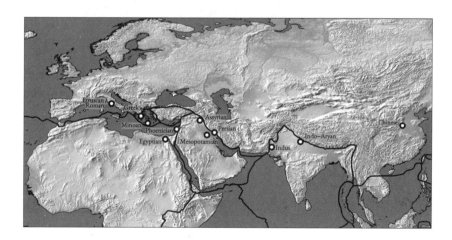

图2.49 截自：Lewis Dartnell, 2019, *Origins*。已知的古代文明都位于各板块的交界处（由深色黑线标识）

文明的崛起更依赖航海技术和贸易发展。更早崛起的米诺斯文明，由于克里特A种线文尚未被破译，并且克里特B种线文的破译似乎也未提供关于米诺斯文明的足够线索，故而，似乎不易论证这一古代文明是基于农业的。

山脉崛起之后，河流沿着河谷聚集土壤和生物养分，尤其是面南的河谷，阳光充裕，为早期农作物（尚未改良品种）的产出最终大于投入提供了自然条件。这一命题，适用于亚洲板块。图2.50显示，亚洲板块与欧洲板块冲撞导致了扎格罗斯山脉的崛起，在它的南面形成了"两河流域"，由于这一区域形如"新月"，故得名"新月沃土"。

图2.50　截自：Lewis Dartnell，2019，*Origins*。两河流域形成于欧洲板块和亚洲板块交界处扎格罗斯山脉的崛起

我在这里顺便提及，1990年代中期，德国埃尔朗根大学的考古学家施密特（Klaus Schmidt，1953-2014）由德国研究基金会资助，前往土耳其境内，开启了他的哥贝克利神庙考古工作，他的妻子是土耳其的一位考古学家。至2011年，他接受采访时披露，哥贝克利神庙的考古发掘大约完成了5%。遗憾的是，他在2014年游泳时突发心肌梗死辞世。根据维基百科"Klaus Schmidt"词条的结束语，考古学家们"意欲在施密特辞世之后继续发掘哥贝克利神庙遗址"。但是，根据"全球遗产基金"2021年对哥贝克利遗址2018年"申遗"报告的评论，2014年

以来，这里的考古发掘几乎毫无进展，至少没有值得引述的进展。有时候，我认为这是黑格尔《历史哲学》"导论"中关于英雄人物与世界精神之间关系的命题的反例，一个人的辞世可以推延一个历史性事件的展开。

图2.51显示，亚洲板块与印度板块的冲撞导致了喜马拉雅山脉的崛起，在它的西南面形成了恒河流域、印度河流域、湄公河流域，在它的东南面形成了长江流域和黄河流域。

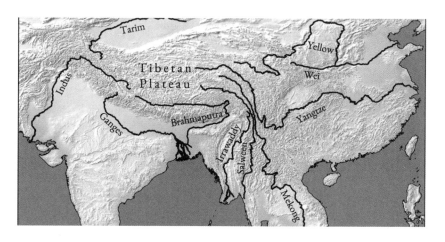

图2.51　截自：Lewis Dartnell，2019，*Origins*。亚洲板块与印度板块的冲撞导致了喜马拉雅山脉的崛起，与南极和北极并列，被称为"世界第三极"

我希望补充的，是关于中国文明起源问题的探讨，虽然，这一主题有些敏感。诸友应很熟悉晚近几十年关于中国文明源头的主题，例如关于"三星堆文明"的讨论，涉及很多待解之谜。我推荐你们检索并阅读一位考古学家的著作，她出生于苏联，毕业于莫斯科大学考古系，从事中国考古，嫁给一位姓郭的中国台湾教授，故而将她的发音困难的名字改为"郭静云"。她前几年在南京大学和其他几所大学演讲，并联合指导研究生。根据我的理解，郭静云的基本观点是：云梦古国，很可能是中华文明的发源地。云梦泽的位置，大致对应今天的江汉平原。郭静云绘制了云梦古国的范围，或可推测，由云梦古代文明辐射形成了三星堆文明、良渚文明、黄土高原的文明。

郭静云的推测，当然只是一家之说。批判性思考，需要在许多不同的学说之间相互参阅，之后才有正确的思路。例如，哥贝克利神庙的发现，2011年以来引发了许多猜测，其中相当大部分来自非主流人士，尤其是神秘主义流派，这些猜测也都有著作出版。学院派的结论，由施密特在2014年的"哥贝克利"学术研讨会上发布，如图2.52。哥贝克利神庙更可能属于狩猎与根块采集时代，而不属于农业时代。这一结论意味着，采猎族群的宗教意识远远超越了后来农业族群的宗教意识；而以往学界达成的共识是，农耕时代才可能有高级的宗教意识。

施密特的言论让我想到，在相当长的一段时间里，学界认为尼安德特人有比智人更发达的宗教意识。参见图2.53，尼安德特人的活动范围很接近哥贝克利遗址，故而不能排除哥贝克利神庙与尼安德特人宗教意识之间的可能联系。不过，我这是猜测，纯属猜测。

采猎族群的宗教意识远比后来的农耕族群更发达，借助于这一命题，我们也可以更好地理解发现于世界各地的"第一批符号"。图2.54所示是参考文献：Genevieve von Petzinger，2016，*The First Signs: My Quest to Unlock the Mysteries of the World's Oldest Symbols*（《第一批符号：我敲开世界最古老符号之谜的探究》）。

据维多利亚大学的校报2020年4月15日报道，这本书的作者是加拿大维多利亚大学的人类学博士生，她写了这本书之后，还在TED发表了演说。她认为，第一批符号很可能是数万年前走出非洲的人群认为重要的象征，于是，随着他们的迁徙，被刻在世界各地的岩洞里。这份校报的报道，摘要是这样写的：PhD candidate Genevieve von Petzinger has scoured ancient rock art to create the world's largest database of

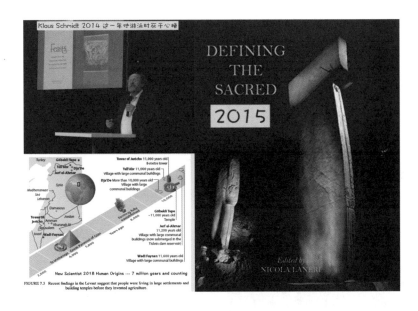

图2.52　施密特博士的哥贝克利神庙考古发现，截自"转型期中国社会的伦理学原理"课堂用心智地图

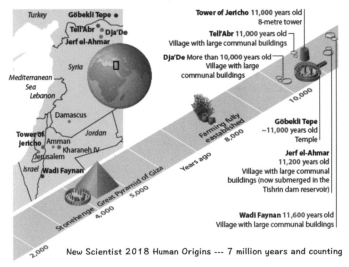

图2.53　哥贝克利神庙及其他古代文明遗址，截自"转型期中国社会的伦理学原理"课堂用心智地图

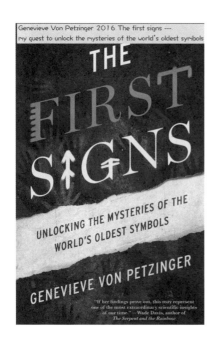

图 2.54　截自"转型期中国社会的伦理学
原理"课堂用心智地图

early abstract symbols（博士候选人 Petzinger 因为创建了世界上最大的早
期抽象符号数据库，而在古代岩石艺术领域留下了记录）。

　　Petzinger 的研究也被引述于 *New Scientist*，2018，*Human Origins：7
Million Years and Counting*（《人类起源：700 万年以及考核》）。撰写这本
书的"新科学家"团队显然关注"第一批符号"的意义。

　　我从 Petzinger 2016 年原著截取第一批符号在地球各板块分布的图
示，如图 2.55，读者很容易辨认在各大陆板块出现的第一批符号当中与
来自非洲的第一批符号十分相似的那些。

　　我继续提醒诸友，在研读第一批符号时，不可忘记荣格的"集体
无意识"思路。因为，我越来越相信，荣格的深层心理学说，与地球
演化史一起，可为我们提供理解生命演化和心智演化的统一框架。

　　走出非洲之后，我沿着已知的智人迁徙路线，对照图 2.55 呈现的
第一批符号，暂时忽略时代较晚的迁徙路线——北美和南美（不足 2

万年前）。关于印度的古遗传学研究，我的主要依据是哈佛大学古基因学项目主任David Reich出版于2018年的权威著作《我们是谁以及我们从何处来：古DNA与关于人类过去的新科学》。根据这部著作的第6章，印度次大陆的人口主要源自两个先祖族群：（1）古代伊朗高原的入侵者，约9000年前，也就是将印度原住达罗毗荼人降低为"贱民"的那些高贵种姓的祖先；（2）经由横贯欧亚大陆的草原台地走廊（见图2.56），入侵印度次大陆的颜那亚人（我在第三讲会介绍颜那亚人的凶残性格），约5000年前。

于是，暂不考虑美洲和印度的第一批符号。此外，可参阅我的《新政治经济学讲义》关于中国人起源的附录。晚近基于哥贝克利神庙已出土的12块石柱的研究（与天鹅座和天鹰座有关）似乎意味着，汉藏语族与两河流域文明之间存在相似的亡灵仪式。如果我们不考虑这一主题，那么，根据已知的出非洲之后人类迁徙路线，所谓"沿海支"先民（大约4万年前停留在缅甸沿海）进入华南沿海（成为"百濮"和"百越"的先民），不会早于3万年前。而沿海支先民穿越青藏高原抵达黄土高原，成为目前官方认定的"华夏"先民，只是1万年之内的事。这里再一次出现郭静云女士研究的最富于争议的主题——华夏文明的起源。哈佛大学的David Reich 2018年的著作对中国人的起源问题保持了"存而不论"的态度。根据他这本书第8章的报告，可以确认存在着"长江流域幽灵族群"和"黄河流域幽灵族群"，这两大幽灵族群在1万年前至5000年前成为中国人的先祖。所谓"幽灵族群"（ghost population），是根据古基因学研究方法能够推测其存在却暂时没有样本证实其存在的族群。

由于上述的这些理由，返回图2.55，人类沿着迁徙路线，时间顺序是：6万年前至7万年前在中东（没有"第一批符号"），5万年前在西亚（没有"第一批符号"），4万年前在南亚、澳大利亚和欧洲。由于

图 2.55　Genevieve von Petzinger 收集的"第一批符号"，截自"转型期中国社会的伦理学原理"课堂用心智地图

"第一批符号"没有早于 5 万年前的，那么，4 万年前"第一批符号"通有的，就是手形符号。这一符号也出现在迁徙路线较晚的区域：中国、南亚、美洲和北非。尤其引人注意的是缅甸、印度尼西亚的婆罗洲和苏拉威西的第一批符号，都有这个手形符号，并且在苏拉威西，手形符号是唯一存留的第一批符号。根据迁徙路线，苏拉威西的手形符号显然来自缅甸，随后带给澳大利亚。又根据迁徙路线以及上述中国人的起源研究，出现在中国的手形符号应当也来自缅甸，随后经白令海峡带给北美和南美。现在唯一需要认真考察的，是欧洲的手形符号与缅甸的手形符号之间的关联。

　　根据 David Reich 2018 年著作的第 4 章，约 5 万年前走出非洲的智人

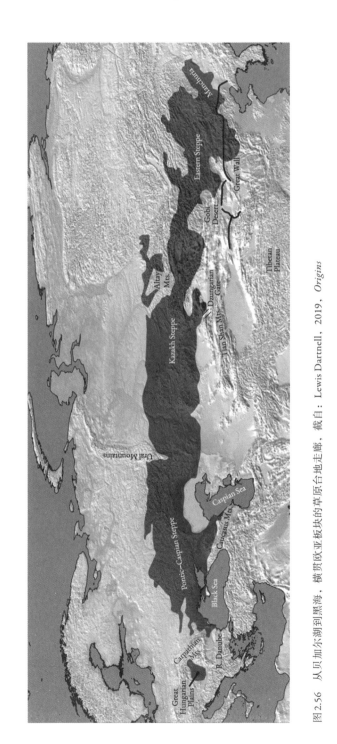

图 2.56 从贝尔加湖到黑海，横贯欧亚板块的草原台地走廊，截自：Lewis Dartnell, 2019, *Origins*

于4万年前生活在中欧地区，大约在3.5万年前抵达比利牛斯半岛并进入阿尔卑斯山以北地区。这些移民，被称为"欧洲的第一批采猎者"。也是根据这部著作，第一批农耕族群进入欧洲的时期，不会早于1万年前。因此，欧洲出现的第一批符号，应当属于采猎族群，而不属于农耕族群，这一判断也符合上述施密特关于哥贝克利遗址考古的初步结论。

更有趣的情形是，尼安德特人和丹尼索瓦人与现代智人在欧洲、中东和远东都有交集，并且通婚。David Reich 2018年著作也提供了现代人基因里包含的尼安德特基因和丹尼索瓦基因所占比例。例如，尼安德特基因在罗马尼亚人的基因里占比最高，在中国人的基因里占比较低。事实上，尼安德特人的基因与东亚人和欧洲人的遗传学距离几乎相等。

既然如此，我们可以想象，宗教意识强烈的尼安德特人，由于与智人的交集或通婚而将手形符号及其意义带给智人。农耕族群进入欧洲太晚，尼安德特人在3.5万年前已消失。最可能的情形是，采猎族群继承了手形符号。已知的著名岩洞壁画，大多分布于法国与西班牙的边境线附近，最早的约4万年前，最晚的约1.5万年前。这一事实，与智人迁徙路线穿越尼安德特区域的时间，完全一致。

关于手形符号的象征意义，荣格有冗长的讨论，参阅《荣格全集》英文版第五卷"Symbols of Transformation"（中译本标题为"转化的象征"）。大致而言，荣格认为手是"灵性"的象征，当然，也常用来象征"英雄""父亲""上帝"。最早凝聚于手形的意义，应当是灵性。在稍后的年代里，同样见于欧洲和澳大利亚的第一批符号当中的蛇形符号，也被赋予灵性意义。例如，最早的英雄史诗《吉尔伽美什》描述的场景，英雄千辛万苦获得的长生不老草（又译返老还童草），被蛇偷食，只留给英雄一条蛇蜕——象征着返老还童或重生。

出现在法国与西班牙交界处岩洞壁画里的手形，多为"女性"的或"儿童"的。考虑到在岩洞深处作画的困难程度与成本，女性或儿童的手形，更可能被用来象征"灵性"，而不是仅仅留在岩洞里的"签名"。狩猎者们遇到难以克服的困难时，或者当灾难降临时，一名女巫可能举起手向太阳祈求帮助。这样的传奇或神话，以手形符号保存在洞穴里，也许是值得的。

从图2.56可见，亚洲板块不仅有喜马拉雅造山运动，而且挤压欧洲板块，在欧亚板块交界处形成了天山山脉和阿尔泰山脉。如果这两个板块的界面不是恰好位于北纬40度线，那就很难有这样一条横贯欧亚板块的草原台地走廊，于是凶残的颜那亚人也就很难迅速入侵印度和欧洲，于是欧洲人的基因也不会如今天这样完全被颜那亚基因主导，如图2.57所示——本讲附录1提供了详细介绍。

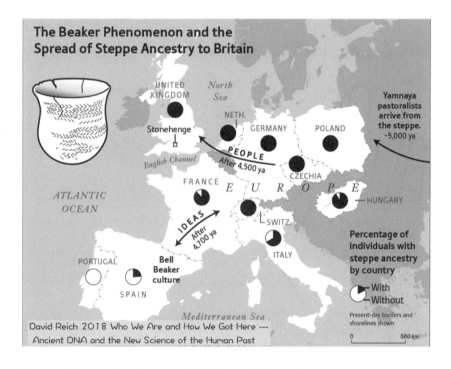

图2.57　截自：David Reich，2018，*Who We Are and How We Got Here*

　　另一方面，如果欧洲人的基因没有被颜那亚基因主导（海盗与武器、远程商帮、冒险精神），也许不会发生海德格尔所说的"地球的欧洲化"。骑在马上并有金属兵器的颜那亚人，流动性强、不安于现状、冒险、探索、科学……似乎，我们可以认为，古希腊文明之所以能够发源于地中海周边最贫瘠的土地——被认为是"奇迹"——是因为有颜那亚基因。图2.57显示，颜那亚人入侵欧洲的时期，对应欧洲人在"青铜时代"的基因瓶颈（参阅本讲附录1），在克里特岛的米诺文明崛起之前。也许，当克里特A种线形文字被破译之后，我们能够窥见颜那亚人在克里特留下的踪迹呢。

五、饶敦博的"社会脑"研究

　　现在转入饶敦博的"社会脑"研究，从图2.58开始，参阅我的《行为经济学讲义》。手的食指与无名指的长度（必须精确测定）之比，所

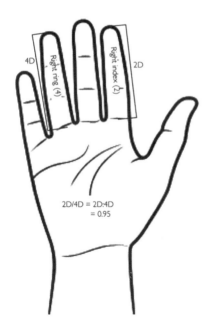

图2.58　截自"转型期中国社会的伦理学原理"课堂用心智地图

谓"2D：4D"比例（汉语简称"2-4"比例），这是行为科学早就有的研究结论，这一比例与胎儿在围产期接受的睾酮素（俗称"雄性激素"）的水平（学术文献简写为"t-level"）有统计显著的反比关系。晚近20年，行为科学类的学术刊物发表了许多基于这一比例的研究报告。例如，巴西一所医学院的800多名男生构成的样本中，这一比例与学习成绩之间有统计显著的正比关系。又例如，就男性而言，胎儿的"t-level"（雄性荷尔蒙的水平）与他们未来几十年表现出"反社会人格"的概率之间有统计显著的正比关系。注意，我引述的研究报告，仅限于男性。对围产期母亲而言，胎儿的"t-level"敏感依赖于她们的行为——紧张、吸毒、酗酒、暴力、创伤与应激反应。概而言之，仅就男性而言，低于均值的"2-4"比例意味着高于均值的雄性特征，所谓"阳刚之气"。

饶敦博提供了人类、古猿、长臂猿的"2-4"比例的数据，请读图2.59及我写的说明文字，它在说明这样一件有趣的事情：长臂猿的"2-4"比例远高于人属、黑猩猩、大猩猩、类人猿。饶敦博指出，这一比例与夫妻感情有统计显著的正比关系，可以解释为何在灵长类动物中只有长臂猿有严格的单一配偶制。不过，他还指出，实行单一配偶制的物种如果遇到特别恶劣的生存环境将很难繁衍后代。就人属而言，"2-4"比例低于长臂猿。这一事实也许使人属的配偶在环境改变时更富于灵活性，从而更容易繁衍后代。

就此，人类配偶，尤其是男性的情感方式，缺乏长臂猿那样的专一性，成为人类婚姻制度的严重问题。在生物学家当中，老威尔逊应当是最早在他创建的"社会生物学"视角下考察婚姻问题的。他指出，卵子的体积大约是精子体积的800倍。这一事实意味着，如果繁衍后代是夫妻共同的投资项目，则双方的投入实在不成比例。于是，女性倾向于寻找富于责任感的男性，而男性常常"花心"。根据舒克的名著《嫉妒：社会行为的一个理论》（Helmut Schoeck，1966，*Envy: A*

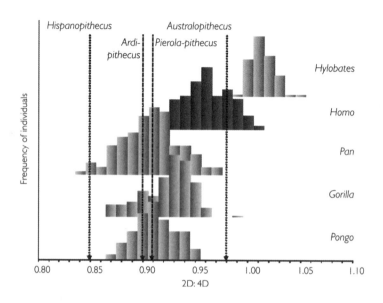

图 2.59　截自"转型期中国社会的伦理学原理"课堂用心智地图。饶敦博收集的灵长类手指的"2–4"比例，样本分布由上至下的名称：长臂猿、人属（这一样本分布的右方是南方古猿、黑猩猩属、大猩猩属、类人猿）

Theory of Social Behaviour），在漫长的采猎时代，防止"性嫉妒"，不仅是家庭制度的起源，也是人类道德情操的起源。

关于手指比例的上述情形充分表明，伦理是演化的而不能"定于一尊"。长臂猿的情感专一固然可贵，却难以适应激变的环境。另一方面，黑猩猩实行的多夫多妻制和大猩猩实行的一夫多妻制也未必就能适应激变的环境。物竞天择，饶敦博认为，物种的命运往往由环境决定，数百万年前的环境激变也可能使大猩猩或古猿成为这颗行星的统治物种。

我的话题必须从灵长目的"情感方式"转入"化石能源"。大约 3 亿年前，如图 2.60 所示，煤炭生成并分布于盘古大陆和劳亚古大陆的西伯利亚、中国北部、欧洲、印度、澳大利亚、北美、中国南部、南美。

我抄录发表于 1993 年的一篇论文的"摘要"：泥盆纪是中国聚煤期

Major coal-forming basins during the construction of the supercontinent Pangea.

图2.60　地球表面煤储量的形成与分布，截自"转型期中国社会的伦理学原理"课堂用心智地图

之一，它标志着晚古生代聚煤作用开始并不断发展，在石炭二叠纪达到高峰，导致中国重要聚煤期的出现。华南泥盆纪沉积十分发育，其聚煤作用受地壳运动和海水进退的控制，显示了从西南到东北规律性的迁移。泥盆纪煤层是滨海或浅海环境的产物，某些煤含有多量的角质层物质，故称为角质残植煤，这与沉积环境及原始成煤质料有密切关系。参阅：韩德馨等，"中国泥盆纪聚煤作用的演化"，《煤田地质与勘探》，1993年第5期。

我抄录百度百科词条"煤及煤的形成"：煤是地壳运动的产物。远在3亿多年前的古生代和1亿多年前的中生代以及几千万年前的新生代时期，大量植物残骸经过复杂的生物化学、地球化学、物理化学作用后转变成煤，从植物死亡、堆积、埋藏到转变成煤经过了一系列的演变过程，这个过程称为成煤作用。一般认为，成煤过程分为两个阶段：泥炭化阶段和煤化阶段。前者主要是生物化学过程，后者是物理化学过程。泥炭化阶段是植物在泥炭沼泽、湖泊或浅海中不断繁殖，

其遗骸在微生物参加下不断分解、化合和聚积，在这个阶段中起主导作用的是生物地球化学作用。低等植物经过生物地球化学作用形成腐泥，高等植物形成泥炭，因此成煤第一阶段可称为腐泥化阶段或泥炭化阶段。

我认为Lewis Dartnell使用的数据更可靠。毕竟，他是天体生物学家。仍来自他2019年的著作（Origins）：石炭纪，约3亿年前，是煤炭的主要生成时期。

还应回顾图2.30，那里显示了与煤的生成密切相关的两大事件：（1）泥盆纪生物大灭绝，约3.6亿年前；（2）石炭纪冰川期，约3.5亿年前至3亿年前。现在不难想象，正是泥盆纪的生物大灭绝及稍后石炭纪延续千万年的冰川期，为煤炭的形成提供了难得的自然条件。如图2.60所示，当时全世界的煤炭储量几乎都在西伯利亚。其次，储量位居第二的，是中国的北方区域。煤炭的使用在中国至少有2000年历史。另据报道，考古学者在新疆伊犁发现3000年前用煤的遗迹。目前，中国能源的80%来自煤炭。可想而知，中国承诺的减排目标很难落实。

也是来自Lewis Dartnell使用的地质年表和他的标注，地球上的石油，形成于白垩纪，1亿年前，分布如图2.61所示。石油形成于缺氧且有磷和氮的高温大陆架河流淤积（富含微生物）。因此，与煤炭储量的分布不同，石油储量分布的显著特征是：大部分储量位于大陆架或海底。

图2.61的右上角，除了西伯利亚有少许石油储量，全部亚洲板块都是白色的。不仅中国是"贫油国"，亚洲各国都是"贫油国"。这是一项基本的事实，尽管有诸如大庆油田这样的勘探成果。

全球资本主义的最后一项自然条件，在帆船的时代，如图2.62所示，应当是洋流与季风。欧洲人的冒险精神，在北欧海盗和远程商帮之后，更完整地体现于"大航海时代"，常界定为15—17世纪。西方史

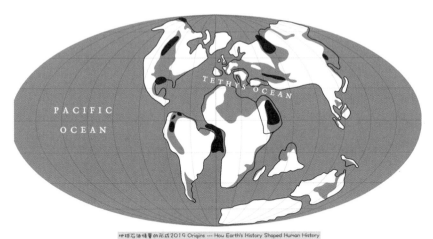

Oil-forming regions in the anoxic seas of Cretaceous Earth.

图2.61　石油储量的形成与分布，截自"转型期中国社会的伦理学原理"课堂用心智地图

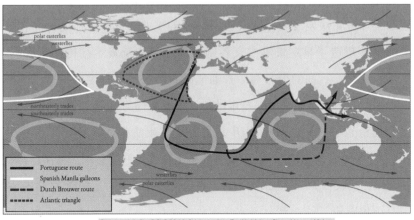

图2.62　洋流与季风为资本主义世界贸易体系的形成提供了自然条件，截自"转型期中国社会的伦理学原理"课堂用心智地图

学所说的"地理大发现"时期，常见的界定是1340—1600年，参阅我的《经济学思想史进阶讲义》第四讲插图4.11。这一时期之所以具有关键意义，因为它改变了西方文明的基因，使地球整体成为西方世界的

一部分。文明基因的突变，就"西方"而言已发生了两次：（1）始于11世纪的十字军东征，（2）始于1340年的大发现时代。

土耳其奥斯曼帝国1453年占领君士坦丁堡，相当于控制了地中海到大西洋的出海口和地中海到北非及红海的道路，激发欧洲人探索新的航海路线。故而，这一年常被认为是"大航海时代"的开端。至于这一时代何时结束，通常认为是在17世纪晚期，也有学者认为是在17世纪早期——那时欧洲人借助航海技术和海外殖民地已能抵达世界各地。根据基辛格的著作《世界秩序》，可认为1650年是这一时代的终结。这是因为，基辛格论证，欧洲"三十年战争"于1648年结束，由《维斯特伐利亚和约》奠定了此后数百年的"世界秩序"，至今有效。

全球贸易体系以及由贸易利益驱动的殖民地格局基本定型，标志着资本主义进入工业发展阶段。主要由"化石能源"（煤炭与石油）储量的全球分布决定了资本主义世界体系的工业布局。煤矿的分布在很大程度上塑造了早期资本主义各国的能源结构及资本结构：蒸汽机、工场、铁路。石油的分布与"石油危机"则在很大程度上塑造了晚期资本主义各国的产业结构、技术结构、金融结构与世界秩序。

我检索1340—1350年的历史图册，黑死病爆发，1340年被称为"拜占庭帝国衰落之始"，取而代之的是土耳其奥斯曼帝国。参阅：John Haldon，2010，*The Palgrave Atlas of Byzantine History*（《帕尔格雷夫拜占庭历史图册》）。比利时天文学家Simon de Covino认为当时泛滥于欧洲的黑死病与土星轨道和木星轨道于1350年前后的交叠时期密切相关，他将这一观点写在一首诗里，诗的标题是"On the Judgement of the Sun at a Feast of Saturn"（论太阳在土星宴席上的审判），参阅维基百科"Black Death"词条关于"黑死病"一词起源的考证。不过，迟至2010年，关于14世纪黑死病起源的争论才有了基于那场大瘟疫遗骸与牙齿DNA测序的定论——来自东方的一种跳蚤。即便是这一定论，晚近也仍有异议。但是我不关注持异议者所说的跳蚤"人传人"之论（Ben Guarino，"The Classic Explanation for the Black Death Plague is Wrong, scientists say"，《华盛顿邮报》2018年1月16日），我关注的是这种跳蚤鼠疫在石器时代的传播。

根据2017年12月4日发表于 *Current Biology* 的文章，"The Stone Age Plague and Its Persistence in Eurasia"（石器时代的鼠疫以及它在欧亚大陆的持续），随着颜那亚人通过草原台地走廊于5000年前入侵欧洲和亚洲，在4200年前的六个遗址中发现了鼠疫细菌的基因。然后，在4200年前至3500年前，欧洲的农耕族群入侵中亚时期，又将鼠疫带到了亚洲。还可参阅几十名科学家2015年12月22日联合发表于《细胞》杂志的研究报告："Early Divergent Straints of Yersinia Pestis in Eurasia 5000 Years Ago"（5000年前欧亚大陆的耶尔森氏鼠疫菌早期分化性状）。

地理决定论早已不再成立，但越是在人类社会的早期，地理对人类社会的塑形作用就越重要。这一主题出现在图2.56和2.57的讨论中，如果没有天山北麓的草原台地走廊，凶残的颜那亚人的基因很可能无法成为欧洲人基因的主要部分。颜那亚人几乎杀尽了欧洲的老居民，并在今天欧洲人的基因组样本中留下了最强烈的奠基者效应（参阅本讲附录1）。遵循荣格的学说，这样的奠基者效应意味着，5000年来，欧洲人继承了颜那亚人的某些性格。尽管欧洲在以往5000年有很高的人口流动性，当代欧洲人仍有90%的颜那亚基因。当然，在性格与基因之间，还有大量的表观遗传因素，最富于冒险精神的族群也许逐渐演化为最文弱的族群。

现在下课。

附录1　演化——"中心法则"学派与"共生演化"学派

至此，我大致结束了第三讲（《收益递增》），需要总结。请回顾这一讲出现的重要图示。由于个体之间和群体之间的生存竞争，维系社会生活的基础是合作，囚徒困境表达了合作的两难处境，这是一个漫长的"欺骗—预防欺骗"演化博弈，人类积累了丰富的预测他人意图和防止被欺骗的社会认知与社会感觉的能力——这是每一个人脑内的"社会脑"基本结构。也是基于这一漫长的演化，每一个人的心理结构都有三要素：（1）自利心，（2）同情心，（3）正义之心。由此而形成每一个人的三种可能的社会交往策略或它们的混合策略：（1）无条件不合作策略，（2）无条件合作策略，（3）族群中心主义的合作策略。

族群相当于有身份认同的俱乐部，而身份认同有强烈的存量效应。故而梯伯特猜想的"以脚投票"一般均衡，由于身份认同而难以在许多俱乐部之间"自由迁徙"。虽然，在转型期社会，存量贬值，故而一人可能同时参加许多俱乐部，并不忠于任何一个俱乐部。这样的策略，相当于上列三种社会交往策略的混合，称为"机会主义"策略。在三重转型期的中国社会，机会主义策略非常普遍；也因此，合作非常艰难。

不论如何，第三讲所揭示的演化社会科学原理，适用于各种类型的社会，包括转型期和稳态期的中国社会。人不是神，人类社会的演化，是局部寻优的过程，容易锁入演化的死胡同。青铜时代晚期文明世界的突然崩溃和大约12 000年前突然消失的"巨石文明"，是"未来简史"视角下的前车之鉴。

演化的多层次选择，对当代人类而言，文化选择是最关键的演化层次。因为，在演化的关键时刻，人类的创新能力是关键因素，从而鼓励创新的文化价值也成为关键因素。

现在返回第三讲标题左侧的文字框：当代的演化理论家可划分为两大学派：坚持基因选择的这一派，可称为"中心法则"学派。另一学派，相信自然选择的力量同时作用于基因、蛋白、有机体、群体及文化，可称为"共生演化"学派。

克里克（Francis Harry Compton Crick，1916–2004）是最初确立"中心法则"的权威人物，早期是物理学家（博士论文主题是"水在高温下的黏稠性"），对生命问题有强烈的研究兴趣，故转入"生物物理学"领域。他与另外两位年轻人最早发现了DNA的双螺旋链结构，并因此获得诺贝尔奖。我在博客文章里介绍过克里克的思维方式，"从系统生物学到意识发生学（中篇）"（财新博客2021年4月21日），我的文章开篇是这样的：克里克像是一座思维"核反应堆"，他让周围的人思维加速到临界爆炸。

理论物理学家是一个高智商群体，席梦顿（Dean K. Simonton）披露，均值是140。大约第二次世界大战之后，许多物理学家转入生物学领域。今天我可以说，这是人类的智力资源在科学领域里的一次关键性的重新配置。最近我读到饶毅发表的一篇文章，是庆祝杨振宁九十寿辰的，饶毅重发于自己2021年9月24日的财新博客，为了庆祝杨振宁百岁寿辰。

我抄录饶毅这篇文章与这里的主题密切相关的一段文字：生物诺奖得主中有自认为笨的。与纯数学、理论物理相比，生物和很多行业一样不需要高智商。如果有足够长时间的积累，大多数人都能做得很好（甚至杰出）。生物学领域也有比较聪明的，有些能做好研究，但被耽误的也不少，因为智力在生物领域的作用较小。如果施一公哪天因生物学研究获诺奖，并非用其智力的强项。DNA双螺旋的共同发现者美国生物学家Jim Watson（沃森，1928—　），比杨振宁先生小6岁。沃森的科学贡献非常突出。大多数人公认沃森和英国物理学家克里克于1953年提出双螺旋是20世纪最重要的生物学成就。虽然我觉得其重要性次于1944年Avery等提出DNA是遗传物质的工作，但毫无疑问，DNA双螺旋确实至关重要。沃森的几本书很多人读过。我用他主编的《基因的分子生物学》教过学生。2017年，沃森访问过清华大学，杨先生和他同台。2018年，他们两人也都访问过西湖大学。沃森夫妇到我家做过客。沃森和杨先生在一起的时候，很难不被比较。出生更晚的沃森在逻辑思维、语言表达和反应速度等方面，不如杨先生头脑清楚。比较他们两人年轻时的著述、讲话，也觉得杨先生更胜一筹。

克里克是物理学家，杨振宁也是物理学家。物理学家群体，智商均值很高。我从饶毅的博客里再引述一段文字："克里克非常聪明，沃森在我家说克里克比自己高出一个数量级"（"检验全麻药物对脑的影响"，饶毅财新博客2020年8月18日）。

根据生物学家饶毅的上述判断，生物学家并不聪明，因为他们的研究并不非常依赖智商。生物学基本问题，是薛定谔（Erwin Rudolf Josef Alexander Schrödinger，1887-1961）于1944年提出的，他与另一位物理学家狄拉克（Paul Adrien Maurice Dirac，1902-1984）共同获得1933年的诺贝尔物理学奖。薛定谔是爱尔兰裔奥地利人，成名之后，于1943年在都柏林发表过一次演讲，标题是"何为生命：活细胞的物理学特征"，次年出版的同名小册子，激发了至少两代物理学家转入生物学领域。

物理学的理论视角下，生物学成为"生物物理学"（biophysics）。根据我浏览最新发表的生物物理学著作所得的印象，物理学家在生物物理学领域正在取得系统性的成果。我在博客文章里介绍了其中一位华裔英国年轻女科学家的研究，"从生命系统论到系统生物学"（财新博客 2021 年 4 月 9 日）。也许因为物理学家擅长为世界建模，而生物学领域始终缺乏模型，故而战后物理学家转入生物学领域，为这一领域带来了真正的理论。

中心法则的全名是"分子生物学的中心法则"，如图 1，我找来一本 2022 年即将出版的生物物理学教科书，作者席塞尔（Helmut Schiessel）是德国德累斯顿大学"生物理论物理学"项目的领导人。这本书开篇就重申克里克的中心法则，并用了五张图逐层深入介绍这一法则的含义。

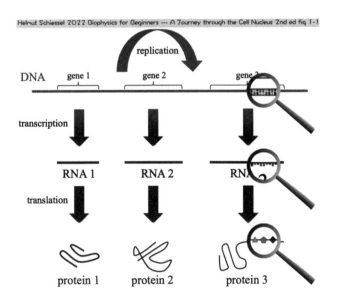

图 1　截自：Helmut Schiessel，*Biophysics for Beginners*，2nd ed.，图 1.1 "分子生物学的中心法则"

　　在图1的第一行，DNA，这里按顺序只显示三个基因，每一个基因包含制造一个蛋白质的编码。DNA需要复制某一蛋白质时，它指示DNA聚合酶将DNA的这一段分离为两个单链，例如"基因2"显示的那样，有一个"开始"端，有一个"停止"端，都由聚合酶控制。然后，DNA指示一个RNA聚合酶将每一基因所含的编码信息转录为一个RNA单链，称为"信使RNA"（mRNA），它足够小，从而可以进入并离开细胞核（那里是DNA的居所）。mRNA将遗传编码的互补码带出细胞核之后，复制工作进入下一阶段，即第三行，蛋白质在核糖体内的制造过程。核糖体是细胞内部（细胞核外部）的工厂，投入的是氨基酸，产出的是蛋白质（初级结构）。虽然每一个基因所含的编码信息对应制造一个蛋白质所需的编码信息，但基因与蛋白质并非"一一对应"的关系。一方面，有些蛋白质需要多个基因共同参与制造。另一方面，有些基因参与多种蛋白质的制造。

　　为了体现主流生物学的观点，而不仅仅是来自生物物理学的观点，我从2022年《坎贝尔生物学》第10版截取一幅更简单的图示，如图2。

　　与图1完全一致，图2的第一行"DNA"，是双链，这里标识了中间的一段，是一个基因。由这一基因，有一个向下的箭头，旁边写着"转录"，即上述的双链分开为单链，并由mRNA将单链上的"遗传编码"的"反编码"（互补代码）带出细胞核。这里的第二个向下的箭头，旁边写着"翻译"。在核糖体内，tRNA（与mRNA的单链互补的RNA单链）将反编码翻译为原来的编码，三个一组，并从细胞体内找到对应这三个编码的氨基酸——每三个代码组装一个氨基酸（蛋白质的初级结构），如图3的右上图所示。

　　图2的右侧，DNA和RNA的总称是"核酸"。不过，脱氧核糖核酸（DNA）的双链结构稳定性极强，而核糖核酸（RNA）的单链就不

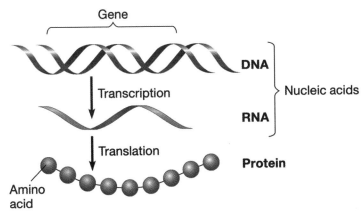

▲ **Figure 3.15D** The flow of genetic information in the building of a protein

2022 Campbell Biology --- Concepts and Connections 10th ed

图2　截自：*Campbell Biology: Concepts and Connections*（《坎贝尔生物学：概念与联系》），10th ed.，图3.15D "The Flow of Genetic Information in the Building of a Protein"（制造一个蛋白质时的遗传信息流）

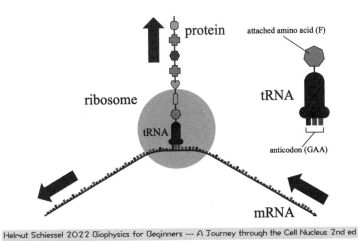

Helmut Schiessel 2022 Biophysics for Beginners --- A Journey through the Cell Nucleus 2nd ed

Figure 1.4　A ribosome translating a mRNA into a protein (schematic).

图3　截自：Helmut Schiessel，*Biophysics for Beginners*，2nd ed.，图1.4 "一个核糖体正在从一个信使RNA转录一个蛋白质（简化图示）"

那么稳定，故可承担许多活性职能。

这里所说DNA和RNA的"链"，全名是"多核苷酸链"。DNA将自己的核苷酸双链绑定在糖磷酸骨架上，形成核苷酸聚合物，就是著名的双螺旋结构里的碱基。绑定在糖磷酸骨架上的碱基有四种可能的开口端，代码是：A（腺嘌呤），T（胸腺嘧啶），C（胞嘧啶），G（鸟嘌呤）。化学结构决定了它们之间的绑定方式：A-T，C-G，这样构成的"对"，称为"碱基对"。例如，人体的DNA，大约有30亿个碱基对。每次复制开始时，双链分离为互补的两条单链。所谓"mRNA"就是与其中一条单链上的基因编码互补的RNA单链，携带着一段互补的编码离开细胞核，然后在核糖体内找到与自身编码互补的原码。蛋白质的初级结构是由氨基酸构成的多肽链，这条链经过多重折叠，分别称为"二级""三级""四级"结构，之后才可履行蛋白质的功能，称为"功能蛋白质"。

用来合成全部蛋白质的氨基酸，总共有20种。每一种氨基酸的三元结构都由A、T、C、G四个代码当中的三个组成。虽然，如图3的右上图所示，这样的编码总数是64，远超20。细胞内部浮游着许多不同种类的氨基酸，它们的一端固着于某一种类的转运RNA，即图3右上图的"tRNA"。当核糖体找到与信使RNA携带的一组代码完全互补的转运RNA时，被转运的氨基酸就成为正被合成的蛋白质的一段。

以上所述，就我所能，是最简要而不失真的"中心法则"概述。至少，为确保正确性，我参考了两本2022年出版的权威教材。下面我要叙述与"中心法则"学派不同的另一学派——"共生演化"学派的观点。

这一学派的代表人物缪勒于2017年在英国皇家学会"互动界面聚焦"网站发表了一篇文章：Gerd B. Muller, 2017, "Why An Extended Evolutionary Synthesis is Necessary"（为什么一种扩展的演化综合论是必要的），*Interface Focus*（《互动界面聚焦》），rsfs.royalsocietypublishing.org。其中的核心插图，见图4，可认为是共生演化学派的理论纲要。

　　演化的多层次选择，如图4，底部灰色标识"基因组"，红色（举例）：DNA自我组装，顺式调节，等等。从底部向左顺时针旋转，第一个箭头标识的是"基因表达"，左上方的灰色标识"细胞"，红色（举例）：生物物理学，自主行为，自组织。从左上方至右上方，第二个箭头标识的是"形态发生学"，右上方灰色标识"有机体的组织"，红色（举例）：生物物理学，拓扑学，功能。从右上方至底部，第三个箭头标识的是"基因调节"。

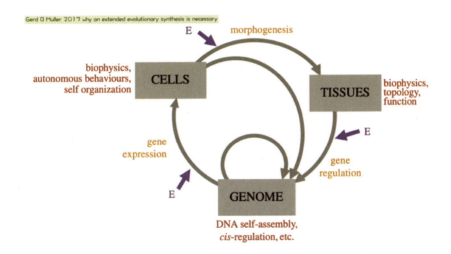

图4　截自：Gerd B. Muller，2017，"Why An Extended Evolutionary Synthesis is Necessary"，图1.1 "Feedback Interactions among Different Levels of Organization in Developmental Systems"（发育系统的组织在各不同层次之间相互反馈）。每一层次的自主性质的例子以红色标出，E表示环境的影响

　　本书前文图2.28是缪勒展示的"扩展的演化综合"纲要，黑色文字标识的箭头是形成于1930年代至1950年代的"演化综合"学说已有的，彩色文字标识的箭头则代表扩展的演化综合学说新增的，彩色越浅的，争议就越大。达尔文的演化学说与孟德尔的遗传学说之结合，就是演化综合学说，其实就是上面介绍的中心法则。

图2.28中左侧是时间维度，由上至下，母代由时间t表示，子代由时间（t+1）表示，母代至子代的箭头标识的是"下一代"。现在来看图中右侧，右上角文字框"发育池a"，右下角文字框"发育池b"，从右上角至右下角的箭头标识的是"基因遗传性"（黑色文字），另一个箭头标识的是"表观遗传性"（深红色文字）。

从图中右上角文字框有三个箭头指向左方文字框"表现型人口"，根据图示的含义，也可译为"母代的表型代群"。类似地，右下角文字框有三个箭头指向左方文字框"子代的表型代群"。从母代的表型人口到子代的表型人口，有一个箭头，标识"行为遗传性"（深红色文字）。

现在回到图中左侧，在时间维度的右侧，是标识环境的条带。所以，上端标识"Et"，下端标识"Et+1"。从Et到Et+1的箭头，标识"文化遗传性"（橘红色文字）。从Et到"发育池a"，以及从Et到"发育池b"，各有一个箭头，标识"环境诱致"（橘黄色文字）。

最后，从图中的"母代的表型代群"到Et有一个箭头，标识"龛位建构"（橘红色文字）。从Et到"母代的表型代群"有一个箭头，标识"多层次选择"（橘红色文字）。类似的两个箭头，也出现在Et+1和"子代的表型代群"之间。

在以往大约半世纪的时间里，非主流的共生演化学派逐渐成为显学，收集了越来越令人信服的证据来颠覆中心法则学派。在最长期的视角下，我的观点是，"基因瓶颈"与"奠基者效应"支持多层次选择的假说，并且也不违背中心法则。这是因为，当环境发生剧烈改变时，物种大规模灭绝，仅存的例如5%的物种，这些表型的基因型当然不能像大规模灭绝之前那样丰富，这种现象发生了多次，称为"基因瓶颈"。

我将引用的案例，来自哈佛大学古基因学研究项目主持人里奇（David Reich）2018年著作：*Who We Are and How We Got Here: Ancient*

DNA and the New Science of the Human Past（《我们是谁以及我们从何处来：古 DNA 与关于人类过去的新科学》）。

图 5 显示了一个清晰的基因瓶颈，发生于大约 9 万年前至 5 万年前。里奇在这里报告，在非洲之外的人类基因组样本，任何一对（父母双方），都有超过 20% 的个体基因大约在 9 万年前至 5 万年前有同一祖先。这一特征反映的"人口瓶颈"（或"奠基者效应"）意义在于：一小撮奠基者成为在非洲之外繁衍至今的许多人类后代的共同祖先。图 5 的横轴表示距今时间，最左端是 30 万年前；纵轴表示沿着横轴的时间，现代人的一对基因组在过去的任一给定时段有共同祖先的概率，没有走出非洲的人群后裔是虚线，走出非洲的人群后裔是实线。在基因瓶颈发生的时段，走出非洲的人群后裔有共同祖先的概率是 24%，而没有走出非洲的人群后裔这一概率仅为 1%。

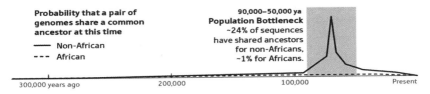

图 5　截自：David Reich，2018，*Who We Are and How We Got Here*

另一次基因瓶颈发生在欧洲，如图 6 的右图，大约 5000 年前，颜那亚人从欧亚"台地走廊"入侵欧洲，杀死了大多数土著男性。强烈的奠基者效应导致现在欧洲各国的 Y 染色体样本大部分显示是颜那亚人的后裔，见本书前文图 2.57。

注意，图 6 的右图显示两次欧洲人口的基因瓶颈。第一次发生在 6 万年前至 5 万年前之间，奠基者族群应当就是一小撮走出非洲的人类后裔。他们经过几万年的发展壮大，遇到了凶残的颜那亚人。晚近几年已有许多关于颜那亚人的考古学报告，说他们吸食烟草，制作"绳纹"陶器，崇拜男性权力……总之，不难推测，今天欧洲人性格当中最凶残的因素，应当是颜那亚人的遗存。图 2.57 右下方的文字注释：今天各国基因组样本继承台地先祖的比例（黑色），以及没有台地先祖的比例（白色）。图 2.57 右上方的文字注释：5000 年前来自台地走廊的颜那亚游牧族群。图 2.57 左上方显示"绳纹陶器"，文字注释：绳纹陶器现象与台地先祖（约 4500 年前开始）扩张至英国。

　　如图 2.57 所示，颜那亚人首先入侵相当于今日波兰的区域。从波兰入侵今日的捷克、德国、荷兰、英国，然后入侵瑞士、法国和意大利，最后停顿在比利牛斯半岛。所以，来自葡萄牙的基因组样本完全没有颜那亚人的基因，西班牙的样本大约有不到四分之一，意大利的

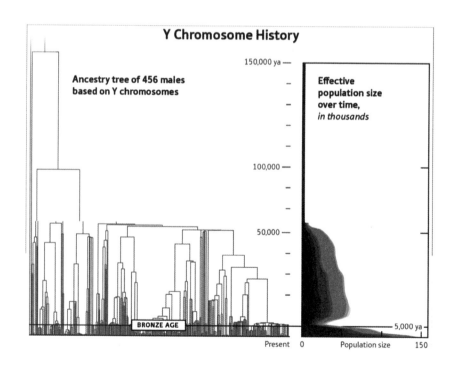

图 6　截自：David Reich，2018，*Who We Are and How We Got Here*

则接近四分之三，法国的九分之八，匈牙利的十分之九，其余的国家则全部有颜那亚人基因。根据考古报告，颜那亚人灭绝了英国境内被认为建造了"巨石阵"的原住民。

　　我引用里奇这本书的最后一个基因瓶颈案例，如图7，发生于大约190万年前，基因的名称是"FOXP2"，它被认为是语言能力的基因。虽然，晚近几年发表的研究报告意味着，人类语言能力远不是一个基因能够决定的。

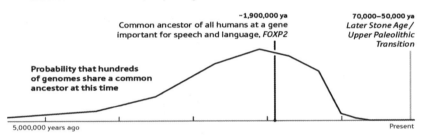

图7　截自：David Reich，2018，*Who We Are and How We Got Here*

　　图7的横轴表示距离现在的时间，最左端是500万年前，最右端是7万年前至5万年前的石器时代晚期/旧石器时代转型期。图7的纵轴，与图5一样，表示概率，此处是数百人类基因组在过去的给定时段有共同祖先的概率。FOXP2的奠基者效应发生于大约190万年前，文字注释：190万年前，全体人类的共同先祖获得了FOXP2基因，对于话语和语言具有重要性。

　　我不希望保守的中心法则学派被颠覆，也不希望激进的共生演化学派完全消失。这是因为，生命繁衍至今，要感谢DNA遗传方法只有百万分之一的错误率。如果表观遗传因素主导演化，则许多后天疾病都可以遗传给后代。基因保持稳定性，至关重要。事实上，表观遗传与基因遗传是互补的。例如，人类肌体组织400多种，从同一个基因组经过400多种不同的表观遗传（称为"表观基因组"）才形成各自的功能。参阅Carsten Carlberg and Ferdinand Molnár，2019，*Human Epigenetics：How Science Works*（《人类表观遗传学：科学如何工作》）。

行为层次的和文化层次的选择，如图2.28，是组织层次的表观遗传现象的延伸。如果否定行为层次和文化层次的表观遗传现象，我在第三讲介绍的仿真结果以及与这些仿真结果对应的现实世界里的合作困境，就很难有求解之道。事实上，合作已成为人类最主要的竞争优势。在人类基因组计划尚未结束从而基因组表观遗传学尚未确立时，哈耶克《致命的自负》的核心命题其实就是文化层次的选择：我们是我们的传统选择的，而不是我们选择了我们的传统。我最好是引用他的另一命题：Mind is not a guide but a product of cultural evolution, and is based more on imitation than on insight or reason（心智不是一种指导，而是文化演进的产物，它基于想象超过基于洞见或理性）。

数万年前离开非洲的一小撮先祖们（奠基者）繁衍的几十亿后裔，形成了数千种不同的文化传统。哈耶克概述支撑西方文明崛起的文化传统，有下列要素：Honesty and Truthfulness，Freedom and Liberty，Family and Saving，Personal Property and Contract，Exchange and CommercialMorals。参阅Keith William Diener，"The Evolution of Hayek's Ethics"（哈耶克伦理学的演化），Robert Leeson, ed.，2017，*Hayek：A Collaborative Biography*，Part X，*Eugenics, Cultural Evolution, and The Fatal Conceit*（《哈耶克：一部协作完成的传记，第10部分：优生学、文化演进与〈致命的自负〉》）。

回顾这一讲介绍的"族群中心主义"仿真，在每一族群内部，或身份感足够强的俱乐部，哈耶克列出的这些要素或多或少都可以存在。关键是，"以脚投票"，在更大范围内，有许多这样的俱乐部，各自都有自己的传统，由此涌现的秩序是怎样的。

　　合作秩序起源极早，这一讲的附录2表明，大约40亿年前，也就是地球刚形成不到6亿年的时候，生命演化的初期，已出现嗜热厌氧菌。大约30亿年前，原核生物域内的真细菌，例如蓝菌和紫菌，就可与其他原核生物建立合作关系，由此形成更大的竞争优势。

　　（取自《收益递增：转型期中国社会的经济学原理》第三讲）

附录2　性、性关系与社会发展

出于许多考虑，许多复杂的考虑，人们，包括我自己，不愿意在公开场合或者文章里谈论"性"。就我自己来说，虽然我写过纪念王小波的文章《性与美感人生》，但直论"性"的各种现象与问题却是从来没有的。几天前，对各种问题都有着敏锐直觉的《财经》编辑王烁，通过电子信箱发给我这篇关于赵新申请"保险内裤"专利及由此引发争论的报道。让我陷入深思的，是这篇报道所揭示的我们社会普遍存在的"性困惑"，千百年来，中国人心理上的这一困惑其实从来就存在着，也从来就没有人认真地清理过。不错，当代不少出色的文学作品已经在清理这种困惑，间接地，但相当有力地，例如，残雪的《五香街》。

不仅中国人，如果你在互联网上搜索，例如使用我喜欢的Google引擎，你会读到大量关于美国人"耻言性"的报告和分析（Dr. Martin Klein，"Censorship and the Fear of Sexuality"， 见www.sexed.org）。不能够或不愿意诚实地对待"性"，这或许是我们中国人开启心理世界的创造性源泉从而获得创造性力量的最大障碍。是的，真正具有原创性的思想和技术的获得，总是依赖于创造者的生理状态，依赖于创造性源泉的开启程度，依赖于创造者与其他社会成员之间就"创新"所建立的生产关系。显然，这三项要素——生理状态、心理状态、社会关系，都与我们对"性"的态度和把握有着密切的内在联系。

当我们说"经济发展"时，在宏观上（在统计学的"平均"意义上），我们指的是以例如"人均国民生产总值"等指标衡量的社会经济活动水平的增长和扩展。但是这种单纯的"发展"观念没有指出我们将如何评价发展，也就是说，什么样的经济活动的何种效用为每个人带来了多少幸福感受。后者是哲学的、伦理学的、社会学的、心理学的、政治经济学的、人类学的，或者其他"非经济学科"的人文与社会科学所关心的问题。没有"评价"，经济发展就没有意义。

当我们说"经济发展"时，在微观上（从生产和消费的个体角度考虑问题），我们指的是生产、交换、消费各个环节上发生的日常的创造性活动（即"技术进步"）为社会增加的价值。没有"创造"，就没有经济发展。于是我们要询问：创造的源泉是什么？对这篇文章而言更具体的，创造的心理源泉是什么？"创造性"何以与"性"有了关系？

哲学家们，例如黑格尔，告诉我们说，"创造性"是人的基本性质之一：精神的本质是自由，而自由表现为"创造"。但是怎样才算自由呢？社会理论家们，例如哈贝马斯或福柯，告诉我们说："批判"的思想方法是人们"解放"心灵从而达到创造的境界的途径，因为"启蒙"其实就是对"传统"持永恒的批判态度。于是心灵的自由有赖于我们对"传统"的批判态度。但是批判传统显然不会自动导致"创造"，"破"字当头，"立"未必在其中。心理学家们，典型如弗洛伊德，告诉我们说：力比多（libido），当它无法在"性"活动里面寻找发泄的途径时，便转向创造性活动——艺术、诗歌、文学、商业活动、政治斗争等领域。也就是说，从"潜意识"世界里面涌现出来的过剩能量，在理性指导下成为人类创造力的心理源泉。把创造的源泉归结为"性"，这种弗洛伊德主义的倾向早就被心理学自身的发展否定了

（参见我写的《释梦百年》，《读书》2000年8月）。精神运动从抽象概念出发，它必须融入真实生活中才可能被理解，而概念只有被理解才获得了创新的机会。这段思想来自黑格尔《精神现象学》的"导言"。用法国存在主义者们例如萨特的辩证法语言来说，所谓"创造"，就是活生生的人被相互冲突着的势均力敌的"原则"（现实规律、社会力量，或者任何"矛盾的主要方面"）逼迫到角落里，无地彷徨，又不能不生存下去，于是被激发出强烈的创造精神，那精神植根于生存困境，从冲突着的"正题"（the thesis）和"反题"（the anti-thesis）当中升华为"合题"（the synthesis），就是"创造"（the genesis）。这是多么感人的创造！亲切地，但却是强有力地，这一生存命题告诉我们：创造的源泉不是别的，正是被我们自己最窘迫的生存状况激发出来的，我们原本就有，但在幸福状态中经常被压抑的那种寻求解放和自由的精神力量。

"性"（sex），来自拉丁文的"sexus"，后者又从拉丁文的"secare"（切割，分离，区分）演化而来。罗马人在对"人性"的理解方面要比希腊人逊色得多，他们根据"第一性特征群"就简单地把人"切割"为男人和女人了。按照《大英百科全书》相关词条的分析，至少有三个界定人类性别的层次：（1）第一类性特征，即由生殖器官的解剖学特征决定的性别，也就是罗马人用以界定性别的根据；（2）第二类性特征，这是由人体内部分泌性激素的各种腺体的特征决定的性别；（3）第三类性特征，这是由每个人的文化和心理因素决定的性别特征，也是对人类创造性最重要和最不可忽视的"个性化"的性别——最能够表现人类的"个性"的性特征。因为在三类性特征中，只有这一类特征是由人的心理世界的结构决定的，它不再是人服从于生物学的和生理学的特征的结果，它成为人之为"人"的性标记，是真正的"人性"。可是在今天的社会里（中国的和外国的），孩子们很少知道，从而也从未反思过自己的"第三类性特征"。社会传统不承认或压制人们去辨认自己的"第三类性特征"，这从我们对待同性恋的态度可见一斑。在我们中国人长期害怕的各种"不正常"状态中，最让我们害怕的，或许就是"性"以及"性行为"的不正常吧？

关于性心理发展与创造性的关系，已故去的芝加哥大学心理学家保罗·罗森费尔斯（Paul Rosenfels）做过深入的分析："文明是以人类为自身利益而追求真理与正义的能力来度量的。这一能力不是简单地从人的大脑皮层自然演化而来，它的产生要求一种心理上的变化。文明的心理基础是从个人获得其'个性'开始的，而人的个性可以划分为两个基本类型，阴柔与阳刚。……前者发展出一种深刻的感悟能力，后者发展出一种拼力向上的雄心。"他接着论证说，社会的个人，在这两个基本心理类型之间发生的相互作用（激励、冲突、升华；正题—反题—合题；阴、阳、太极）成为人类创造力的不尽源泉。罗森费尔斯所说的"阴柔"与"阳刚"，据他自己的文章解释，就是通常我们说的"女"性与"男"性，只不过，后者仍然没有超越生物与生理的性别基础，而前者则以人的心理性别差异为出发点。（参见 Paul Rosenfels，1978，"The Nature of Psychological Maturity"；1980，"Freud and the Scientific Method"，http://eserver.org/gender/rosenfels）

罗森费尔斯是美国心理学界第一个敢于为同性恋辩护的人，因为他自己就是同性恋者，在学术声名鼎盛之时毅然离"家"出走，潜心于"性关系"的内心感受和"创造性"问题的探索。他的文字深刻而平易。他被芝加哥大学的师生誉为"我们时代最了解人类内心情感的人"。由于他的研究和论述，被弗洛伊德大大扭曲了的创造性与性之间的关系得以澄清。创造性，一如其他思想学派所承认的那样，不是单纯的个人素质所能容纳的，它是结成社会的个性不同的个人之间相互激励的结果。于是我们不得不询问"性关系"与"创造性"之间的联系，又因为我们社会最常见的"阴柔"与"阳刚"之间的关系是男女两性之间的关系，所以在中国社会现实中，我们需要询问的其实是两性关系与创造性之间的联系。

恩格斯的《家庭、私有制和国家的起源》至今仍是性关系的社会哲学经典读物之一（参见 Edward Craig, ed., *The Routledge Encyclopedia of Philosophy*，条目 "Philosophy of Sexuality"）。为什么呢？因为从男女两性之间的分工出发，把家庭视为生产关系的原初形态，并从中探讨社会权力分配与私有制起源问题，恩格斯是第一人。而当代的福柯（《人类性史》）则大有"步其后尘"之嫌。根据恩格斯以及当代的福柯的论述，我们可以推断：当经济的、政治的、文化的权利在结为夫妻的男女之间无法平等配置时，享有"强权"的一方会有意无意地压制另一方的创造精神。而根据上面讨论过的"创造性"的辩证法原理，互相激励着的两个个体，他们当中的任何一方的创造精神所受到的压制，同时也就是对另一方的创造精神的压制。创造是"阴阳互补""刚柔相济""正反相合"的过程。试想一下，当我们心爱的人受到伤害时，尽管我们正在从事一项学术性的，或高尚的或重要的工作，尽管那工作的性质与受到伤害的人完全无关，难道我们能够平心静气地继续工作和思考吗？难道我们的创造欲望，我们的灵感和文思，我们审美的情趣，都可以继续保持和进一步升华吗？事实上，那个被伤害的人越是与我命运与共、息息相关，越是成为我私人生活和创造过程的不可分离的要素，我的创造精神就越是受到她（或他）的遭遇和心境的影响，因此我便越难以忍受那种伤害，特别是如果那伤害竟然是我的行为所致，那会是多么强烈的心灵痛苦和多么严重的精神分裂！

　　限于篇幅，我只好就此打住，在心里期望着：为了我们每个人的创造与发展，给我们勇气，让我们勇敢地直面我们社会中如此普遍存在却始终处于"边缘"地位的"性困惑"以及两性间的社会问题吧！

附录3　广义的技术与创新

我写了"生命，技术，行为"（财新博客2021年4月28日），始终没有定义"技术"这一概念。这是因为，技术之为一个概念，它的对象集包含已知的全部技术，这些技术的共通属性，我在至今尚未出版的《收益递增经济学》文稿里有一番详细探讨，并概括为一项核心命题：

命题一："技术"这一概念涵盖的是各种属性的结合过程，并且，（1）技术是由互补性主导而不是互替性主导的属性结合过程；（2）技术是带有"量"的规定性（即"可测度"）的属性的结合过程；（3）官僚化倾向于扼杀技术创新，但是技术永远有官僚化倾向。

我应立即解释——量的规定性，许多领域都有：技术（以"功能"和"效率"为主旨）、科学（以"发现"和"解释"为主旨）、设计（以"功能"和"美术"为主旨）、艺术（以"表达"和"审美"为主旨）。在这些领域当中，根据常识，艺术，尤其是"偶成艺术"，最少要求量的规定性；其次是设计，再次是科学。量的规定性最强的，是技术领域。

亚里士多德的评论，"技艺"（techne）是关于偶然性的机巧，现在仍成立。艺术（艺）和技术（技）虽然都是关于偶然性的机巧，艺术作品可以不朽，而技术却不得不更新。因为，艺术以它自身为目的，而技术必须服务于它的功能及其效率。艺术家可以宣称为艺术而艺术（康德所谓"无目的的合目的性"），技术家却不好宣称"为技术而技术"（没有"无目的"的技术）。设计的位置比较尴尬（有些像社会科学之介于科学与人文之间），介于技术与艺术之间。于是在我们周围，有一些建筑设计被艺术观念主导而放弃了许多实用功能，还有一些建筑设计被技术观念主导而放弃了审美价值。我的一位留德多年从事设计的朋友说过，"不考虑实用价值的设计是没有人性的"。由此评判中国美院杭州"转塘"的校舍，据说"缺乏人性"。英国老资格全域艺术家Brian Eno最近接受英国一位"高调企业家"（high-profile entrepreneur）的视频访谈时，解释他毕生的艺术实验，突然转身到旁边房间里找出来几把螺丝刀，这些螺丝刀都有拧螺丝的功能，一只舒适的手把和一根足够长的刀头。然后，他说，设计之不同于技术和艺术就在于，它必须坚持自己的实用目的，同时尽可能将功能之外的部分艺术化。

科学源于古希腊哲学传统，是关于必然性的知识。在以后的时代，尤其是科学演化到以实验为基础的时代，柏拉图的科学观与亚里士多德的科学观激烈竞争，此消彼长，各有成果。在这一视角下，爱因斯坦的物理学更接近柏拉图的科学观，而基于量子不确定性的物理学更接近亚里士多德的科学观。

技术既然服务于功能与效率，它当然要不断更新——经济学从来就有"技术进步"（technological progress）这一短语。技术之为概念，它的对象集包含已知的全部技术，它的属性集应当是已知的全部技术通有的全部属性。我在"生命，技术，行为"里解释了两类"转化"——自然的和技术的。

技术要持续进步，故技术有时间性。给定时空，生命在感受域之内有重要性排序（偏好），于是有"转化"。行为这一概念的对象集包含生命的全部偏好，而全部偏好通有的唯一属性是"转化"。生命通

有的三项属性——代谢能力、自我修复的能力、复制自身的能力，在
"生命系统"的框架里，都是"转化"。抄录我的上一篇文章：生命有
"行为"，这是生命区分于无生命的特征——"我们因活物之行为而认
识生命"。有机体通过代谢过程吸收营养并排泄毒素，此处"代谢过
程"是有机体的一种行为。此外，维持内平衡状态和复制自身，是有
机体的另外两种行为。这些观察引出"行为"这一概念，它的对象集
是"行为主体的偏好"（简称"偏好"），它的属性集是"转化"。于是，
行为＝（偏好，转化）。

　　自然转化与技术转化的差异在于，前者不用"工具"，后者用"工
具"。参阅我的文章"生命系统"（财新博客2021年3月26日），人类之
外的许多物种有能力使用偶然遇到的工具，在技术是关于偶然性的机
巧这一意义上，这些物种偶然有"技术的转化"。一般而言，人类以外
的物种只有"自然的转化"。以往我写的文章，和这篇文章已叙述的内
容，与技术之为概念密切相关的，我列出五项结论：（1）生命有行为；
（2）行为是在偏好指导下的转化；（3）偏好是生命在感受域内的重要
性感受之排序；（4）转化可以是自然的也叮以是技术的；（5）技术的
转化，需要工具。

　　技术与工具，前者是知识，后者是技术知识的物质载体。此处
"知识"这一概念，十多年前，我写了一篇长文解释（"知识、秩序、
悟性浅说"，《新政治经济学评论》2007年第2期）。关于"知识"这一
语词，二十多年前，我还写了几篇短文，都是给《读书》杂志的。希
腊词根"gno"（知识或"诺斯替"），最初的含义是：私己的、亲密的、
直觉的、经验的……哈耶克指出，生命有三重知识传统：生物的、族
群的、个体的。技术知识也有三重——生物的、族群的（社会文化）、
个体的（生活习惯）。

　　哲学家常说，工具是身体的延伸。眼耳鼻舌身意，各有自己的工

具延伸，演化速度不同。工具之所以是身体的延伸，主要因为功能更强、效率更高，也许由此派生宗教或审美价值。河南贾湖出土几十支8000至9000年前的骨笛，据说是乐师的陪葬品。浙江良渚出土大批4000至5000年前的玉琮，是人天交流的工具，今天仍有审美价值。若"偏好"是生命的重要性感受之排序，则"效率"——在感受域之内可实现的排序最高的重要性，就是行为的目标函数。行为演化，效率改善，适者生存。假设生命的属性集是Q，假设生命的感受域里有属性集是E的对象集K，当我们说工具K是身体的延伸时，其实是说Q与E的并集可改善效率——实现以往无法实现的重要性排序。例如投枪的属性，可以投掷很远击中猎物，而身体是没有这一属性的。有了投枪，身体的属性集与投枪的属性集的并集改善了狩猎效率。更原始的工具是石器，它的断面比猿人的手掌更坚硬且锋利，这一属性是身体的属性集里没有的。效率的改善似乎总是源于Q与E的非空并集，前提是工具K可用——基于偶然的可用性或基于有目的制作的可用性。工具种类的增加与功能的增强（物质资本的积累过程），可表达为集合E的拓展过程。在技术视角下，重要的是属性集E包含哪些属性，而不是对象集K包含哪些事物。属性决定功能，至于哪些事物有这样的属性，其实是偶然的。例如，凳子的核心属性是人可以坐在上面。古罗马贵族常以奴隶的背部为凳子，伐木工人常坐在放倒的树干上休息。

假设"效率"这一目标函数有"二阶连续性"（这一经济学假设太强以致必须放弃），那么，Q与E（"身体"与"身体的延伸"）是互补的，当且仅当效率对Q和E的二阶交叉导数大于零。参阅我的文章《互补性》（财新博客2020年8月20日）。在这一视角下，身体各部分之间的关系也是互补的，例如，手与脚的互补性，眼与耳的互补性……生命系统的各局部之间，互补性必定超过互替性，否则，系统分裂就应比系统整合占优。一般而言，只要"自成系统"，各局部之间的互补性总要超过互替性。企业并购，因为互补性超过互替性。企业分拆，因为互替性超过互补性。

　　放弃连续性假设，只要有偏好，互补性就仍有定义。给定感受域，生命在重要性感受集上的重要性排序（偏好）可表达为二元关系（通常记为R）。参阅我的两篇文章：（1）《关系——有意义的，无意义的，涌现的》（财新博客2020年4月30日），（2）《价格始于关系》（财新博客2020年9月7日）。

　　给定二元关系R，假设属性集Q和E的交集为空，由E内涵定义的对象集里某一"工具"是由Q内涵定义的对象集里某一"身体"的延伸，或等价地，这一工具与这一身体是互补的，当且仅当在R的感受中它们的联合能够实现的重要性排序比它们分开各自能够实现的重要性排序更高。这就解释了命题一的第（1）项判断：技术是互补性主导的属性结合过程。虽然，解释并非证明。

　　在上面的解释里，技术的功能是使这一"工具"成为这一"身体"的延伸。此处，"延伸"二字很关键。得心应手的工具，才算是身体的延伸，一方面要求"身体"的技能训练（例如"手与眼的协调能力"），另一方面要求"工具"的好用性（例如符合"人体工程学"原理）。这两方面的结合，经过实践，使操作具有更高的精确性。在这一意义上，技术要求"量的规定性"。

　　其实，命题一的第（2）项判断，属性结合的技术过程的"量的规定性"，黑格尔《逻辑学》称为"度"（"质"与"量"的对立统一是"度"）。以饺子为例，面皮和馅料的任何属性的结合，如果没有量的规定性，就不会有饺子。各属性的结合，仅当各属性有合适的量，才有成功的互补，所谓"关于偶然性的机巧"。

　　假设已知事物的全部已知属性的集合是可数集B，则全部属性可随意排列为一个可数维向量，$\{b_1, b_2, \ldots, b_n, \ldots\}$（注意"随意"二字的非决定论意义）。那么，任一项技术T，必可表达为属性的量的规定性，$T=\{p_1, p_2, \ldots, p_n, \ldots\}$。其中，不参与T这一技术过程的那些属性的量皆为0，并且，T的那些不为0的分量，常表达为"比例"，例如饺子的面皮中水与面粉的比例。技术是关于偶然性的机巧，也可转述为技术是关于比例的机巧。特别地，"时间"是一种属性。技术过程关于时间的量的规定性，民谚表达为"时令"，技术性地表达为"时长"。以杭州西湖龙井茶为例，首先是时令：明前、谷雨、雨后、夏茶，价差数十倍。2021年西湖核心产区的明前茶在湖畔居500克售价9000元（精一级），这是10年未变的售价。其次是冲泡，所谓"三分茶七分泡"，一般而言，有四大要素：投茶量、水温、水量、冲泡时间。以我的偏好为准，仍是湖畔居今年精品一级明前茶（翁家山的群体种），1.5克茶叶，30毫升水，92摄氏度，润茶，摇香，然后，85摄氏度，每次注水100毫升，不超过三分之一杯，品茗。三次注水之后，品茶结束。

各种属性的量的规定性，可表达为等价关系：温度、重量、时间、价格……颜色、品相、味道、美感。最具有主体间客观性的，最容易标准化。味觉、嗅觉、美感，私己性强而主体间客观性弱，大多数体验无法用语言表达，更谈不上"标准化"。

属性的集合B于是可表达为B对全体已确立的等价关系的商集"B\{p}"，此处全体已确立的等价关系的集合记为{p}。商集B\{p}里每一个等价类，因为没有更多的等价关系被确立，故而都已是"最小等价类"。以茶为例，其中一个最小等价类是"西湖龙井翁家山群体种2021年明前茶湖畔居精1级500克9000元"。此处，"龙井茶"是更大的概念"茶"的一个子集，它的一个子集是"西湖龙井"，后者的一个子集是翁家山龙井茶，这一子集的一个子集是翁家山龙井茶群体种……直到最小的子集：西湖龙井翁家山群体种2021年明前茶湖畔居精一级500克9000元，至少11个等价关系。以最后一个等价关系"价格"为例，在满足前面10个等价关系的等价类"西湖龙井翁家山群体种2021年明前茶湖畔居精一级500克"之内，仍可以有不同的折扣，9000元是市价，老客户可能是8000元。

图1呈现的"世界"，被"色彩"这一等价关系中的"红色"和"绿色"划分为12个"等价类"——红色线段与绿色线段的12个交叉点。如果被确立的仅有这样两种色彩——红色和绿色，如果红色只有这样四种等价关系并且绿色只有这样三种等价关系，则图1有12个最小等价类，有四种红色和三种绿色划分的7个等价类，有杂色而无区分的一个等价类。理论物理学的世界最简单，只有"基本粒子"的等价类。我们感受到的任何等价关系，例如"年龄"，总可有更细致的等价关系，例如以"10年"为年龄的单位，人口可按这一等价关系分为"10年代群"的等价类，又可更细地划分为以"1年"为单位的等价类。如果我们考虑更多更细致的等价类，情形就变得非常复杂，例如图2。

图1 由"红色"和"绿色"划分的等价类。四种红色的每一种，被三种绿色划分为三个最小等价类，故总共有12个最小等价类，表达为图示红色线段与绿色线段的12个交点

图2　由红色和绿色划分的世界，呈现出许多难以确定的等价类。严格地说，任一个人看到的任一色彩都是一个等价类的"代表元"，仅当他与其他人达成关于这一代表元的命名之共识之后，这一代表元的名称成为具有主体间客观性的一种色彩的名称。以这样的方式，红色和绿色被确立为两种色彩的名称。虽然，光的频率连续变化，从任一色彩到另一色彩总有主观感觉是"连续的"等价类谱系，通常无法命名

图3　老友马佳的作品（局部），邵大箴的评论："偶成艺术。"每一幅作品都是从无数偶然性中涌现而成，如同现代人的生活，由瞬间的美感，通达永恒

所谓"技术创新"，就是在集合B里探索各种属性的各种可能结合方式的功能与效率。创新（innovation）不同于发明（invention），这是经济学常识。企业家从事创新，故而上述的偏好R，很大程度上依赖于从事创新的企业家关于"潜在交易机会"的判断。苹果电脑的故事，算是经典案例。每一个人，以及人类以外的每一生命，其实都有创新的能力。根据怀特海的涌现哲学，创新是生命的本能冲动。他的《思维方式》第一部分，标题就是"创造性的本能冲动"（Creative Impulse），在第2章"表达"的第四段，他这样描写生命的本能冲动：

Expression is the diffusion, in the environment, of something initially entertained in the experience of the expressor. No conscious determination is necessarily involved; only the impulse to diffuse. This urge is one of the simplest characteristics of animal nature. It is the most fundamental evidence of our presupposition of the world without.

怀特海的表达，以"听了而不懂"闻名于哈佛校园（贺麟，1948，"怀特海"，《现代西方哲学讲演录》，上海人民出版社，2012年）。尽管如此，我试着翻译：表达是弥散，在环境里，关于某些最初在表达者体验中愉悦的事情。不必涉及有意识的决定；只有要弥散于环境之中的冲动。这样的冲动是动物本性最简单的一种品质。它是我们关于外间世界的预设之最根本的明证。

在怀特海的世界里，细胞的活动（米勒"生命系统"的最低层级），其实是生命自我表达之本能冲动——试图向着更深远的环境扩散。由此观之，生命的行为——在偏好指导下的转化，皆可视为"创造的冲动"。生命表达重要性感受，这是生命的本能冲动，向着更深远的环境弥散。

　　从石器到投枪，再到火枪，再到有远程瞄准器的步枪，再到巡航导弹……技术链条越长，为满足最终精确性而要求的过程管理也就越严格，这是将世界"标准化"的过程。于是有命题一的第（3）项判断：技术永远有官僚化倾向。并且，官僚化倾向扼杀技术创新。

　　发明家的冲动在于探索万事万物不同属性的结合之可能性。科学家的冲动在于证明某些属性的结合之不可能性。在观念拓扑的框架里，任何两个概念的对象集的交集（即它们的属性集的并集）都意味着可能发现的新属性。例如，"茶"这一概念与"咖啡"这一概念，它们的对象集的交集包含各种茶与各种咖啡的各种混合物，其中绝大多数混合物不符合消费者的偏好，但可能有一些混合物被消费者接受，例如某些种类的"咖啡红茶"。如何将这种咖啡的属性与这种红茶的属性结合在一起，这样的问题诱致技术创新。

　　技术创新很像"偶成"艺术，如图3，创新者必须从无数偶然性中捕捉转瞬即逝最可能成功的"涌现"秩序。在完全标准化的世界里，如图1，没有技术创新。既有技术的市场规模越大，既有技术的标准化框架也就越顽固（既得利益群体）。新能源替代旧能源，是经典案例。

（财新博客2021年5月6日）

附录4　从生命系统论到系统生物学

老米勒夫妇辞世于2002年——参阅我的文章"生命系统"（财新博客2021年3月26日）。此前两年，胡德（Leroy Hood）辞去他在华盛顿大学的教职，于2000年在西雅图创立世界第一个"系统生物学研究所"，见图1。生物学与基础医学终于成熟，可以引入系统论研究方法了。这是我的理解，学科成熟的标志：仅当这一学科嵌入其中的社会关于这一学科形成的"供求关系"进入平衡状态，并能够为这一学科提供足以与其他学科"竞争生存"的学术资源。图2所示是2020年出版的"牛津极简引论系列"《系统生物学》封面，图3和图4所示是这

JAMES R. HEATH, PHD
President & Professor

LEROY HOOD, MD, PHD
SVP and Chief Science Officer, Providence
St. Joseph Health; Chief Strategy Officer, Co-
founder and Professor, ISB

KATHY SCANLAN
Chief Operating Officer

图1　"系统生物学研究所"主要领导人，中间这位就是胡德

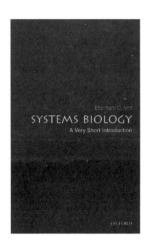

图2　Eberhard O. Voit，*Systems Biology：A Very Short Introduction*，封面截图

本小册子第3章的表1和表2，这两张表格（必须细读我的注释文字）足以表明系统生物学方法应用于现代临床医学可能引发怎样的革命。当然，目前最容易获取学术资源的，是"实验系统生物学"。

　　由图3和图4的注释文字可见临床医学已经历或将要经历怎样的方法论革命。虽然，传统中医始终保持着这样的系统论视角，而且在"中西医结合"的时期（1970至1980年代）获得普及。西医引入这一整体论视角之后形成的医学，称为"整合医学"（integrative medicine）——物理、生理、心理，"身心灵"的整合协调，流行于1990年代（借助于世纪末的"新时代运动"）并延续至今，瑜伽、冥想、正念修行、积极心理学，与日本禅宗1960年代流行于西方社会一脉相承。思想史考察表明，积极心理学恰好也是系统论思想运用于心理学的产物。

　　百度百科"系统生物学"词条：系统生物学的基本工作流程有这样四个阶段。第一步是对选定的某一生物系统的所有组分进行了解和确定，描绘出该系统的结构，包括基因相互作用网络和代谢途径，以及细胞内和细胞间的作用机理，以此构造出一个初步的系统模型。第二步是系统地改变被研究对象的内部组成成分（如基因突变）或外部

Table 1. The traditional scientific method of biology

Step	Action
1	Make an observation
2	Ask a question regarding the observation
3	Do background research to see what is known about the question
4	Refine the question to a point that it can be formulated as a hypothesis
5	Design an experiment to test the hypothesis and execute it
6	Analyze data resulting from the experiment and determine to what degree the results support the hypothesis
7	If the results do not support the hypothesis, go back to 2, 3, or 4
8	If the experimental results do support the hypothesis, new insights are gained. Share these insights with the scientific community
9	Usually new insights lead to additional questions. Formulate new hypotheses that target these questions

图 3　截自：Eberhard O. Voit, *Systems Biology: A Very Short Introduction*, Chapter 3, Table 1 "生物学的传统科学方法"。第一阶段，"观测"；第二阶段，"提出问题"；第三阶段，"背景研究从而获知以往关于这一问题的研究"；第四阶段，"细化问题到足够建立可检验假设的程度"；第五阶段，"设计旨在检验假设的可实施的实验"；第六阶段，"分析实验数据从而确认假设获得实验支持的程度"；第七阶段，"若实验不支持假设，返回第二、第三或第四阶段"；第八阶段，"若实验支持假设，则可产生新的洞见并与科学共同体分享这些洞见"；第九阶段，"新的洞见通常导致新的问题，从而，针对新的问题建立新的假设"

生长条件，然后观测在这些情况下系统组分或结构所发生的相应变化，包括基因表达、蛋白质表达和相互作用、代谢途径等的变化，并对得到的有关信息进行整合。第三步是比较通过实验得到的数据与根据模型预测的情况，并对初始模型进行修订。第四阶段是根据修正后的模型的预测或假设，设定和实施新的改变系统状态的实验，重复第二步和第三步，不断地利用实验数据对模型进行修订和精炼。第一到第三阶段，也就是以下的"整合"——系统理论、"干涉"——实验生物学和"信息"——计算生物学等研究，即系统论和实验（experimental）、计算（computational）方法整合的系统生物学概念，目标就是得到一个理想的模型，使其理论预测能够反映出生物系统的真实性。作为后基因组时代的新秀，系统生物学与基因组学、蛋白质组学等各种"组学"的

Table 2. The new scientific method of experimental systems biology, applied to a disease

Step	Action
1	Identify an interesting phenomenon, such as a disease
2	Decide whether transcriptomics, proteomics, or metabolomics is most promising
3	Perform the same —omics analysis of genes, proteins, and/or metabolites with a sample from a healthy person and from a person with the disease
4	Collect significant differences between corresponding measurements in the two samples, using methods of machine learning
5	Assemble these differences into normal and disease profiles
6	Formulate hypotheses explaining the differences between these profiles
7	Perform traditional experiments testing the most promising hypotheses
8	If the results do not support the hypotheses, go back to 2, 3, or 6
9	If the experimental results do support one of the hypotheses, new insights are gained and should be shared with the scientific community

图 4　截自：Eberhard O. Voit，*Systems Biology: A Very Short Introduction*，Chapter 3，Table 2 "实验系统生物学应用于临床医学时的新科学方法"。第一阶段，"识别一类有研究兴趣的现象，例如，疾病"；第二阶段，"判断哪一种组学——转录组学、蛋白组学、代谢组学……最富于成果"；第三阶段，"从健康群体和患者采样并进行相关的组学分析——基因组分析、蛋白组分析、代谢组分析……"；第四阶段，"从健康群体和患者的相关组学数据确立病态与常态的显著差异"；第五阶段，"根据病态与常态的组学差异建立案例"；第六阶段，"提出旨在解释案例组学差异的假设"；第七阶段，"返回传统科学实验阶段检验这些假设"；第八阶段，"若实验结果不支持假设，则返回第二、第三或第六阶段"；第九阶段，"若实验结果支持某一假设，则可产生新的洞见并与科学共同体分享洞见"

不同之处在于，它是一种整合型大科学。首先，它要把系统内不同性质的构成要素（基因、mRNA、蛋白质、生物小分子等）整合在一起进行研究。系统科学的核心思想是："整体大于部分之和"，系统特性是不同组成部分、不同层次间相互作用而"涌现"的新性质，对组成部分或低层次的分析并不能真正地预测高层次的行为。如何通过研究和整合去发现和理解涌现的系统性质，是系统生物学面临的一个根本性的挑战。21 世纪伊始，权威刊物 *Nature*，*Science* 发表系统生物学、合成生物学等专刊，终于进入了系统生物科学（简称系统生物学）全球化迅速发展的时代。

本世纪医学的"大数据"运动，为实验系统生物学提供了更充足的资源。例如，2020年《细胞》杂志"值得关注的科学家"栏目专访的人物是Yanlan Mao（毛彦斓），剑桥大学培养的一位细胞学家，年轻的华裔女性（她名字的汉语拼音表明她父母是大陆人）。她以数学和物理学的优势转入生物学研究，并于2014年在伦敦大学学院成立了自己的实验室，见图5。

CELL SCIENTISTS TO WATCH

Cell scientist to watch – Yanlan Mao

Yanlan Mao graduated in Natural Sciences from the University of Cambridge, UK, followed by a PhD in developmental biology and genetics at the MRC Laboratory of Molecular Biology (MRC-LMB), Cambridge, UK. During this time, she studied cell signalling and epithelial patterning in *Drosophila*, under the supervision of Matthew Freeman. For her postdoctoral research, Yanlan moved to the Cancer Research UK London Research Institute (now part of the Francis Crick Institute), to study the role of mechanical forces in the orientation of cell division and cell shape control in Nic Tapon's laboratory. She established her own research group in 2014 at the MRC Laboratory for Molecular Cell Biology (MRC-LMCB), University College London, where she addresses the importance of tissue mechanics during development, homeostasis and repair. She was awarded a L'Oreal UNESCO Women in Science Fellowship and the Lister Institute Research Prize in 2018. In 2019, she was awarded the Biophysical Society Early Career Award in Mechanobiology and also became part of the EMBO Young Investigator Programme. Yanlan is the recipient of the 2020 Women in Cell Biology Early Career Award Medal from the British Society for Cell Biology (BSCB).

What inspired you to become a scientist?
I think probably two things. First, as a child, I was always really interested in patterns in nature, such as the ones you find in leaves, flower petals or shells. I was always fascinated by the diversity and how beautiful nature is, just by walking around and seeing the world. Second, someone that's really influenced my career has been my dad. He's a mathematician, and he's very passionate about his maths. As a result, I grew up always trying to think of the world in a very mathematical way. He introduced me to physics, chemistry and maths very early on, as those were subjects he studied, but not biology. Maybe that's why I was drawn to biology; it was more of an unknown world, with more to be discovered. I really wanted to combine biology with maths, at some point in my career. In a way that's what I'm doing now: mathematical modelling of physical forces in biology, and still tackling patterns, shapes and sizes of

图5 LMCB（分子细胞生物学实验室）PI（首席研究员），伦敦大学学院杰出教授，MRC职业发展研究员，伦敦大学学院IPLS副主任，Yanlan Mao（毛彦斓）。此处"MRC"（医学研究委员会），相当于美国的"NIH"（国立卫生研究院）。2018年获得联合国教科文组织颁发的"欧莱雅"女科学家奖，同年获得李斯特研究院颁发的"研究大奖"，2019年获得生物物理学会颁发的"生物机制研究早期职业成就奖"，2020年获得不列颠细胞生物学会颁发的"细胞生物学女性早期职业成就奖"

她与Jeremy B. A. Green联合主编于2017年《英国皇家学会通讯》B372卷"系统形态动力学"专号，1月16日（收稿日期）发布的"导言"，标题是"Systems Morphodynamics: Understanding the Development of Tissue Hardware"（系统形态动力学：理解组织硬件的发育过程）。开篇就引我关注：基因不制造组织，细胞制造组织。晚近几十年，正常组织的物理形态分析退居二线，让位于基因调节网络分析。最近，因为越来越多地意识到基因无法驱动复杂的组织形态改变，基因与染色体的思路已进入成熟阶段……阿兰·图灵在1952年《皇家学会通讯》发表的一篇论文里标识了两类形态动力学——"化学的"和"机械的"。包括图灵机在内主导着化学形态动力学的机制，我们今天称为"模式构型"，伴随着批量而来的实验和综述，开始被很好地理解。可是，机械的形态动力学刚开始涌现成为一个令人兴奋的新的发现与研究领域。

迪亚肯（Terrence Deacon）现在是加州伯克利大学的教授，他最初引我关注的，是1997年的著作《符号物种：语言与脑的共生演化》（ The Symbolic Species: The Co-evolution of Language and the Brain ）。那时，我在写一篇运用不动点定理于语言演化的小文章，并因此与鲁宾斯坦（Ariel Rubinstein）通信提醒他读迪亚肯。因为，他刚发表的《语言经济学》表明他没有读过迪亚肯的这本书。后来，迪亚肯从脑科学转入意识研究，十多年后，2011年，发表 Incomplete Nature: How Mind Emerged from Matter （标题直译：不完整的自然：从物质如何涌现心智）。这本书，与上一本书同样，立即引我关注。迪亚肯的叙事过于跨学科，甚至我这样的跨学科教授也很难理解这本书的核心命题。（见图6）

直到他多年的同事，一位广受欢迎的科普作家舍曼写了下面这本书：Jeremy Sherman，2017，Neither Ghost nor Machine: The Emergence and Nature of Selves （标题直译：既非幽灵又非机器：自我的本质及其涌

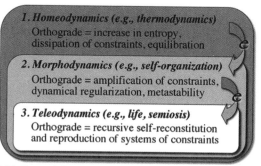

FIGURE 9.1: The nested hierarchy of the three emergent levels of dynamics; their typical exemplars; and their emergence (*e*) from subvenient dynamical processes.

图6 截自：Terrence Deacon，2011，*Incomplete Nature*，第9章。这是迪亚肯学说的核心内容，他认为，意识的涌现，来自图示的第3类过程，他称之为"目的论动力学"（例如生命和语言），他确实是在亚里士多德"目的因"的意义上使用这一语词的。图示的第1类过程，"稳态动力学"（例如热力学），基于热力学第二定律，描述的是"熵增"过程。图示的第2类过程，"形态动力学"（例如自组织现象），描述的是"熵减"过程，特征在于各种约束的持续涌现。此处的"约束"，特指系统对能量的各种可能形态的约束

现）。于是，我开始认真研读迪亚肯的理论，试图将他的思路与著名的科赫2019年新书的思路相结合，为了完善我的"观念拓扑"关于生命的想象。此处顺便推荐科赫这本新书：Christof Koch，*The Feeling of Life Itself: Why Consciousness is Widespread but Can't Be Computed*（标题直译：生命自身的感受：为何意识广泛存在却不能被计算）。

系统生物学的思路原本就是将生命视为信息熵的减少过程。按照我理解的"新的综合"，不必有"信息"二字，只应讨论熵减过程。熵减之得以发生，在迪亚肯学说的视角下，是因为系统持续涌现更强的约束，从而能量必须以越来越精致的形态存在。此处的"能"，可由金岳霖《论道》的第一组命题澄清：道是"式—能"；道有"有"，曰式曰能；有能；有可能；有式，而式是析取地无所不包的可能；……式无二；能不一；式无内外；能有出入；式常静，能常动；……居式由能莫不为道。

　　科赫2019年的著作是他和克里克晚年深入讨论意识起源问题的第三次总结，他称之为"三部曲"之三（之二已有中译本：《意识与脑：一个还原论者的浪漫自白》）。根据科赫在这本书里阐发的"信息整合理论"（首先提出这一理论的是：Giulio Tononi，2015，"Integrated Information Theory"，*Scholarpedia*，10，1，41–64），只要有生命，就有意识。整体多于其局部之和的，可表达为意识。确切而言，如果系统包含N个局部，那么，这一系统能够具有的意识水平可表达为贝尔数列的第N项。任一集合，如果它包含N个元素，那么，贝尔数列第N项表达的就是在这一集合上可能定义的全部等价关系的数目，也就是这一集合的全部可能"划分"（partition）的数目。如图7，甚至最低级的生命也可以有超过100个细胞，贝尔数的计算量极大。科赫借助计算机仿真绘制了这张图，横轴，适存度0.5的系统与适存度0.2的系统相比，整体大于局部之和的贝尔指标（纵轴）大约在5倍至10倍的范围。

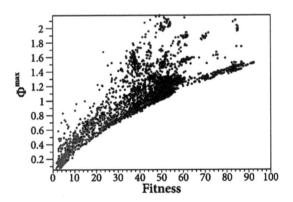

Figure 11.1
Evolving integrated brains: As digital organisms evolve to run mazes more efficiently, the integrated information of their brains increases. That is, increasing fitness is associated with higher levels of consciousness. (Modified from Joshi, Tononi, & Koch, 2013. This study used an older version of IIT, in which integrated information is computed somewhat differently from Φ^{max} in the current formulation.)

　　图7　截自：Christof Koch，2019，*The Feeling of Life Itself*，第11章

又如图8，横轴是智能水平，纵轴是意识水平。最简单的生物也有远高于超级计算机的意识水平，虽然，超级计算机有远比人类更高的智能。

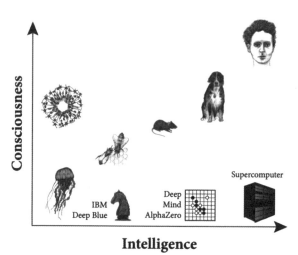

Figure 13.4
Intelligence and consciousness in evolved organisms and engineered artifacts:
As species evolve larger nervous systems, their ability to learn and flexibly adapt to
new environments, their *intelligence*, increases, as does their capacity to *experience*.
Engineered systems deviate in striking ways from this diagonal trend, with increasing
digital intelligence but no experience. Bioengineered cerebral organoids may be able
to experience something but without being able to do anything (chapter 11).

图8　截自：Christof Koch，2019，*The Feeling of Life Itself*，第13章

（财新博客2021年4月9日）

第三讲　演化伦理学（续篇）：
人类行为与合作

一、行为与秩序的共生演化

现在上课。这一讲的主题，在心智地图里是"规范伦理学"。不过，《情理与正义》的主要内容就是规范伦理学，诸友不妨自己阅读，将这一讲的课时留给全新的内容，即上一讲"演化伦理学"的后半部分。我在上一讲介绍了地球的演化以及地球上生命的演化，这一讲将介绍人类行为与合作伦理的演化。或者，我将围绕图3.1和3.2显示的饶敦博两部著

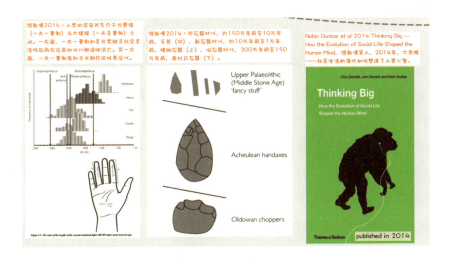

图3.1　第三讲的主要内容是饶敦博的两本书和达马西奥2018年的著作，截自2021年"转型期中国社会的伦理学原理"课堂用心智地图

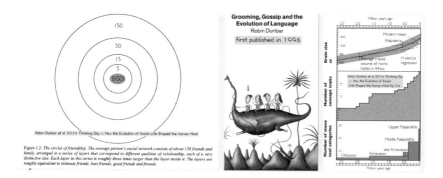

图3.2　饶敦博两部作品的核心插图，截自"转型期中国社会的伦理学原理"课堂用心智地图

作的核心思想，讨论行为与秩序共生演化的若干重要原理。

　　我为你们写了两篇博客文章：第一篇"演化——'中心法则'学派与'共生演化'学派"（财新博客2021年11月24日），即第二讲的附录1；另一篇是"转型期中国社会与世界秩序"（财新博客2021年11月26日），是这一讲的附录1，这篇文章主旨宏大，写在文章的结尾部分，请你们认真读。这两篇文章总共2万字，大致解释了我为这门课准备的253张图当中的20张。由此推测，我可能要写20万字来解释200张图。

　　我在第二讲解释过，从基因型到表现型的表达映射是关键环节，它包括全部发育生物学的内容。你们应当记住的是图1.27里的基因型——那个小三角形，它的顶端（基因变异）和底端（表观基因变异），以及我的注释；然后，阅读上述的第二篇博客文章，就容易理解全文主旨了。虽然，我那篇文章已经很长，不能展开叙述我心里设想的整体框架，但是，我现在可以为你们描述这一框架——其实很容易理解，如果你们理解了上一讲介绍的表观遗传学的话。只要设想，在图1.27左边的集合里任何一点，"基因型"的小三角形，顶端和底端之外还有一个端点，如图3.3所示，这一端点是"可遗传的深层心理结构"——这是荣格"心理类型"学说的基本假设。荣格认为，生命的物质形态和心理形态都具有可遗传性，只承认前者而否认后者，不是真正的科学。虽然，60年之后，他的这一假设仍未获得科学界的广泛承认。荣格生前也多次批评科学，说它受限于唯物主义的视野。

虽然，图3.3的"可遗传心理性状"仍有待心理学与生物学的跨学科研究，但我从晚近发表的研究报告已可预见这一研究领域将有突破性的进展。目前，关于抑郁症的基因研究成果正在陆续发表。此外，关于人格类型的基因研究也有初步进展，例如图3.4以及我的说明文字。不应忘记，荣格全集第六卷《心理类型》，被其英译者誉为"巅峰之作"。荣格关于心理类型的研究，始于他与弗洛伊德的关系，并于1913—1918年臻于成熟。此后近半个世纪，荣格的叙述常返回自己的这一巅峰之作，尤其是荣格思想后期的核心观念——集体无意识，必须假设生物共享的最基本的心理性状是可遗传的。荣格的这一思路，在达马西奥2018年的著作里获得了充分表达。虽然"荣格"的名字只出现了一次，但我仍要抄录达马西奥2018年的著作里唯一提及荣格的这段文字：the human unconscious literally goes back to early life-forms, deeper and further than Freud or Jung ever dreamed（人类无意识可毫不夸张地追溯至最初的生命形态，比弗洛伊德和荣格从来梦想过的更深远）。

仍延续荣格思路：世界秩序的紊乱，无非是人类无意识的暗影纷纷向外投射所致。中国人的心智尚未完全"西方化"（西方理性），尽管他们的生活已被纳入西方的世界秩序。另一方面，中国人集体无意识的暗影，在我的分析中，与西方人集体无意识的暗影，二者之间有本质差异。参阅我2022年1月13日的财新博客"我们为何不宽容？兼答陈嘉映教授"，其实这篇博客文章的正文是从本书第一讲节选的，但我写给嘉映的答复才是文章的核心，请诸友留意第一讲的相关内容（见第36—38页）。

集体无意识暗影的中西差异，可能形成某种良性互补——参阅我和布坎南1998年的对话纪要，即本讲附录2，其中有布坎南这样一段答复：

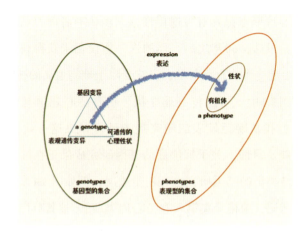

图3.3　我为2021年秋季学期"转型期中国社会的伦理学原理"手绘的示意图之扩展示意图。在基因变异和表观遗传变异之外增加了荣格学说的基本假设"可遗传的心理性状"

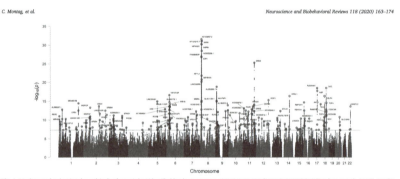

图3.4　关于"大五人格"之"神经质"性状的基因研究，2019年的一份报告显示，分布在人类基因组的22对染色体上的263个基因独立变异共同塑造了这一人格气质的可遗传性。截自：Christian Montag et al.，2020，"Molecular Genetics in Psychology and Personality Neuroscience: On Candidate Genes, Genome Wide Scans, and New Research Strategies"（心理学与人格神经科学中的分子遗传学：关于候选基因、基因组全局扫描，以及新的研究策略），*Neuroscience & Biobehavioral Reviews*（《神经科学与生物行为学评论》）

　　我和我的同事，Yong J. Yoon，最近大量地探讨了儒家价值可能怎样应用于西方社会，以及这些价值怎样与其他价值融合起来。在儒家文化架构里面，"面子"（Decency）与"羞愧意识"（Shame）似乎是很自然地发生的，这些东西是人类品质中非常有价值的特性，而这些特性正在从我们西方人的品质中消失。怎样才能引进这些品性呢？

　　荣格认为消除这些冲突的基本途径在于每一个人的"自性化"过程，他对人类能否通过自性化过程使自己的暗影与自己的意识融为一体持悲观态度。参阅《荣格全集》英文第2版第十八卷第11部分（中译本《荣格文集》第6卷的标题为"文明的变迁"）。

　　如果荣格建议的自性化过程不能或不可能在灾难降临之前挽救世界于紊乱状态，那么，哈耶克建议的"人类合作的扩展秩序"也许能挽救世界于紊乱状态。第一讲图1.7至1.11的叙述表明，内共生系统之为一种合作秩序的起源与真核细胞的起源几乎同样古老——大约在16亿年前至21亿年前。关于昆虫社会之合作秩序演化的最新研究报告，诸友可参阅：Nichola Raihani，2021，*The Social Instinct: How Cooperation Shaped the World*（《社会本能：合作是怎样塑造世界的》），图3.5为封面截图。这本书第2章的标题是"Inventing the Individual"（个体的发明）。我在标题下面写了一段文字，抄录在这里：道金斯确实需要反思自己的思路，预设"自私的基因"，而不是"自利的个体"，也许是他那时的知识局限性所致。这本书超越并批评道金斯的思路是可以理解的，仅当"个体"延续时，个体包含的全部基因才可能延续。

　　由于合作秩序的本质是参与者行为的"互利性"，故而，合作行为倾向于化敌为友——这就是所谓"经济的文明化影响"（the civilizing influence of the economy），源于苏格兰启蒙思想的传统，成为重建当代世

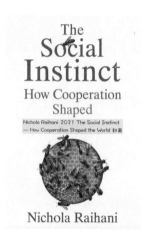

图3.5　Nichola Raihani，*The Social Instinct*，封面截图

界秩序的重要思想资源。但是，合作秩序是演化的，唯其如此，它才被
称为"人类合作的扩展秩序"（extended order of human cooperation），参
阅：F. A. Hayek，1988，*The Fatal Conceit：The Errors of Socialism*（《致命
的自负：社会主义的谬误》）。目前世界之所以陷入紊乱，在上述的深
层心理原因之外，表层的社会经济原因是新的世界秩序的互利性原则
尚未被广泛理解，或者，广泛地被主流意识形态遮蔽了。新的世界秩
序需要产生某种新的意识形态来取代陈旧的意识形态，或者完全摆脱
任何意识形态的束缚，如果可能的话。在这一意义上，我认为布坎南
生前的努力（参阅本讲附录2）非常宝贵，尤其对西方社会而言，目前
美国社会内部冲突空前恶化，充分印证了布坎南当年担忧的"宪法危
机"，以及他呼吁的"宪法革命"之必要性。

　　我之所以在2022年1月26日写了"转型期中国社会与世界秩序"，
是因为我对这次"气候峰会"可能达成的共识很悲观。不平等、老龄
化、气候问题，这是西方学界列出的三大挑战，参阅Oliver Blanchard和
Jean Tirole主持的政策报告，"Major Future Economic Challenges"（"应对
未来的三大经济挑战"，《比较》杂志，2021年10月1日）。

　　在三大挑战当中，应对气候问题已经迫在眉睫，请诸友回忆我在

第二讲关于图2.45—2.47的叙述。根据财新记者2021年11月3日关于第26届"联合国气候变化框架公约"缔约方2021年10月31日格拉斯哥峰会的报道：联合国环境规划署（UNEP）今年10月26日发布的《排放差距报告2021》显示，按照目前世界各国的减排措施，至本世纪末，全球平均气温将上升2.7摄氏度，远高于《巴黎协定》控制全球气温上升的目标，并将导致灾难性的气候变化。

财新记者2021年11月15日关于格拉斯哥峰会闭幕的报道有一个引人注目的小标题——"保住了"温升1.5摄氏度目标。根据这篇报道：2015年底签署的《巴黎协定》确定的目标是，全球平均气温较前工业化时期上升幅度控制在2摄氏度以内，并努力将温度上升幅度限制在1.5摄氏度以内。此后，欧美学者试图将控制温升的红线提高到1.5摄氏度，因此需要在2030年之前将全球排放量减少45%，并在本世纪中叶将总排放量降至零。发达国家基于此目标，普遍将2050年定为碳中和目标，并希望在此次气候大会上达成将全球平均温升控制在1.5摄氏度的共识。

格拉斯哥峰会听证时发言的两位气候问题权威人士，Owen Gaffney和Johan Rockstrom，2021年出版了科普著作 *Breaking Boundaries: The Science of Our Planet*（《打破边界：我们星球的科学》），这本书的序言由瑞典著名的气候活动家Greta Thunber撰写。我抄录这篇序言的开篇文字：

The safety limit for the level of carbon dioxide in the atmosphere is thought to be around 350 parts per million. We reached that landmark sometime in 1987, and in 2020 we surpassed 415 parts per million. The world has not experienced such high levels of atmospheric carbon dioxide for at least 3 million years. （大气中二氧化碳水平的安全极限被认为大约是ppm350。我们在1987年的某一时刻达到了这一地标，并

且在2020年超过了ppm415。这个世界在以往的至少300万年里从未经历如此高的大气二氧化碳水平。）… The richest 10 percent of the world's population emit more carbon dioxide than the remaining 90 percent. On average, the top 1 percent of income earners emit 81 tons (74 metric tons) of carbon dioxide per person every year. For the 50 percent of the world population with the lowest incomes, that same per capita figure is 0.76 tons (0.69 metric tons). These high emitters are the people we consider to be successful. They are our leaders, our celebrities, our role models. The people we aspire to be like. （世界人口当中最富有的10%排放了二氧化碳的90%。平均而言，收入最高的1%的人每年每人排放二氧化碳81吨。占世界人口50%的最低收入群体，每年每人排放二氧化碳0.76吨。这些高碳排放人士正是我们心目中的成功人士。他们是我们的领导者、我们的偶像、我们的楷模。我们被这些人激励着要成为他们那样的人。）

在这样的开篇之后，关于1.5摄氏度和2摄氏度，这位序言作者写了一段评论文字：

That is no longer possible within today's societies. The need for system change is no longer an opinion; it is a fact. （那一目标对今天的社会而言不再是可能的了。系统性改变的必要性不再是一个选项；它是一个事实。）

这部科普著作的插图当中，图3.6足可概述这本书的主旨。这里出现了几个可能的稳态，即凹陷的区域，最左边的一个稳态，标识是"全新世"。我们今天的所谓"人类世"，就是从全新世走出来的。未来

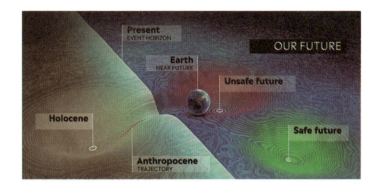

图 3.6　截自：Owen Gaffney and Johan Rockstrom，2021，*Breaking Boundaries*，第 4 章。走出"全新世"稳态之后的"人类世"地球之令人担忧的未来，近处是危险的稳态，远处是安全的稳态

充满危机，因为，就在旁边，有一个凹陷的区域，标识是"不安全的未来"，地球很容易滑入那个稳态，并就此毁灭。在较远的地方，是另一个凹陷的区域，标识是"安全的未来"。世界应当合作将地球推到那个较远的稳态之中，但是正如"序言"作者所言，为时已晚。西方社会必须有一次系统性的变革，从金融体制到生活方式。

　　这两位作者借助图 3.7 表现了全球气候危机的直接原因——全球资本主义进入了消费主义时代——在这一时代，每一个人，不论多么贫困，只要他是消费者，就被认为是"上帝"，他也许负债累累，也许无家可归，也许吸毒身亡。

　　气候问题是对人类整体的挑战，故而也是对人类整体合作能力的挑战，请阅读图 3.8 及注释。发达国家与发展中国家在格拉斯哥峰会很难相互承诺，首先，世界工厂和碳排放集中于发展中国家，而消费能力集中于发达国家。例如，在关于"1.5 摄氏度"的争论中，印度承担了很大的减排压力，而发达国家迟迟不能承诺为缓冲减排压力提供资金，这样就很难落实格拉斯哥峰会的共识——本世纪中期实现全球的净零排放并控制升温不超过 1.5 摄氏度。

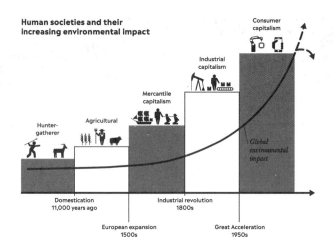

图3.7　截自：Owen Gaffney and Johan Rockstrom，2021，*Breaking Boundaries*，第4章。横轴从左边开始顺序为：采猎时代、农耕时代、商业资本主义、工业资本主义、消费者资本主义

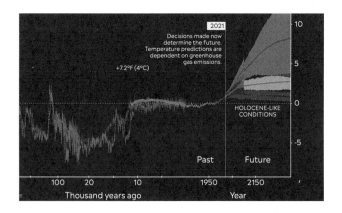

图3.8　截自：Owen Gaffney and Johan Rockstrom，2021，*Breaking Boundaries*，第4章。2021年是决定地球未来可能进入哪一个稳态的关键时期

　　美国政治体制的运作方式提供了系统性变革之必要性的例证：根据财新记者的报道，"美国总统拜登则表示，到2024年前，将与美国国会合作携手推动支持发展中国家的气候融资翻两番。但据路透社报道，就在拜登于苏格兰与世界各国领导人会面时，温和派民主党参议员曼

钦（Joe Manchin）宣布，他不会支持1.75万亿美元的支出法案框架。而该框架正是本次拜登宣布的气候融资的资金来源"。在西方政治体制内，原则上，议员对自己的选民负责。因此，绿色运动对德国政治有显著影响。另一方面，如上所引拜登承诺的例证表明，美国人的生活方式使美国成为减排的最大障碍。如图3.9，两位作者将社会经济系统视为一套复杂系统，并列出干预这一系统以落实气候峰会目标的有效杠杆。

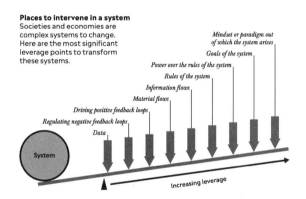

图3.9　截自：Owen Gaffney and Johan Rockstrom, 2021, *Breaking Boundaries*，第9章。左边圆形表示全球社会经济系统，干预这一复杂系统的杠杆，效力由左至右顺序增加：数据、负反馈回路的调节、正反馈回路的驱动、物流、信息流、系统规则、系统规则之上的权力、系统的多重目标、系统性变革的心态或范式

据我观察，美国的普通人（选民）习惯于只关心自己的收入和健康，他们远不如欧洲人那样容易关注诸如"文明"和"人类"这类议题。图3.9所示最有效的杠杆是变革社会经济系统的心态，它要求美国人改变自己的生活方式——这种生活方式已在学术文献中被列入"最糟糕的生活方式"，例如，远比日本人和欧洲人的生活方式糟糕。荣格最早明确指出美国白人与土地和黑人之间有某种可称为"心理情结"的联系，故而与欧洲人有显著差异，参阅《荣格全集》英文第2版第十八卷第11部分第1章"Report on America"（关于美国的报告）。在消

费主义的时代，美国人的生活方式普遍沦为享乐主义的，他们将健康托付给医生，将政治托付给议员，将思想托付给知识精英，总之，他们相信分工与专业化能够解决一切问题。战后的长期繁荣似乎表明美国的社会经济系统运行良好，不应引入任何"系统变革"。

我在谷歌检索短语"how worst is American way of life"（美国生活方式有多么糟糕），与此相关的第一项解答，来自著名的大众问答网站Quora，是2018年11月24日的，标题是：The American way of life is the biggest threat to the American way of life（对美国生活方式的最大威胁就是美国生活方式）。作者署名之后特别标注：生在美国，长在美国，热爱美国。至于多数人的态度，Pew Research Center（无党派立场的公共政策调查研究中心）2019年的一次调查显示：56%的美国人预期2050年美国将变得更好，虽然，他们预期未来30年美国的收入不平等状况将继续恶化，并且政治两极化状况将继续恶化。

根据2020年9月11日 *U.S. News* 专栏作者Devon Haynie关于163个国家"社会进步指数"的调查报告，美国是发达国家当中唯一在过去10年社会指标排名大幅退步的国家。这一指标2014年首次发布时，美国排名第16，而2020年，排名第28。根据美国心理学会2007年发布的一份报告（标题"美国——有毒的生活方式"），美国人均医疗费用大约是英国人的2.5倍，主要因为平均而言发病率远高于英国人的糖尿病、高血压、心脏病、心肌梗死、肺病、癌症……

总之，指望美国人在2030年之前或2050年之前实现系统变革，我认为几乎不可能。有鉴于此，我认为2050年很可能成为世界生态灾难的一个象征——例如，极地冰盖将不可逆转地融化，从而海平面将不可逆转地上升，而极端天气导致自然灾害的频率将增加10倍以上，地球生物将经历另一次大规模灭绝。

与主流观点不同，有一部分科学家认为地球温度周期与人类活动无关。也就是说，不论人类能否有控制碳排放的合作秩序，地球温度也许都要上升2摄氏度或更高，也许将使海平面不可逆转地上升120米，也许将有另一次大规模生物灭绝——因为生物灭绝的平均周期是5000万年，参阅第二讲图2.30，从上一次生物灭绝到现在已5500万年。

现在请看图3.10，我认为饶敦博2014年的著作《大思路》，不如他1996年这本书好。这本书的标题，三个关键词。首先是社会性哺乳动物日常生活最重要的互惠性社会交往行为"梳理毛发"（grooming），最常见于灵长类动物的群体。猫科动物的社会性似乎很弱，但仍常见互相梳理毛发的行为。维基百科"social grooming"词条，很长，开篇列出了相互梳理毛发的演化优势：

Evolutionary advantages may come in the form of health benefits including reduced disease transmission and reduced stress levels, maintaining social structure, and direct improvement of fitness.（演化优势可能以有益于健康的方式实现——降低疾病传染和缓解紧张情

图3.10　截自"转型期中国社会的伦理学原理"
课堂用心智地图

绪、维系社会结构，以及直接改善适存度。）

第二个关键词，姑且译为"传闲话"（gossip），又可译为"闲言碎语"或"传闻"，有时也译为"谣言"。社会性哺乳动物在相互梳理毛发的时候，传递关于群体成员合作意图的信息。我在《行为经济学讲义》里介绍过一份研究报告，关于猴子分享食物的行为。研究者发现，猴子更愿意与互相梳理过毛发的猴子分享食物，不仅如此，它们分享给那些间接梳理过毛发的猴子的食物大致依照间接程度的提升而递减。关于"直接互惠"的著名短语是：我给你挠背，如果你给我挠背。关于"间接互惠"的著名短语是：我给你挠背，如果你给他挠背。

第三个关键词，"语言"，也就是饶敦博列出的人类三大冕位的最后一个。就人类而言，饶敦博论证，传闲话的能力在数十万年的时间里逐渐演化为语言能力。饶敦博这本书是1996年写的，那时人类基因组计划还未结束，就算结束了也只测序了千分之一的基因，绝大部分基因的功能至今未知。但是哈佛大学的古基因学研究项目主持人里奇在2018年著作中（如图3.11），提及大约190万年前存在一个关于人类语言的基因"FOXP2"的瓶颈，这一基因瓶颈的奠基者效应就是今天地球上的人类都

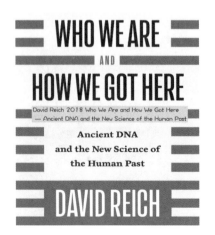

图3.11　哈佛大学"古基因学研究项目"主持人大卫·里奇2018年的著作《我们是谁以及我们从何处来》，封面截图

是那时获得这一基因的人的后裔——也许还应包括尼安德特人和丹尼索瓦人，请诸友参阅第二讲附录1的最后一幅插图。但是晚近发表的研究表明，语言能力远不是单一基因能够决定的。于是，最近两年关于FOXP2的话题降温。但可以肯定，四足猿（约400万年前）尚未获得这一基因。

两足猿为直立铺叙演化阶段，虽然四足猿仍可发出"猿啸"。当两足猿的前肢逐渐离开地面自由活动时，手的解剖结构就发生了变化，拇指与四指对握的能力获得强化。在直立人之前的能人（240万年前或230万年前），被假设制作了已知最早的石器（260万年前）或骨器（260万年前）。也因此，他们被命名为homo habilis，即"Handy Man"（手很强的人）。这一假设，近年有较大争议，因为同一时期还有其他猿人在当地活动，也许这些人属共同发现或改进了最早的石器，参阅维基百科"homo habilis"词条，我从中截取了奥杜瓦石器图片，与饶敦博提供的奥杜瓦石器图片并列，如图3.12，或可推测能人在使用这种石器时手的形状。

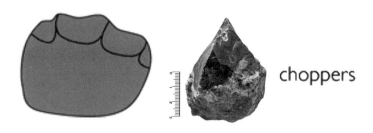

图3.12　右图取自维基百科"homo habilis"词条，左图取自饶敦博等人2014年的著作《大思路》

直立人的喉结位置下移之后，才有语言能力。根据史密斯学会网站"homo erectus"词条，直立人生活在190万年前至10万年前，体重和身高远超能人。并且，"北京人"遗址是直立人在非洲之外生活过的

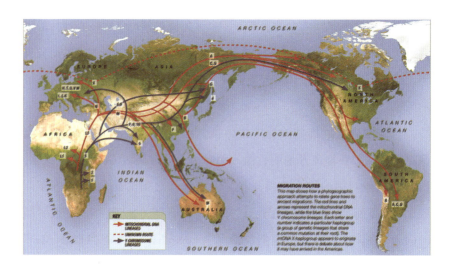

图3.13　截自：DK，2018，*Evolution: The Human Story*（《演化：人类的故事》）。人类迁徙路线图：红色路线——线粒体DNA的传承关系，蓝色路线——Y染色体的传承关系，红色虚线段——未知基因的传承关系

第一个证据——至今尚未确认直立人是否在欧洲生活过。也许如图3.13所示，"未知路径"是直立人留下的踪迹。此外，根据维基百科"homo erectus"冗长的词条，2011年发现了能人在西亚的遗址，这意味着直立人并不是第一个走出非洲的人属。又据《自然》杂志报道，法国科学家在肯尼亚考古发现了一个精致的阿舍利石器手斧，约180万年前，比以往

图3.14　阿舍利石器，截自维基百科"直立人"词条

的记录早了30万年。饶敦博列出的人类三大龛位的第一个，"AZI"（阿舍利石器），如图3.14所示，被认为是直立人制作的，约175万年前。我说过，已知最早的用火的遗迹，大约在160万年前，应当也是直立人的遗迹——已知最早的"篝火"（campfires），被认为是直立人的。

　　饶敦博1996年著作的另一幅插图，如图3.15，解释了日落之后日出之前的漫长夜晚人们围坐在篝火旁听猎手们讲述自己的故事，言语能力由此强化。饶敦博认为，篝火是那时最重要的社会生活场景。

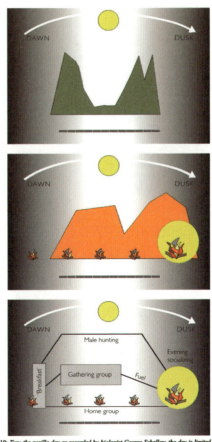

图3.15　截自饶敦博等人2014年的著作《大思路》第5章

Figure 5.10: *Top: the gorilla day as recorded by biologist George Schaller; the day is limited by daylight*

Robin Dunbar et al 2014 Thinking Big --- How the Evolution of Social Life Shaped the Human Mind fig 5-10

    还是根据维基百科"直立人"词条，在肯尼亚发现的直立人留下的足迹，约150万年前，这一群体的规模至少是20人，而且都是男性——意味着他们在从事某种围猎活动。这也印证了图3.15底部，饶敦博设想的夜晚社交场景，外出的男性狩猎之后返回营地，围坐于篝火旁。

    此外，已知最早的艺术品，The Venas of Tan-Tan，出土于摩洛哥的石器时代中期遗址，约50万年前至30万年前，被认为是直立人制作的，如图3.16。

图3.16　摩洛哥的维纳斯，截自维基百科"直立人"词条

    返回饶敦博1996年著作，图3.17的横轴表示体重，纵轴表示脑容量，都取对数。饶敦博在这里大致画出几条回归直线，右上角是大象（体重约10吨，脑量约1万立方厘米），左下方是鱼类（体重在100克至1000克之间，脑量的均值是1立方厘米），回归直线的中部是鸟类和灵长类，然后，在最下方的回归直线的右下方是爬行动物类。可见，灵长类的脑量与体重之比显著高于回归直线，而爬行动物类的脑量与体重之比显著低于回归直线。

    不要以为脑量与体重之比越高的物种，适存度也越高。我讲过了，物竞天择，物种的命运主要由环境决定。如果环境突变，灵长类这样的高级物种很可能不适应环境，而爬行动物更可能适应环境。恐龙在

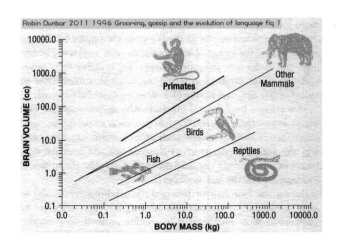

图3.17　截自"转型期中国社会的伦理学原理"课堂用心智地图。饶敦博1996年著作的第1幅插图：横轴是体重（取对数），纵轴是脑容量（取对数）

它们主导的时代多么优越，今天的狮子与霸王龙相比很可能占下风。但是环境突变，恐龙绝种，而灵长类继续繁衍。

　　饶敦博是"共生演化"学派的核心人物，他在这一领域可谓"著述等身"。我在2018年北京大学的"行为经济学"课堂，介绍了他的团队2018年发表的关于脑内网络联结强度随社交媒体的使用频率而改变的研究报告。我为饶敦博著作的五卷中译本写了一篇总序，概述了他毕生研究的主线——"社会脑的演化"。

　　饶敦博晚近发表的著作集注于用互联网数据检验他以之名世的"顿巴数"（Dunbar number），如图3.18，标识"顿巴数"的那条横线对应人类平均的群体规模，大约在100至150人之间。记住，这是人类个体平均而言社会交往规模的上限。当然有人超过这一上限，例如，饶敦博团队收集的社交媒体数据显示，样本总数的一个很小比例，通常小于1%的人，其社会交往规模达到1500人，但这样的社会交往很不稳定。

　　社会性哺乳动物的个体之所以不可能广泛结交朋友，是因为"友谊"需要有情感投入，当群组规模超过某一阈值时，个体情感被"摊

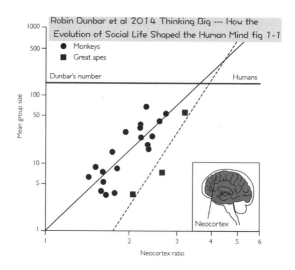

图3.18 截自"转型期中国社会的伦理学原理"zoom视频2021年11月27日上午08：48：13。饶敦博以之名世的"顿巴数"由那条标识为"人类"的横线表示，纵坐标约为150。横轴是"脑—身"比例，即右下方小图显示的"新脑皮质"的体积除以体重，纵轴是平均群组规模

薄"到几乎等于"无情"的程度，也就无所谓友谊了。对于人类以外的灵长类而言，根据饶敦博的观测，见图3.18，群组规模通常在3至80之间。例如长臂猿的群组规模，由于实行"单一配偶"的性关系，群组由一夫一妻及其子女构成，通常是3，上限是5。又例如，阿拉伯狒狒有较大的群组规模，参阅奥菲克《第二天性》，大约在30至50的范围内。根据饶敦博及其团队成员2018年发表的那篇研究报告，基于互联网的社会交往数据，人类群组的平均规模仍服从"顿巴数"＝150，不过，饶敦博在另一篇文章里指出，互联网时代，在虚拟社会里，顿巴数＝450，也许是正确的。毕竟，虚拟社会的情感投入可以摊薄到几乎等于"无情"。

　　大致而言，参阅图3.19，饶敦博认为，最亲密的关系网络，顿巴数＝5，请诸友回顾长臂猿的群组。这种最亲密的关系网络，饶敦博名之为"支撑群组"（support clique）——我认为这个语词在汉语里的含义

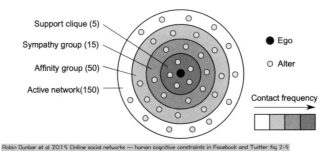

28　　Online Social Networks

Robin Dunbar et al 2015 Online social networks --- human cognitive constraints in Facebook and Twitter fig 2-5

Figure 2.5 The ego network model.

图 3.19　截自：Robin Dunbar et al.，2015，*Online Social Networks: Human Cognitive Constraints in Facebook and Twitter*（《在线社会网络：脸书与推特中的人类认知约束》），第 2 章，个体的自我社会网络模型

太宽泛，不如译为"亲密关系"。根据社会学标准调查问卷，你很容易判断自己的亲密关系网的规模。例如，我使用过的问卷里有这样一个问题：你常从哪些朋友那里借钱？根据我见到过的答卷，能相互借钱的朋友数目不会大于 5。也许在转型期中国社会，"借钱"不是一个很好的判据，你们不妨自己试试。

　　如图 3.19，在亲密关系之外的第一圈，顿巴数＝15，饶敦博称之为"同情共感的群体"——尤其是可以分享私人苦痛的朋友圈，因为，你可能与许多陌生人分享你的快乐，你和他们之间没有情感投入。可是，你很少或不能够与陌生人分享你的苦痛。在中国社会，这是常识，例如，所谓"家丑不可外扬"，或者"坏事不出门"——与此相反的民间智慧是"好事传千里"。我们确实不容易向陌生人倾诉自己的苦痛，中西社会皆然。随着人际关系从"陌生人的"逐渐向着"亲密的"移动，你必定可以找到某一层次的关系，在那里，你可以分享苦痛。试试确定那一层次的顿巴数，在英国样本里，是 15；不过，我推测，在中国样本里，应当远小于 15，例如，我能够分享苦痛的朋友数目，各种

苦痛通常有不同的分享对象，平均而言，我的同情共感朋友圈的顿巴数＝10。

饶敦博在图3.19中画出的第三圈人际关系网络，他称之为"affinity group"，我建议译为"同类朋友"，在汉语里就是所谓"物以类聚，人以群分"，这一群组的顿巴数是50，大致符合我观察的中国社会人际关系。例如，我在财新编辑部的微信群人数是45，我为北京大学国家发展研究院EMBA授课建立的微信群人数是49。

图3.19显示的最大的朋友圈，饶敦博称之为"active network"，不妨译为"活跃网络"，顿巴数＝150，至少符合我参加的几十个微信群的规模。我的经验是，微信群规模接近500人的时候，经常发言的人数不过20人，反而少于规模小于150人的微信群。

注意，图3.19取自饶敦博和他的团队2015年发表的关于网络社会人际关系的研究报告。我说过，对于维系一个虚拟社会而言，人们之间甚至不需要任何情感投入。也许有鉴于此，饶敦博这篇论文的标题特别指出，这里出现的顿巴限度，主因是认知的而不是情感的。人的认知能力当然是有限的，通常在100人的社会网络里，我已深感不安，因为我不认识的人实在很多，这是因为缺乏情感投入。如果是虚拟社会网络，例如，我参加的许多微信群，规模都是500人，我通常将这些微信群设置为"消息免打扰"——这里出现的约束是认知的而不是情感的，因为消息太多，无暇阅读。

饶敦博在其他文章里解释了图3.19所示的"拇指规则"：每一层次的顿巴数乘以3就是下一层次的顿巴数。最亲密的层次，5，下一个层次是15，再下一个层次应当是45，饶敦博取了一个整数，50，再下一个层次应当是45的3倍，也就是135，可是由于饶敦博在上一层次取了整数50，所以这一层次就是150，大致如此。又根据饶敦博团队晚近发表的研究报告，在互联网时代，"活跃网络"之外还有一个层次，规模大约在500至1500人之间。如果我坚持拇指规则，最外层的规模是135的3倍，也就是405，而不是500或更大的数字。

　　看图3.20，人类从猿那里继承的道德（伦理），不论社会认知的脑还是社会情感的脑，演化的基础始终是：（1）"我"与"我们"的关系，以及（2）"你"与"我"的平等考虑。

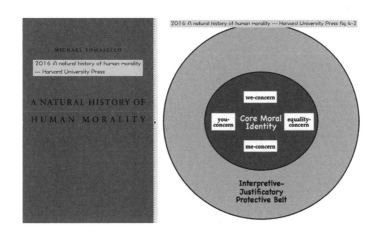

图3.20　截自：Michael Tomasello，2016，*A Natural History of Human Morality*（《人类道德的一部自然史》），Harvard University Press，第4章

　　这是前两讲的内容：对于右利手的人而言，"社会脑"位于大脑右半球。在右半球脑区又分为"社会认知"脑区和"社会情感"脑区，这两类功能脑区基本上不重合。例如，2009年由MIT的明星科学家Rebecca Saxe发现的"右侧颞顶交"是著名的"他人意图探测"脑区——在合作中防止被对方欺骗的脑区，中译名是"心理理论"脑区，我不喜欢这一译名，我的翻译是"他心理论"脑区，这一晚近发现的脑区，是"社会认知脑"的一部分。由德国马普研究院的明星科学家Tania Singer 2006年综述的"同情共感"六个脑区，属于"社会情感脑"，这里没有右侧和左侧的颞顶交。

　　社会情感脑区的功能是同情共感，对于维系群体的团聚性至关重要。试想，如果群体成员缺乏同情共感的能力，例如，他们的社会情感脑区都失灵了，那么，当群体的一位成员遭遇苦难时，其他成员茫然无感，他们只能依靠社会认知脑区的功能来推测这位成员受苦的程度，例如，根据他的面部表情或其他表达方式，总之，信息极端不对称，导致行为难以默契。

　　一般而言，脑科学报告说，女性的社会情感脑，平均而言，比男性的更发达。因为，在漫长的根块采集与狩猎时代，女性负责家政，她们分配食物，抚养儿童和老人。男性大脑的左半球——语言、逻辑、计划，平均而言，比女性的更发达。因为，在漫长的根块采集与狩猎时代，男性负责狩猎，他们要应付极高的风险和不确定性，还要熟悉狩猎伙伴们的性格与技能，更重要的是及时交流信息。

　　现在看图 3.21，取自饶敦博 1996 年著作，横轴是灵长类动物脑容量的演化时间，以百万年为单位，纵轴是灵长类动物用于相互梳理毛发的时间，以占用一天时间的百分比为单位。右下方的样本点是南方

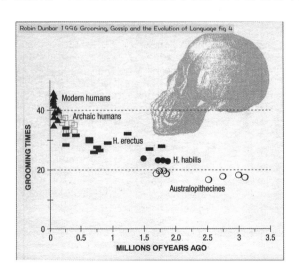

图 3.21　截自"转型期中国社会的伦理学原理"课堂用心智地图

古猿的，约300万年前，脑容量只是直立人的四分之一，参阅第二讲图2.15，南方古猿每天用于相互梳理毛发的时间低于20%，其余时间用于觅食——这是关键环节，参阅我的《行为经济学讲义》。非洲大象的群体规模很大，接近100头，但是，大象每天用于觅食的时间是80%以上，象群行动很慢，一边走一边嗅，食量又很大。

如图3.21，大约180万年前，能人的脑容量平均已是南方古猿的1.5倍，参阅图2.15，能人用于相互梳理毛发的时间突破了20%；而大约100万年前的直立人，脑容量达到南方古猿的2.5倍，用于相互梳理毛发的时间突破了30%；然后，在50万年前，古人类用于相互梳理毛发的时间达到了40%；随后，现代智人的这一比例超过了40%，迅速接近50%，显然，智人觅食时间占比正在迅速减少，因为工具和效率在数万年时间里迅速改善。

饶敦博画这样一幅示意图，试图表明社会交往活动是驱动灵长类脑容量超常增长的首要因素，他特意画了猿人日常生活图解，即图3.15。我们看看，上图是"太阳当空照"，于是男性集结出去狩猎，他们有时往返要一个多月；中图是"夜晚降临"，洞穴与篝火；下图，刚才讲解了，围坐在篝火旁，听老猎人讲传奇故事——久而久之演化为神话，如图3.22，饶敦博讲述了南非原住民围坐在篝火旁讲故事的场景。

此处需要补充一些更现代的研究结论，例如哺乳动物的"生物钟"是怎样形成的。晚近发表的基因研究表明，大约在7000万年前或更早，恐龙这样的大型食肉动物捕食灵长类这样的小动物，于是小动物演化形成了一个龛位，就是"昼伏夜行"。直到今天，例如猫，仍是白天视力不如夜间。这是"生物钟"的起源，基因测序可以见到。据此可知，饶敦博叙述的智人或直立人夜幕降临之后确实有很长时间围坐篝火聊天。恐龙灭绝之后的数千万年里，白天出行的主要威胁来自其他大型食肉类动物（虎、豹、狼、熊），灵长类生物钟设定的作息时间很可能

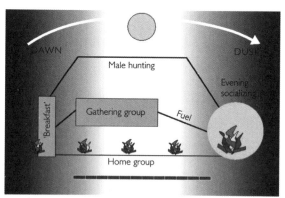

Figure 5.10: *Top: the gorilla day as recorded by biologist George Schaller; the day is limited by daylight*

Robin Dunbar et al 2014 Thinking Big --- How the Evolution of Social Life Shaped the Human Mind fig 5-10

图 3.22　截自"转型期中国社会的伦理学原理"课堂用心智地图。饶敦博的社会脑演化图解之"围坐篝火讲故事"的场景——夜晚社交、篝火、燃料、家庭群组、聚合群组，直到日出和早餐，男性出发去狩猎，又到黄昏，重复夜晚的社交活动

还是夜间睡得比较少，有足够时间用于社交。

　　饶敦博的假说，"社会交往驱动脑量增长"，有最新发表的文献支持，例如图 3.23，2021 年发表于权威期刊《神经成像》杂志，日本作者领衔。标题中的"连接组"，参阅我的《行为经济学讲义》，大约 2011 年以来，美国国立卫生研究院资助若干研究机构开展"连接组计划"。功能核磁共振脑成像仪可以改造为弥散张量核磁共振脑成像仪，然后就可显示脑白质（神经束）的整体连接，故得名"连接组"。今天，连接组成像风靡各种科普期刊和大众媒体。我从谷歌截取典型脑图，如图 3.24，诸友一望而知，因为太常见了。

　　回到图 3.23，智人的大脑皮质神经元数量超过 160 万亿，群组的规模大约是 105。其他灵长类的大脑皮质神经元数量，随着社会交往的规模下降而减少，这条回归直线远比饶敦博在图 3.20 的回归直线更显著。

　　当然，图 3.23 对应智人样本的那条垂直线很长，意思是，智人脑

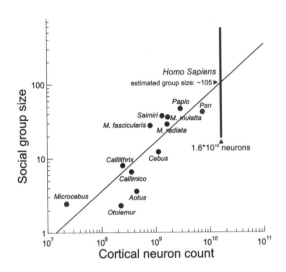

图 3.23　截自：Chihiro Yokoyama et al.，2021，"Comparative Connectomics of the Primate Social Brain"（灵长类社会脑的连接组比较），*NeuroImage*，vol. 245，118693。横轴表示大脑皮质神经元数量（取对数），纵轴表示社会交往群组的规模

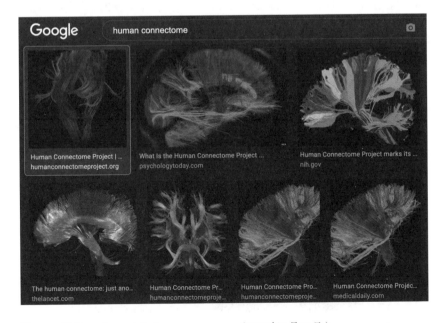

图 3.24　截自 google search for human connectome（2022 年 2 月 23 日）

容量很大，但社交范围可能很大也可能很小，请回忆饶敦博列出的五个朋友圈层次。脑量足够大的智人，脑活动当然不会完全用于社交。我讲过，觅食与社交是灵长类最重要的两类活动。觅食是技术进步的核心驱动因素，石器工具因此而逐渐演化为现代工具。与技术进步密切相关的脑活动，称为"创造性思维"。与创造性思维密切相关的另一类脑活动也至关重要，称为"艺术"——意义的表达，最初，在岩洞壁画的时代，也许用于描述神秘现象或表达宗教信仰。总之，创造性思维，是本书第四讲的主题。

不过，图3.25中有一幅艺术作品，诸友不妨试着推测这是哪位艺术家的。其实，这位艺术家是一只黑猩猩。这幅作品出现在Keith Sawyer 2006年的著作《解释创造性》里，意思是，黑猩猩也有创造性。Sawyer是齐申义的学生，年轻时是硅谷的企业家，与乔布斯年轻时是同一家游戏公司Atari的雇员。不过，乔布斯是从Reed College辍学之后加盟这家游戏公司的，而Sawyer是从MIT毕业之后加盟的。当然，我读《乔布斯传》时意识到，Atari是一家优秀的游戏公司。维基百科"Atari"词条相当冗长，允斥着所有权转让或并购的故事。关于苹果公司最初的三位合伙人的故事，我在讲授"转型期中国社会的经济学原理"时

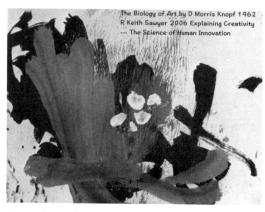

FIGURE 5.4. A painting by Congo, a chimpanzee using a stiff-bristle paintbrush.

图3.25　截自：R. Keith Sawyer, 2006, *Explaining Creativity: The Science of Human Innovation*（《解释创造性：人类创新的科学》）；插图源自D. Morris Knopf, 1962, *The Biology of Art*（《艺术的生物学》）

已有详细分析，三位合伙人当中两位来自Atari。

图3.25底部有注释文字：Congo的绘画，是一只黑猩猩，使用一支硬笔刷。这幅艺术品，我看不出来是黑猩猩的创作，于是，我将它发给一位老友。他是艺术家，也熟悉各类抽象艺术，他指出，这幅画的灰色略嫌"脏"，不过他还说，用灰色作画很容易"脏"，这是以灰色作画的主要困难。关于抽象艺术，我写了几篇博客文章，借助皮尔士哲学的视角探讨艺术。在这一视角下，艺术作品越是抽象，也就越将阐释的自由转让给艺术作品的鉴赏者。图3.25中这只黑猩猩不懂艺术，但因为这幅作品被认为是抽象艺术，故而将阐释留给鉴赏者。甚至可以认为，鉴赏者让一只黑猩猩作画，这是一种"偶成艺术"。因为鉴赏者必须从这些随机生成的作品中选择可以称为"艺术"的。

下一讲的主题，确切而言，是"智商与创造"。因为我使用的主要参考书，以及引用的参考文献，大多基于智商研究。就个体而言，具备一定的智商水平是富于创造性的前提。对群体创造性而言，我介绍过，这一命题有争议。

看图3.26，老埃森克（Hans Eysenck，1916–1997）定义的智能，依照有机体的类型，有三个表达层次。注意，诸如海藻这样的有机体，心理机能尚待研究，故而还谈不上"智商"测验。虽然海藻有群聚性，但海藻的"社会智能"研究很少。于是，在老埃森克写这本书的时期，海藻之为一种有机体，只能有最低级的表达层次，就是"生物智能"。

首先是"生物的"，这是"智能"的最基本含义，定义为"有机体适应环境的能力"，老埃森克列出了这一能力的三类外生因素——遗传学的、生理学的、生物化学的，他在圆圈里列出了相应的观测手段。其次是"心理计量的"，这是最常见的智商定义，有许多缺陷，但最常被引用。老埃森克列出这一能力的四类外生因素——文化因素、家庭教养、教育、社会经济地位，他在圆圈内列出了相应的观测手段，即

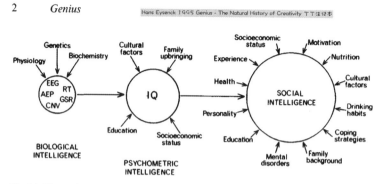

2   *Genius*

Fig. 0.1 The relations between biological intelligence and psychometric intelligence, and social or practical intelligence.

图 3.26   截自"转型期中国社会的伦理学原理"zoom 视频 2021 年 11 月 27 日上午 09：07：13。老埃森克定义的"智能"，有三个表达层次：生物的、心理计量的、社会的

"智商"。最后一个表达层次，"社会智能"，表达了有机体适应社会环境的能力。老埃森克列出这一能力的 12 类外生因素——健康、经验、社会经济地位、动机、营养、文化因素、饮酒习惯、应对策略、家庭背景、心智失常、教育、人格。参阅：Hans Eysenck，1995，*Genius*：*The Natural History of Creativity*（《天才：关于创造性的一部自然史》）。

晚近发表的一篇论文支持老埃森克为"社会智能"列出的 12 类外生因素。这就是印刷版心智地图右下角列出的文献：Katherine A. Duggan and Howard S. Friedman，"Lifetime Biopsychosocial Trajectories of the Terman Gifted Children：Health, Well-Being, and Longevity"，Dean Keith Simonton, ed.，2014，*The Wiley Handbook of Genius*，Chapter 23（"特尔曼天赋儿童毕生的生物心理社会轨迹：健康、幸福、长寿"，席梦顿主编《天才手册》第 23 章）。

老埃森克的儿子迈克尔（Michael W. Eysenck），是公认英国最优秀的认知心理学家，研究"记忆"的权威，还主编了《国际心理学手册》（有华东师范大学出版社中译本）。不过，我收集的是他主编的《认知

心理学（学生手册）》。但是晚近几年，许多学术期刊顾及"政治正确性"，撤回了老埃森克发表的几十篇或上百篇论文——他毕生发表论文近千篇，理由也不是学术造假，而是"研究方法过于鲁莽"。也许因此，关于他儿子的维基百科词条过于简单。

　　图3.27取自著名的"特尔曼天赋儿童"项目跟踪调查的百年回顾文章，2014年发表之前，最初被特尔曼项目录取的儿童只剩下一位老太太还活着，并接受了作者的访谈，不久，她也去世了。在这张图里，最外面的两条曲线是特尔曼儿童辞世时的年龄——男性曲线在内，女性曲线在外；最里面的两条曲线是当初没有被特尔曼项目录取的儿童辞世时的年龄——男性曲线在内，女性曲线在外。由图可见，高智商儿童在65至85岁这一时期的平均生存率远高于普通儿童。

　　我们知道，女性的寿命普遍高于男性。例如，根据2015年统计数据，香港人的期望寿命，男性是81岁，女性是87岁，比男性多6年。

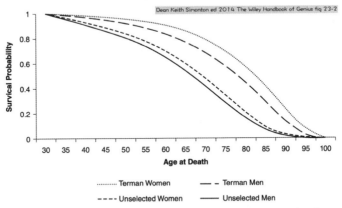

Figure 23.2 Comparison of survival rates for Terman participants and an unselected sample born in 1910 that lived to at least 1940. © Katherine Duggan and Howard S. Friedman.

图3.27　截自"转型期中国社会的伦理学原理"zoom视频2021年11月27日上午09：10：15。心智地图最初的版本详细介绍了这篇"Terman children"百年回顾，由于我担心"政治不正确"，在印刷版心智地图里几乎完全删除了这篇论文的内容，只保留了这一插图。横轴是辞世时的年龄，纵轴是样本在该年龄继续生存的概率

注意，图3.27提供了全部必要数据，从而我们根据人口统计学方法可计算人群的期望寿命。将这一两性差异平移到图中，那么，最里面的两条曲线之间的差距对应于6年的期望寿命差距，最外面的两条曲线之间的差距对应天赋儿童中女性与男性的期望寿命差距，而天赋儿童的两条曲线与普通儿童的两条曲线之间的差距显然远大于这两大群体内部的期望寿命性别差距。

之所以有这样显著的寿命差距，根据图3.27引用的报告，主因在于特尔曼天赋儿童在1910年的加州社会里很容易取得更高的"社会智能"，因为他们通常享有更优越的早期健康、完整教育、社会经济地位以及文化因素、家庭背景、应对策略、营养，乃至更具竞争力的动机和人格。

不过，作者提醒读者，特尔曼儿童当中智商高于170（爱因斯坦的智商是160）的样本普遍难以适应社会，从而更容易患有精神病以及其他天才人士的病症。

我认为需要有另一项补充说明：随着医疗条件和卫生条件的普遍改善，普通儿童的期望寿命与大赋儿童的期望寿命，二者的差距应当在迅速缩小，以致统计不再显著。当然，老贝克尔在2010年最后一次授课时，特别强调人力资本与诸如健康和寿命这样的指标强烈互补。可见，2010年的时候，贝克尔掌握的数据表明，智商与寿命统计显著成正比关系。

图3.28中，美国人的期望寿命在1980年高于英国，在1989—2019年间低于英国和加拿大，而且差距越来越大。图3.29中，这一趋势更明显。沿袭老贝克尔的思路，美国的教育或人力资本投资在以往40年确实每况愈下，更关键的是，美国人的人均医疗费用是发达国家当中最高的，不是高一点儿，例如，是英国的2.5倍，这就使越来越多的美国人放弃医疗及医疗保险——人力资本投资的重要环节。

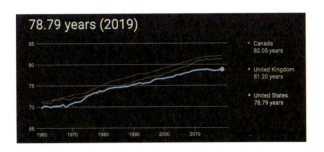

图 3.28　截自 Google Search for "united states life expectancy"（谷歌检索"美国期望寿命"，2022年2月24日）

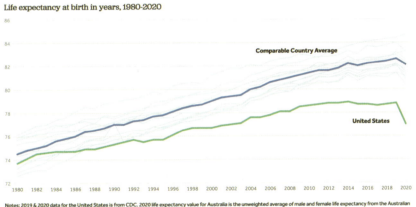

图 3.29　截自：KFF Analysis of CDC，Austrlian Bureau of Statistics and OECD data，Peterson-KFF Health System Tracker，2021 September 28。蓝色曲线是发达国家期望寿命均值，绿色曲线是美国期望寿命，1980—2020年，期望寿命在疫情防控期间大幅度下降

　　美国护士联合会2020年发布的2018年4200多家医院成本调查报告表明，美国的医院，平均而言，虚报医疗费用3倍以上。40年前，美国医院平均而言仅虚报费用6%，微不足道。参考书：David Belk，2020，*The Great American Healthcare Scam: How Kickbacks, Collusion and Propaganda have Exploded Healthcare Costs in the United States*（《美国健保大丑闻：回扣、合谋、宣传是如何使美国健保成本爆炸的》）。

我是旁观者，我的结论是：美国人的"高碳"生活方式必须改变，否则，美国人的期望寿命将进一步降低——几乎肯定将低于中国，而且将有越来越大比例的劳动年龄人口丧失工作能力——因为肥胖及相关疾病。

我在课堂用的心智地图右下方为图3.27写了一段注释：智商在135至170之间的这些儿童，平均寿命显著高于普通儿童（智商均值100）。智商高于170的儿童，主要因为难以融入社会，故而难以长寿。这一事实支持老埃森克给出的智商生物学定义：有机体适应环境的能力定义了它的生物学智商。这一定义有待展开的内容是，一些有机体可能更适应变动的环境，另一些有机体可能更适应稳定的环境。有鉴于此，计量心理学智商问卷关注儿童的反应时间（流体智商）和综合判断时间（晶体智商）。

也是在右下方，我还写了一段文字介绍著名的特尔曼天赋儿童研究项目：百年前由斯坦福大学心理学家路易·特尔曼（Lewis Terman，1877–1956）发起的天才儿童跟踪研究，包括千余名高智商儿童（最终数目是1928名儿童：856名男性＋672名女性）。这些儿童当时平均年龄11岁，由特尔曼及其同事跟踪调查毕生，2013年102岁的老人也许是最后一名活着的被试。

特尔曼儿童大多出生于1910年代，那时美国人的期望寿命大约是50岁。医疗卫生条件在1910—2010这100年间的改善，使美国人的期望寿命增加到2010年的78岁。类似的情形也发生在中国，所以，我们在人口普查时增加了一个年龄组，所谓"老老人"——85岁以上，他们的幸福感远高于"老人"——65至85岁。抽样调查表明，老老人的幸福感之所以远比老人高，主因是"老老人"在民国时期接受的教育，在人文熏陶方面，格外优于"老人"在1949年以后接受的教育。所以，这些被称为"90后"的老人尽管历经坎坷，却保持着很好的生活态度。

贝克尔2010年很可能是最后一次讲授"人力资本理论"研究生课程，如图3.30。我下载了那次课程全部19讲的视频，并推荐我主持的行为金融学实验班研究生重点研究第一讲。这是因为，老贝克尔在第一讲概述了他晚年思考的人力资本理论，尤其是"互补性"——我的新书《收益递增：转型期中国社会的经济学原理》提出的关于收益递增现象的三大要素的第一要素。

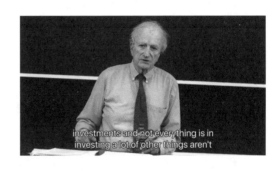

图3.30　截自贝克尔2010年在芝加哥大学讲授"人力资本理论"第一讲的视频

贝克尔几乎用了45分钟的课时，与研究生们讨论人力资本的两大特征。第一特征当然是，基于常识，人力资本与人身不可分离。课堂讨论主要集中于第二特征：人力资本投资与其他任何领域的投资，二者之间都有互补性。例如，贝克尔指出，教育程度较高的人，哪怕是"吃糠咽菜"也能获得比教育程度较低的人"吃糠咽菜"更高的幸福感。因为贝克尔喜欢听到不同意见（与我在课堂上的偏好一样），故而，他停在这一环节，等待学生提问。教室里有不到20名学生，有一位女生提问精彩，她的英语带有新加坡口音。她询问贝克尔：教育程度很高的人是否更容易自杀或抑郁，从而大幅度降低寿命？老贝克尔不同意，他认为教育程度更低的人群有更高的自杀率。这位女生又询问：那么，教育程度更高的人群是否有更高的离婚率？老贝克尔还是不同意，他认为教育程度更低的人群有更高的离婚率。

我记得在第一次"幸福指数调查报告"发布之后，新闻媒体炒作的标题是：阿富汗农民的幸福感最高，例如，远高于美国人。许多朋友都认为，其实幸福很简单。不过，你们可以下载2021年的幸福指数调查报告，现在，阿富汗人的幸福感是全世界最低的，排在第149名。可见，幸福其实不简单。

我记得那位新加坡女生还有一次询问：教育程度更高的人群生育率是否更低？这是针对贝克尔的著名定理——随着收入的提高，父母养育孩子的决策有"质量与数量之间的替代关系"。也就是说，教育程度更高，收入也就更高，于是倾向于降低生育率（孩子的数量）并且提高孩子的质量。贝克尔有些犹豫地不同意，他说缺乏统计数据。

二、达马西奥：演化理性与内平衡态

现在我从饶敦博转入下一位核心人物，达马西奥。关于图3.31所示的"基因瓶颈"与"奠基者效应"，我希望你们读第二讲附录1，那里有详细的解释。但是图3.31的解释也许比第二讲附录1更直观，这里显示的第一个瓶子里有许多表型，然后遇到环境变化，活下来的表型很少，由这些表型承载的基因型有机会继续繁衍，那些没有活下来的表型，它们承载的基因型就没有机会继续获得表达了。在第三个瓶子里，经历了灾难之后，只有极少的表型活下来，它们承载的基因型很少，与此前和此后相比，形成"基因瓶颈"。这些极少的表型继续繁衍，成为第四个瓶子里全部表型的祖先。如果我们对第四个瓶子里的表型进行基因测序就可发现"奠基者效应"——这些表型承载的基因型全部来自以前发生的基因瓶颈。

例如第二讲附录1图5，大卫·里奇2018年著作提供的这幅插图，线粒体基因在大约7万年前有一个"基因瓶颈"——非洲后裔测序样本的1%、非洲以外人类后裔测序样本的24%共享这一祖先基因。请你们

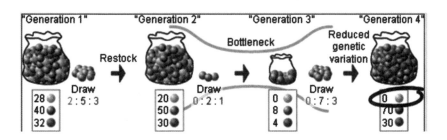

图 3.31　基因瓶颈与奠基者效应，截自"转型期中国社会的伦理学原理"课堂用心智地图。注意：第一代表型的基因型在第四代表型当中不再有载体

想想，当初不到百人成为今天几十亿人的祖先，这就是奠基者效应。

　　根据广为流传的一种推测，大约15万年前从东非穿过西奈半岛进入亚洲的那群人，沿着红海东岸向南移动至今天的麦加，遇到一次超级火山喷发。火山灰遮蔽太阳长达数年甚至上千年，于是走出非洲的第一尝试失败了。大约7万年前，另一群人从东非的吉布提越过红海进入也门，然后沿着红海东岸向北移动到8万年前人类上一次出非洲失败的地点，继续北上至西奈半岛东面的新月沃土。我抄录维基百科词条"Toba catastrophe theory"：

In 1993, science journalist Ann Gibbons posited that a population bottleneck occurred in human evolution about 70,000 years ago, and she suggested that this was caused by the eruption. Geologist Michael R. Rampino of New York University and volcanologist Stephen Self of the University of Hawai'i at Mānoa support her suggestion. In 1998, the bottleneck theory was further developed by anthropologist Stanley H. Ambrose of the University of Illinois at Urbana-Champaign. （1993年，科学记者安妮·吉本丝发现人类演化至大约7万年前发生的一次人口基因瓶颈，她推测是这次超级火山喷发所致。纽约大学的地质学家拉姆皮诺和夏威

夷大学玛诺阿校区的火山学家瑟尔福支持吉本丝的推测。1998年，伊利诺伊大学香槟校区的人类学家阿姆布罗斯进一步发展了这种基因瓶颈理论。）

　　图3.32解释了里奇报告的第二次基因瓶颈——在人类的Y染色体上，大约形成于5000年前。我们知道颜那亚人弑杀成性，他们所到之处大肆杀戮男性。一种解释是，颜那亚人沿着欧亚草原台地走廊迅速流动，很少携带女眷，故而杀尽所征服区域的男性，为了夺取当地女性（生育资源）。于是，5000年前基因瓶颈之后的奠基者效应是颜那亚基因主导了当代欧洲人的基因。

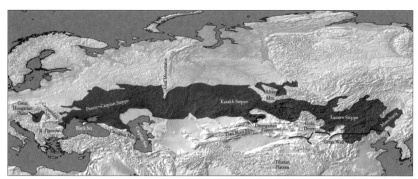

steppes 2019 Origins --- How Earth's History Shaped Human History
The ecological band of the steppes reaching across the spine of Eurasia.

图3.32　截自"转型期中国社会的伦理学原理"课堂用心智地图

　　不过，当代印度人的基因由两个族群主导：首先是更早入侵印度次大陆的农耕族群，从印度西面的伊朗高原，约9000年前；其次是颜那亚人。里奇在这本书里承认，他关于印度人的基因研究引发了印度学者相当激烈的批评，他希望诉诸事实。我也浏览了印度学者的观点，发现他们完全无视古基因学研究方法，于是只能重复他们前辈的观点。基于比较语言学的研究成果，他们承认古依兰人是当代印度人的祖先。

所谓"依兰人"（Elam）是苏联人类学家的称呼，百度百科"伊朗高原"词条译为"埃兰"，更现代的名称是"伊勒姆"。但是，古埃兰大约在3500年前。也许由于"印度欧罗巴语族"的研究历史悠久，维基百科词条"Indo-Aryan migrations"的长度像是一本书。根据这一词条，古伊朗语大约在4000年前与古印欧语结缘。这一词条也转述了里奇的观点：印度人的基因在4200年前是单纯的，但不知何故，在4200年前至1900年前，发生了许多基因混杂，至今是一个谜。

图2.57显示了大约4500年前的基因瓶颈与奠基者效应——当代欧洲人的基因主要来自颜那亚人。只有葡萄牙人没有颜那亚基因，西班牙人大约有24%颜那亚基因，欧洲其余地区的人，可以说完全或几乎完全是颜那亚人的后裔。我检索英文互联网注意到，"颜那亚人"是2018年以来互联网上的热点，应当与里奇这本书密切相关。颜那亚人给欧亚大陆带来了吸食烟草的习惯，此外，如图2.57左上角所示，他们留下了许多"绳纹陶器"，以致这些陶器成为颜那亚人劫掠之后留下的唯一证据。

根据维基百科词条"Yamnaya culture"（颜那亚文化），大约在5500年前，黑海和里海之间的草原台地，是颜那亚人的发源地。颜那亚得名于俄文，意思是"深坑"——因为他们将死者下葬于深坑。颜那亚人的基因似乎源于东欧采猎族群与高加索台地采猎族群的混血，并含有大约18%的欧洲早期农耕族群的基因。颜那亚文化保留着新石器时代晚期文化，这种文化后来传播至欧洲和中亚，构成青铜时代早期的文化。据此，颜那亚文化似乎属于"前印欧语族"，不过，这一词条也转述了里奇的观点：

The geneticist David Reich has argued that the genetic data supports the likelihood that the people of the Yamnaya culture were a "single,

genetically coherent group" who were responsible for spreading many
Indo-European languages. Reich also argues that the genetic evidence
shows that Yamnaya society was an oligarchy dominated by a small number
of elite males. （基因学家大卫·里奇争辩说，基因数据倾向于认为
颜那亚文化里的人们来自一个基因单纯的群体——它使印欧语言
获得了广泛散布。里奇还争辩说，来自基因的事实表明颜那亚社
会实行一夫多妻制并由少数男性精英统治。）

图3.33所示这本书的标题引起我的关注，"市场的演化起源"，这
是一个古老的思路，副标题是"演化、心理学和生物学是怎样塑造经
济的"。但是我觉得这位作者实在浅薄，远不如《第二天性》的作者奥
菲克。其实他们两位都是以色列人，怎么就相差这样多呢。我知道奥

图3.33　截自"转型期中国社会的伦理学原理"课堂用心智地图。左图为2020年新书
《市场的演化起源》，其中唯一值得引用的就是右边这幅插图

菲克毕生几乎只写了一本书，《第二天性》堪称传世之作。总之，我在图3.33中贴了一幅插图，我认为这是这本书里唯一可以引用的材料。

　　这组漫画的标题是"两极症的猿猴"，如图3.34。现代社会很常见的临床症状就是"两极症"（Bipolar），例如"抑郁—狂躁"两极症。图3.33右侧第1图中，有四个孩子在分享一张比萨饼。第2图中，最后只剩下一块比萨饼的时候，他们都还没有吃够呢。第3图中，孩子的脑的两部分之间正在斗争，来自"爬行动物脑"的指令是："抓住最后这块比萨饼！"另一方面，来自前额叶的询问是："如果我拿了这块比萨饼会怎样？"最后，来自"扣带前回"（协调情感冲突的脑区）的判断是："感觉这似乎不是一种恰当的行为。"

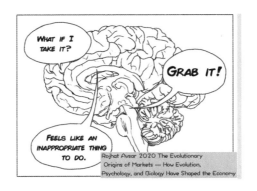

图3.34　截自"转型期中国社会的伦理学原理"课堂用心智地图。人类脑内的情感冲突——"本能的冲动"与更高级的情感之间发生冲突时，由"自我意识"的脑区加以协调

　　参阅我的《行为经济学讲义》关于"人脑三层次"的章节，本能冲动来自脑干——所谓"干细胞"其实是"脑干细胞"的简称，脑干是爬行动物脑，适应能力极强，脑干细胞在胎儿发育过程中的作用相当于万能细胞，它被指派到哪里就发育成适合哪里的细胞。所谓"再生医学"三大课题，第一课题就是研究如何运用干细胞的这种能力来修复人体器官。晚近有几次干细胞注射修复心脏的报道，似乎还没有

成功的案例，主要困难在于医学界还不晓得如何"控制"干细胞，于是医生无法预测在注射了干细胞之后发生什么事情，例如，用于修复肝区的干细胞也许胡乱生长了许多肝区。

人脑的第二层次是"哺乳动物脑"，又称"情感脑"，学名是"外缘系统"。图3.34中，作者画出的脑区和指令似乎很模糊。我重新解释这组漫画：大脑前额叶，"如果我拿了这块比萨饼会怎样？"这是第三层次的也是最高层次的脑，通常称为"理性脑"。在较低的第二层次的脑，即"情感脑"，哺乳动物脑区的发言是"感觉这似乎不是一种恰当的行为"，这是针对第一层次的、最低等级的爬行动物脑的发言："抓住最后这块比萨饼！"如果按照我的《行为经济学讲义》来设计这组漫画，那么，应当在右侧颞顶交（他人意图探测）或右侧颞上沟（社会认知）发出信号："如果我拿了这块比萨饼，别人会怎样想？"然后，在内侧前额叶（道德判断）发出最后的指令——"这似乎不是一种恰当的行为"。

不过，我仍倾向于同意图3.34所示的脑内过程。因为，理性脑提问而不做定论可能是正确的。基于同情共感的能力，情感脑不同意本能脑完全自私的冲动，于是这一冲突提交给理性脑。理性脑并不急于做决断，"如果我拿了这块比萨饼会怎样？"有两种可能：其一，其他孩子也想吃这块比萨饼，那么，我先拿走就是不恰当的，情感脑的意见正确；其二，其他孩子已经吃饱了，那么，我拿走这块比萨饼就是恰当的行为。

图3.35所示也许是《科学美国人》这样的科普杂志最早发布的原始人"合作伦理"演化图示，来自演化心理学两位创始人（John Tooby和Leda Cosmides）1992年主编的文集《适应的心灵：演化心理学与文化的发生》。我在《行为经济学讲义》里重点介绍了这两位作者的开创性研究，我甚至将他们的思路称为"加州大学圣芭芭拉学派"。事实

上，他们是夫妻俩。

这幅示意图的作者是南非的考古学家伊萨克（Glynn Llywelyn Isaac，1937–1985），于1966年加盟伯克利大学人类学系，1983年就任哈佛大学的人类学教授，但47岁就在日本生病去世了。图3.35索引的两位作者在第4章"Two Nonhuman Primate Models for the Evolution of Human Food Sharing"（关于人类食物分享的演化之两种非人类灵长目动物模型）里引用的伊萨克模型，"人属演化中的食物分享之作用的三阶段效应"，发表于《人类学研究杂志》1978年秋季，第34卷，第3期，第311—325页：Glynn Isaac，"The Harvey Lecture Series" 1977–1978（纽约哈维讲座系列1977—1978年度），标题是"Food Sharing and Human Evolution：Archaeological Evidence from the Plio-Pleistocene of East Africa"（食物分享与人类演化：来自东非上更新世的考古证据）。那时还没有"演化心理学"，伊萨克的图示是人类学的，仅从外部考察合作行为。我在每一个英文语词旁边写了中文翻译，这样你们可以很容易想到饶

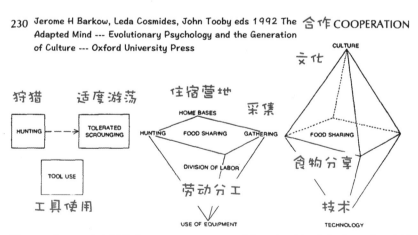

230 Jerome H Barkow, Leda Cosmides, John Tooby eds 1992 The Adapted Mind --- Evolutionary Psychology and the Generation of Culture --- Oxford University Press

Figure 4.1 Isaac's (1978) three-stage sequence of the role of food sharing in hominid evolution.

图3.35 截自"转型期中国社会的伦理学原理"课堂用心智地图

敦博的"社会脑"演化学说，尤其是，图3.22中饶敦博画的"围坐篝火闲言碎语"，与图3.35所示伊萨克的第二阶段，"住宿营地—根块采集—狩猎—劳动分工"四边形中央的"食物分享"。我讲过，猿猴之间已有食物分享的传统。人类社会延续了社会性哺乳动物的这一传统。事实上，在饶敦博的"篝火故事"里应当也有食物分享的情境。

图3.35远比图3.22丰富，因为伊萨克在图中的最后阶段凸显了食物分享与技术演变和文化演变之间的关系。在伊萨克这里，文化演化可追溯至社会性哺乳动物的演化阶段。在达马西奥那里，文化的演化可追溯至38亿年前出现的第一个细胞。

现在我可以介绍达马西奥2018年这本书，湛庐文化2020年已出版了中译本，标题是"万物的古怪秩序"，译者李恒威，是浙江大学的教授。我见过他，在唐孝威院士的办公室，印象颇佳。中译本的序言，就是我为达马西奥著作的中译本五卷撰写的总序，标题："从理性和感性走向演化理性——序达马西奥著作五部曲中译本"。注意，我使用的关键词是"演化理性"，用以概括达马西奥全部著作的思路。

达马西奥是脑科学界的第二号权威人物，我在总序里写过，第一号权威人物是主编《认知神经科学》的加扎尼扎（Michael S. Gazzaniga）。我们知道，笛卡尔以来的西方思想传统始终以"认知"为核心。例如康德的《纯粹理性批判》，可以说是关于认知科学的哲学。达马西奥追随斯宾诺莎，以"情感"为主线。达马西奥这本书的思路，与他和他妻子2016年为经济学家写的一篇论文完全一致。我在课堂用心智地图的这本书封面截图旁边加注，并为达马西奥的原文提供了中文翻译：达马西奥夫妇，2016，"内平衡态：维持功能变量在某一与生存相宜的变化范围内"（Maintaining Functional Variables within a Range of Values Compatible with Survival）。如果有机体被迫在基于内平衡态的

"well-being"之外运作，有机体将滑入病态并导致死亡。这一情形发生时，感觉就成为强有力的颠覆因素，将危险注入思想过程——这是一种返回所需的内平衡范围的努力。

图3.36所示是达马西奥夫妇2016年文章的摘要：

Journal of Economic Behavior & Organization 126 (2016) 125–129

 Contents lists available at ScienceDirect

Journal of Economic Behavior & Organization

journal homepage: www.elsevier.com/locate/jebo

Exploring the concept of homeostasis and considering its implications for economics☆

Antonio Damasio*, Hanna Damasio

Brain and Creativity Institute, Dornsife College of Letters, Arts and Sciences, University of Southern California, Los Angeles, USA

ARTICLE INFO

Article history:
Received 4 November 2015
Accepted 3 December 2015
Available online 14 December 2015

Keywords:
Homeostasis
Economics
Consciousness

ABSTRACT

In its standard format, the concept of homeostasis refers to the ability, present in all living organisms, of continuously maintaining certain functional variables within a range of values compatible with survival. The mechanisms of homeostasis were originally conceived as strictly automatic and as pertaining only to the state of an organism's internal environment. In keeping with this concept, homeostasis was, and still is, often explained by analogy to a thermostat: upon reaching a previously set temperature, the device commands itself to either suspend the ongoing operation (cooling or heating), or to initiate it, as appropriate. This traditional explanation fails to capture the richness of the concept and the range of circumstances in which it can be applied to living systems. Our goal here is to consider a more comprehensive view of homeostasis. This includes its application to systems in which the presence of conscious and deliberative minds, individually and in social groups, permits the creation of supplementary regulatory mechanisms aimed at achieving balanced and thus survivable life states but more prone to failure than the fully automated mechanisms. We suggest that an economy is an example of one such regulatory mechanism, and that facts regarding human homeostasis may be of value in the study of economic problems. Importantly, the reality of human homeostasis expands the views on preferences and rational choice that are part of traditionally conceived *Homo economicus* and casts doubts on economic models that depend only on an "invisible hand" mechanism.

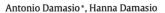

图3.36 达马西奥夫妇2016年联名发表于《经济行为与组织杂志》的文章："探索内平衡态概念并考虑它的经济学含义"

在标准形式中，内平衡态的概念，表示在一切活组织内部，连续维持特定功能变量的值于某一适宜生存的范围内。……这一传统解释已不能把握内平衡态概念的丰富内涵及其广泛运用于一切生命系统的场景。……我们认为经济是内平衡态调节机制的案例，涉及人类内平衡态的事实也许对经济问题的研究有价值。更重要的是，人类内平衡态的现实扩展了以往基于偏好与理性选择的"经济人"想象，从而使仅仅依赖于"看不见的手"调节机制的经济模型变得可疑。

在课堂用的心智地图里，我还翻译了达马西奥的另一段文字，对于理解达马西奥的"文化"观念具有关键意义：

> In unicellular organisms, such as bacteria, we find that rich social behaviors, without any deliberation by the organism, reflect an implicit judgment of the behavior of others as conducive or not to the survival of the group or of individuals. They behave "as if" they judge. This is early "culture" achieved without a "cultural mind."（在诸如细菌这样的单细胞有机体当中，我们看到丰富的社会行为，没有任何深思熟虑，反映着关于其他有机体行为之导向或不利于群体或个体之生存的一种隐含判断。这些单细胞有机体的行为"好像"它们在判断。这就是在没有"文化心智"的早期阶段的"文化"积淀。）

在思想史视角下，内平衡态源于生物学，后来被维纳引入控制论，以"负反馈"之名流行天下，反而遮蔽了这一术语的生物学起源，参见图3.37。为澄清这一段历史，我写了一段注释及译文：内平衡，是巴黎大学生理研究所首任主席，生理学家博纳德（Claude Bernard，1813-1878）创建的术语"milieu interieur"，即"内在环境"。后来由哈佛大学医学院生理系主任坎南（Walter Bradford Cannon，1871-1945）发展为生理学基本原理，并命名为"homeostasis"。神童维纳（Norbert Wiener，1894-1964）14至19岁在哈佛大学读博期间，或稍后，于

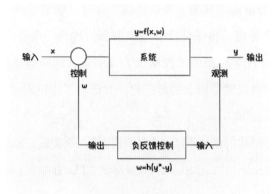

图3.37　达马西奥夫妇定义的"内平衡态"（homeostasis），其实基于"负反馈"概念。我为诸友手绘的负反馈系统示意图，详细解释请阅读本讲附录1

1930年代，从坎南那里接受了这一术语，1945年引入他的控制论（1948年第1版第4章），如图3.38。今天，我们似乎只知道控制论而不知道"负反馈"原理最初来自生物学。参阅：Leone Montagnini，2017，*Harmonies of Disorder: Norbert Wiener —A Mathematician-Philosopher of Our Time*（《无序的和谐：诺伯特·维纳——我们时代的一位数学家和哲学家》），第4章第3节。根据维基百科"维纳"词条，维纳创建"控制

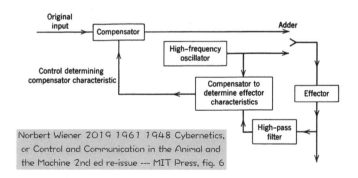

图3.38　截自：Norbert Wiener，2019，1961，1948，*Cybernetics, or Control and Communication in the Animal and the Machine*（《控制论，或动物与机器中的控制与通信》），2nd ed.，Re-issue，MIT Press

论"，将一切智能活动视为"反馈机制"效应。维纳《控制论》引述坎南的内平衡态原理，将任何社会现象解释为围绕"常态"的扰动与恢复。在MIT 2019年再版的《控制论》一书里，这一概念出现了29次。关于维纳与"负反馈"概念的思想史，我已写了本讲附录1，包括三幅负反馈系统示意图。

由博纳德创建的这一术语，"内平衡态"，原文是：is the key concept with which Bernard is associated. He wrote, "The stability of the internal environment [the milieu intérieur] is the condition for the free and independent life."（内平衡是博纳德使用的一个关键概念。他写道："自由的和独立的生命以内在环境的稳定性为条件。"）真正使这一概念获得生物学核心意义的，是哈佛大学医学院的生理系主任坎南，见图3.39。

Figure 1.1 Walter B. Cannon with Ivan Pavlov at the 1929 International Physiological Congress. Photograph reproduced with the acquiescence of the curator (Harvard Medical Library in the Francis A. Countway Library of Medicine).

图3.39　坎南在1929年学术会议期间与巴甫洛夫合影，截自：Manos Tsakiris and Helena De Preester, eds., 2019, *The Interoceptive Mind from Homeostasis to Awareness*，Oxford University Press，第1章

Cannon introduced the term "homeostasis", meaning the coordinated physiological processes which maintain most of the steady states in the organism [...] — involving, as they may, the brain and nerves, the heart, lungs, kidneys and spleen, all working cooperatively [...]. The word does not imply something set and immobile, a stagnation. It means a condition — a condition which may vary, but which is relatively constant (Cannon 1932, 24). — Leone Montagnini 2017 *Harmonies of Disorder — Norbert Wiener — A Mathematician-Philosopher of Our Time.*（坎南引入术语"内平衡态"，含义是受到协调的诸多生理过程，旨在维持有机体的大多数稳定状态……——涉及，如果它们有的话，脑与神经、心、肺、肾、脾，这些器官全都合作运行……这一术语并不意味着某种一旦设置就固定不变的停滞状态。它意味着一种条件——这一条件可以变化，但相对而言保持定常。——蒙塔格尼尼，2017，《无序的和谐：诺伯特·维纳——我们时代的一位数学家和哲学家》）

根据维基百科"内平衡态"词条：在生物学里，内平衡态是这样一种由生命系统维持的稳定的内在的物理的和化学的条件，是有机体的最优功能所需条件，它包含许多变量，例如，体温和体液平衡，维持在某一预先设定的限度之内（内平衡范围）。其他变量包括细胞外体液的酸碱度，碱、钾和钙离子的浓度，以及血糖水平，所有这些变量都要保持在特定范围内，不论环境、营养或活动强度如何改变。这些变量的每一个，由一个或多个机制调节，这些机制称为"内平衡机制"，全体内平衡机制共同维持生命。……任何内平衡机制都有三项要素（如图3.40所示）：（1）感受器，（2）调控中心，（3）执行器。……这些要素通常构成负反馈系统。…… homeostasis 源自希腊文, standing

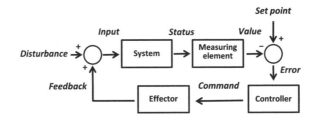

图 3.40　Set-Point Control，截自维基百科词条"homeostasis"，详细解释请阅读本讲附录 1

still＋similar＝staying the same。

达马西奥2018年这本书的副标题是"生命、感受、文化的产生"，这样三个关键词意味着，他理解的文化形成于生命感受（或情绪的波动），于是，文化可追溯至38亿年前单细胞生命的情绪波动。并且，他还提供了一张地球上的生命时间表，如图3.41。

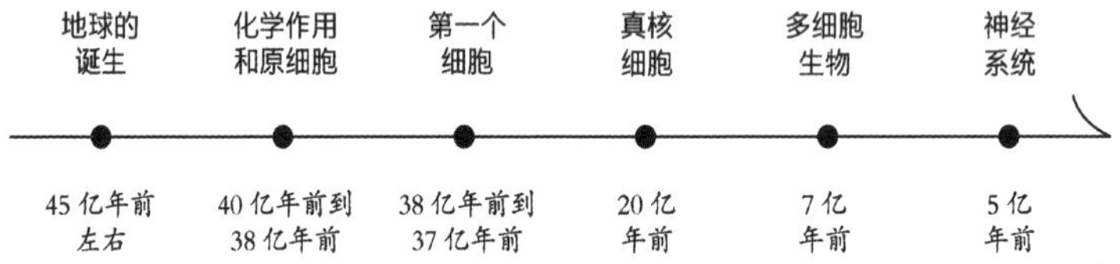

图3.41　截自：达马西奥，《万物的古怪秩序》，湛庐文化2020年中译本

最后，我手边还有1980年代国内"三论"热潮时期的一本译著。苏联的控制论学派（茹科夫《控制论的哲学原理》）认为，有机体对环境的适应能力也可表达为由环境变化而内导的反馈系统。

也许因为达马西奥以往发表的至少五部科普著作使他成为一位具有全球意义的思想家，也许因为脑科学渗透并影响了人类知识的几乎每一个领域，总之，这本书发表以来，我注意到，引发了不少跟随达马西奥思路的著作和文集。例如图3.42，这本书是2021年出版的，标题是"人类情绪与生物伦理学的起源"，作者Susi Ferrarello是法国人，博士学位是巴黎索邦大学的，研究领域是胡塞尔现象学、道德心理学、生物医学与技术和环境伦理学、心理学实践的哲学基础、希腊和拉丁古典哲学。她还有一个"人权与政治科学"硕士学位，是意大利波隆那大学的。目前，她在加州州立大学担任助理教授。她的叙事方式是"后现代主义"的，2019年她第一本书的标题是"Phenomenology of Sex, Love, and Intimacy"（性现象学、爱与私己性）。

我检索资料时意识到，这位年轻女性是高产作者，她2019年发表了

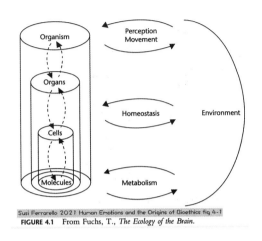

图 3.42　截自：Susi Ferrarello，2021，*Human Emotions and the Origins of Bioethics*

两部著作，2021年发表了三部著作，还在"今日心理学"（Psychology Today）开设个人专栏，而且更新频率很高。例如，2022年1月11日，她写了一篇，标题是"Being Present"（活在当下）。这是一个禅意十足的标题，主旨是提醒生活在碎片化世界里的年轻人不要忘记活在当下。总之，这是年轻一代学人当中值得关注的一位女性。图3.42显示了这本书的核心插图，由下至上，有机体及其内部的三个层级：（1）分子的层级，代谢循环；（2）细胞和器官的层级，内平衡态；（3）有机体的层级，知觉与运动。最右端的循环：环境与有机体之间的相互作用。

图3.43取自2021年的一本新书，《演化寄生学：感染、免疫学、生态学与基因学的一种整合研究》，体现了"整合医学"思想——基于免疫概念的内平衡态学说，尽可能依靠有机体自身免疫能力，许多疾病都是可以自愈的。

另一本在达马西奥2018年著作之后发表的新书，是牛津大学出版社2019年出版的文集《内感觉的心智：从内平衡态到警觉性》，如图3.44。这本文集的出版主旨是纪念坎南1929年论文发表九十周年：W. B. Cannon，1929，"Organization for Physiological Homeostasis"（关于生理学

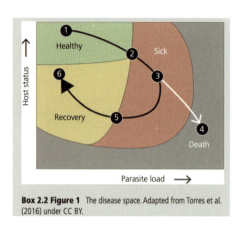

Box 2.2 Figure 1 The disease space. Adapted from Torres et al. (2016) under CC BY.

图 3.43　截自：Paul Schmid-Hempel，2021，*Evolutionary Parasitology: The Integrated Study of Infections, Immunology, Ecology, and Genetics*，Oxford University Press。横轴表示寄生物的载量，纵轴表示宿主健康状态：（1）是健康状态，由临界点（2）和（5）标识的边界左侧是宿主自愈区域，右侧是宿主患病区域（3），载量越出患病区域则宿主死亡（4）。注意，宿主自愈区域等价于系统内平衡态的可观测性与可控性

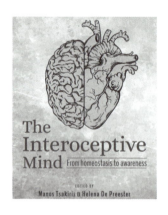

图 3.44　Manos Tsakiris and Helena De Preester, eds., 2019，*The Interoceptive Mind: From Homeostasis to Awareness*，封面截图

的内平衡态之组织），*Physiol. Rev.*，9，399–431（《生理学评论》第 9 卷）。

　　图 3.45 是课堂用的心智地图右下方局部的完整截图，这些插图都来自牛津大学出版社 2019 年的这本文集，它们的作者都试图运用"内平衡态"概念于各自的研究主题。我在本讲附录 1 里不能逐一讲解这些插图，故而只讲解了其中三张。

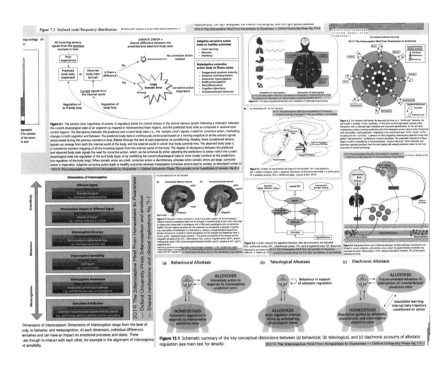

图3.45　截自"转型期中国社会的伦理学原理"2021年课堂用心智地图

　　我再三提醒，诸友必须阅读本讲附录1。坎南是哈佛医学院的生理学系主任，医学院核心人物。我们知道，医学院的基础学科，是病理学和生理学。维纳是神童，14岁在哈佛大学读博，以"数理逻辑"为主题，19岁拿到博士学位。维纳在哈佛讲课期间，神童萨缪尔森是"哈佛年轻学人"（Junior Fellow）。那时怀特海是"哈佛资深学人"（Senior Fellow），根据哈佛学社的要求，怀特海定期与哈佛年轻学人聚餐。这些餐叙谈话都有人记录，流传到现在，其中有怀特海与萨缪尔森的谈话，还有怀特海与霍夫曼的谈话。维基百科检索可获取"哈佛学人"的名单，从1933年开始，第一批"年轻学人"当中赞助三年的有五名，第一名是数学神童伯克霍夫（Garrett Birkhoff），我写的"概念格"论文，必须引用伯克霍夫的格论；还有行为学创始人斯金纳和哲学泰斗蒯因。萨缪尔森是1937—1940年的"年轻学人"，资助期是三年。组织行为学的泰斗霍曼斯（George Caspar Homans，1910–1989），也是我在《行为经济学讲义》里常引述的人物，是1934—1939年的"年轻学人"，资助期也是三年。我的博客文章"生命系统"纪念的那位米勒（James G. Miller，1916–2002），是生命系统论的创始人，他是1938—1944年的"年轻学人"，资助期长达六年，始终在怀特海的指导下从事"系统论"的研究。维纳不是"哈佛年轻学人"，因为他在哈佛读博是1914—1919年间，那时没有学人奖金。根据萨缪尔森的回忆，哈佛大学允许"年轻学人"随意听课，随意研究，甚至也不必获得学位。

维纳创立的"控制论"，英文名称是"cybernetics"。现在常见的"数字空间"，英文是"cyber-space"。我在中科院系统所读研究生，专业是"控制理论"，英文名称是"control theory"，与"控制论"只差一个字。控制论和控制理论，内容不同，但有重叠。我读博时期，宋健（后来的国家科委主任）是系统所控制理论研究室主任，他运用控制理论解决了导弹在升空时的弹体颤抖问题。弹体颤抖常常使导弹在升空过程中断裂。因为三级火箭的弹体很长，颤抖导致弹体共振并断裂。维纳的控制论更接近系统论思想，况且维纳毕生不喜欢专研一科，故而，他在控制理论领域的影响力并不大，甚至也并非"控制论"的发明者，这是"斯蒂格勒定理"。提出这一定理的是诺贝尔经济学家斯蒂格勒的儿子（Stephen Stigler），他是统计学教授，以他命名的这一定理是：科学史上几乎每一个重要概念的发明人都不是最早发明这一概念的人。

沿着达马西奥的思路，细胞在内平衡态受到扰动时产生恢复内平衡态的冲动。这种冲动就是无意识的情绪，在更高级的生物就演化为感受（有意识的情绪）。这些感受当中的"重要性感受"，积淀为文化。据此，社群的文化可理解为是社群各种内平衡态当中具有重要性的那些内平衡态激发的情感。李恒威的中译本，"内平衡态"译为"内稳态"，这是沿袭系统理论的惯例。需要说明的是，内平衡态可随着环境改变而漂移，从而不必是"稳态"。

我从李恒威的中译本抄录几段文字，以补充我关于达马西奥"文化"观念的阐释：

> 我们在细菌、简单动物和植物中发现的那种内稳态要先于心智的发展，而心智后来又拥有了感受和意识。这些发展让心智能一点一点地介入预置的内稳态机制，甚至在之后，创新和智能的发明将内稳态扩展到了社会文化领域。然而，说来奇怪，始于细菌的自动内稳态包括并且事实上需要感官和反应能力，而它们正是心智和意识的简朴源头。

> 感官活动在细菌细胞膜中的化学分子的层次上就存在了，而且感官活动也存在于植物中。植物能感觉土壤中特定分子的存在（事实上它们的根尖就是感官），并相应地做出行动：它们能向可能富含内稳态所需分子的土壤区生长。

> ⋯⋯⋯⋯⋯

> 神经系统的非凡现身为内稳态的神经调节开辟了道路，这是对化学／内脏式内稳态的补充：之后，随着具有感受和创造性智力的有意识心智的发展，它们也为在社会和文化空间创造出复杂反应开辟了道路，这些复杂反应最初由内稳态激发，但之后超越了内稳态的需要并且获得了相当大的自主权，这里是我们文化生命的开端而不是中间或结尾。即使是在社会文化创造的最高水平上，也存在与简单生命过程相关的痕迹，这些痕迹曾出现在最简单的生物体（即细菌）中。

> ⋯⋯⋯⋯⋯

> 如果你再进一步发挥想象力，还可以考虑一下由出现在生物

体内的"物体"和"事件"（即脏器和它们的运行情况）建构起来的映射。最后，由这个神经活动之网产生的描述就是映射，它便是我们在心智中体验为表象的内容。感觉模态的映射是整合的基础，而正是这种整合使表象成为可能，最终，在时间中流动的这些表象便构成了心智。它们为复杂的生物体带来了一次决定性的转变，这是我一直关注的身体—神经系统合作所产生的不同寻常的结果。没有这个决定性的转变，人类文化就根本不可能产生。

我也是从中译本封面才得知达马西奥是葡萄牙人，我以前认为他是意大利人，因为我觉得他的英语很像意大利人的口音，况且他这个姓氏也像是意大利的。在达马西奥夫妇2016年发表于 *JEBO*（《经济行为与组织杂志》）的文章里，他们定义"内平衡态"为有机体为维持某一功能在正常范围内而做的努力。有机体是一个生命系统，包含许多功能，其中每一功能都应当在正常范围内运行。功能失衡，导致有机体的"生理—心理"波动。所谓"正常范围"，达马西奥夫妇定义为"适宜生存的范围"。

我阅读《荣格全集》时，尤其是荣格的早期—中期作品，例如1913—1918年的作品，常见到荣格将患者的心理状态与身体的机能失调联系在一起加以分析。在笛卡尔"身—心"两分的西方思想传统里，荣格和达马西奥都是特例。今天，他们开拓的"嵌入身体的心灵"这一思路，已成为西方思想传统的主流。

所以，在运用达马西奥的"内平衡态"概念时，必须首先界定生命系统的各种功能。可见，理解米勒创建的生命系统实在是一项无法回避的阅读任务。为此，诸友必须阅读本讲附录3，"生命系统——纪念米勒夫妇辞世十九周年"（汪丁丁财新博客2021年3月26日），然后可以看到，在米勒描述的生命系统里，每一个层级都有19个子系统，这里，每一个子系统界定了一组"功能"。这些功能对生命系统而言都是至关重要的，缺一不可。

功能是否在正常范围内运行，取决于系统能否观测这一功能的运行。例如，体温是人体这一生命系统的可观测指标。注意，这里的"可观测性"是指生命系统可感受到温度变化，而不是指生命系统之外的观察者可以观测到温度变化。由于体温对于生命系统是可观测的，当体温上升到正常范围之外时，生命系统就有情绪波动——试图将体温调节到正常范围之内。生命系统能否将失常的功能调节到正常范围内，以图3.46为例，就表现为"系统的可控性"。许多疾病都是可以自愈的，因为这些疾病的状态对生命系统而言是"可控的"。

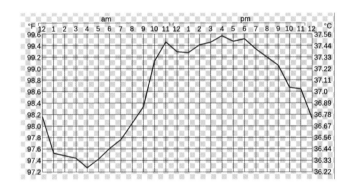

图3.46 人体24小时温度变化，截自维基百科词条"homeostasis"

此外，生命系统是霍兰德所说的"复杂适应系统"，这样的系统可以"自发适应"环境——系统外部的和系统内部的。例如，我们随着年龄的增长，尤其是进入老龄阶段时，会在许多方面调整我们的身心以适应老龄阶段。在生命系统内部，这样的适应意味着内平衡态的"漂移"。我将引用几篇最新发表的论文，以便说明生命系统的这种漂移能力。

我继续抄录《万物的古怪秩序》中译本，以补充说明我的上述观点：

　　……然而，要说情绪性是固定的，则有一点儿夸大其词。随着我们的发展，所有方式的环境因素都能改变情绪的部署。最终，我们的情感结构在某种程度上是可培养的，我们所谓教化的很大一部分就是通过在家庭、学校和文化的有利环境中培养情感结构而发生的。我们所说的气质，即我们日复一日对生活的冲击和震动做出反应的或多或少和谐的方式，就是长期的教育过程与情绪性反应的基本成分相互作用的产物。而这些情绪性反应的基本成分是我们发展过程中所有起作用的生物因素（如遗传、先天和后天的各种发展因素，还有运气）的结果。然而，有一个事情是确定的：情感结构负责产生情绪性反应，并因此影响行为，而人们原本天真地认为，行为是由我们心智中最富有知识和辨别力的成分单独控制的。驱力、动机和情绪常常会把一些东西增加到决定中或从决定中扣除，而我们原本以为决定是纯粹理性的。

　　驱力、动机和情绪的装置与这些反应所在的生物体主体的福祉相关。但多数驱力、动机和情绪也多多少少有内在的社会性，它们的行动场域远远超出个体。欲望和性欲、关怀和养育、依恋和爱都是在社会情境中发生的。大多数的快乐、悲伤、害怕、恐慌、愤怒、怜悯、仰慕、敬畏、羡慕、妒忌、蔑视等也是如此。强有力的社会性是对智人智力的一个本质支撑，它对文化的诞生来说也是很关键的，因此它很可能源自驱力、动机和情绪的机制，并从简单生物的简单神经过程中逐渐形成。如果进一步追溯，社会性是从化学分子的大军中逐渐形成的，其中一些化学分子出现在单细胞生物中。这里提出的要点是，社会性，即对文化反应的诞生来说不可或缺的一组行为策略，是内稳态工具包的一部分。社会性是借助情感之手进入人类文化心智的。

达马西奥的更深层洞见是：

> ……如果没有主观性，那么一切都无关紧要：而如果没有某种程度的整合体验，那么创造力所需的反思和洞察力就是不可能出现的。
> …………
> 总之，作为当前能力一部分的各种类型的文化反应会成功地矫正失调的内稳态，并使生物体恢复到先前的内稳态范围。我们可以合理地认为，这些类型的文化反应之所以能传承下来，是因为它们完成了有用的功能目标，并因此被文化演化所选择。奇妙的是，有用的功能目标还能增强某些个体的力量，甚至增强针对其他群体的力量。技术就是这种可能性的很好反映，看看导航专业知识、贸易技能、会计、印刷，以及现在的数字媒体就知道了。不可否认，这些增强的能力对掌握它们的人来说是一种优势，但激起这些力量的是让人感受强烈的抱负欲和与之相伴的情感奖赏。认为构想文化工具和实践是为了情感管理乃至矫正内稳态，这似乎是一个合理的想法。毫无疑问，对成功的工具和实践做出的文化选择会对基因的频率产生后续影响。
> …………
> 如果脱离情感背景，那么我们将不能理解最终演变为医学或主要艺术表现的行为反应是如何起源的。病人、被爱人抛弃的人、受伤的军人、恋爱中的游吟诗人都有丰富的感受，他们的境遇和感受激起了自己和各自情境中的其他参与者的智力反应。有益的社会性是有回报的，并能改善内稳态，而侵略的社会性则导致相反的结果。但有一点要明确的是，今天我不会将艺术仅仅局限于治疗角色。尽管源自艺术作品的乐趣依然与它们的治疗起源相关，但艺术可以升华到新的智力领域，与复杂的理念和意义相结合。

我也不认为，所有文化反应都是一些必然能对原初困境给出有效解答的明智和有条理的成就。

………

虽然大部分的文化成就要归于人类为应对不同困境所发明的智力解决方案，但我们也必须注意到，即使是以情感结构为中介的内稳态的自动校正也能产生有利的生理学后果。通过打破孤立将个体聚在一起，简单的社交驱力就能改善和稳定个人的内稳态。哺乳动物之间本能的、前文化的相互梳毛的行为就具有重大的内稳态效果。严格地从情感方面来看，梳毛能带来舒适的感受：从健康方面来看，它能减轻压力，预防蜱虫感染和感染后疾病。

………

我们可以大胆地认为，我们现在所认为的这些文化其实起源于简单的单细胞生命，它们隐身在内稳态命令指引下的高效的社会行为中。当然，要等几十亿年，当人类诞生并被文化心智，即被同样有力的内稳态命令推动的探索和创造性心智赋予了活力后，文化才赢得其盛名。在早期非心智的先行时期与之后文化心智的繁荣时期之间还有一系列的中间发展步骤，现在回过头来看，这些中间步骤与内稳态的要求是一致的。

在第11章，这是一种"整合医学"的思想，我继续抄录：

我们不难找到大多数人类文化实践与内稳态的关联，但这些关联都不如医学与内稳态的关联显著。自医学在几千年前正式出现以来，整个医学实践就一直在寻求修复病变的生理过程、器官和系统，它最终与科学和技术形成了紧密的联姻。

………

　　此外，人工智能和机器人也有很多重要发展，其中一些发展也完全受制于支配文化演化的内稳态命令。人工智能从知觉、智力和运动技能等方面对人类认知做了有益补充，这种补充也是由古老的内稳态驱动的，只要想一下阅读用眼镜、双筒望远镜、显微镜、助听器、拐杖和轮椅，或者想一下计算器和词典就可以了。人工器官和假肢也不是新东西，从不好的一面来说，让奥运会运动员和环法自行车赛冠军深陷麻烦的体能增强剂也不是什么新发明。如果不涉及竞争公平性，那么使用有助于加快运动和提升智力表现的策略和设备并无不妥。

关于"道德"或我所谓"演化伦理"，达马西奥是这样评论的：

　　……道德价值来自有心智的生物体中的化学、脏器和神经过程所运行的奖惩过程。这种奖惩过程的结果恰恰就是快乐和痛苦的感受。我们的文化中一直以艺术、司法和公正治理的形式所颂扬的这些价值是基于感受而得以塑造成形的。一旦我们抽去了痛苦及其反面（也就是快乐和幸福）的生化基质，我们也就瓦解了我们当前道德体系的自然根基。

　　…………

　　……人类文化史记录了我们借助那些算法不可预测的发明对自然算法做出的抵抗。换句话说，即便我们鲁莽而轻率地宣称人脑是"算法"，人类所做的事情也不是算法，而且人类是无法被完全预测的。

　　…………

　　利他主义议题始终是理解早期"文化"与完全成熟的文化之间区别的一个非常好的切入点。利他主义的起源是盲目的合作，但利他主义可以被解构，可以作为一种有意识的人类策略在家庭和学校中被教授。就像培养怜悯、钦佩、敬重、感恩等仁善的情绪那样，我们可以在社会中鼓励、练习、培养和践行利他行为。当然，我们也可以不这么做。虽然没什么能够保证利他主义总是行得通，但它可以作为一种通过教育而获得的有意识的人类资源而存在。

我很喜欢这一段文字表达的悲观基调：

……从我之前勾勒的生物学视角来看，文化努力的一再失败不足为奇。理由如下。基本内稳态的生理原理和其首要的关注点是生物个体自身范围内的生命过程。在这种情况下，基本内稳态是一件多少有点儿狭隘的事，它专注于人类的主观性设计和建造的庙宇，即自我。不过，经过或多或少的努力，内稳态对自我利益的关心可以扩展到家庭和小群体。在使利益和力量的前景得以很好平衡的环境下，内稳态关心的范围还可以向外进一步扩展到更大群体。但是，正如在每个生物个体中发现的那样，内稳态不会自发地关心很大的群体，尤其是异质的大群体，更别说是作为整体的不同文化或文明了。期待嘈杂、大型的人群中能出现自发的内稳态和谐，这犹如期待太阳从西边升起。

…………

如果先不考虑过去的成功，那么文明的努力在今天获得成功的可能性有多大呢？成功很可能不会实现，因为我们借以发明文明解决方案的工具本身（即感受与理性之间复杂的相互作用）会被不同支持者（比如个人、家庭、具有不同文化身份的群体，以及更大的社会生物体）的相互冲突的内稳态目标所摧毁。对于我们所面临的这种困境，文化的周期性失败要归咎于我们独特的行为和心智特征这两者的前人类古老生物起源本身，它渗透和腐化着人类冲突的解决方案及其实施。

因为当前的文化方案或方案的实施不会独立于它们的生物起源，我们的最美好和最高尚的意图会不可避免地受挫，再多的跨代际教育也无法弥补这个缺陷。我们就像西西弗斯那样一再地受挫。作为对其傲慢的惩罚，西西弗斯被罚把一块大石头推到山上，结果每次大石头都会滚落下来，他不得不再次把它推上去。

…………

这样看来，人类野蛮本性中最糟糕的部分正在被驯服，或许假以时日，文化最终会有效地控制野蛮状态和冲突，这确实是一个美好前景。在文化方面，我们有很多工作要进行，在社会文化空间中，这些工作还远远没有达到演化历经几十亿年才在基本生物层面上实现的近乎完美的内稳态。鉴于演化历经如此多的时间才优化了内稳态的运行，人们如何能期待在我们共享的短短几千年里就能使如此多和如此多样的文化群体的内稳态需求实现和谐呢？

三、三层次生命系统

以上就是达马西奥的思路，为我介绍牛津大学2019年的文集做了极佳的铺叙。现在讨论图3.47，来自这本文集第8章的插图：当生命系统对内平衡态的预测大幅度失灵时，就引发焦虑感。这就是我刚才解释的，回到图3.37和3.43，系统的可观测性和可控性。人体是一个"物理—生理—心理"的完整系统，不妨想象这是一个"三层次生命系统"。物理层次的内平衡态如果失衡，会引发生理层次的相关的内平衡态失衡，如果心理层次关于这些失衡的预测有太大偏差，就引发生命主体意识的危机，也就是焦虑感。

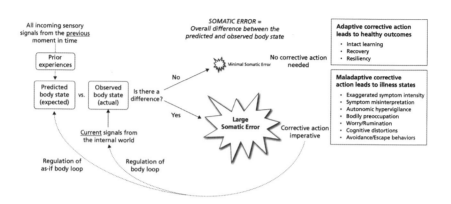

图 3.47 截自：Manos Tsakiris and Helena De Preester, eds.，2019，*The Interoceptive Mind*，第 8 章

　　我读过一些乡下农民失去健康的故事。这些农民没有定期体检，身体内部的可观测性很低。注意，哪怕一个农民，也可以有非常敏锐的内感觉，从而身体内部的可观测性就很高，不需要借助定期体检提供的外在的可观测性。根据内感觉不敏锐的那些农民回忆，"这条腿呀，不中用了才知道它有病"。

　　图 3.48 显示一个"三层次系统"：最内层颜色最深，表示"自我"；最外层颜色最浅，表示"统觉"；中间层次，颜色居中，表示"分离的多种感觉"。各种感觉的内平衡态，按照顺时针方向排列，"9：00"的位置是"视觉"，然后是"听觉"；"12：00"位置是"运动感觉"，然后是"嗅觉"；"15：00"位置是"味觉"，然后是"身体感觉"；"18：00"位置是"内感觉"，然后是"本体感"。这样的排列不同于佛家所谓"眼耳鼻舌身意"（六识），而且也没有末那识和阿赖耶识。不论如何，这张示意图与笛卡尔的"身"与"心"分离的西方思想传统已经有了本质差异。

　　图 3.48 所示各系统的预测过程表达为空心圆和三角形的互动，从每一个空心圆（预测）有一个箭头指向一个三角形（关于内平衡态的预测误差）。注意，这些互动的环节由外层的"统觉"逐渐向内层的

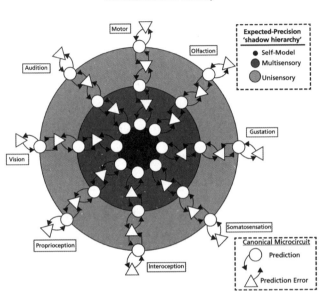

图3.48　截自：Manos Tsakiris and Helena De Preester, eds., 2019, *The Interoceptive Mind*，第2章，关于"自我"的一种模型

"自我"传递信号（内平衡态的可观测性），同时，预测是从内层的自我逐渐向外层的统觉传递信号（内平衡态的可控性）。

　　我之所以介绍这本文集，就是因为它的核心概念是"内感觉"（interoception）——核心思想在第2章。自我之为"整体预测的科层体系"，如图3.48，在"18：00"的位置。英文单词"interoception"由两部分构成："intero"（全体）＋"ception"（感觉）。因此，依照惯例将"interoception"译为"内感觉"，似乎丢失了某些要素。康德用过"visceral"（内脏的）感觉，如图3.49，说明他也关注身体内感觉对理性的影响，参阅：Chad Wellmon，2009，"Kant and the Feelings of Reason"（康德与理性之感觉），*Eighteenth-Century Studies*（《18世纪研究》），Vol.42，No.4，pp.557-580。总之，我觉得不应简单地将"interoception"

译为"内感觉"；可是若译为"整体内感觉"，似乎与"本体感"有许多重叠。

如图3.49所示的内感觉是可以训练的。任何人只要练习打坐站桩或太极之类入门的呼吸调节功夫，很快就对身体的每一局部状况有感觉。例如"云手"，不到两分钟，每一根手指都有"气感"。打坐或站桩更是如此，所谓"观呼吸"。中国传统早就有内观的功夫，所谓"孔颜之乐"，或者，《庄子》"大宗师"描述的"颜回坐忘"——"堕肢体，黜聪明，离形去知，同于大通，是谓坐忘。"只不过当代中国人忙碌于身外之物，内感觉越来越迟钝。也因此，越来越多的中国人患有焦虑症，因为内感觉被外感觉遮蔽了太久，以致，如图3.47所示，对内平衡态的预测偏差极大，于是焦虑。如图3.50和3.51，关于晚近流行的

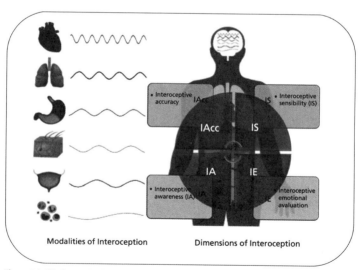

Figure 9.1 This figure visualizes dimensions and modalities of interoceptive processing.

图3.49　截自：Manos Tsakiris and Helena De Preester, eds., 2019, *The Interoceptive Mind*, 第9章，康德理解的"内感觉"（visceral senses）。如图示，心、肺、胃、皮肤和毛发、肾、淋巴系统。横膈膜以上的脏器——心、肺、胃，内感觉更"精确"（IAcc）。对其余的脏器而言，内感觉是"警觉"（IA）

"肠脑系统"，已有许多成功的临床实践报告，参阅《财新周刊》2019年4月22日的文章《探路"肠—脑"轴》。百度"腹脑"词条，回顾了"肠脑系统"的观念史，介于科学与伪科学之间。图3.50的思路是，肠脑系统的演化起源于"腔肠动物—爬行动物"时期。腔肠动物有分散于肢体的许多神经元，而爬行动物有脑，遗传至人类，即图中显示的"脑干"。承认肠脑系统的重要性，返回远古的爬行动物脑，对应荣格思路，就是让"意识"直面"无意识"。荣格实践的三种基本方法之一，"积极想象"（active imagination），是使意识尽可能融入无意识。他实践的另外两种基本方法是：语词联想研究，梦境的分析。

82 | THE NEUROBIOLOGY OF GUT FEELINGS

2019 The Interoceptive Mind From Homeostasis to Awareness
--- Oxford University Press fig 5-1 The neurobiology of gut feelings

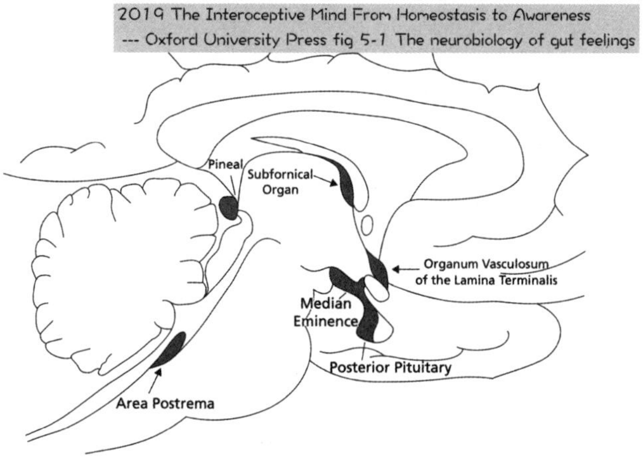

Figure 5.1 Location of circumventricular organs in the rat brain. AP = area postrema, ME = median eminence, OVLT = organum vasculosum of the lamina terminalis, P = pineal gland, PP = posterior pituitary, SFO = subfornical organ. (Lechan & Toni, 2016).

图3.50　截自：Manos Tsakiris and Helena De Preester, eds., 2019, *The Interoceptive Mind*，第5章，"肠道感觉的神经生物学"

最后是图3.48所示的"本体感"（proprioception），这个英文单词的前半部分"proprio"，意思是"自己的"，与单词的后半部分"感觉"连接，若直译为"自己的感觉"，显然不妥，故通常译为"本体感"，用的是"本体"的字面含义而不是哲学含义，但毕竟有哲学含义，就是"整体的存在性"，这就让我想到"末那识"（小通于一）和"阿赖耶识"（同于大通）。克里希那穆提的不少晚期演讲，在YouTube都可找到视频。我下载了几乎全部视频，并认真听了其中一部分。我注意到，某一次室内演讲时，他突然问听众：你们听到刚才有一片树叶在窗外飘落吗？在视频里，那扇窗紧闭着。我认为，他是隔着窗听见那片树叶在飘落。同于大通就是这样的境界，万物一体，我与宇宙合一。

越南的一行禅师（以"正念修行"入世）写了许多"科普"文字，

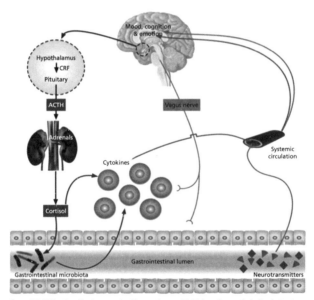

Figure 5.4 Bidirectional brain–gut–microbiota pathways. Multiple pathways, including but not limited to neural, endocrine, and immune, exist in which the gastrointestinal microbiota may modulate the brain. Abbreviations: ACTH, adrenocorticotrophic hormone; CRF, corticotrophin releasing hormone.

图3.51　截自：Manos Tsakiris and Helena De Preester, eds., 2019, *The Interoceptive Mind*，第5章。晚近流行的术语"肠脑系统"，也是一种内感觉，其应用在临床实践中取得良好的效果。注意，"肠—脑"系统，肠道在大脑之前，腔肠动物的演化阶段在人类之前至少5亿年。也许因此，人类的胚胎发育表达了从腔肠动物到人类的主要阶段的"物理—生理—心理"连接。图3.50显示了肠道感觉的关键脑结构：延髓、松果体、穹隆下组织、下丘脑终板血管器、下丘脑正中隆起、垂体后叶

大多有英译本。其中一本是2011年出版的：*Your True Home: The Everyday Wisdom of Thich Nhat Hanh — 365 Days of Practical, Powerful Teachings from the Beloved Zen Teacher*（《你真正的家：一行禅师每日智慧——这位受到爱戴的禅师365天的实践与力量之教诲》）。我也每日从中摘录一段文字，然后，我见到一行禅师第74天的语录，是针对西方思想传统尤其是精神分析学派的批评，值得全文抄录在这里：

Caught in the Idea of a Self: WESTERN PSYCHOTHERAPY AIMS at helping create a self that is stable and wholesome. But because psychotherapy in the West is still caught in the idea of self, it can bring about only a little transformation and a little healing; it can't go very far. As long as we are caught in the idea of a separate self, ignorance is still in us. When we see the intimate relationship between what is self and what is not self, ignorance is healed and suffering, anger, jealousy, and fear disappear. If we can practice no-self, we'll be able to go beyond the questions that make people suffer so much. （我的译文：西方的心理治疗旨在帮助创造一个稳定的并且完整的自我。可是因为心理治疗在西方仍陷入自我的观念里，它只能提供少许的转变和少许的疗愈；所以它不可能走得很远。只要我们陷入一个孤立的自我这样的观念，无知就仍与我们同在。当我们看到在是自我的与不是自我的之间的亲密关系时，无知就被疗愈，并且苦难、愤怒、嫉妒和恐惧都消失。假如我们能够实践无我，我们将能够超越让人们如此苦痛的那些问题。）

荣格阐释的"自我"（self）其实很接近一行禅师阐释的"无我"，于是与弗洛伊德或阿德勒理解的自我有本质差异。我越是深入阅读《荣格全集》，就越感到理解荣格阐释的自我是理解荣格全部思想的正确开端。

在上述的背景下，图3.48所示的本体感与阿赖耶识之间的差距缩小了。根据我理解的荣格阐释的自我，当一个人努力使意识自我与无意识自我融为一体时，意识自我终将融入一个完整的"涅槃"——无生无灭，也就是荣格在阐释无意识时反复指出的，无意识世界里没有"时间"。荣格阐释的"自性化"过程，在这里对应于佛家从"破我执"到"无执"的修行过程。

图3.51呈现了某种更精确描述的肠脑系统：一方面，来自肠道的信号影响人脑的心境、认知、情绪；另一方面，下丘脑神经核团和脑垂体发出的信号通过肾上腺激素调节肠道菌群；第三方面，迷走神经调节肠道及三大循环系统（淋巴与血液系统、心肺呼吸系统、泌尿与消化系统）；第四方面，肠道细胞活素发出信号给迷走神经系统和三大循环系统。其实还有更多的方面有待研究，例如百度百科"腹脑"词条，关键在于以开放的心态，不拘泥于任何专业学科，首先见到"森林"，其次见到"树木"。

回到牛津大学出版社2019年这本文集的第10章，图3.52显示了三个集合：情绪、内感觉、社会认知。这三个集合的交集是红色的，对应四个角显示的脑图里由红色标识的脑区激活，详见本讲附录1。注意，图3.53中，由红色标识的最显著的激活区域，是岛叶前回。参阅我的《行为经济学讲义》，那时很难找到容易读的岛叶图示，我的截图来自Tania Singer的论文。她研究岛叶成名，她的父亲是德国的神经科学杂志主编，她的成名作也是在父亲主编的杂志发表的，先在苏黎世大学，现在回到德国主持马普研究院的脑科学项目。

岛叶前回同时参与社会认知、情绪、内感觉。我在《行为经济学讲义》里介绍过Tania Singer 2006年发表的岛叶研究结果——被试从社会隔绝感到的痛苦（岛叶激活的程度）与物理伤害的痛苦同样强烈。

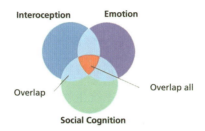

图3.52　截自：Manos Tsakiris and Helena De Preester, eds.，2019，*The Interoceptive Mind*。海德格尔使用的术语"Dasein"，刘小枫译为"偶在"，传达了海氏"存在哲学"的神韵。偶在被抛入世界（个人被抛入社会），体验并理解身边事物可能的有用性（社会认知）。这张图是"社会认知—内感觉—情绪"三位一体的表达，详见本讲附录1

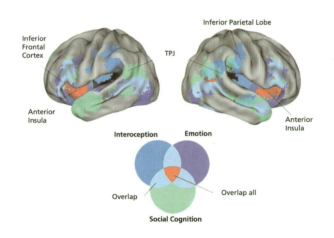

图3.53　截自：Manos Tsakiris and Helena De Preester, eds.，2019，*The Interoceptive Mind*。岛叶前回对应红色标识的"三位一体"

但我那时只知道岛叶是社会脑的一个情感脑区，并不知道岛叶还是社会脑的一个认知脑区。至少在我的阅读中，很可能，岛叶参与社会情感的同时还参与社会认知，这是一项新知识。我介绍过，MIT的明星科学家Rebecca Saxe 2009年发现右侧颞顶交是他人意图探测的脑区，颞顶交的缩写是"TPJ"，见于图3.53，是社会认知的脑区。

在解剖结构里，岛叶是颞叶的一部分，但它在颞叶的最内侧，即最靠近两耳的位置，岛叶的外围是颞叶，故而看上去岛叶犹如一个小岛。有时，在顶叶、颞叶、枕叶、额叶之外，岛叶被称为"第五脑叶"。克里克在辞世前始终相信"屏状核"（claustrum）是人类自我意识的中枢，参阅我的博客文章"从系统生物学到意识发生学（中篇）"，即本讲附录4。屏状核的解剖学位置恰好夹在岛叶与纹状体（豆核、尾核、苍白球）之间，这也意味着屏状核的演化阶段在哺乳动物脑之后，并且在颞叶其余部分之前。就脑区的功能而言，这还意味着屏状核的功能介于情感脑与社会脑之间。很遗憾，克里克辞世后，至今，关于屏状核是自我意识中枢的猜想始终未被证实。

也许是另一项新的知识，我从2019年这本文集学到的，如图3.54，左下图显示的"梭状回"的标识是蓝色，对应"内感觉"功能。此前，我知道梭状回是著名的"面部表情识别"脑区所在的脑区，参阅第二讲图2.16及其解释。梭状回被标识为蓝色，意思是它在内感觉过程中被激活。

我全文抄录百度百科过于简短的"梭状回"词条：

梭状回位于视觉联合皮层中底面。梭状回并非仅用于面孔识别，它更多的是负责对物体次级分类的识别。梭状回面孔区（fusiform face area），多数研究显示，对于面孔识别来说，右侧半球比左侧半球更重要。面孔识别区具有独立的脑加工区，一名统觉失认症的患者很可能保留识别面孔的能力。可能的解释是，他的一般物体识别神经通路受损，但梭状回面孔区没有遭到破坏。孤独症患者在识别面孔的能力上下降，观看面孔时梭状回不激活。面孔识别区位于右梭状回，但该区与多种复杂的刺激识别有关，是获得识别近似物体的技能的关键性脑区。负责面孔识别的神经回路从一开始就不是专门为哪一种技能设计的。

　　现在介绍两篇应用"内平衡态"的论文，都是最新发表的。一方面，如图3.48所示，内平衡态是内感觉系统的核心；另一方面，如图3.49和3.55所示，内感觉的神经回路，不易观测。

　　我在这里推荐的参考文献是2021年发表于《细胞》子刊《神经科学趋势》（*Trends in Neurosciences*）杂志的"内感觉神经科学"专号。这期专号的六篇文章当中，第二篇是综述性评论文章：Karen S. Quigley et al., 2021, "Functions of Interoception: From Energy Regulation to Experience of the Self"（内感觉的功能：从能量调节到自我的体验）。这篇文章五位作者当中的第四位是我在印刷版心智地图右下方的主题"文化情感学派"里引述的心理学家：Lisa Feldman Barrett，2017，*How Emotions Are Made: The New Science of the Mind and Brain*（《情绪是怎样被制造的：心智与脑的新科学》）。副标题引我注意，"新科学"，因为"情绪"不再是原发的，而是被"制造的"，是在环境与认知的相互作用中被行为主体想象出来的。她的"新科学"已经引发争议，辩论对手是加州理工学院的"情绪与社会认知"实验室主任，达马西奥在加州理工学院指导的博士生，后来也成为著名的脑科学家（我在《行为经济学讲义》里引述过他的工作），这次辩论由主持人记录在案：Ralph Adolphs and Lisa Barrett，"What is an Emotion"（何为情绪），《细胞》"生物学前沿"杂志，2019 Oct-21。

　　这期专号的第一篇文章提供了精彩的内感觉神经科学图示，第一作者是美国健康研究院的"补充医学与整合健康"分院主任：Wen G. Chen et al., "The Emerging Science of Interoception: Sensing, Integrating, Interpreting, and Regulating Signals within the Self"（正在崛起的内感觉科学：自我意识里的感觉、整合、解释与调节信号）。

　　图3.56A呈现的是参与内感觉过程的脑区：右图显示的是"前岛叶"（AIC，墨绿色）、"后岛叶"（PIC，深紫色）、"身体感觉I区和II

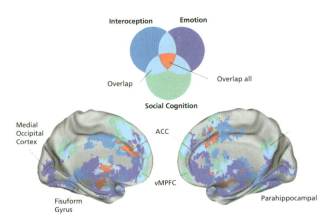

图 3.54　截自：Manos Tsakiris and Helena De Preester, eds.，2019，*The Interoceptive Mind*。左下图的底部是 "梭状回"

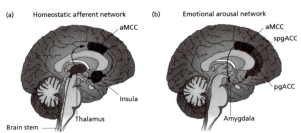

THE NEUROBIOLOGY OF GUT FEELINGS

Figure 5.2 Networks of brain activation in visceral stimulation studies. (a) The homeostatic–afferent network encompasses areas that are thought to resemble those of pain when stimulated in visceral pain studies both in participants with a FGID and in participants who are otherwise healthy. The core regions are shown.(b) The emotional arousal network is depicted. Cognitive (e.g. expectation and anticipation), emotional (e.g. sadness), and psychological aspects have all been shown to be involved in visceral perceptions and this progress has established what is known as the "emotional arousal network." The central components of this network are the amygdala and parts of the ACC. Abbreviations: ACC, anterior cingulate cortex; aMCC, anterior midcingulate cortex; FGID, functional gastrointestinal disorder; pgACC, perigenual ACC; sgACC, subgenual ACC.

图 3.55　截自：Manos Tsakiris and Helena De Preester, eds.，2019，*The Interoceptive Mind*，第 5 章，"肠道感觉的神经生物学"

区"（SI 和 SII，红色）；左图显示的是 "眶前额叶"（OFC，深紫色）、"前额叶"（PFC，浅蓝色）、"扣带前回"（ACC，土黄色）、"丘脑"（THAL，橘黄色）、"海马区"（HP，铁灰色）、"杏仁核"（AMY，红

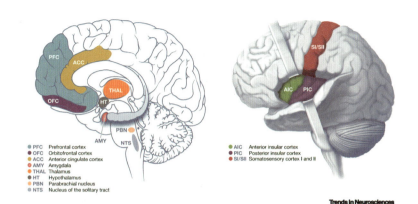

图 3.56A　Wen G. Chen et al., "The Emerging Science of Interoception: Sensing, Integrating, Interpreting, and Regulating Signals within the Self"

色）、脑干的两个神经核团（"PBN"和"NTS"，金黄色和灰色）。

注意，图中内感觉系统贯穿脑的三层结构：爬行动物脑（脑干）、哺乳动物脑（丘脑、海马、杏仁核）和大脑皮质（眶回、前额叶、岛叶、顶叶的身体感觉区、扣带前回）。由于观测手段的限制，只在晚近发表的文献里，各种内感觉的神经回路逐渐被澄清。

这期专号的第四篇文章综述内感觉失调的神经科学：Bruno Bonaz et al., 2021, "Diseases, Disorders, and Comorbidities of Interoception"（内感觉的疾病、障碍、综合征）。我选了一张插图，图 3.56B，可与图 3.47 对照研读。

图中外圈，列出内感觉系统可能发生的障碍，顺时针方向，由左至右：长期性的体内疼痛（例如肠胃综合征）、成瘾、神经障碍、心理障碍、神经退化疾病、发育障碍（例如孤独症）、盆腔障碍、肌肉骨骼疾病（例如关节炎）、合并症状。

图中内圈，即脑内的过程（小脑在左，前额在右），首先是从身体输入脑区的"内感觉"信号（蓝色箭头），其次是从脑区输入身体

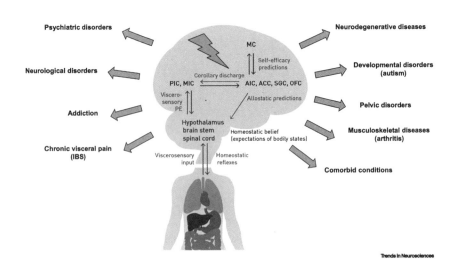

图3.56B   Bruno Bonaz et al., 2021, "Diseases, Disorders, and Comorbidities of Interoception"

的"内平衡态"反馈信号（红色箭头）。从身体发出的内感觉信号，通过脊索神经抵达脑干系统和丘脑系统，继续向上抵达岛叶的中部（MIC）和岛叶的后部（PIC），这里出现的红色箭头和绿色箭头之间存在"预测误差"（PE）。注意，绿色箭头来自最高层级的"MC"（meta-cognitive layer），即"自我"的整全认知层级。这里，自我在向身体发出调节信号之前，首先预测身体各机能是否偏离内平衡态以及偏离的幅度，与此同时，借助"预测误差"，自我实时评估自我调节的"有效性"。在这一意义上，自我有"超级认知"或"整全认知"的能力。在中间层级，绿色箭头代表对即将发生的环境与身体对环境的反应的预测，并据此向身体发出能量调节信号（allostatic predictions）。

这一期专号的第二篇文章，Berntson et al., 2021, "Neural Circuits of Interoception"（内感觉的神经回路），将内感觉与外感觉结合在一起，置于系统科学的视角下，即图3.56C，这是嵌入生存环境的内感觉系统。

图3.56C的右方，人关于生存环境的警觉——监测、意向、洞

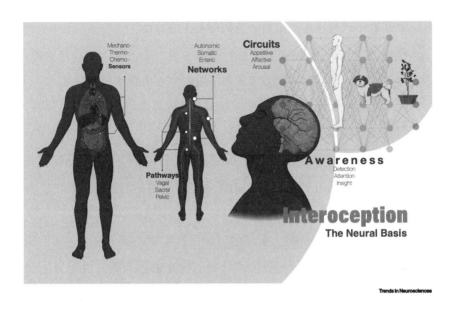

图3.56C Berntson et al.，2021，"Neural Circuits of Interoception"

见，在脑内引发本能的、情绪的、理智的反应，所谓"allostatic predictions"，意思是关于内平衡态的未来预测，即关于未来可能发生的内平衡态为适应环境而漂移的预测。对于能量消耗的优化而言，预测未来是至关重要的。

这一期专号的第五篇文章，其实最引发我的研读兴趣：Helen Y. Weng et al.，2021，"Interventions and Manipulations of Interoception"（内感觉系统的干预与操纵），标题没有什么新意，但内容却是全新的。这位领衔作者与第一篇文章的领衔作者一样，都是华裔。她在这篇文章里，实际上推荐的是东方养生术，以正念修行为核心的呼吸训练，她的团队的研究表明，借助这种呼吸训练，自我将获得更敏锐的内感觉，并能够对内感觉的各种失调和疾病进行富于成果的干预性治疗。我检索得知，Helen Weng是加州大学旧金山校区"整合医学中心"的研究员，同时是加州大学旧金山分校"行为科学与心理治疗系"的助理教授，是年轻一代科学家当中另一位值得关注的女性。

图3.56D犹如一幅通过正念修行调整"身—心—灵"的心智地图，仍从外围开始，按照顺时针方向从左下角向右下角旋转分别为：

（1）慢呼吸，干预的目标是呼吸频率及呼吸容量。潜在的机制是：心肺气压反射模态调节，副交感神经调节。

（2）正念修行的路径，干预的目标是内感觉信号——感觉呼吸并重构解释框架。潜在的机制是：内感觉聚焦与表达的神经可塑性，自主系统的调节。

（3）迷走神经的激励，干预的目标是迷走神经输入脑干包括"孤独核"（NTS）在内诸神经核团的信号。潜在的机制是：去甲肾上腺素、5-羟色胺、乙酰胆碱在脑内的投射回路，自主系统的调节，大脑

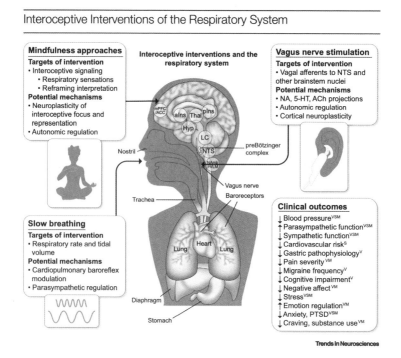

图3.56D   Helen Y. Weng et al.，2021，"Interventions and Manipulations of Interoception"

皮质的神经可塑性。

（4）临床输出信号：血压下降、副交感神经信号增强、交感神经信号减弱、心血管风险下降、消化系统的病理生理学信号下降、疼痛程度下降、偏头疼频率下降、认知缺陷下降、负面情绪下降、紧张感下降、情绪调节能力上升、焦虑及创伤后综合征下降、毒品渴求及吸毒下降。

注意，左下角、左上角、右上角，各自的箭头表示信号输入身体和脑。气息从鼻腔进入气管，"心肺"与"胃肠"之间是"横膈膜"，这是呼吸和调息的关键环节，随着横膈膜上下起伏的能力逐渐强化，每一次吸入的空气总量也逐渐增加。右上角输入身体的箭头表示迷走神经，输出则是心肺功能改善信号。脑干系统的"前博辛格复合体"，是正念修行调节呼吸的关键环节。最后是左上角的箭头输入大脑皮质的信号，注意力集中于呼吸，直接训练内侧前额叶和扣带前回，使它们用于思绪漫游的时间大幅度减少。

图3.56E呈现的是两种经验导致偏离"幸福感"的内平衡态及后续调整过程，正面的经验是彩票中奖之后，幸福感上升至某一点然后下降，大约一年恢复到内平衡态的基准线。负面的经验是身体瘫痪之后，

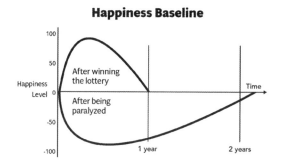

图3.56E The Great Courses，2018，Mindfulness（"伟大的教程"系列2018年12月课程之"正念修行"）

幸福感下降至某一点然后缓慢上升，大约两年或更久，可恢复到内平衡态的基准线。

根据"伟大的教程"2018年12月课程之"正念修行"，已有足够多并且足够充分的研究表明，正念修行可使幸福感内平衡态基准线向上漂移。我最初注意到"伟大的教程"系列，缘于我在北京大学国家发展研究院指导的第一名博士研究生丁建峰在毕业前（2010年）送给我的一个移动硬盘——他在硬盘里存放了许多英语课程的录音。我在这些高品质录音当中选择了三位教师的课程（哲学史、心理学史、西方文明史），检索维基百科得知，这三位教师都是资深且最受欢迎的教授，然后我发现这些课程都属于"伟大的教程"系列，由"教学公司"（the Teaching Company）出品。于是，我开始收集这一系列的教材。

在面向社会的公共课程当中，"伟大的教程"对我利用闲暇时间而言最富吸引力，教程由最受欢迎的资深教授讲课，每节课半小时，在一年或两年的时间里，任何一个人都可听完一门课程。例如，我每年在东京写书的两个月期间，在酒店的健身房里听完了上述的哲学史、心理学史、西方文明史。当然，这些课程不应仅听一遍，而应每有闲暇时间，例如在入睡之前或在漫长的旅行路上，就听一遍。直到，从任何一节课的任何一段开始听，我都可回忆大致相关的内容，所谓"耳熟能详"。

图3.56F，返回达马西奥的内平衡态学说，截自达马西奥2003年《寻找斯宾诺莎》英文版第2章，插图的标题是：自主的内平衡态调节层级，从简单到复杂。事实上，这张图适用于任何生命系统，只要该系统演化出足够复杂的层级。

在自主系统的内平衡态的最低层级，如图所示，是代谢调节、基本的反射行为、免疫应答；在第二层级，涉及痛苦与快乐的行为；在第三层级，是驱力与动机；在最高的第四层级，是背景情绪、初级情

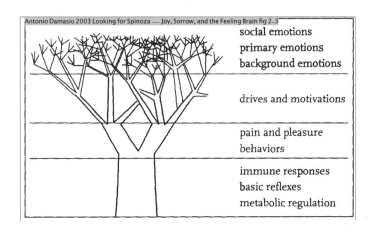

图3.56F　Antonio Damasio，2003，*Looking for Spinoza: Joy, Sorrow, and the Feeling Brain*

绪、社会情绪。

　　取自《细胞》子刊《神经科学趋势》杂志2021年"内感觉神经科学"专号的最后两幅插图的第一幅，即图3.56G，内感觉神经科学在动物实验阶段的计算模型。左图是内感觉回路基于模数转换与模式识别的建模过程；右图是模型的预测编码过程，黑色三角形代表神经网络内负责监测预测误差的神经元，绿色圆形代表神经网络内负责表达自上而下的调节指令的神经元，模拟身体内感觉系统的神经网络至少有三个层级——初级、次级、高级。最后，左图建模获取的信号（红色箭头）输入右图训练计算模型里的神经网络，经过深度学习之后，这套神经网络就可执行内感觉预测与调节的临床任务。

　　图3.56H呈现了神经网络模型的架构。左图的标题是"内平衡态强化学习"：受到外部信号的激励（红色箭头），身体的内部状态改变（红色箭头），与基于内平衡态的信号比较和估值之后发出调节信号（绿色箭头），进一步观测状态改变是否进入内平衡态的允许误差范围。右图的标题是"内感觉系统的活动推断"：来自图3.56G的自上而下的调节信号（绿色箭头）输入被调节的内平衡态强化学习模型，训练模

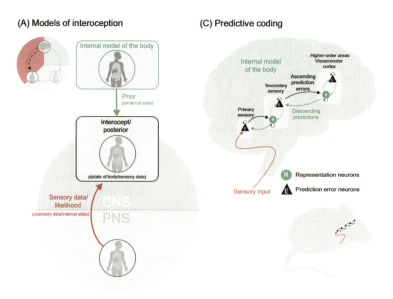

图 3.56G　Frederike H. Petzschner et al.，2021，"Computational Models of Interoception and Body Regulation"（内感觉与身体调节的计算模型）

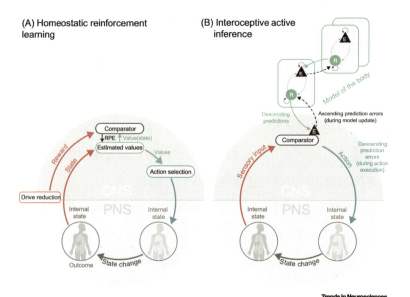

图 3.56H　Frederike H. Petzschner et al.，2021，"Computational Models of Interoception and Body Regulation"

型直到预测误差足够小。

　　我介绍的第一篇应用"内平衡态"于公共卫生领域的论文是关于中国糖尿病与空气污染及环境绿化之间关系的研究，通讯作者是郑州大学公共卫生学院副院长王重建，见图3.57：Wang et al.，2021，"Associations of Residing Greenness and Long-term Exposure to Air Pollution with Glucose Homeostasis Markers"（糖的内平衡态指标与居所绿化程度和长期暴露于空气污染程度之间的关系），*Science of the Total Environment*（《整体环境科学》），vol.776，145838。

G R A P H I C A L   A B S T R A C T

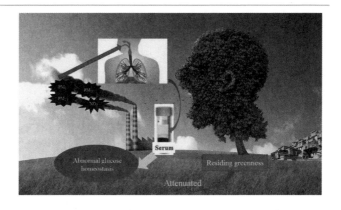

图3.57　截自：Wang et al.，2021，"Associations of Residing Greenness and Long-term Exposure to Air Pollution with Glucose Homeostasis Markers"。王重建领衔发表的这篇研究报告显示，糖尿病发生率与空气污染的严重程度之间统计显著正相关，并且与环境绿化统计显著负相关

　　根据百度百科"糖尿病"词条：糖尿病是一组以高血糖为特征的代谢性疾病。高血糖则是由于胰岛素分泌缺陷或其生物作用受损，或两者兼有引起。长期存在的高血糖，导致各种组织，特别是眼、肾、心脏、血管、神经的慢性损害、功能障碍。

　　王重建团队观测的糖的内平衡态指标是胰岛素，因此有既定的

"正常范围"的医学界定和超出正常范围多大幅度就算是"病态"的经验数据。在环境因素中，空气污染指标（PM1，PM2.5，PM10，NO2）的观测数据已经很丰富。河南农村常住居民，35 482名被试。居住环境绿化程度是根据卫星测定的数据——强化的植被面积指标和正态植被差异指标。研究结论：（1）污染程度与内平衡态之间统计显著负相关，意思是，空气污染越重且时间越长，糖的内平衡态就越差；（2）居所绿化程度与内平衡态之间统计显著正相关，也就是说，绿化可以改善糖的内平衡态。

晚近十年，中国学者在西方学术期刊发表的文章越来越多。例如，我关注的脑科学权威期刊《神经成像》，几乎每一期都有来自国内的论文，但是我阅读的感觉是"缺乏问题意识"。于是，我只能信任国内两家大学发表的文献：其一是西南大学，那儿有我几个学生，校长曾经重金投入脑科学研究；另一家就是上海的华东师范大学心理学院，郝宁可能是常务副院长，他有问题意识，虽然研究方法不如西南大学的前沿。我第一次见到"王重建"的名字，检索了之后，对一件事印象不错：他主动撤回了一篇联合署名论文，因为，他说自己并未参与研究。

事实上，生命系统的内平衡态都有漂移的能力。我写的博客文章，"我们为何不宽容？兼答陈嘉映教授"（详见第一讲），试图说明世界秩序的内平衡态也有漂移能力。但是，我只写了第一部分，其余的以后再写。

我要介绍的另一篇论文，首席作者是Kay M. Tye，来自香港的第二代移民（香港姓氏"戴"的发音是"Tye"），一位很优秀的"80后"女科学家，1981年出生，本科在MIT读"认知科学"，加州大学旧金山校区"神经科学"博士学位，论文摘要发表于《自然》杂志，然后在斯坦福大学研究"光遗传学"方法，又在MIT担任助教。她运用光遗传学方法成功地证实杏仁核系统有不同的神经元回路分别参与负面情绪和正面情绪。也因此项成果，她入选MIT 2014年的"TR35"，即"35岁以下的35名技术领袖"。她现在是脑科学重镇"苏尔克生物科学研究院"的讲座教授，主要研究脑的情绪、动机、社会行为。她于2019年在美国国家科学院演讲的标题是"神经通道研究对于心智健康能够揭示什么"。由她和她的团队撰写的这篇研究报告，发表于权威的《细胞》杂志2021年3月18日的"Leading Edge"（前沿）栏目：Tye et al.，"The Neural Circuitry of Social Homeostasis: Consequences of Acute Versus Chronic Social Isolation"（社会内平衡态的神经回路：急性社会隔离与慢性社会隔离的后果）。

Kay M. Tye团队的这篇论文，直接引用了坎南1929年的论文（"Organization for Physiological Homeostasis"），以澄清生理系统的内平衡态问题。然后，她定义"个体社会行为的内平衡态"（social homeostasis）：The ability of individuals to regulate the quantity and quality of social contact and maintain stability within a social structure（个体调节社会交往的数量与质量并在特定社会结构之内维持稳定性的能力）。图3.58的右上图描述一个正常人的社会交往内平衡态。注意右端的"set point"（参照点）——请回到图3.40，或图3.38（维纳控制论），或图3.37（我手绘的负反馈系统框图）。在图3.58的右上图，由于横轴代表时间，故"参照点"就成为一条"水平线"（参照线）。个体社会行为的监测器与控制器的功能，在于不使社会交往行为的波动超出参照线的适宜范围。

现在我们看看图3.58的右下图，如果一个人的社会交往水平低于参照线，那么，首先应区分这种与社会隔绝的行为是"急性的"还是"慢性的"——Tye在论文里也承认，急性与慢性只是相对的，因为内平衡态有漂移的能力。

如果社会交往水平低于参照线是临时性的（急性的），则行为主

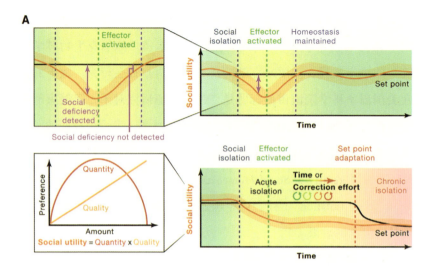

图3.58　截自：Tye et al., *Cell*, 2021 March-18, "The Neural Circuitry of Social Homeostasis: Consequences of Acute Versus Chronic Social Isolation", 图2A

体的监测器和控制器应当有能力逐渐调节行为使社会交往水平返回参照线的适宜范围之内。如果社会交往水平低于参照线是长期的（慢性的），那么，如右下图所示，当监测器与控制器对行为的多次调节无效之后，注意时间延续足够长期，这时，内平衡态开始向下漂移，以便适应"环境"，表现为"参照点"（参照线）的下移。图示的右上角写着"与社会长期隔离"，在这一语词的左侧写着"参照点适应"。在横轴上，从"social isolation"（与社会隔绝）的时刻开始，到"set point adaptation"（参照点适应）的时刻，这段时间就是社交心理障碍的形成期。

　　我认为图3.58左下图有错误，故不建议读者关注它。之所以发生这一错误，原因在于Tye给出的"个体社会行为的效用"（social utility）定义：The product of the detected social quantity and quality. The preferred quality of social interactions monotonically increases while the preferred quantity increases to an optimal point and then declines when there is a surplus.

（被负责监测的神经网络监测到的由社会交往的数量与质量决定的效应——所偏好的社会交往品质随着所偏好的社会交往数量单调增加至某一最优水平，然后随着社会交往数量冗余而递减。）

　　我反复琢磨图3.58左下图的那两条曲线——彩虹形的"数量—效用"关系和射线形的"质量—效用"关系，仍不能确定是否画对了。她不熟悉经济学理论，但坚持要以经济学术语来表达自己的思想。她使用"偏好"（preference），同时，又使用"效用"（utility）。纵轴表示偏好，与这两条曲线的形状，已经是完整的经济学描述了。可是，她定义的效用函数，是数量与质量的乘积。于是效用的性质与偏好的性质，不可能由她画的同一组曲线来表达。我认为她在这里引入"效用"是多余的，"偏好"足矣。也许她认为应将偏好的函数形式写出来，即她定义的效用函数。现在，根据图3.58左下图，当偏好的质量随数量增加而单调增加时，偏好的数量达到最大值之后随数量增加而单调下降。在质量直线与数量曲线的交点，如果数量继续增加，注意，质量是一条射线，故而根据她定义的效用函数，效用随之继续增加。可是，偏好并非如此。事实上，偏好表达为效用函数时，不应当是数量与质量的乘积。因为注意到这一错误，我在课堂用的心智地图里，将图3.59左下图遮蔽，以免引发误解。

　　现在，图3.59的右上图显示，一个人有太多的社会交往时，如果是临时性的，监测器和控制器可将行为调节到允许范围之内；但是在右下图，如果这种偏离是长期性的，当监测器和控制器多次调节失效之后，参照点（参照线）就会上移以便适应环境。于是，在这里形成了某种执着于社交的行为模式或人格特质。

　　举一反三，很容易理解日常生活中的内平衡态漂移现象。例如，我在杭州居住期间，天天湖畔居，大约一个多月，我才发现体重已经是93公斤——远超我的正常体重83公斤。基于"减肥"运动的知识，

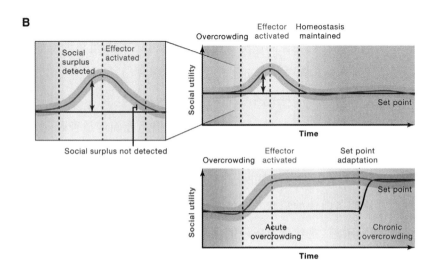

图 3.59　截自：Tye et al., *Cell*, 2021 March-18, "The Neural Circuitry of Social Homeostasis：Consequences of Acute Versus Chronic Social Isolation", 图 2B

我们知道，体重的内平衡态主要由脑垂体调节。我推测，如果我的体重维持在 93 公斤的时间超过三个月，那么，如图 3.59 右下图所示，我的脑垂体很可能为适应这一新常态而使体重的内平衡态向上漂移至 93 公斤。那时，我想要降低体重至 83 公斤就非常困难，可能要坚持至少两年。因为，首先要使体重下降至 83 公斤，然后要保持这一体重足够长的时间，使脑垂体相信体重下降至 83 公斤不是临时性的。虽然，减肥的人普遍只能坚持不足 30 天。

以上大致介绍了达马西奥关于内平衡态的思路，然后我发现达马西奥 2021 年又出版了一本书，如图 3.60，我建议的中译本标题是"感与知"——将"感知"两个字分开，副标题是"使心智有意识"。图中的封面设计，颇有深层心理学的风格。意识是冰山在海面以上的部分，无意识是冰山在海面以下的部分。意识（理智）拒绝直面无意识，故海面以下的部分只能通过"感"（情感）来表达自己。达马西奥

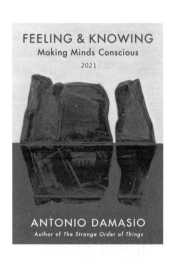

图 3.60　Antonio Damasio，2021，*Feeling and Knowing: Making Minds Conscious*，封面截图

的思路，"感"与"知"，前者更重要，《寻找斯宾诺莎》《笛卡尔的谬误》……可回溯到达马西奥最初的重要性感受。

四、文化层次的选择

回到第一讲"导论纲要"，我已讲了七项，现在讲第（8）项，如图 3.61。我写这一段文字时，想到哈耶克的名言或我概括的哈耶克《致命的自负》第一命题：我们是我们所在的传统选择的，而不是我们选择了我们的传统。布坎南批评哈耶克"盲目崇拜传统"，因为布坎南试图改造美国伦理。导论纲要的第（8）项确实来自哈耶克，每一个人继承的传统，有三个层次：（1）物种基因，（2）族群文化，（3）个体气质。

由此，我应当介绍葛浩德（Gerard Hendrik［Geert］Hofstede，1928-2020）。他是荷兰的社会心理学家，最著名的工作是"文化测量"。他和他的儿子合作，于2010年发表了总结性的《文化与组织》第3版：Geert Hofstede et al.，*Cultures and Organizations: Software for the Mind*，3rd ed.，中译标题是"文化与组织：心智的软件"，图3.62中有封面截图。

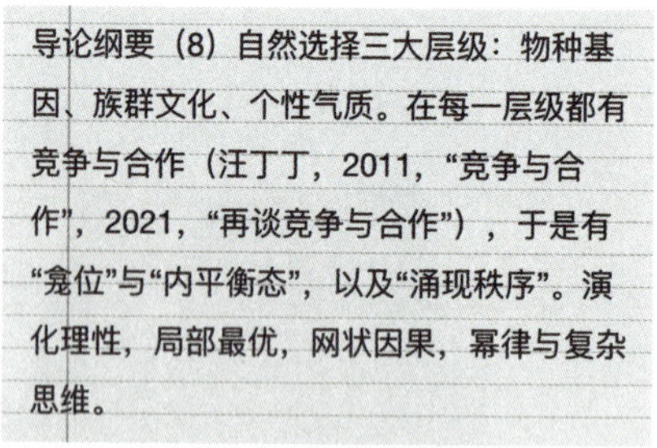

导论纲要（8）自然选择三大层级：物种基因、族群文化、个性气质。在每一层级都有竞争与合作（汪丁丁，2011，"竞争与合作"，2021，"再谈竞争与合作"），于是有"龛位"与"内平衡态"，以及"涌现秩序"。演化理性，局部最优，网状因果，幂律与复杂思维。

图3.61　我写的"导论纲要"第（8）项

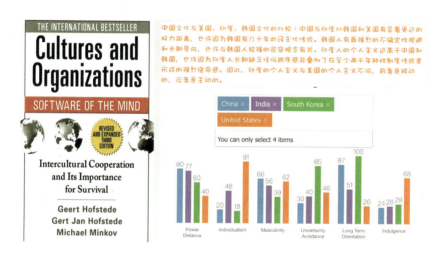

图3.62　截自"转型期中国社会的伦理学原理"2021年课堂用心智地图

　　在葛浩德测量的文化六大维度当中，最重要的是"权力距离"。图3.62右图显示了从中国、印度、韩国、美国这四个国家的文化调查问卷获得的六大维度得分。其中，第一栏"权力距离"，在这本书里有详细的解释，大致而言，就是人们想象中的社会权力科层的高度——从顶层到底层的距离，而且，人们认为这样的权力距离是合情合理的，或者是可以理解的，至少不必推翻或改造这样的权力结构。

　　根据图3.62，中国人的权力距离分数是80，印度人是77，韩国是60，美国是40。也许诸友不认为这一调查符合常识，例如，在我的经验里，韩国人的权力距离远超我周围的中国人。不过，既然葛浩德使用的是调查问卷，当然有各国被试的表达问题，也有问卷本身的设计问题，维基百科 "Geert Hofstede" 词条也列出了不少批评意见。

葛浩德的 "文化测量" 网站（https://hi.hofstede-insights.com/national-culture）有更详细的讨论。似乎也在寻求商业应用，网站首页右上角的标语是：设计一个文化来支持你的策略。我下载了一个 "示范" 报告，正文首页是美国文化在六大维度的得分，如图3.63，以及某一 "个人文化" 在六大维度的得分，从而为这个人在美国的发展策略提供指导。

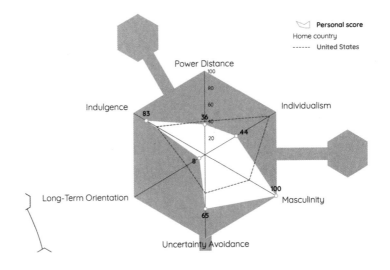

图3.63 截自 Hofstede Insight，"美国文化" 的六大维度（虚线四边形）与某一 "个人文化"（白色实心区域的边界）的比较，可为这个人提供在美国文化里的策略指导

根据图3.63不难推测，这个人的男性意识非常强烈，可是长期导向又非常微弱，总是沉溺于自己喜欢的事物之中，并且不喜欢承担风险。显然，他不适合在美国社会生活。

与葛浩德等人2010年这本书的内容一致，但现在似乎有不同表达的文化定义：

Culture consists of various layers and we often compare it with an onion. On the outer layer of the onion, you'll have symbols, such as food, logos, colours or monuments. The next layer consists of heroes, and can include real life public figures, like statesmen, athletes or company founders, or figures such as Superman in popular culture. On the third layer, closest to the core, you'll find rituals, such as sauna, karaoke, or meetings. (文化有许多层次，故而我们常譬喻为一只洋葱头。在这只洋葱头的最外层，你将有一些诸如食物、图标、色彩或纪念碑这类符号。下一层会有一些英雄人物，包括现实生活中的公众领袖，例如国务活动家、体育明星或公司缔造者，或诸如大众文化里的超人这类角色。在第三层，最靠近核心，你将发现仪式，例如桑拿浴、卡拉 OK，或会议。）

图 3.64 取自葛浩德等人 2010 年的著作，"文化"的洋葱头模型，核心是"价值观"（列于右侧），由上至下，依照价值观的重要性排列：邪恶与善良，不洁与洁净，危险与安全，被禁止的与被许可的，体面的与不体面的，道德的与不道德的，丑陋与美丽，非自然的与自然的，变态的与常态的，悖论的与逻辑的，非理性的与理性的。

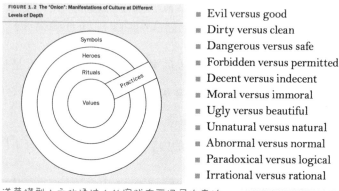

图 3.64　截自"转型期中国社会的伦理学原理"2021 年课堂用心智地图

关于文化六大维度之首——"权力距离"：

This dimension expresses the degree to which the less powerful members of a society accept and expect that power is distributed unequally. The fundamental issue here is how a society handles inequalities among people.（这一维度表达一个社会里的权力弱势群体在何种程度上接受并预期权力结构的这一不平等状况。这里的根本议题在于一个社会如何应对人们之间的不平等。）People in societies exhibiting a large degree of Power Distance accept a hierarchical order in which everybody has a place and which needs no further justification. In societies with low Power Distance, people strive to equalise the distribution of power and demand justification for inequalities of power.（在权力距离很大的社会里的人们接受这样的权力层级意味着每一个人都有自己的位置从而不需要做出调整。在一个权力距离较低的社会，人们争取权力的平等分布并要求对权力不平等提供理据。）

东亚三国，在分子人类学视角下，构成一个独特的种群。例如，智商测验表明，以"高加索白人"的智商均值为100，则"东亚人种"的智商均值是103。东亚人种的权力距离，与白人相比，普遍很大。

六大维度中另一个需要解释的是"长期导向"，我在这一网站找到的解释似乎表达得不清楚：

Every society has to maintain some links with its own past while dealing with the challenges of the present and the future.（每一个社会在应对现在和未来的挑战时必须维持与它的过去的某种联系。）Societies prioritize these two existential goals differently.（各社会关

于这些生存目标的优先排序不同。）Societies who score low on this dimension, for example, prefer to maintain time-honoured traditions and norms while viewing societal change with suspicion. （例如，那些在这一维度得分较低的社会更偏好维持经过时间考验的传统和规范，以怀疑的眼光看待社会变迁。）Those with a culture which scores high, on the other hand, take a more pragmatic approach: they encourage thrift and efforts in modern education as a way to prepare for the future. （另一方面，那些在这一维度得分较高的文化则采取更实用主义的思路：他们在现代教育中鼓励节俭与努力之为一种应对未来的方式。）

南亚文化浸淫于佛教传统，泰国人也许因此不关注"现世"。在这一意义上，泰国人的长期导向远低于东亚人。另一方面，泰国文化与阿根廷文化，二者之间有巨大差异，而这一差异无法由"长期导向"获得表达。

总之，我认真研究了葛浩德这本书里的全部数据和图表，我认为六大维度当中，只有"权力距离"这一维度的测量是可靠的。或许"个人主义"和"男性意识"这两个维度的测量也是可靠的。其余三个维度，也许不适合我们中国人的经验，也许测量误差太高，也许设计错误，总之，不可靠。

被学术界广泛引用的另一套文化量表，称为"世界价值调查"，似乎比葛浩德的量表更成功。例如，我在《收益递增：转型期中国社会的经济学原理》介绍的莫里斯的著作和诺奖经济学家菲尔普斯的著作，都使用了这套数据。

"世界文化地图"以它的两位作者命名。其中，第二作者韦尔泽尔（Christian Welzel）生于1964年，是德国的政治科学家，目前主持世界文化调查项目。第一作者英格尔哈特（Ronald Inglehart，1934–1921），是美国的政治科学家，专研比较政治学，今年辞世。据报告，2020年是最后一次文化调查。

英格尔哈特与韦尔泽尔的世界文化地图只有两大维度，远比葛浩德的六大维度更可靠，更符合常识。横轴的右端表示"个人表达"价值得分最高，原点表示"生存价值"得分最高；纵轴的原点表示"传统价值"得分最高，上端表示"世俗价值"得分最高。

不过，葛浩德的文化量表，因为有六大维度，也许更适合制订"公司文化"发展策略。例如，瞿娜在一家北欧的公司担任人力资源经理，在中国区招聘员工的时候，就必须考虑北欧文化与中国文化之间的差异性。德鲁克的名言：只有嵌入本土社会的公司才是有生命力的。瞿娜的公司若要嵌入中国社会，招聘中国员工当然是首要环节。一方面，这些中国员工来自本土社会；另一方面，这家芬兰公司要融入本土社会。于是，我认为，参照图3.63，瞿娜的首要工作就是在日常运作中改善这一紧张关系。

我以"个人主义"这一文化性质为例，对比葛浩德的六大维度当中的"个人主义"与世界文化地图的横轴正向"个人表达"的价值。基于常识，我认为二者之间应当是显著统计正相关的。

最后，再看看图3.62，印度的"个人主义"是48，略高于日本的46，远高于中国的20。对比美国的"个人主义"分数91，我在课堂用的心智地图里提供了我的分析："中国文化与美国、印度、韩国文化的比较：中国与印度比韩国和美国有显著更远的权力距离。韩国人有最强烈的不确定性规避和长期导向，也许与韩国人较强的家庭观念有关。印度人的个人主义远高于中国和韩国，也许因为印度人长期缺乏任何秩序感，并叠加了在至少两千年种姓制度传统里形成的强烈宿命感。因此，印度的个人主义与美国的个人主义不同，前者是被动的，后者是主动的。"

　　瞿娜提问：请问丁丁老师，"嵌入"的原文是什么？

　　我答复："embededness"。

　　瞿娜再问：这个词的意思是植根于本土市场？

　　我答复：是植根于本土社会，不仅是市场。这个单词是社会学术语，随着斯坦福大学的格拉诺维特（Mark Granovetter）的一篇文章流行天下。参考文献：Mark Granovetter，1985，"Economic Action and Social Structure：The Problem of Embeddedness"（经济行动与社会结构：嵌入性的问题），*American Journal of Sociology*，91（November）：481–510。

　　继续看图3.62，美国的"男性意识"是62，中国的"男性意识"是66，但这两种男性意识有不同的社会文化传统。中国农村"溺婴"现象大约在20年前成为全世界新闻报道的主题。被杀死的婴儿，也许没有一个是男性。人口学指标有"新生儿的性别比例"这一项，我读博期间必须修满十几个学分的人口学课程，我记得中国人口性别比例失调大约是107个男婴对100个女婴，已算是严重失调的案例。但后来我读了一些人口统计学报告，韩国似乎是109，中国某些地区曾高达117。可是在图3.62中，韩国的男性意识只有39分，远低于中国和美国，也许韩国人的性别意识在晚近20年淡化了许多。其实，性别的生物学决定因素很有趣，也远比我们的常识更丰富。根据饶敦博为公众撰写的科普小册子《每一个人都应当知道的演化学说》"性别"这一章，第23对染色体，X和Y，Y染色体上只有大约70个基因（对应70个蛋白质）。你们可以看看X和Y的体积差异，Y显得很可怜，像是远古伤残的遗迹。X染色体上大约有800个基因（对应800个蛋白质），这是正常的基因数目。有丝分裂是体细胞的分裂方式，而减数分裂仅存在于生殖细胞。饶敦博指出，男性的生产成本较低，故而自然选择倾向于多生产一些男性。男孩贱，女孩贵。多生多少呢？饶敦博说男性140对女性100。

以上是葛浩德六大维度当中，我认为可靠的三大维度在我熟悉的几个文化之间的比较和分析。我不熟悉的文化，例如东正教各国、天主教各国、西亚或非洲，也许为我认为不可靠的那些维度提供了支持性的样本。

葛浩德这本书的第3版提供了六大维度两两相关分析的几十张散点图，其中有一些呈现很强的线性关系，有一些呈现非线性关系，还有一些图完全没有规律可循。我选了一部分贴在课堂用的心智地图的左半边，因为下一讲讨论群体创造性问题，涉及群体文化，可能用到这些散点图。

在六大维度两两相关的散点图当中，我认为线性关系最强的，是个人主义与权力距离之间的统计显著的负相关性。英国、美国、澳大利亚、新西兰、加拿大、荷兰、匈牙利，个人主义的分数最高，并且权力距离最小。但是因为如我所述，"个人主义—集体主义"这一维度不可靠，基于常识，很难解释各国在这一维度上的差异。例如，危地马拉、巴拿马、委内瑞拉、厄瓜多尔，集体主义的分数最高，并且权力距离最大，与我关于拉美文化的常识不一致。

另一张散点图，在"权力距离—男性意识"平面内，似乎表达了某种非线性关系，当然也是一种有趣的现象。这里似乎出现两种线性关系：（1）男性意识与权力距离之间的正比关系，在这一关系的下端点是奥地利，上端点是俄罗斯；（2）男性意识与权力距离之间的反比关系，在这一关系的右下端是马来西亚，左上端是北欧三国。

在"男性意识—不确定性的容忍"平面的散点图里，似乎有某种线性关系，左下端是葡萄牙，右上端是斯洛伐克。但是与我的常识不一致，我以为葡萄牙人是"地理大发现时代"和"海外殖民地"的先驱，有很强烈的冒险精神，反而是女性意识最强而且不确定性规避最强。

这些都涉及第四讲的主题，究竟什么样的人是团队的领导者，或者，什么样的人应当成为领导者。第四讲的一项核心内容是印刷版心智地图右侧列出的罗豪淦2020年论文，我写了一段概述：物种内部的竞争出现在两个层级——群体内部的个体之间，和群体之间。在群体内部的竞争中，个体的竞争优势三要素是：（1）身份地位，（2）社会技能，（3）名声。其中，社会技能的运用使个体获得更好的名声，从而改善身份地位或至少名实相符。在群体之间的竞争中，领导力而不是社会技能，成为关键因素。领导力的核心是人格气质。

五、竞争与创新的智慧

剩下的时间不多，我希望讨论一个连接前三讲与第四讲的主题。诸友可回顾第一讲图1.1，在"导论"的周边，有四张贴图，即我所谓"承前启后"的主题，有助于反思前面的三讲内容并为第四讲提供思想资源。

我在前面三讲探讨了生物演化的基本原则，不仅有竞争的原则，而且有合作的原则。只是在写了博客文章"再谈竞争与合作"之后，我才说服了自己，澄清了竞争原则与合作原则的关系。达尔文学说过于强调竞争，必须补充以克鲁泡特金的合作学说。事实上，我在前面三讲用大部分篇幅介绍生物界的合作关系及其伦理的演化，所谓"矫枉过正"。现在，我需要返回达尔文的竞争原则。

竞争非常重要，它迫使有机体"优化"自己的行为。如果完全没有竞争，也就不需要优化。注意，完全没有竞争意味着完全不存在资源的稀缺性。在现实世界里，我能够想到的几乎完全没有竞争的领域，也许，是一个人的梦境。至少，如果每一个人每天都有八小时睡眠时间，在这一给定条件下，每一个人如何入睡、如何做梦、如何度过每天夜间，完全不必与其他人的类似活动有竞争关系。我也想象了一种竞争关系，例如，集体宿舍里，先入睡的同学鼾声如雷可能使晚入睡的同学无法入睡，于是有某种竞争关系。总之，一个人的梦境是无所谓优化的，也无法被优化。将来可能出现优化梦境的技术，我认为很可能。梦境无所谓优化，故而，梦境也无理性可言。

记住这一命题：无优化，无理性。反之亦然，无理性，无优化。当然，这里的"理性"是经济学理性，于是可表达为优化模型。诸友翻开任何一本经济学教科书，立即可知。

有机体之间的生存竞争，只要足够激烈，就有优化或理性化过程。不妨认为，这是上一命题的等价命题。但是，竞争导致的优化过程，不是智慧。

我在第四讲将介绍施腾伯格给出的"智力—创造性—智慧"三元定义。现在看看图3.65，横轴是任务的难度，由左至右：最低的难度是"描述现状"，发生了什么；其次是"因果分析"，为何发生；然后是"预测"，将要发生什么；最后是"控制"，我们怎样使它发生。纵轴是任务的价值。不论何种任务，流程都是从"信息"到"优化"。这张图出自科赫的著作，即克里克晚年的合作伙伴。他俩共同研究"屏状核"意识问题，直到克里克辞世。这些故事，我已写在了本讲附录4，此处不赘。

Fig. 1.1 Gartner four-level analytics model. (Adapted from Koch, 2015)

图3.65 截自"转型期中国社会的伦理学原理"2021年课堂用心智地图

　　科赫从物理学和电子工程学转入生命科学，他画的图3.65，适用于"硅基生命"，也适用于"碳基生命"。我在课堂用的心智地图里关于这张图写了这样一段文字：生命演化或"物竞天择"塑造了有机体的基本性质：（1）稳定性，（2）灵活性。DNA太稳定，RNA太灵活。从这种最低级的智力，涌现了更高级的智力。在爬行动物或更高级动物的神经网络里形成了所谓"BIS-BAS"系统，前者提供稳定性，后者提供灵活性。在更高级的动物中，基于BIS-BAS系统，涌现了"人格特征"。类似的原理也出现于群体生活，在竞争中胜出的，通常是BIS（保守）与BAS（创新）保持合适比例的群体。

　　我们知道"大五人格"，从海量数据降维到五项人格特征。如果继续降维处理，就有所谓"大二人格"——心智的"稳定性"和"灵活性"，已能看出人格与心智的关系了。如果继续降维至大一人格，那就是所谓"通用智能"（the general factor of intelligence），通常记为小写的"g-factor"，区分于大写的"G-factor"。与大写的"G"相比，小写的"g"的可遗传性非常高。这一主题涉及"政治正确性"，故而争议很大。参阅维基百科词条"g-factor"。

　　回顾历史：地球演化了46亿年，最早的单细胞出现于38亿年前。最初，大多数单细胞很可能是RNA碎片，因为DNA太稳定，很难在火山喷发和"晚期轰炸"中生存。可是RNA太灵活，"龛位"很容易消失。又经过20亿年的演化，才出现了真核细胞，有了细胞核和DNA，还有其他的细胞器，是更高级的合作秩序。然后，又经过15亿年的演化，有了诸如三叶虫这样的多细胞生命以及寒武纪多细胞生物的大爆发。也就是说，只在5亿年前，经过了33亿年的漫长演化，有机体形成了自己基本的性格——稳定性与灵活性的合适组合。上世纪末叶，我写文章介绍过，仿真研究表明，代际繁衍最久的有机体性格，大约需要三分之二的稳定性与三分之一的灵活性。

例如，中国改革开放的初期，我家的邻居，两个男孩，往返于北京和深圳，倒卖录音机，赚了不少钱，很快成为院子里最富有的，可是惹来很多邻居的非议，似乎成为不老实做人的案例。人群的三分之一非常灵活，另外三分之二相当保守。改革开放继续，10年后，人们的心态不同了，也许三分之一相当保守，另外三分之二非常灵活。那时，是"价格双轨制"时期，朋友们见面就问"你手里有多少吨钢材"或"什么型号的钢材"诸如此类的问题，有些朋友家里安装了传真机，收发的信息主要是钢材型号和售价。先秦社会的齐国，"士农工商，四民杂处"，在经商大潮的时期，士农工商都要经商。社会失稳，因为三分之二的人不再保守自己的传统。失稳的社会当然很难长期繁衍，相当于38亿年前的RNA碎片。

说实话，现在中国社会里已有越来越多不愿从众的独立思考者。社会也逐渐适应了这批独立思考者，允许他们发表反潮流的见解。可见，中国社会正在找到稳定性与灵活性的更合适组合。

图3.66，可参阅我的《行为经济学讲义》关于西蒙"E算法"的章节，有机体的优化不同于数学的优化，西蒙称有机体的优化过程为"演化理性"——以局部寻优为特征，西蒙称数学的优化为"建构

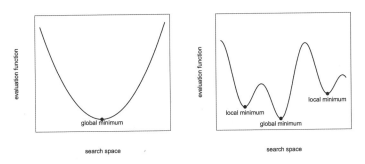

Fig. 1.3 Example of a convex (left) and non-convex (right) function landscapes

图3.66　截自"转型期中国社会的伦理学原理"2021年课堂用心智地图

理性"——以全局寻优为特征。例如，人体器官或人体各部分的连接，有许多不优化之处。我们的大脑皮质，演化先形成了某一结构，那么后来形成的结构在颅腔里没有空间，就只能折叠然后继续扩展。

图3.67所示"基因型地貌"的最简形态，只有一个维度——"特定物种承载的基因组"及其"适存度"（纵轴）。点B是一个适存度的最小值，意味着物种将消亡，故而这一物种为求生存而寻优，从点B爬坡至点C，还可能爬坡至点A，全局最优。参阅我的《行为经济学讲义》关于"演化基本方程"和"适存度"的章节。

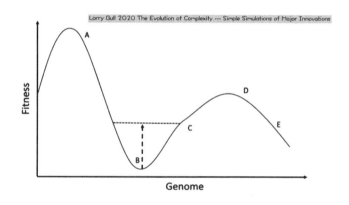

图3.67　截自"转型期中国社会的伦理学原理"2021年课堂用心智地图

西蒙指出，由于是局部寻优，生命的演化有可能锁入死胡同。例如图3.66的右图，只有一个全局最小值，但是有两个局部最小值。演化寻优的初值如果偶然就在某一局部最小值的附近，那么，陷入这一局部最小值的可能性非常大。将来如果有某一竞争族群，也是偶然，寻优的初值在全局最小值附近，那么，很可能，这一族群的竞争将使那些锁入局部最小值的族群消亡。有鉴于此，人类永远希望借助全局理性来避免自己的演化路径锁入死胡同。此处不可忘记哈耶克晚年最后一部著作的核心命题：人类理性的"致命自负"，其实是对人类的永恒威胁。

　　上述的两难困境，也是我多年思考的主题。我的态度，我称为"复杂性"思路。第一，区分历史的局外人视角和局内人视角；第二，企业家——政治的和经济的，永远是历史的局内人，这是他们的本性；第三，哈耶克这样的学者，当他在历史的局外人视角下审视人类历史时，警告历史的局内人注意理性的"致命自负"；第四，布坎南这样的学者，生活在美国宪政危机的时代，当他挺身而出呼吁"宪政革命"时，他是历史的局内人；第五，所以，人类需要同时有局外人的视角和局内人的视角。虽然，历史的局外人永远只能扮演"密涅瓦的猫头鹰"——黄昏以后才起飞。

　　图 3.68 远比图 3.67 复杂，在基因空间（底层）与适存度的地貌（顶层）之间增加了两个映射——由基因型到表型的映射（请回顾图 1.27）和由表型到适存度的映射。注意，这部 2021 年出版的大型工具书的第二主编，就是我在"导论纲要"第（3）项里列出的第一位核心人物"缪勒"。

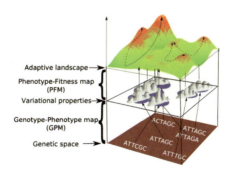

图 3.68　截自：Miquel Marin-Riera and Isaac Salazar-Ciudad，"Computational Modeling at the Cell and Tissue Level in Evo-Devo"（演化—发育中的细胞和组织层次上的计算机建模），Gerd B. Muller et al., eds, 2021, *Evolutionary Developmental Biology: A Reference Guide*（《演化发育生物学指南》）

与图 1.27 我的手绘示意图相比，图 3.68 增加了一个映射——从表型到适存度地貌的映射。也许，这是"演化—发育"生物学视角下必须有的一个映射。因为每一表型都在生存竞争的环境里，与其他表型和其他物种竞争，很难预测自己的命运。在"演化—发育"视角下，这种竞争过程可表达为一个映射。也因此，在适存度地貌里发生的是动态过程，那些初值偶然处于适存度低谷的表型为求生存而爬坡，它们可能攀登至右侧的两座山峰，也可能攀登至中央的一座小山峰。在左侧，另一些偶然处于适存度低谷的表型可能爬坡至全局最高的两座山峰。

现在，我的第三命题：竞争不是智慧，合作秩序是智慧相依的。任何一个族群若要避免自己的演化锁入死胡同，就需要智慧，需要荣格描述的"集体无意识老人"的智慧，所以原住部落里具有智慧的是老人，他们被认为有最高的判断力——在完全没有相关信息的情况下做出重要决策的能力。所谓"高瞻远瞩"，不满足于局部最优。汤因比《历史研究》描写了不少消失的文明，都是自己锁入演化死胡同的结果，所谓"文明陷阱"——因为满足于自己辉煌的文明而拒绝离开局部最优，事实上，这些文明的主导者拒绝承认自己处于"局部最优"。我每次讲这一原理时，都想起王小波在《读书》发表的文章《花剌子模信使问题》。你们不妨找来一读，也好重温王小波的提醒。

图 3.69 左下方显示的是"智慧的维度"，这是我根据图中右边显示的 2019 年《剑桥创造性手册》第二主编施腾伯格在这部手册里的文章绘制的，其实是我的读书笔记，这张图很大，我称之为"智力—创造性—智慧"三元定义图示，是第四讲的主题。

关于图 3.69，施腾伯格讨论的"创造性"，有四个维度；他讨论的"智力"，有五个维度；他讨论的"智慧"，有六个维度。我能感觉到，他在讨论智慧时，局限于西方思想传统，故而他可能继续增加维

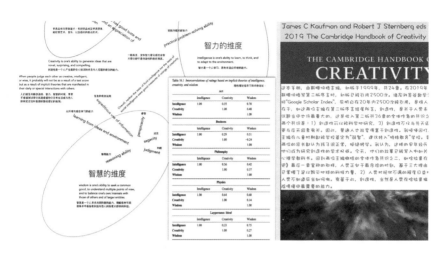

图3.69　截自"转型期中国社会的伦理学原理"2021年课堂用心智地图

度，却终于不能穷尽"智慧"一词的含义。我还注意到，他不引述荣格。事实上，荣格在西方思想传统里始终是"边缘人物"。可是只有诉诸荣格，西方思想才可能接近智慧。我最近在谷歌检索关键词"Martin Heidegger and C. G. Jung"，只获得一篇旧文，1993年发表的，2013年再次发表：Richard M. Capobianco，"Heidegger and Jung：Dwelling Near the Source"（海德格尔与荣格：在源头附近栖居）。这篇文章作者的姓名，让我想到意大利人。检索得知，他是美国一所天主教学院的哲学教授，以研究海德格尔闻名，维基百科只有很简单的词条"Richard M. Capobianco"，未披露他的出生年份。

结束这一讲之前，我应当解释图3.70，即第一讲"导论"图1.1的左下图。注意，我贴在课堂用心智地图里的超过200张图，几乎每一张，都写明了原图索引，例如图3.70右下角，原图引自：Neil E. Harrison and Robert Geyer，2022，*Governing Complexity in the 21st Century*（《在21世纪管理复杂性》）。这本书，其实是文集。

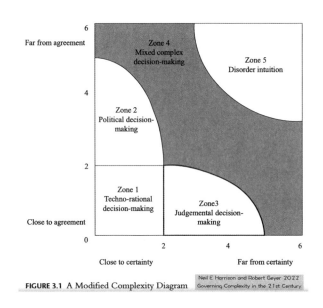

FIGURE 3.1 A Modified Complexity Diagram

图 3.70　截自"转型期中国社会的伦理学原理"2021 年课堂用心智地图。横轴正向表示不确定性增加的方向，纵轴正向表示群体决策达成共识的难度增加方向

　　我喜欢图 3.70，因为我找不到比它更合适的图示来表达"判断力"的应用领域，即标识 4 和标识 5 的区域，也就是在群体决策过程中，最难以达成共识并且具有最高不确定性的那些议题，应当交由被群体认为智慧程度最高的那个人做出判断。

　　在图中最靠近原点的区域（标识 1），英文名称是：技术理性的决策范围。这里只有最低程度的不确定性和最低的共识难度，故而这些问题可由技术官僚或人工智能去解决。其次，在图中标识 2 和标识 3 的两大区域，这里的议题不应交给技术官僚或人工智能。在标识 2 的区域里，议题有较大的共识难度但不确定性尚且不很高，这时就需要政治人物在各方面之间斡旋权衡。在标识 3 的区域里，议题有较大的不确定性但共识难度尚且不很高，这时需要专业化的"判断力决策"——典型如法官和医生的决策过程；这些典型，也是康德在《判断力批判》

的一个脚注里讨论的案例。

在标识5的区域里，议题具有最高的不确定性和最高的共识难度。这时唯一可依赖的，就是"直觉判断"，图中这一区域里的英文名称，我建议译为"无序状态下的直觉"。依照荣格的思路，我称这一区域为"集体无意识"与"意识"的融合领域。这样的直觉，才符合咱们东方思想传统。也因此，根据荣格的评论，这一领域可以产生伟大的艺术作品。当然，这本书没有讨论艺术作品。

标识4的区域，是这张图的作者们认为需要"复杂性思维"的决策领域。我也同意这一名称，因为复杂性思维也需要智慧。

回到第一讲图1.4的右图，网状因果。与西方科学假设的线性因果截然不同，我现在提出的这一命题，我认为最初是韦伯意识到的：面对网状因果，我们不可能有全局理性。

我在第一讲解释过，网状因果与线性因果的本质差异在于有多重"因果循环"，以致任何一个结果都还是一个原因。所以，网状因果在数学视角下是无解的。西方思想传统拒绝分析网状因果，因为，这一传统的基本假设是宇宙有一个终极原因。在有神的时代，终极原因是神；在无神的时代，终极原因是科学探索的终极目标。东方思想传统对宇宙的基本假设，可以说就是网状因果。只不过，印度思想倾向于融入无始无终、不生不灭的无意识感；而中国思想，尤其是儒家思想，则倾向于在现实的因果之网的任何一个局部寻求合理的生活。

可见，图3.70在东西方思想传统里，是很不错的一个表达。至于究竟何为"复杂性思维"，是另外一门课的主题，况且今天也还没有定论。东西方思想传统，都有"企业家"的位置。企业家，就是要在网状因果当中凭直觉判断哪一条链状因果是收益递增的。这种判断当然要承担风险，只抓住一条因果链，如果抓错了，企业就失败。

这样，我基本上讲完了"导论纲要"的第（7）项。现在看图3.71，

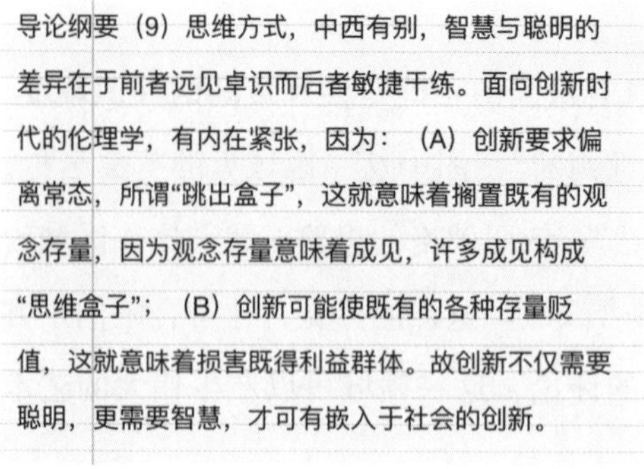

导论纲要（9）思维方式，中西有别，智慧与聪明的差异在于前者远见卓识而后者敏捷干练。面向创新时代的伦理学，有内在紧张，因为：（A）创新要求偏离常态，所谓"跳出盒子"，这就意味着搁置既有的观念存量，因为观念存量意味着成见，许多成见构成"思维盒子"；（B）创新可能使既有的各种存量贬值，这就意味着损害既得利益群体。故创新不仅需要聪明，更需要智慧，才可有嵌入于社会的创新。

图 3.71　我为第一讲写的"导论纲要"第（9）项：思维方式

我的"导论纲要"第（9）项。什么是中西传统定义的"聪明"？我调和中西，定义为"敏捷干练"。虽然，"聪"字和"明"字在中国古代有远为深厚的含义。什么是中西传统定义的"智慧"？我调和中西，姑且定义为"远见卓识"。

更困难的，也许是解释关于"创新"的伦理学，因为中国传统与西方传统关于创新的态度有本质差异，二者之间的紧张关系是关于创新的伦理学面对的主要困难。例如，英文"innovation"（创新），与企业家活动密切相关。在中国传统里，没有"创新"这一语词，但是有"标新立异"，以及诸如"奇技淫巧""雕虫小技"此类的贬义词。

中国士人以智慧而超然物外，冯友兰《中国哲学简史》开篇已有铺叙。遇到"千年未有之变局"，中国士人的态度是"知常通变"。以"常道"之不变，应形势之万变。当然，中国传统里也有"变法"的思想资源，只不过，变法不是主流，相当于前述的"三分之一"的灵活性；主流，相当于前述的"三分之二"的稳定性。

我写的"导论纲要"九项，图 3.71 是最后一项。已讲完的内容，诸友在复习时，可借助"导论纲要"的下列两项，见图 3.72 和 3.73。

现在下课。

图 3.72　我为第一讲写的"导论纲要"第（4）项

> 导论纲要（4）自然道德或演化伦理的脑科学研究有两大类，其一可称为"认知脑"的演化，其二可称为"社会脑"的演化。后者又被分为"社会情感"和"社会认知"的演化。灵长类的脑量增长，饶敦博论证，主要是由合作（群组）规模驱动的。灵长类与猫科犬类的竞争，优势是合作。

图 3.73　我为第一讲写的"导论纲要"第（6）和第（7）项

> 导论纲要（6）达马西奥 2018：内平衡态扰动是情绪的起源，也是文化的起源。牛津大学出版社 2019《内感受的心灵：从内平衡态到警觉》，脑之为超级预测系统。
>
> 导论纲要（7）文化层次的选择，哈耶克"我们是我们传统选择的"，特定文化熏陶了特定情感，文化有模式可循，葛浩德，文化的六个维度。或"英格尔哈特–韦尔泽尔"两大维度，世界文化地图。

附录1 转型期中国社会与世界秩序（第一部分）

首先抄录我在印刷版心智地图第四讲标题下方写的文字：

> 中国社会正处于"文化—政治—经济"三重转型之内。转型期与稳态期相比，未来预期非常不稳定，故而，一切存量的价值都要贬值，例如信誉和品牌。伦理特指人与人之间的关系，故而，长期关系贬值，例如，家庭关系。普遍可预期的，只有短期关系。然而，短期关系的核心不再是深层情感交流，于是，只有另外两类内容，即经济关系和政治关系，参阅我的博客文章"经济学基本问题"。

如本书第一讲所述，在全球史视角下，中国社会的三重转型期，自1850年以来，与世界经济变迁重合，中国廉价劳动力与西方先进技术结合，潜在可实现的高速增长，只需要足够长期和足够广泛的改革开放政策之激发。诺斯概述经济变迁的三要素：（1）人的数量与质量的增长，（2）知识存量的增长，（3）为更多社会成员在更广泛领域的生产活动提供激励的制度变迁。

中国的"社会过程"在1980年代初期，因缘际会，选择了"改革开放"融入世界经济主流的公共政策基本路径，虽有数次调整，但仍维持了这一基本政策的社会预期。30年，一代人的时间，图1所示"工业革命"的每一项重大技术进步都已广泛植入中国经济，成就了所谓"中国奇迹"。虽然，社会过程选择的社会演化路径是可变的，如果社会过程本身发生显著的改变。

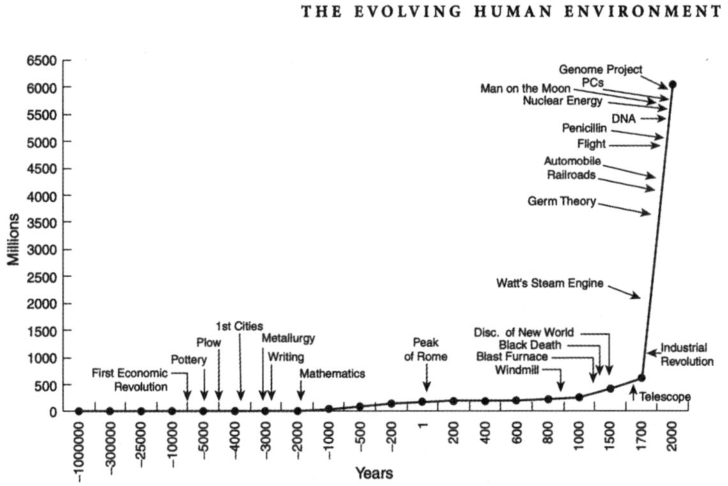

THE EVOLVING HUMAN ENVIRONMENT

图1　截自：Douglass North，2005，*Understanding the Performance of Economic Change*（中译本标题《理解经济变化的绩效》），第7章。纵轴表示地球上的人口总量，横轴表示时间，诺斯在这条人口曲线上标识出重要的技术进步。所以，这幅图的名称应当是"技术进步与人口增长"

　　理解世界范围的"社会过程"，我的建议是，奈特的"社会过程"学说辅以达马西奥的"内平衡态"学说。其实，马歇尔在撰写《经济学原理》之前，徘徊于"牛顿力学"的思路与达尔文的"生物学思路"之间（参阅我的《经济学思想史进阶讲义》第六讲），他后来选择了力学思路，但他的"均衡"概念与生物学的"内平衡态"概念非常接近。事实上，生命系统论运用于当代社会科学的两大思路是：（1）霍兰德的"复杂适应性系统"，（2）达马西奥的"内平衡态"学说。

　　上述霍兰德思路和达马西奥思路的介绍，出现在本书第一讲的后半部分，关于"成瘾"行为的生物学解释。那里也列出了他们的主要著作，只不过，基于叙述的主题，我写的介绍性文章"生命系统"，没有附录于第一讲，而是附录于第三讲。

世界是一个复杂适应性系统，它的每一层级和每一子系统，都需要维持某些功能的正常运行。这一系统的稳态，基辛格称为"世界秩序"。虽然，至少目前，世界秩序正在失稳。只在达马西奥"内平衡态"学说的基础上，"失稳"的含义才变得明确。所谓"内平衡态"，就是有机体内部各种可能状态当中最有利于生命的延续与繁衍的那些状态。米勒在"生命系统论"中强调，生命系统在各层级都有一个子系统负责维持"边界"。例如，在最基本的"细胞"层级，负责维持边界的子系统称为"细胞膜"。又如霍兰德强调指出的那样，复杂适应性系统有两大特征——边界与信号，其中"边界"必须具有"半透膜"的性质，从而系统可与环境交换物质、能量和信息。内平衡的"内"字，特指边界之内。在边界之内的各种可能状态中，所谓"有利于"生命延续与繁衍的状态，就是在演化基本方程里这一特定生命系统的适存度高于生态环境里各类生命的平均适存度。参阅我的《行为经济学讲义》，或这一附录里推荐的第三部著作。

生命系统边界之内可以形成的各种可能状态当中，使这一生命的适存度高于生态环境平均适存度的状态通常不是唯一的。毕竟，生物演化不是数学。所以，当这一特定的生命系统偏离了旧的平衡态时，新的状态未必带来致命的损害，也许，新的状态仍有利于这一特定有机体的延续与繁衍，从而并不激发系统返回旧的平衡态的努力。这类现象，工程控制论称为"容错"。仅当新的状态带来的损害超出容错范围时，激发系统返回平衡态的努力。

不论在哪一层级和哪一子系统，失稳可激发系统返回内平衡态的努力，如图3.37所示。那里显示的系统其实是一个"黑箱"，它内部的任何过程都是不可观测的，唯一能够观测的变量是输入"x"和输出"y"。在增加了一个反馈环节之后，反馈的输出"w"是可观测的，称为"控制变量"。在反馈控制当中，最简单的是将"y"与某一设定值"y*"加以比较，并根据它们之间的误差来设计控制变量，从而使系统输出"y"保持在"y*"的某一允许范围（容错范围）之内。

　　达马西奥定义的内平衡态，可以是图3.37所示的"y*"。生命系统的子系统履行的功能，相当于图中所示的输出"y"。当y在y*的允许范围之外时，可激发生命系统返回内平衡态的努力。所谓"失稳"，特指生命系统返回内平衡态的努力不再有效。

　　根据维基百科"内平衡态"词条：在生物学里，内平衡态是一种由生命系统维持的稳定的内在的物理的和化学的条件，是有机体的最优功能所需条件，它包含许多变量，例如，体温和体液平衡，维持在某一预先设定的限度之内（内平衡范围）。其他变量包括细胞外体液的酸碱度，碱、钾和钙离子的浓度，以及血糖水平，所有这些变量都要保持在特定范围内，不论环境、营养或活动强度如何改变。这些变量的每一个，由一个或多个机制调节，这些机制称为"内平衡机制"，全体内平衡机制共同维持生命。……任何内平衡机制都有三项要素：（1）感受器，（2）调控中心，（3）执行器。……这些要素通常构成负反馈系统。……homeostasis源自希腊文，standing still ＋ similar ＝ staying the same（保持不变）。

　　内平衡，是巴黎大学生理研究所首任主席，生理学家博纳德（Claude Bernard，1813–1878）创建的术语"milieu interieur"，即"内在环境"：The stability of the internal environment [the milieu intérieur] is the condition for the free and independent life（内在环境的稳定性是自由和独立的生命之条件）。这一观念由哈佛大学医学院生理系主任坎南（Walter Bradford Cannon，1871–1945）发展为生理学基本原理，并命名

为"homeostasis"。神童维纳（Norbert Wiener，1894–1964）14至19岁在哈佛大学读博期间，或稍后，于1930年代，从坎南那里接受了这一术语，1945年引入他的控制论（1948年第1版第4章），如图3.38。今天，我们似乎只知道"控制论"而不知道"负反馈"原理最初来自生物学。参阅：Leone Montagnini，2017，*Harmonies of Disorder: Norbert Wiener — A Mathematician-Philosopher of Our Time*（《无序的和谐：诺伯特·维纳——我们时代的一位数学家和哲学家》），第4章第3节。根据维基百科"维纳"词条，维纳创建"控制论"，将一切智能活动视为"反馈机制"效应。维纳《控制论》引述坎南的内平衡态原理，将任何社会现象解释为围绕"常态"的扰动与恢复。在MIT 2019年再版的《控制论》一书里，这一概念出现了29次。

维纳在图3.38中描述的负反馈系统，与图3.37相比，更复杂一些，他以无线电通信为案例，故而，图3.38出现了"高频振荡器"和"高通滤波器"这样的设备。与更抽象的图3.37对照，图3.38所示的"补偿器"相当于图3.37所示的"黑箱"系统，图3.38所示的"执行器"相当于图3.37所示的"负反馈控制"。

图3.40是维基百科"负反馈"词条提供的反馈系统图示，它比维纳的图3.37更简明。从图的左端开始解释，首先显示"扰动"，这一扰动与反馈控制叠加成为"系统"的输入。然后有一个用于观察系统状态的"测量元件"，它将测量数据与预先设定的"参照点"按照符号的正和负叠加成为"误差"信号。控制器的输入是误差信号，控制器的输出是给执行器的指令。

根据Leone Montagnini《无序的和谐》：

Cannon introduced the term "homeostasis", meaning the coordinated physiological processes which maintain most of the steady states in the organism […] — involving, as they may, the brain and nerves, the heart, lungs, kidneys and spleen, all working cooperatively […]. The word does not imply something set and immobile, a stagnation. It means a condition — a condition which may vary, but which is relatively constant.（Cannon，1932，24）（我的翻译：坎南引入术语"内平衡态"，含义是受到协调的诸多生理过程，旨在维持有机体的大多数稳定状态……——涉及，如果它们有的话，脑与神经、心、肺、肾、脾，这些器官全都合作运行……这一术语并不意味着某种一旦设置就固定不变的停滞状态。它意味着一种条件——这一条件可以变化，但相对而言保持定常。）

　　基于上述观念史，达马西奥夫妇2016年撰写文章发表于制度经济学和行为经济学的权威期刊《经济行为与组织杂志》（*JEBO*），定义"内平衡"为：maintaining functional variables within a range of values compatible with survival（维持功能变量在某一与生存相宜的变化范围内）。他们指出，如果有机体被迫在基于内平衡态的"well-being"（良好生存）之外运作，有机体将滑入病态并导致死亡。这一情形发生时，感觉就成为强有力的颠覆因素，将危险注入思想过程——这是一种返回所需的内平衡范围的努力。Antonio Damasio and Hanna Damasio, "Exploring the Concept of Homeostasis and Considering its Implications for Economics"（标题直译：探索内平衡态的概念并思考它的经济学含义），*Journal of Economic Behavior and Organization*，vol.126，pp.125–129。

　　于是，达马西奥将有机体的"感觉"理解为返回内平衡态的一种努力。这样的感觉不需要"意识"（根据我们通常所理解的这一语词的含义），而且是"文化"的起源：

In unicellular organisms, such as bacteria, we find that rich social behaviors, without any deliberation by the organism, reflect an implicit judgment of the behavior of others as conducive or not to the survival of the group or of individuals. They behave "as if" they judge. This is early "culture" achieved without a "cultural mind."（我的翻译：在诸如细菌这样的单细胞有机体当中，我们看到丰富的社会行为，没有任何深思熟虑，反映着关于其他有机体行为之导向或不利于群体或个体之生存的一种隐含判断。这些单细胞有机体的行为"好像"它们在判断。这就是在没有"文化心智"的早期阶段的"文化"积淀。）

牛津大学出版社2019年的文集 The Interoceptive Mind: From Homeostasis to Awareness（《内感受的心智：从内平衡态到警觉》），接续了达马西奥2018年著作的思路，如图3.48，将"自我"视为八识的内平衡机制之整体预测意识。

我试着翻译图3.48的术语，逆时针方向旋转，从6点钟方向开始："内感受""身体感""味觉""嗅觉""运动""听觉""视觉""存在感"。图标：圆形表示"预测"，三角形表示"预测的误差"。于是，由外环向内环深化，预测努力减少预测误差。最内部的圆环表示"自我模型"，中间的圆环表示"多种感觉系统"，最外面的圆环表示"整体感觉"。

我试着解释图2，由左至右：（a）"行为内平衡态"，旨在纠正内感受预测误差的行为，自主调节之为对内感受预测误差的反应；（b）目标动态平衡，支持动态协调的行为，基于前瞻生理需求的脑对于内环境之调节；（c）预期动态平衡与内平衡，关于反事实的前瞻预测误差的未来导向行为，由内感受预测误差与动态预期导向的调节。在动态平衡与内平衡之间的双箭头文字注释：关于内感受与前瞻行动之间关系的学习过程：基于外部行动的内部状态轨迹。

图2 截自牛津大学出版社2019年的文集 *The Interoceptive Mind*，第15章，图1"关键性的概念区分"

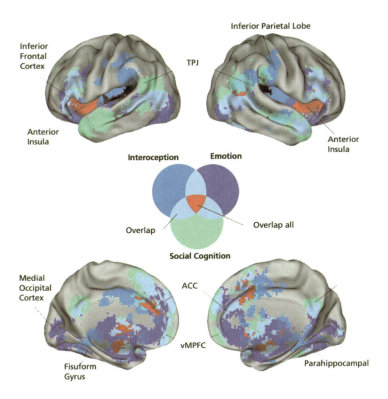

图3 截自牛津大学出版社2019年的文集 *The Interoceptive Mind*，第10章，图6 "Meta-analytic evidence (fMRI) of convergence across interoception, emotion, and social cognition"（关于贯穿于社会认知、情绪和内感受之收敛的功能核磁共振成像）

　　图3的核心图示是中央的三个集合：内感觉、情绪、社会认知。这三个集合的交集由红色区域表示，它们的两两交集由浅蓝色区域表示，情绪与其他集合不相交的部分由紫色区域表示，内感觉与其他集合不相交的部分由蓝色区域表示，社会认知与其他集合不相交的部分由浅绿色区域表示。

　　由上列色彩表示的五个区域出现在四张脑图里：左上角的脑图显示的是大脑左半球，右上角的脑图显示的是大脑右半球，在这两个半球图里，红色区域位于前岛叶，这是最值得关注的脑区。左下角显示的是剥离颞叶之后的大脑右半球，内侧前额叶的紫色丰富（这一脑区是所谓"道德感的中枢"），扣带前回的红色丰富（这一脑区是"自我意识"中枢），颞叶内侧大面积的紫色区域位于"外缘系统"（所谓"哺乳动物脑"或"情感中枢"）。右下角显示的是剥离颞叶之后的大脑左半球，可见，扣带前回不再有红色区域，因为左半球被称为"逻辑理性的脑"。虽然，扣带中回仍有红色区域。由此可知，整合预测社会认知、情绪与内感受的核心脑区在岛叶和扣带回。

　　达马西奥指出：感觉犹如服务于有机体对情境反应之品质的仲裁。最终，感觉是文化的创造过程的裁判。与这一命题完全一致，如图4，以各国文化的六维度比较著称于世的葛浩德生前出版的《文化与组织》第3版，由左至右，中间的灰色波动带"演化的基础"，向上投射至"人格气质"，向下投射至"文化"。然后，获得了初始人格气质的个体投入社会生活之流，逐渐形成适应社会的人格气质。另一方面，初始的文化价值以制度为载体投入社会生活之流，为个体规定社会生活中的角色。

　　在上述演化中，一方面，个体有了自己生活的故事；另一方面，社会也形成了自己的历史叙事。个体与社会都通过学习，形成了适应演化的特征。然后，个体特征与社会特征汇入特定的仪式——个体通

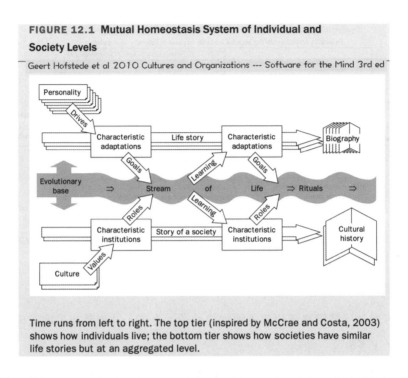

图4　截自：Geert Hofstede et al.，2010，*Cultures and Organizations: Software for the Mind*，3rd ed.，第12章，图1 "Mutual Homeostasis System of Individual and Society Levels"（个体水平与社会水平交互的内平衡系统）

过扮演社会规定的角色而实现自己的目标，从而生成个体的生命史与社会的文化传统。

　　美国当代社会学的领袖人物特纳（Jonathan Turner）2021年新著《论人性：使我们成为人的生物与社会原理》，提供了他对行为社会学宗师米德的"行动"学说的理解，如图5，由左向右演化，个体由于在社会环境中偏离均衡态而产生的冲动，要求个体采取行动加以缓解。这一行动必须基于个体关于可能返回均衡的相关因素之想象，称为"操纵"——思考如何缓解这一冲动并进行试错行为。最后，在右端，终于完满化解冲动，返回均衡。在这一过程中的任何环节的失败，

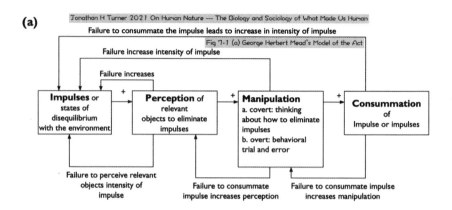

图 5　截自：Jonathan Turner，2021，*On Human Nature: The Biology and Sociology of What Made Us Human*，第 7 章，图 1a "George Herbert Mead's Model of the Act"（米德的行动模型）

都可通过反馈回路强化要求缓解的冲动，直到个体崩溃或采取正确的行动来缓解这一冲动。

　　但是，特纳认为米德的框架偏重于"认知"而忽视"情感"，于是他补充了弗洛伊德的框架，如图 6。特纳详细列出产生冲动的各类偏离均衡的情形：

　　　　An impulse is a sense of disequilibrium with some aspect of the environment (hunger, sleep deprivation, tension with others, failure to live up to cultural codes, inability to adequately role-take, or failure to verify self). （我的翻译：冲动是一种关于环境的某些性质的非均衡感，这些性质可以是饥饿、睡眠不足、与他人的紧张关系、与文化规范相违背的生活、不能充分履行社会角色，或不能证明自己。）

　　我试着翻译图 6，从左向右，左下角是"力比多"（生物性冲动），由此向右上方表达为"本能冲动"，由此向右："认知不协调"——与

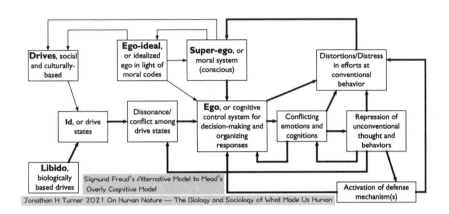

图6　截自：Jonathan Turner，2021，*On Human Nature*，第7章，图1b "Sigmund Freud's Alternative Model to Mead's Overly Cognitive Model"（弗洛伊德模型是对米德的侧重于认知的模型之必要补充）

其他动机冲突，"Ego"（弗洛伊德定义的"自我意识"）——旨在决策与组织响应的认知控制系统，"冲突的情感与认知"，"压抑不符合社会规范的思想与行为"。由此向右下角，"防御机制被激活"，反馈至"自我意识"。

　　注意图6的右上角，"使行为符合社会规范而产生的扭曲或压力"，指向它的三个箭头分别是："自我意识"、"冲突的情感与认知"和"压抑不符合社会规范的思想与行为"。

　　最后，"超我"（道德系统）的箭头指向"自我意识"，同时指向"由道德编码理想化的自我"——由此发出的箭头指向"基于文化和社会的动机"，这些动机与"超我"一起作用于被调节的"本能冲动"。

　　荣格多次提醒我们，这个世界上的全部冲突与战争都是"暗影"投射到外界的后果。他相信，消除冲突与战争的唯一途径是："自我意识"与"暗影"面对面交往。当然，这是每一个人的"英雄之旅"。

（财新博客2021年11月26日）

附录2 汪丁丁与布坎南1998年对话摘要

1998年6月9日给布坎南教授的信——

亲爱的布坎南教授：

我真的从心里感谢你能够接受这次访谈。

每一次访谈之前，我通常要为中国读者写一篇关于访谈对象的学术领域以及研究成果的综述，用这种方式我可以把那些中国读者特别感兴趣的问题着重提出来加以讨论。可是，我发现我很难对你的全部学术领域和研究成果给出一个综述；你发表过的学术成果的目录大约有40页纸那么多（乔治·梅森大学提供的你的学术简历一共47页，其中前7页是简历，其后全是发表过的著作目录）。我之所以无法提供出这样一个综述，部分的原因在于你所涉及的研究专题太广泛、太深刻，以至我难以获得一个整体的把握。于是我索性放弃了为你写这么一篇学术综述的企图，代之以我的那些凭我对你著作的局部印象提出的问题。这些问题当中你认为不妥当、误导或者错误的地方，请你一定提出修正或干脆删去。你对这些问题的批评将与你对它们的回答同样有价值。

问题一

请允许我首先提出一组涉及私人事务的问题。我在诺贝尔奖委员

会的网站居然怎么也找不到你的"官方自传"（Official Autobiography），
而这样一份自传是每一个诺贝尔奖得主必须提供的。我在诺贝尔奖委
员会网站中查到了所有其他诺贝尔奖经济学家的自传。在我反复搜索
你的传记和学术背景材料时，互联网不断提供给我的是另一个詹姆
斯·布坎南的材料，他是19世纪的美国总统。另一方面，我在一份以
报道诺贝尔奖经济学家著名的刊物上得知你"是1890年田纳西州深得
人心的那位州长的孙子"。你的身世中是否确实存在着与那位美国总统
詹姆斯·布坎南的血缘关系？你是否愿意为我们提供一个解释，说明
为什么在诺贝尔奖委员会的网站上十分显著地没有你的官方传记？除
了弗兰科·奈特之外，还有谁被你尊为精神导师？你是否可以告诉我
们你的家族传统对你的学术兴趣有什么影响？

问题二

1995年9月你曾经接受 *The Region* 月刊（著名的保守自由主义刊物）
的专访。在那次专访的开头部分，你认为非要从你所发表过的浩繁论著
中找到一本代表作——例如你最著名的那本《一致的计算》（*The Calculus
of Consent: Logical Foundations for Constitutional Democracy*）——来勾画出你
那些重要的思想，实在是很困难的。

为向中国读者介绍并引导中国大学生研究你的思想，使他们对你的
工作获得一个多少全面的认识，你可以向读者们推荐一本、两本或三本
你自己的著作作为你的代表作品吗？我能否说，《自由的限度：在无政
府与利维坦之间》（*The Limits of Liberty: Between Anarchy and Leviathan*）在
相当程度上代表了你从60年代初期到70年代中期的思想与反思，《自由、
市场与国家》（*Liberty, Market and the State*）在相当程度上可以代表你在
70年代和80年代的思考，而《求解"一致同意"》（我承认，这也不是个
妥当的译法）则代表了你从50年代初期到60年代初期的思考？我能否
说，你在90年代的研究兴趣主要地集注于"位于实证科学与道德哲学之

间的"经济学的道德哲学方面的思考？

问题三

在同一次 *The Region* 月刊的访谈中，你对50年代初期美国学术界对于阿罗不可能性定理的反应以及阿罗本人对此定理的解释的批评，给我这样一个印象，似乎正是你对阿罗定理的与众不同的认识引导你走过了一条漫长的路，从50年代阿罗发表他那篇关于个人价值与社会选择的博士论文开始，经历了四十几年在与"公共选择"有关的各个领域里的探索，走到今天的位置上。你当时对阿罗定理的解释是：正是阿罗证明的那种社会选择的一致性之"不可能性"，才反映出民主社会的真髓。我觉得这一点也许同时将你引导到了威克塞尔（Knut Wicksell）的"一致同意性"（Unanimity）概念，引导你翻译了威克塞尔的那些著作，并且最终引导你得出你在《求解"一致同意"》中的观点。另一方面，在一个局外人看来，那段时期的美国政治发展中包含了几乎二十年之久的一个从"福利国家"的鼎盛时刻向着"里根式政府"过渡的阶段。在那个时期里，你的许多学生由于不同意主流经济学的看法而在毕业之后找不到大学里的工作，从而不得不受雇于政府部门。这些深受你的思想影响的政府专家们后来掌握了公共领域里的政策决策权力，他们对福利国家向着小政府模式的过渡的影响是不可忽略的。

在经历了这么多年的"孤独宣传"之后，你怎样评价或估计你的思想对美国政府模式终于开始发生这一重大转变所施加的影响？我是否可以把这一案例当作"观念导致社会变迁（也许存在着一个二十几年的时间滞后）"的又一个例子？我记得你大致有三本著作已经被译成中文了（《一致的计算》《民主过程中的公共财政》《赤字中的民主》）。我很奇怪为什么他们没有翻译你最近发表的那些主要著作。不论如何，就已经有了中译本的你的著作而言，你预期或希望你的哪些思想将会在中国未来的——也许要等二十或三十年时间——公共选择过程中发生什么样的影响？你是否看到了，由于东西方社会对诸如"政府"和"个人自由"这类观念的理解传统的相当不同，威克塞尔的"一致同意"概念或许在中国以及东亚的其他社会里变得不那么至关重要？你对以东亚经济发展为最近的依据而兴起的新儒家思想倾向于赞同"政府管理市场"的看法有什么看法吗？作为一个古典自由主义者，（我可以这样称呼你吗？）你看到在你的呼吁宪制改革（或宪法革命）与哈耶克70年代对美国"自由宪法"体制的反思与改革建议（反映在他的《法、立法与自由》）之间有什么重大差异吗？由于你最近试图将"普遍主义原则推广到所允许的极限"的努力，你对罗尔斯的正义原则有什么评价吗？

问题四

我对你那次与 *The Region* 月刊的谈话如此印象深刻，以至我不得不在这里再一次引述你那次谈话的一段。你当时对你自己有过这样一个描述："我希望我显得是我想要我是的那样：一个立宪主义的政治经济学家，怀着对孕育了西方文化、价值及其市民社会形态的犹太—基督教文化遗产的感激之情，尤其认同这一文化价值的代表形态——麦迪逊理想中的美国也许曾经是并且现在仍是的那个样子。"对这样一个自我定位，你在当时的谈话中表示始终没有改变，所以我假定你现在仍然认同这一定义。

在你看来，与西方如此不同的文化传统，例如中国，将会以哪些价值观念，通过何种方式，对21世纪——被一位哈佛教授命名为"文化冲突的世纪"——西方社会的发展做出贡献？你是否同意，例如，50年代的迈克·博兰尼，或90年代的道格拉斯·诺斯的看法，认为民主政治的运作艺术从一个社会转移到另一个传统上非常不同的社会是极其困难的事情，如果不是完全不可能的事情？你是否认为哈耶克的

"人类合作的扩展秩序"的概念或许提出了一个比西方社会被叫作"资本主义"的形态更一般的市场社会形态？

问题五

你曾任1984—1986年间飘零山学社（"Mt. Pelerin Society"，通常译作"朝圣山学社"，此处"飘零"反映学社早期的孤独状态）的主席。你愿意就该学会的前景，尤其是它在亚洲各国的活动和可能的影响，对中国读者提出你的看法吗？你是否看到了该学会的精神在亚洲以及其他非西方社会里发扬光大的巨大潜力？

问题六

在《自由、市场与国家》一书里，你这样写道："经济学，如它在80年代的那个样子，是一门忘记了最终目的或意义的'科学'……在非常现实的意义上，80年代的经济学家们在他们自己领域的基本原理方面其实是文盲……他们似乎是一群被阉割了意识形态的人……我们的研究生院正在成批生产着这些训练有素的、高度机智的技术专家，这些专家被训练为幸运地可以无视他们学术事业的最高宗旨的匠人。他们决不感到有道德上的义务去说服和传授给他们的学生那些有关一群自由个体究竟如何能被组织为可以相当有效率地利用其自然资源并且不发生导致社会解体的重大冲突的社会过程的理念。"我非常喜欢你的这段话，所以引述。

由于你的上述立场，你希望如何在一个市场社会中为经济学引进一个道德基础呢？你是否同意相当多的学者所认为的，在你一生的著作中表现出两个布坎南，一个是经济学家布坎南，一个是道德哲学家布坎南？你在你自己的思考中感到过与此类似的在经济科学与道德哲学之间的悖论性关系吗？你希望对在中国从事经济学和社会科学研究的学生和学者们就中国的市场导向的改革提出什么样的建议呢？

问题七

你是否觉得你对一个宪制社会重新立宪的过程所持的普遍主义的立场与哈贝马斯试图以"交往行为"为现代社会重建道德共识的努力有类似之处？为了实现你所说的宪法改革，你将建议采用或创设哪些特别重要的制度？有关西方社会的前途，你愿意提出什么样的描述？

此致，你谦诚的，汪丁丁

1998年6月10日布坎南教授的回信——

亲爱的汪博士：

感谢你6月9日的来信，以及信上提出的富于想象的和激发思考的问题与评论。我将在这里尽我所能地回答你的问题。

一、诺贝尔奖委员会网站（对我的传记）的忽略也许是由于该机构公共关系部门对我所在的这块地方的忽略（汪注：众所周知，诺贝尔奖委员会过于关注主流学派，例如早期的MIT和哈佛，现在的芝加哥）。我从来没有为使我的名字列入那些名单而做过任何努力。但是我仍然感谢你对这一现象的注意。

在美国总统布坎南与我之间仅存在着疏远的家族联系，没有任何值得提起的地方，而且（这一联系）或许只是一种证明不了的揣测。

伟大的瑞典经济学家诺特·威克塞尔，对我的思考具有压倒性的影响，不过是通过他的著作，而不是通过任何私人纽带。

就我所知，我的核心价值的塑造没有任何来自我的家庭的影响，除非你指的是一般美国文化遗产。我生长在南部，我认为，这对塑造我的个人主义理念与反国家化倾向（汪注："anti-state"，此处不能译为

"反国家"）是个重要因素。

二、你所建议的那三本我的著作是恰当的。我还有一本刚刚发表的新著，标题是《有原则的，而不是特殊利益的政治》（*Politics by Principle, Not Interest*）。这本书相当好地反映了我目前的观点。

三、事实上，威克塞尔的影响发生在我对阿罗及其批评者的批评之前。而且威克塞尔之所以吸引了我，是由于我已经建立了基本上是麦迪逊主义的，基于个人价值和有限度的集体行为之上的民主社会必须是什么样子的观念。

我不认为你能够在我的思想、我那些公共选择的同行们与60年代以来的（西方）政治变迁之间建立任何确定不疑的联系。我关于这个问题的看法是，（西方）政治在一切地方都已经超越了它的限度，人们已经意识到了它的失败之处，公共选择理论只不过为他们的意识提供了一种解释——理解他们所意识到的正在发生的事情。换句话说，公共选择的理念从来没有领先于社会运动的轨迹。我从没有主动地促进过任何把我的著作翻译成其他文字，不论是中文还是任何外文的活动。这些翻译我的著作的动力总是来自所译语言的国家的那些学者们。我始终有些担心我的那些东西，尽管在某些方面相当普适，也许就其在美国环境中的应用而言大多是非常本地化的，这使得我的著作在美国社会限度以外基本上无足轻重。在这一点上，我想我上面提到的那本新著或许比我以前的著作具有更大的普遍意义，肯定比我那本《求解"一致同意"》更具普遍性。在大多情况下，我并不反对被人叫作"古典自由主义者"（Libertarian），不过我还是更愿意称自己为"古典的自由主义者"（Classical Liberal）。与自由主义者一致，我强调集体行为（汪注：对个人主义社会）造成伤害的潜在危险，但这一含义不应当在任何开放意义上被推广到一般（汪注：否则将无法与卢梭式的自由主义者相区分）。

我与哈耶克的差异主要在于，我在立宪层次上而言是一个建构主义者，而哈耶克则更倾向于是一个演进主义者，尽管有些时候他也是一个建构主义者。

我一直以来就认为我与罗尔斯的理论很近似，但是请注意下面的关键点：我认为他过分努力地要寻求一些特殊的原则，而其实他应当仅仅守在（立宪）程序这一层次上。

四、我仍然认同于我对自己政治立场的这个定义。

我和我的同事 Yong J. Yoon（汪注：美籍韩裔），最近大量地探讨了儒家价值可能怎样应用于西方社会，以及这些价值怎样与其他价值融合起来。在儒家文化架构里面，"面子"（Decency）与"羞愧意识"（Shame）似乎是很自然地发生的，这些东西是人类品质中非常有价值的特性，而这些特性正在从我们西方人的品质中消失。怎样才能引进这些品性呢？

五、就历史而言，是哈耶克组织了飘零山学会，作为反抗当时整个社会主义思潮的制度手段。哈耶克认为社会主义从科学上说是错误的。

飘零山学会可能在"后社会主义时代"有所作为吗？我的看法是，这个学会目前还在苦苦追求着它在亚洲或其他什么地方发挥它的作用。

六、我从来没有太担心过如何澄清我自己或我（在经济科学与道德哲学之间）的位置。我感觉到这种作为科学家的经济学家与作为道德哲学家之间的紧张。但我们必须坚定地把握住经济学学科核心的科学性，同时试图将它的意义扩展开来，去认识一个有序社会的潜力。

关于（中国）市场导向的改革，至关重要的是把这些改革置于对法律与制度框架的必要性的理解之上，在这一框架内，人们能够履行各自在市场中的职能。关于财产和契约的法律，关于以老实的态度进行交易的传统，这些都是非常重要的，没有了这些东西，市场导向的改革就毫无意义可言。

七、在我自己的威克塞尔传统的一致性研究与哈贝马斯的"对话"研究之间，确实存在很强的相似性。你能够认识到这一相似性，确实富于想象力（汪注：英文"perceptive"译作富于想象力不妥当，因为与"imaginative"不同，这里指的是抽象的概念化能力perception）。然而，在此基础上，存在一个本质上的差异。哈贝马斯似乎相信，通过恰当构架出来的对话，人们就能够达成（共识性）协议。而我在这一点上的看法是，通过恰当构架出来的规则，人们能够达到（一致性）协议，这协议本身就是结果，这结果并不存在于协议达成之前。换句话说，这结果是内生于我的模型里的；对哈贝马斯来说，这结果是已经存在于什么地方，对话则是达到这结果的手段（汪注：我必须向布坎南教授当面解释30年代以来的哲学发展，以便说服他相信在他与哈贝马斯之间不存在这样的本质差异）。

我希望（我对你的来信的）这些"反应—评论"式的回答对你有所帮助。

谦诚的，詹姆斯·M.布坎南

1998年6月23日给布坎南教授的信——

尊敬的布坎南教授：

我接到了你对我上一信所提问题的答复，同时我对你上班的时间之早感到吃惊。当我阅读你的传真时，我再次被你的这些答复所感动。今晚9时，我将从夏威夷开始我这次"朝圣"之旅。在旧金山的博德书店我买到了《诺贝尔奖经济学家的人生》第三版（从而得知你确实曾交给诺贝尔奖委员会一份官方自传，你在圣三一大学的演讲则是你的第二份自传）。我读完了其中你的那一章，感到必须继续追问你一些问题，以便从你那里学到更多的东西。为了你更方便地查找我的问题，我把下面的这些问题与上次的问题一起编号，所以下面的第一个问题是问题八。

问题八

首先，至少就我对西方哲学和哈贝马斯的理解，所谓"对话"（Dialogue），在哈贝马斯的交往理性里，具有和你所理解的程序一致同意基础上的演进理性类似的含义。"逻各斯"的这个含义已经在西方哲学60年代至80年代"语言学转向"的过程中，特别是通过马丁·海德格尔的论说，揭示得非常清楚了。事实上，法国后现代主义者对哈贝马斯的批评主要在于他对"同意的可达成性"太乐观。对于福柯来说，或者对于他的美国盟友麦肯塔尔来说，主要的问题在于这个世界从来没有达成过任何"同意"或道德秩序，现代世界的实质就在于它是由无数不可整合的个人生活世界的碎片构成的。在这样一个现代主义与后现代主义对立的论域里，你其实与哈贝马斯在同一条船上。或许你们之间的一个微妙差别在于，你的"立宪契约"的一致同意是建立在自愿主义共识上的，而哈贝马斯的"理想交往境界"则要求参与对话的个人平等地相互对待。十分明显的是，你和哈贝马斯都大大超越了作为一门社会科学的"现代经济学"的眼界，因为你们的目光关注的是现代社会的深层基础，你们将启蒙时代提出的使命——重新构造现代社会的基础——当作社会科学的最高使命。

这导致了我下面的一组问题：你可否描述一下你理想中的能够把现在的青年经济学家教育成为更能应付他们在21世纪你认为他们最可能遇到的挑战的社会科学教育体系？你最希望在我们的社会里见到哪一种教育体系，是把学者培养为哲学王那样的古典教育体系呢，还是现代福特主义式的培养技术专家们的"主流产品"教育体系？为了坚持你所说的奈特式的"相对地绝对的绝对"原则，你是否因为处身于你所要维持的秩序所加于你的制约和你的创造力丰富的心灵所受到的制度权威的束缚产生的痛苦之间而感到有种紧张关系？你有什么途径来缓解每一个创造性的古典自由主义者都会感受到的这种紧张关系吗？你是否觉得一个真正的古典自由主义社会犹如维持刀刃上的哈罗德均衡那样地难以维系，需要我们经常不断地努力克服来自两个方面的干扰？

问题九

就我在道德与政治哲学方面的阅读而言，你似乎比罗尔斯更早提出了"无知之幕"概念，在你1962年发表的《求解"一致同意"》中，你讨论了理性的自利个体面临不确定性的未来时具有的"激烈的无知"或者极端的"非知"（Unknowledge）。而罗尔斯发表这一原则或许是在70年代初期吧？同时，哈桑尼在50年代的文章里已经提出了类似的概念。他最近正在写他的"规则效用主义"（在我看来与古典自由主义很接近）及其与之对立的"行动效用主义"（在我看来就是极端自私主义）的论文。你提到过你最近几年试图重新整理政治原则，使其更倾向于普遍主义立场（你的《基于原则而不是基于特殊利益的政治》）。

你可否就哈桑尼的效用主义伦理学，联系到你一直以来关注的道德秩序与立宪经济学给出一些评论？

问题十

你强调"宪法同意"本身就应当是"作为公平的正义"。这一公平性基于你所假设的主体间效用不可比的自利的理性个体在自愿基础上达成的全体一致的同意。首先是程序性，这一公平原则不问"一致同意"的内容如何，只看它是否满足了"一致同意"的程序。其次是内容，这一公平原则不问信息在社会成员之间如何分布，不论个体是否得到了充分信息（"无知之幕"）。所以，自愿原则在你的框架里至关重要。当然，如果达成一致同意的成本太高，你愿意退而求次优，接受某种"多数原则"（例如三分之二多数）的公平性。对于这样的自愿契约主义立场，一位尼采主义者还可以批评说，在任何时候的任何社会里，由于人类追求权力的天性，由于这一天性导致的权力在社会成员之间分布的不平等的积累效应，从来就没有什么"自愿原则"基础上的全体一致的同意可言。一个极度饥饿的人可以轻易地以其基本自由权利来换取眼前的一碗米饭，而获得更大权力的社会成员会进一步利用权力来谋取私利，诱致更大的权力不平等。所以或迟或早，在这个程序里会积累起非常高度的权力不平等，从而大大偏离了你所认为的"自然平衡"。你是否因为考虑到了这一点才提出"宪法改革或革命"的主张？如果不是如此，那么你怎样为罗尔斯的"初始状态"辩护？哈耶克曾多次批评罗尔斯的这一"空想的"、"从来不可能把我们带进文明社会的"所谓"初始状态"。我是否正确地认识到了，在你和哈耶克的道德哲学立场之间存在着微妙但关键性的差异？你对启蒙意识形态的信仰使你认为即使最基本的规则也应当能够被人的理性加以改进。而哈耶克则对人类理性缺乏这样的乐观。在我看来（英语不是我的母语），一些学者（例如诺斯、哈耶克、波普）对自然演进的信任甚于对人类理性的信任。而另一些学者（例如奥尔森、你以及库恩）对人类改造环境的能力怀有更多的信心。你是否同意我的这一判断呢？你对上述这些学者们在社会基础设置的演进与改革这一主题上的态度及立场的评价是怎样的呢？

　　问题十一

　　与上一问题相关的另一问题是，虽然一致同意由于借助了"无知之幕"而对理性计算所需要的信息要求很低，但是，很经常地，不论是在宪法的具体内容方面，还是就立宪程序本身而言，信息的充分与否对投票结局起着十分关键的作用。尤其当信息在社会成员之间极端不对称地分布时，更有这个可能。例如，我可以投票反对任何医生以病人为药物实验的对象，但是当我获得了充分信息以后（例如在学习了医学或身患疾病以后），我很可能投票支持医生们这样做。因为我会觉得我的疾病所造成的痛苦远大于医生在我身上进行药物实验可能带来的损害。所以，当信息结构改变时，人们对基本规则以及规则所涉及的内容的态度会发生变化。对这一点的考虑同样为宪法改革提供了理性支持，是否如此呢？你怎样建立一个相对稳定的宪法体制同时又顾及社会博弈的不断变化的信息结构所提出的改革宪法的要求呢？

问题十二

经历过60年代的学生骚乱与社会动荡，你充分认识到了现代社会的危机，也就是所谓"现代性问题"，那是由于"上帝死了"而脱魅了的人开始体验到道德死亡。你为此提出的解答或处方要求宪法改革或对博弈基本规则的重新谈判。这一重新缔约，在我看来，是以眼下的道德状态为给定条件的，换句话说，以目前的道德水平为初始条件。那么你在这一论域里是否看到了道德教育尤其是核心价值教育的极端重要性呢？抑或你认为只要政治改革就足以完成立宪工作（即无论达成何等契约，只要程序上是一致同意的，人们就可以维持这个现代社会的劳动分工）？你是否同意，或许存在着道德水平的一个关键值，当人们的道德意识低于这个水平时，他们所形成的道德共识将无法形成一个足够广泛的市场，从而无法支持一个足够规模的劳动分工，从而人们无法获取分工及专业化的好处，从而整个经济会陷入萧条？

问题十三

你在对我的问题四（关于哈耶克"扩展秩序"概念）的答复里提到，你现在考虑和研究的一个题目是"作为文化共同体的市场"。你可否就此谈得更详细些？你的意思是不是说，市场在这里（问题十二及问题四所涉及的论域里）作为一个道德教育者或道德构建者可能发挥的作用？这类似于苏格兰启蒙思想家们的看法："经济的文明化影响。"你是否在有些时候将你自己看作某种程度上的效用主义者？

问题十四

你在给我的回信里问我怎样在西方文明里引进儒家文化关于"羞耻心"的道德意识。对于这个问题我无以回答。在我能够被任何从事道德建设的企图说服以前，我希望与之进行对话，例如与被称为"社会建构主义"的那一派社会学家对话，他们相信人性从来不是一成不变的，从而不可能被当作社会科学的初始条件，人性，它应当是社会成员相互作用的结果。你是否对"市场作为文化共同体"抱着类似的信心呢？

问题十五

你将政治视为竞争选票的大市场的看法受到诺斯的批评。对后者来说，政治包含着例如界定产权这样的职能，从而，由于这一职能对不同社会历史里的政府提出了不同的要求，并且，许多社会的政治未能达到这一（清晰界定产权的）要求，从而未能使经济得到发展。对诺斯来说，小政府未必就好，如果必须有一个"大政府"才可以保证财产权利安排的稳定与清晰的话。所以，他认为争论东亚社会里政府对经济的干预是否合理，这已经丧失了要点。重要的是，这里的政府，基于特定的社会文化历史背景，是否有效地界定和保护了产权安排，从而政府规模是否在特定的社会文化历史条件下是"最优"的。你愿意就此提出你对诺斯看法的评论吗？

附录3　生命系统——纪念米勒夫妇辞世十九周年

人类行为之所以显现"偏好"，是因为技术的演化。知识积累到某一阶段，行为获得了偏离自然转化的能力，所谓"改造自然"，所谓"生产力"，所谓"技术进步"。其他物种，例如猩猩、海豚、大象、鼠类、鸟类、章鱼和螃蟹，都能以各自的方式使用偶然遇到的工具。亚里士多德说过，"技术"是关于偶然性的机巧。我试着检索人类之外其他物种"制造"工具的案例，尚未见到。人类使用火的遗迹，可追溯至160万年前。然而，人类用工具"生火"的遗迹，只能追溯至大约60万年前。

在学会制造工具之前，物种通常要在各自的环境里找到生存竞争的"龛位"（niche）。这一语词的确切含义，我在二十年前与浙江大学的几位生物学家讨论过，始终不得要领。现在我抄录维基百科"niche"词条给出的定义：In ecology, a niche is the match of a species to a specific environmental condition（在生态学里，龛位是物种与特定环境条件之间的匹配）。最近二十年，所谓"evo-devo"（演化—发展）学派已渗透到心理学和行为学领域，例如，哈耶斯（Steven Hayes）参与主编，2018年出版，*Evolution and Contextual Behavioral Science: An Integrated Framework for Understanding, Predicting, and Influencing Human Behavior*（《演化与情境行为科学：关于理解、预测与影响人类行为的一个整合框架》）。以及，生物学界新兴的"扩展演化综合"（extended evolutionary synthesis）学派核心人物苏尔坦（Sonia Sultan）教授2015年发表的著作：*Organism and Environment: Ecological Development, Niche Construction, and Adaption*（《有机体与环境：生态发展、龛位建设与适应》），她在这本书里阐述了"eco-devo"（生态—发展）思路。也是在这本书里，我注意到，"龛位"之为生态学的核心观念，至今没有合适的定义。苏尔坦的思路，我的理解是：生态龛位与占据这一龛位的物种其实是共生演化的，而不是龛位先于物种而存在。龛位与物种的"共生演化"假说，与田野生态学的观察一致。此处，苏尔坦的原文是：…suggests that the niche can best be understood as a joint property of the organism and its environment — an understanding that resolves the paradox by locating the niche at the interface between the two（……龛位最好被理解为是有机体及其环境的一种共同财产——可化解龛位悖论的一种理解是将龛位置于二者交界处）。

在我思考的"收益递增经济学"视角下，这样的共生演化——此处的案例是"龛位"——其实是物种与环境之间形成了一种互补性，"龛位"使互补性产生"收益"——提高物种在生态中的适存度。费雪（Ronald Fisher，1890–1962）的定义：任一物种的"环境"由包括其他物种在内的全部生态构成。僧帽水母与双鳍鲳的共生关系，可重新解释为，僧帽水母与双鳍鲳相互成为龛位。经济思想史，著名的"蜜蜂寓言"，可重新解释为，"花粉—蜂蜜"互补关系的共生演化。一般而言，任何劳动分工都是互补关系的共生演化。

所谓"互补性"（complementarity），合作，1＋1＞2，双赢博弈，整体大于局部之和，以及诸如此类的描述，都是互补性的技术特征。这样的互补性只是潜在的，这种可能性转变为现实，要求合适的行为激励。事实上，经济学"交易费用"学派的案例研究表明，由于存在着交易费用，已实现的交易的集合是潜在交易机会集合的一个很小的子集。如果双鳍鲳频繁死于僧帽水母的触手毒素，这两个物种之间的合作就可因为交易费用太高而无法实现。

晚近20年，关于合作与利他行为的"群体选择"学说始终难以获得生物学主流的认可。彼得森与韦因斯坦最新的一场对话，"Jordan Peterson is Back"，2021年3月8日发布，Bret Weinstein's DarkHorse Podcast。如图1至图3，这两位朋友之间的争论十分精彩，也富于启发。韦因斯坦是生物学教授，持"古典自由主义的左翼"政治立场，于2017年在校园里与激进学生发生争执，并因此成为"公众人物"。随后，他起诉校方未能调动校园警察平息骚乱，致使他只能在校外讲授当天的生物学课程。诉讼达成和解，韦因斯坦夫妇辞职并获得每人数十万美元的补偿金。随后两年，他参与视频网站"暗黑知识分子"的活动，主持了彼得森与哈里斯的对话。不久，暗黑知识网站陷入财务危机。韦因斯坦于2019年创立视频网站"黑马"，继续成为公众关注度很高的知识分子。彼得森于2019年4月19日在多伦多的艺术大剧院与当代著名马克思主义哲学家齐泽克对话，以《共产党宣言》为核心议题，举世瞩目，被称为"世纪辩论"。随后，彼得森在全世界百多城市循环演讲，并于2020年12月放弃北美心理治疗方法，远赴东欧接受一种更彻底的治疗，大约三个月之后，遂有彼得森与韦因斯坦的两小时对话。彼得森试图修正韦因斯坦的主流生物学视角，在这一视角下，群体虽然可以选择让利他主义者有更多的资源繁衍后代，但这样的选择机制缺乏内在稳定性，故而最终必须依靠外力——例如马克思主义的国家学说。彼得森的视角，群体选择或任何高于基因层次的选择，实质是"意识"对"基因"选择机制的选择。在我的视角下，韦因斯坦的视角当然正确，基因遗传有极高的稳定性，相比而言，任何其他更高层次的选择机制都远不足以被认为具有"稳定性"。但是，彼得森的"意识反作用于基因"视角有非常重要的社会科学含义。首先，意识有能力选择"选择基因的机制"，大量的论证来自诸如"表观遗传学""文化与基因共生演化""evo-devo"或"eco-devo"等学派。其次，我认为应当承认这一事实，即意识选择机制缺乏内在稳定性。任何高于基因层次的演化，如普列戈金（又译"普列高津"或"普利高津"，Ilya Prigogine，1917–2003）学派论证的那样，恰好因为"远离平衡态"才可有"涌现秩序"（也称为"耗散结构"），时间的单向性其实是宇宙的局部性质而非整体性质，参阅：Joseph E. Earley，2012，"Ilya Prigogine（1917–2003）"，*Handbook of the Philosophy of Science*，Volume 6：Philosophy of Chemistry（《科学哲学手册》第6卷"化学哲学"）。汤因比（Arnold J. Toynbee，1889–1975）《历史研究》综述的文明兴衰案例，充分表明"文明"缺乏内在稳定性，也许这是复杂系统的特征。

在牛顿机械论的"均衡"结构视角下，由于"熵增"定律，如果宇宙是封闭的，那么，包括基因层次的"反熵增"过程，都不可避免地趋于"热寂"。在普列戈金远离均衡的"耗散结构"视角下，任何开放系统，只要足够复杂，就可能将系统内部的熵增过程转化为熵减过程。况且，晚近关于宇宙边缘的探测与研究似乎意味着，宇宙也可能是开放的。

观察基因的"双螺旋链结构"，不难看到，基因存在的生物化学基础是碱基对的互补性——腺嘌呤（A）与胸腺嘧啶（T）之间的互补性，鸟嘌呤（G）与胞嘧啶（C）之间的互补性。因此，我可以断言，互补关系是一切生命系统的基础。

生命系统理论的奠基者米勒（James Grier Miller，1916–2002）是怀特海的学生和朋友，他发表于1978年的著作 *Living Systems*（《生命系统》）"前言"自述他在哈佛大学多年师从怀特海。他是1938至1944年的"哈佛青年学人"，萨缪尔森是1937至1940年的哈佛青年学人，行

图1　彼得森结束"英雄之旅"重返人间，2021年3月与韦因斯坦在"黑马"视频对话

图2　韦因斯坦2021年3月在自己的"黑马"视频网站与彼得森进行两小时对话

图3　彼得森与韦因斯坦在"黑马"视频对话之后，在彼得森自己的视频网站再次对话，披露韦因斯坦最近几年的经历

为社会学奠基者霍曼斯（George Homans，1910-1989）是1934至1939年的哈佛青年学人，而怀特海当时是"哈佛资深学人"。以跨学科对话为主旨，"哈佛学社"于1933年成立，当年只选了一名青年学人，任期是1933至1936年，就是1940年发表《格论》的数学家伯克豪夫（Garrett Birkhoff，1911-1996）。1938年，学社有9名资深学人和24名青年学人，每次聚会，青年学人与资深学人必须混座交谈。米勒在哈佛大学六年读了四个学位，包括医学博士和心理学博士。他发表的最初几篇论文，据他自述，都是在怀特海密切指导下完成的。他的"生命系统"学说，在怀特海的"有机哲学"里早有萌芽。他甚至宣称，怀特海哲学就是"系统论"哲学。米勒在六年哈佛学人之后不久即加盟芝加哥大学，担任心理学系的主任，努力创建可包容全部自然科学和社会科学与人文学的"行为科学"系统，他也因此被称为"行为科学之父"。在密歇根大学主持"心理健康跨学科研究所"期间，他于1956年创刊《行为科学》，担任主编三十年，此后，这份刊物更名为《系统研究与行为科学》。此处有两点说明：首先，"行为学"与"行为科学"是不同学派，前者的英文是"behaviorism"，后者的英文是"behavioral science"；其次，《行为诸科学》（*Behavioral Sciences*）是另一份学术期刊，也是跨学科的，但不强调"系统论"视角。所谓"系统论的视角"，回到怀特海《过程与实在》的视角，认识的对象不是"实体"而是"关系"。这一视角，也称为"关系本体论"。相对于以往的"实物本体论"，万事万物的生灭过程在系统论视角下是一束一束关系的聚散，从基本粒子到河外星系，都是关系的聚散。于是，怀特海哲学与印度哲学之间的距离，远比它与西方哲学之间的距离更近。基于"关系"的世界观，近于"道"。李零校读帛书《老子》第十四章："视之而弗见，名之曰微。听之而弗闻，名之曰希。捪之而弗得，名之曰夷。三者不可致诘，故混而为一。一者，其上不曒，其下不忽。寻寻今不可名也，复归于无物。是谓无状之状，无物之象，是谓忽恍。迎而不见其首，随而不见其后。执今之道，以御今之有，以知古始，是谓道纪。"

关系之于系统的重要性，系统论奠基者贝塔朗菲（Ludwig von Bertalanffy，1901–1972）《一般系统论》提供了这样一段解释：The meaning of the somewhat mystical expression, "the whole is more than the sum of parts" is simply that constitutive characteristics are not explainable from the characteristics of isolated parts. The characteristics of the complex, therefore, compared to those of the elements, appear as "new" or "emergent." If, however, we know the total of parts contained in a system and the relations between them, the behavior of the system may be derived from the behavior of the parts. We can also say: While we can conceive of a sum as being composed gradually, a system as total of parts with its interrelations has to be conceived of as being composed instantly. (Bertalanffy, 1968, *General System Theory: Foundations, Development, Applications*) 引文出自此书第3章，是贝塔朗菲1945年发表的，早于米勒的《生命系统》。事实上，贝塔朗菲1940年发表的论文，标题是"有机体之为开放系统的理论"，是《一般系统论》的第5章。

我试着翻译上面的引文：多少有些神秘色彩的表达"整体多于局部之和"，意思其实很简单，即整体的构造特征不能由整体之内各孤立局部的特征获得解释。这样的复杂性之特征，于是，与构成整体的那些元件的特征相比而言，显得像是"新的"或"涌现的"。无论如何，倘若我们知道一个系统包含的全体局部以及这些局部之间的关系，那么，这一系统的行为可从各局部的行为推演而来。我们还可以认为：当我们能够想象一个总和是逐渐构成的时候，此系统之为局部之和及这些局部相互之间的关系必被想象为是瞬间构成的。

最简单的系统模型，贝塔朗菲追溯至洛特卡（Alfred J. Lotka，1880-1949）1925年发表的两物种（捕食者与被捕食者）生态循环——所谓"洛特卡—福特拉"方程，参阅：Alfred Lotka, 1925, *Elements of Physical Biology*（标题直译：物理生物学基础）。在这一系统里，两个物种孤立存在的时候，不可能表现出"洛特卡—福特拉"方程的循环震荡特征。福特拉（Vito Volterra，1860-1940）是意大利数学家，参与创建泛函分析及数理生物学，他是世界数学大会唯一的享有四次"全体会议发言者"荣誉的数学家（1900，1908，1920，1928）。

米勒的这本《生命系统》，是他长期主持"行为科学"跨学科讨论的总结。据米勒自述，这些讨论的主题包括了贝塔朗菲已发表的系统论文章。米勒试图建立的"概念系统"（conceptual systems）是最普适的观念体系，可涵盖全部"真实系统"（concrete systems）。这是一部厚重的著作，英文版1102页，共13章，以系统论的视角重新审查地球上的生命系统——七层十九套子系统，参阅图4至图6。细胞是第一层生命系统，器官是第二层，有机体是第三层，群体是第四层，组织是第五层，社会是第六层，超级社会是第七层，如图7。七层系统各占一章篇幅，最后一章是结论。第1章是引论"为什么需要一种普适的生命系统理论"。第2章流传最广，普适的生命系统理论之"基本概念"，绝大多数读者不会继续读这本书的其余各章。第3章冗长且抽象，接着怀特海的过程哲学继续讲述，"结构与过程"，相当于全书内容的基本框架。第4章，"生命系统的基本假设"。第5章，"信息超载"，颇显突兀，却是关于生命系统的合理假设。一方面，生命系统要求稳定的"结构"；另一方面，生命系统要求它的十九套子系统有持续处理和理解输入信息以及物质和能量的功能。这样的流量过程，随着生态演化日益复杂，倾向于突破稳定的系统结构。与无生命系统的均衡状态相比，生命系统的特征就是"发展"，表现为偏离均衡的冲动。复杂系统的这一特

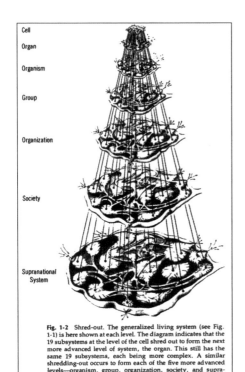

Fig. 1-2 Shred-out. The generalized living system (see Fig. 1-1) is here shown at each level. The diagram indicates that the 19 subsystems at the level of the cell shred out to form the next more advanced level of system, the organ. This still has the same 19 subsystems, each being more complex. A similar shredding-out occurs to form each of the five more advanced levels—organism, group, organization, society, and supranational system.

图4　米勒将生命系统分为七个层级

征，普列戈金名之为"耗散结构"，哈耶克名之为"涌现秩序"，怀特海名之为"宇宙的创造性冲动"。

　　米勒1984年访问北京期间，我在中科院系统所读研究生。导师指派我担任米勒夫妇的导游，并负责安排与许国志（1919—2001）等系统所领导的聚餐。由于这一段缘分，我和妻子刚到夏威夷不久，米勒夫妇与我们相约在瓦胡岛旁边的毛伊岛相聚，见图8。那是我第一次乘坐夏威夷州内通航的小客机，据说前不久这种客机在空中被强风剥掉一块机舱板，有一位乘务员被吸出机外。毛伊岛1985年只有一条主街和一幢五星级酒店，我们沿着漫长而宁静的海滩散步，眺望鲸鱼。米勒的妻子杰西，语言能力超常，像是百科字典。我在北京陪米勒夫妇游览故宫，米勒常要停下来与杰西探讨事物的英文名称。杰西也是《生

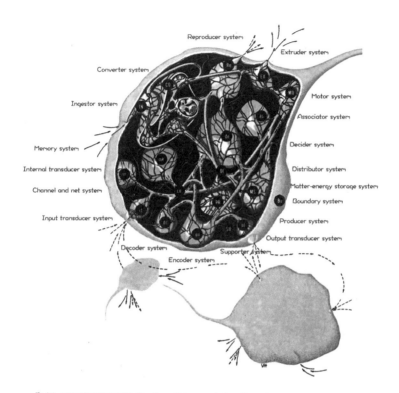

Fig. 1-1　A generalized living system interacting and intercommunicating with two others in its environment.
Subsystems which process both matter-energy and information: Reproducer (Re); Boundary (Bo).
Subsystems which process matter-energy: Ingestor (IN); Distributor (DI); Converter (CO); Producer (PR); Matter-energy storage (MS); Extruder (EX); Motor (MO); Supporter (SU).
Subsystems which process information: Input transducer (it); Internal transducer (in); Channel and net (cn); Decoder (dc); Associator (as); Memory (me); Decider (de); Encoder (en); Output transducer (ot).

图5　米勒论证，每一层级的生命系统，有十九套不可或缺的子系统

命系统》上千页文稿的主要编审——米勒在"前言"里特别描述过杰西的贡献。杰西2002年7月辞世，米勒2002年11月辞世，不离不弃。

　　生命系统理论提供了一套方法使研究者能够定性描述复杂系统，例如，同一时期"罗马俱乐部"的世界经济预测模型。至今，在"NetLogo"这样的仿真软件里，这套方法仍以"系统动力学"的名称出现，单独列出相应的模型库。卢曼（Niklas Luhmann，1927–1998）的"社会系统"思路之为"系统论"范式变迁，与他在哈佛大学师

ONE GENERAL THEORY OF LIVING SYSTEMS　　**3**

TABLE 1-1　The 19 Critical Subsystems of a Living System

SUBSYSTEMS WHICH PROCESS BOTH MATTER-ENERGY AND INFORMATION

1. *Reproducer*, the subsystem which is capable of giving rise to other systems similar to the one it is in.

2. *Boundary*, the subsystem at the perimeter of a system that holds together the components which make up the system, protects them from environmental stresses, and excludes or permits entry to various sorts of matter-energy and information.

SUBSYSTEMS WHICH PROCESS MATTER-ENERGY	SUBSYSTEMS WHICH PROCESS INFORMATION
3. *Ingestor*, the subsystem which brings matter-energy across the system boundary from the environment.	11. *Input transducer*, the sensory subsystem which brings markers bearing information into the system, changing them to other matter-energy forms suitable for transmission within it.
	12. *Internal transducer*, the sensory subsystem which receives, from subsystems or components within the system, markers bearing information about significant alterations in those subsystems or components, changing them to other matter-energy forms of a sort which can be transmitted within it.
4. *Distributor*, the subsystem which carries inputs from outside the system or outputs from its subsystems around the system to each component.	13. *Channel and net*, the subsystem composed of a single route in physical space, or multiple interconnected routes, by which markers bearing information are transmitted to all parts of the system.
5. *Converter*, the subsystem which changes certain inputs to the system into forms more useful for the special processes of that particular system.	14. *Decoder*, the subsystem which alters the code of information input to it through the input transducer or internal transducer into a "private" code that can be used internally by the system.
6. *Producer*, the subsystem which forms stable associations that endure for significant periods among matter-energy inputs to the system or outputs from its converter, the materials synthesized being for growth, damage repair, or replacement of components of the system, or for providing energy for moving or constituting the system's outputs of products or information markers to its suprasystem.	15. *Associator*, the subsystem which carries out the first stage of the learning process, forming enduring associations among items of information in the system.
7. *Matter-energy storage*, the subsystem which retains in the system, for different periods of time, deposits of various sorts of matter-energy.	16. *Memory*, the subsystem which carries out the second stage of the learning process, storing various sorts of information in the system for different periods of time.
	17. *Decider*, the executive subsystem which receives information inputs from all other subsystems and transmits to them information outputs that control the entire system.
	18. *Encoder*, the subsystem which alters the code of information input to it from other information processing subsystems, from a "private" code used internally by the system into a "public" code which can be interpreted by other systems in its environment.
8. *Extruder*, the subsystem which transmits matter-energy out of the system in the forms of products or wastes.	19. *Output transducer*, the subsystem which puts out markers bearing information from the system, changing markers within the system into other matter-energy forms which can be transmitted over channels in the system's environment.
9. *Motor*, the subsystem which moves the system or parts of it in relation to part or all of its environment or moves components of its environment in relation to each other.	
10. *Supporter*, the subsystem which maintains the proper spatial relationships among components of the system, so that they can interact without weighting each other down or crowding each other.	

图6　米勒列出生命系统不可或缺的十九套子系统的功能

从帕森斯（Talcott Parsons，1902–1979）的经历密切相关，参阅卢曼"1991年至1992年"课程讲义，他辞世后，2002年德文版2012年的英译：Niklas Luhmann with Peter Gilgen，2012，*Introduction to Systems Theory*（《系统论导论》）。帕森斯深受怀特海的"系统论"学说影响，不过，他的系统理论强调"意义"的主导作用。卢曼则试图在无所不

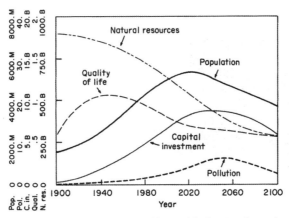

984 **THE SUPRANATIONAL SYSTEM**

Fig. 12-5 Basic behavior of World II model, showing the mode in which industrialization and population are suppressed by falling natural resources. The meanings of the symbols along the vertical scale are as follows: B represents billions; M represents millions; Pop. represents population; Pol. represents pollution; C.in. represents capital investment; Qual. represents quality of life; N.res. represents natural resources. The units of measurement are: population—numbers of people; pollution—the ratio of the amount of pollution to the amount in 1970; capital investment—the ratio of the amount of capital investment per person to the amount per person in 1970; quality of life—the ratio of the quality of life measure to that measure in 1970; natural resources—the amount of non-replaceable natural resources consumed annually per person × 250 years (average time before exhaustion) × world population. [SOURCE: Adapted and reprinted, with permission, from *World Dynamics* by Jay W. Forrester (2d ed.). Copyright © 1973, Wright-Allen Press, Inc. Cambridge, MA 02142, USA, page 70.]

图7　米勒的世界系统模型，根据1970年数据，预测2100年之前的人类境况。注意，人均污染大约在2050年达到峰值

包的社会系统视角下重新审查社会各种子系统（经济、政治、法律、宗教、艺术……）的功能与病理。

另一位社会理论家，特纳（Jonathan H. Turner），在社会学领域以系统动力学建模方法著称，他的最新著作2021年出版，一如既往地运用系统动力学方法研究人性：*On Human Nature: The Biology and Sociology*

图8　米勒夫妇1985年带到毛伊岛送给我和妻子的礼物，"银碗"，寓意丰富，南传佛教上座部的解释是"无忧"。经过36年的时间，这只大银碗在氧化过程中形成了这样的独特色泽

of What Made Us Human（《论人性：使我们成为人的生物与社会原理》），见图9和图10。系统动力学方法运用于经济管理的最新著作，2019年发表：Yacov Y. Haimes，*Modelling and Managing Interdependent Complex System of Systems*（《相互依赖的多系统的复杂系统的管理与建模》），见图11。

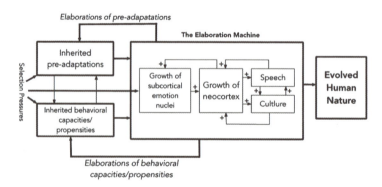

Figure 6.2a Elaboration of Inherited Traits from LCAs of Great Apes and Hominins

图9　Jonathan H. Turner，2021，*On Human Nature*，人性演化的系统动力学模型

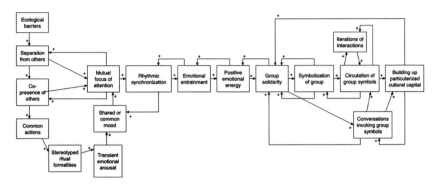

Figure 10.2 Collins' Analysis of Large-Scale Interaction Rituals

图 10　Jonathan H. Turner，2021，*On Human Nature*，大规模互动仪式的系统动力学

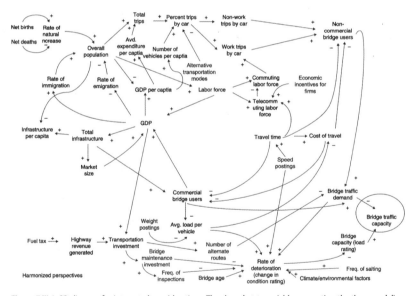

Figure 7.III.4 SD diagram for integrated considerations. The shared state variable connecting the three modeling perspectives (bridge traffic capacity) is circled.

图 11　Yacov Y. Haimes，2019，*Modelling and Managing Interdependent Complex System of Systems*，关于一座桥梁交通负荷（红色椭圆形）的复杂系统动力学模型

（财新博客 2021 年 3 月 26 日）

附录4　从系统生物学到意识发生学（中篇）

　　克里克像是一座思维"核反应堆"，他让周围的人思维加速到临界爆炸。这是科赫转述萨克斯（Oliver Sacks，1933–2015）与克里克谈话之后的感受，记录于科赫和克里克的"意识探究三部曲"之二的第2章。那本书的中译本标题是《意识与脑：一个还原论者的浪漫自白》。我读了前面的几章，发现不少错误，于是不再读中译本。萨克斯是神经心理学家，以科普作品名世。辞世前，他75岁，写了一部自传，*On the Move: A Life*，关于他的同性恋生活，当然还有他的幻视症——这是他最忠实的研究对象。萨克斯的"丈夫"是《纽约时报》的摄影师，哈耶斯（Bill Hayes）。注意，男同性恋者对外称自己的伙伴为"丈夫"，女同性恋者对外称自己的伙伴为"妻子"，我读2020年《纽约客》专访以《人类简史》和《未来简史》名世的同性恋者哈拉里，才意识到这样的称呼最简单且不引发困惑。请诸友试想，如果不这样称呼，可能引发怎样的困惑，也顺便检测诸友的思维速度。不论如何，哈耶斯2017年发表非虚构作品《失眠之城：纽约、奥利弗和我》，回忆了他与萨克斯的纽约恋情。

　　科赫和克里克描述的"意识问题"可以表述为：第三人称视角下的任何科学解释怎样才可转换为第一人称视角下的主观感受。请诸友回忆我这篇文章的"上篇"转述的那位和尚与他父亲的对话，以及那次对话二十年之后，那位和尚与研究"悲悯"的脑科学家塔尼娅的父亲的对话。如果不能将第三人称视角下的脑电信号（意识的脑科学研究）或电磁信号（意识的非局部研究）转换为第一人称视角的主观感受（意识的内观思路），任何以科学方法研究"意识"得到的结论，都是隔靴搔痒。百思之后，克里克的判断是：借助信息理论。

不过，香农的信息论仍以第三人称视角研究信息传输过程中的噪声与信息可靠性。科赫转向威斯康星大学麦迪逊校区"睡眠与意识"研究中心主任托诺尼（参阅"上篇"图7），共同探讨将第三人称视角下的"数据"转换为第一人称视角下的"测度"——仍是信息量的测度，但必须改造为"主观感受"的测度。

意大利人托诺尼，年轻时与著名的艾德尔曼合作（参阅"上篇"结尾部分），以香农的信息论语言测度"主观感受"。随后，他加盟著名的麦迪逊校区，多年研究睡眠与意识。我在北京大学的服务器"Science Director"检索下载了托诺尼发表于权威学术期刊的最新论文，其中三篇值得列于此处：（1）Chiara Cirelli and Giulio Tononi，2021，"The Why and How of Sleep-dependent Synaptic Down-selection"（神经突触间隙的下向选择为何与如何依赖于睡眠），*Seminars in Cell and Developmental Biology*（《细胞与发育生物学工作文稿》），卷页待定。（2）Giulio Tononi et al.，2017，"Local Aspects of Sleep and Wakefulness"（睡眠与清醒的局部性质），*Current Opinion in Neurobiology*（《神经生物学前沿观点》），44: 222–227；（3）Giulio Tononi et al.，2017，"Measures of Metabolism and Complexity in the Brain of Patients with Disorders of Consciousness"（意识障碍患者脑内的代谢与复杂性之测度），*NeuroImage: Clinical*（《神经成像：临床》），14: 354–362。

还有一部必须引述的参考书，2016年出版，第三主编是托诺尼：Giulio Tononi et al.，2016，*The Neurology of Consciousness*，2nd. ed.，标题直译"意识的神经病学"。这本手册第2版的第1章，就出自一位名家，布鲁门菲尔德（Hal Blumenfeld），耶鲁大学医学院"神经病学、神经科学与神经手术"教授，多年研究与癫痫相关的另类意识状态。他绘制的脑神经连接图谱，频繁出现在托诺尼的著作里。

　　注意，我介绍布鲁门菲尔德的时候特别指出，他"多年研究与癫痫相关的另类意识状态"。与我这篇文章密切相关，癫痫是脑的一种病态，表现为大脑左半球与右半球的许多神经元的"同时触发"。以往的对治方法是"胼胝体切断术"，切断左右半球之间的神经通路——据艾德尔曼与托诺尼2000年的著作，胼胝体至少包含两亿神经纤维，如图1，我见过的最清晰的胼胝体图示。切断这些连合纤维（轴突），在控制理论视角下，相当于切断自激震荡的正反馈回路。但是，正反馈回路被切断之后还可重新连接。数亿神经纤维被切断，以目前的技术，不可能重新连接。故而，现在的医学建议是分期手术，例如，先切断胼胝体的前部（图1所示胼胝体的上半部），若继续癫痫发作，可继续切断其余部分（图1所示胼胝体的下半部）。即便完全切断胼胝体，仍有可能继续癫痫发作。未来十年，借助新技术引入负反馈回路，很可能形成一套更精确从而更文明的癫痫治疗方法。

　　胼胝体完全切断之后的患者，左脑和右脑各有独立的意识，所谓"裂脑人"，详见：Rita Carter, 2019, *The Human Brain Book: An Illustrated*

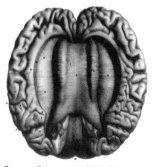

FIGURE 6.1 The corpus callosum, approximately 200 million nerve fibers reciprocally linking the two cerebral hemispheres. The brain was dissected from above; the fibers run horizontally, and their faint striations can be seen.

图1　截自：Gerald Edelman and Giulio Tononi，2000，*A Universe of Consciousness: How Matter Becomes Imagination*（《意识的宇宙：物质是怎样变为想象的》），第6章

Guide to Its Structure, Function, and Disorders（《人类脑书：结构、功能与障碍的图解指南》），DK Publishing。卡特这本手册1998年的第1版 *Mapping the Mind*（《为心智作图》），是我的《行为经济学讲义》最常引用的参考书。DK出版公司以"图册"著称，卡特这本书现在由DK出版，是很明智的选择。例如，图2，以最新的"张量弥散"成像技术显示胼胝体神经纤维丛对大脑左右半球的广泛辐射。可惜，裂脑人的案例从2019年的书里消失了。这位裂脑人是脑科学泰斗加扎尼扎（Michael Gazzaniga）的患者，简称"V.P."，她因严重癫痫，做了胼胝体切断术。我在美国买的第1版，前些年给了殷云路。他那时在北京大学心理系读博，跟随朱丽莎研究脑科学，并在我的行为经济学课堂上担任脑科学助教，似乎还参与了系主任周晓林主持翻译的2014年由加扎尼扎主编的《认知神经科学手册》第5版。2021年4月，他正式入职复旦大学管理学院，研究市场营销脑科学。加扎尼扎在2015年著述中解释裂脑人认知活动时，继续讲述"V.P."的故事：Gazzaniga，2015，*Tales from Both Sides of the Brain: A Life in Neuroscience*（《来自大脑两边的故事：神经科学的生涯》）。其实，这本书是加扎尼扎的学术自传，开篇讲述他为了追一位威尔斯利学院的女生而申请到加州理工学院实习。

图2　截自：Rita Carter，2019，*The Human Brain Book*，p. 204。核磁共振弥散张量成像技术（参阅图3），清晰表现胼胝体神经丛如何宽带连接大脑的左右半球

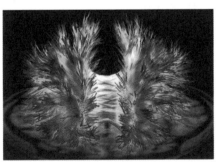

CONNECTING THE HEMISPHERES
This diffusion tensor image clearly shows the wide band of fibers that forms the corpus callosum, which connects the left and right hemispheres of the brain.

他自述因为数学太差，故而不能直观理解大多数问题的解答，处处都要另辟蹊径。我建议国内天赋极高的学生读加扎尼扎这本书的第一章，然后报考加州理工（我始终称之为"天才云集的小学院"）经济系之外的任何院系。

认知神经科学的偶像级人物加扎尼扎2018年声称，意识是有机体的一种本能：Michael Gazzaniga，2018，*The Consciousness Instinct: Unraveling the Mystery of How the Brain Makes the Mind*（标题直译：意识本能：拆解脑如何制造心智的神话）。第1章"导论"，他概述自己的思路，我概述我的理解：（1）意识本能，源于脑；（2）有机体都有本能，也许还有意识本能；（3）意识本能不同于诸如细胞代谢这样的本能。

在我继续介绍意识发生学的信息论思路之前，我提醒诸友注意，裂脑人有独立的左脑意识和右脑意识。我们知道，大脑的左右半球在以往一亿年演化中形成了功能特化。如果你是右利手，那么，你的左脑应当是母语和逻辑的优势半球，而你的右脑应当是几何和社会认知的优势半球，并且，你的前额叶是理性计划与道德意识的优势脑区。但是，裂脑人有两套独立的意识，并因此常有左脑与右脑"互搏"的行为。见图3，弥散张量脑图，红色的部分完全消失之后，只有两半球各自的蓝色集束。可见，只要系统足够复杂，就可以有"意识"。

复杂性与意识之间的关系，正是艾德尔曼与托诺尼研究的题目。艾德尔曼1972年因为免疫学研究获得诺贝尔生理学或医学奖，他认为免疫系统的演化与脑的演化是同构的。显然，这是系统生物学的视角。

我写博客文章"生命系统"的时候，无暇深入讨论"系统"的定义问题。根据维基百科"system"词条：A system is a group of interacting or interrelated elements that act according to a set of rules to form a unified whole（直译：一个系统就是一组相互作用或相互关联的元件遵循一组规则从而形成一个整体）。"系统"的英文单词源于拉丁文，意思是"整体"，相对于"局部"而言。所以才有系统论的名言：整体大于局部之和。

老米勒描述的"生命系统"是基于细胞层次的七个层次，并且每一层次有十九套功能子系统。其中的一个子系统，功能就是"界定"。例如，细胞之为最低层次的生命系统，由"细胞膜"这一子系统界定"细胞"这一系统的边界。任何一个系统，在边界之内的是它的元件或局部，在边界之外的称为"环境"。生命系统与环境的能量交换使系统内部保持在熵减过程中，故而生命得以持续。直到熵减难以持续，从而转为熵增，生命解体。为维持熵减过程，系统的边界不能完全封闭。因为根据热力学第二定律，封闭系统永远趋于熵增。另一方面，系统的边界也不能完全开放。因为熵减是局部现象，而熵增是全局现象，完全开放导致系统与环境的同质化，也就是熵增。因此，为保持熵减，生命系统的边界必须有选择地开放。迪亚肯（Terrence Deacon）认为选择就是增加约束条件，而熵减的秘密在于不断涌现更强的约束条件。

系统内部的结构，在演化视角下，应当服务于系统的功能。用进废退，有用的结构"进化"，无用的结构"退化"。也有"自激进化"的案例，据说长颈鹿的脖子（2米长）和加州海边的红杉（180米高），甚至人脑的超大尺寸（大约是灵长类平均脑身比的40倍），都是种群内部竞争的结果。

结构，就是元素之间连接的模式。最简单的模式是没有任何连接，称为"离散"系统。任一集合，就是这样的离散系统。我们常说，人脑有近千亿个神经元，晚近的估测在640亿至860亿之间。如果这些神经元之间完全没有连接，则人脑是有近千亿神经元的离散系统。

离散系统是复杂性最低的系统，仅当系统有足够高的复杂性时才可涌现"意识"。艾德尔曼和托诺尼1998年在《科学》杂志发表了他们合作的文章，据我检索，这是他们首次联署，而且托诺尼是通讯作者：Giulio Tononi and Gerald Edelman，"Consciousness and Complexity"（意

图3 截自：Rita Carter，2019，*The Human Brain Book*，第74页。大约2011年开始流行的核磁共振弥散张量脑成像技术，可清晰呈现神经纤维束的走向，于是被广泛用于绘制"脑的全局连接"图谱。这张彩色图谱的红色集束是胼胝体神经纤维束，蓝色集束是"外缘系统"（俗称"情感脑"或"哺乳动物脑"）与大脑之间的神经纤维束

识与复杂性），*Science*，vol.282，December 4，1998，pp.1846–1851。这篇文章主旨在于陈述脑科学视角下"意识"（主观感受）具有的两项特征事实：（1）整合性，原文"conscious experience is integrated (each conscious scene is unified)"，可译为"意识中的体验是整合的（每一意识场景都是整体的）"。由于这种整合性，我们通常只能执行一项任务，而不能同时执行许多不同的任务，除非执行动作已融入习惯从而不必有意识参与。意识的整合性还意味着任何体验都具有私己性，很难完全表达给他人。（2）分化性，原文"and at the same time it is highly differentiated (within a short time, one can experience any of a huge number of different conscious states)"，可译为"并且与此同时它是高度地分化的（在短时间内，一个人能够体验极大数量的不同的意识状态当中的任何一个）"。例如，我们能够分辨数百种不同的味道，虽然很难用语言描述其中的细微差异。

意识的整合性要求与任一体验相关的神经元同时激活，而意识的分

化性要求与任一体验相关的神经元不同时激活。兼有这两类特质的神经元网络，于是有"小世界"网络的拓扑结构：（1）网络节点的平均距离不太远也不太近，（2）网络节点的平均聚类程度不太高也不太低。

　　脑内的神经元网络结构，详见我的《行为经济学讲义》，与社会网络结构十分相似，都可分为三类：（1）洞穴时代，特征是平均距离很远并且平均聚类程度很高；（2）小世界，特征如上列；（3）冷漠时代，特征是平均距离很近（称为"完全连接网络"），而且平均聚类程度很低（情感冷漠）。

　　图4应当与"上篇"的图7参照研读，于是，与小世界网络对应的

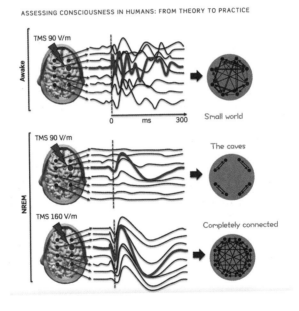

图4　截自：Marcello Massimini and Giulio Tononi，2013，with translation by Frances Anderson，2018，*Sizing Up Consciousness: Towards an Objective Measure of the Capacity for Experience*，第7章。我在右栏每一图标下面写了相应的网络类型：左栏第一行是清醒状态时在适当颅外电波刺激下产生的脑电图，这时的脑内神经元网络具有"小世界"拓扑结构；左栏第二行是无梦状态时在适当颅外电波刺激下产生的脑电图，这时的脑内神经元网络具有"洞穴时代"的拓扑结构；左栏第三行是无梦状态时在强烈颅外电波刺激下产生的脑电图，这时的脑内神经元网络具有"冷漠时代"的拓扑结构

是"我在这里"，也就是第一人称的意识。而与洞穴时代对应的是"我不在那里"，因为无梦睡眠的时候，网络的许多局部之间没有联系，相当于离散系统，缺乏整合性故而不能产生意识。同理，社会网络固然复杂，但社会成员们的主观感受之间缺乏整合性。如果社会有脑，也相当于裂为许多独立的脑，故而我们很难谈论"社会的意识"。不难想象，将来的极权统治者也许发明一套技术整合全体社会成员的脑，将他们压缩为图5右方的那个黑色节点。不过，这样的"社会脑"犹如癫痫患者的脑那样缺乏分化性，于是社会也会癫痫发作。癫痫的社会脑，若要免于解体，必须再度裂为许多独立个体的脑。

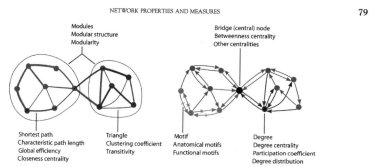

NETWORK PROPERTIES AND MEASURES　　　　　　　　79

FIGURE 6.2 Common graph theoretical metrics for network-level analysis. Measures of integration are in green, while measures of segregation are in blue. Measures of node degree are in red, and patterns of local connectivity as measured by motifs are in yellow. An example of a node with high centrality and short path length is marked in black. See text of this chapter for further details on each metric. (*Source: Reproduced with permission from Rubinov, Sporns. Neuroimage. 2010.*) (For interpretation of the references to color in this figure legend, the reader is referred to the online version of this book.)

图5　截自：Carl Faingold and Hal Blumenfeld, eds., 2014, *Neuronal Networks in Brain Function, CNS Disorders, and Therapeutics*（《脑神经元网络：功能、中枢神经系统失调与治疗方法》），第6章

（财新博客2021年4月21日）

第四讲　再谈转型期中国社会的伦理学

一、领导力与人格学

现在上课。今天我讲的第一项内容，是罗豪淦2020年的文章。这篇文章的第二作者，我检索不到资料，应当是罗豪淦的助手。

根据维基百科"Robert Hogan"词条，罗豪淦被一部分人誉为"还在世的最伟大的心理学家"。也许，我这样想，因为他颠覆了领导力研究的百年传统，也许因为他以人格心理学家的身份转入管理学，并研发了一整套面向企业界的"罗豪淦智力与能力"测试量表，也许因为他的测试已获得"五百强"公司当中四分之三的信任，也许因为他长期反叛主流学术界。我观看了他的三个演讲视频——2019年在新加坡、2019年在罗马尼亚、2018年在他的公司，我认为他的反叛性格与他早年在海军的经历有关。美国社会动荡时期，1960年代，他在社会反叛的大本营——加州大学伯克利校园，读心理学博士学位。我相信，这几年的经历对他的性格有深远影响。离开海军之后，他加盟约翰斯·霍普金斯大学，担任"心理学与社会关系"教授，长达十五年，在此期间，他主编《人格与社会心理学》杂志的"人格学"栏目，卓有成效。席梦顿的文章最初发表于罗豪淦的栏目，影响扩大至社会心理学领域。罗豪淦对人格心理学的描述有些粗略，尤其对深层心理学三大领袖——荣格、弗洛伊德、阿德勒，他的概括，在我看来简直不能接受。但是，我欣赏他2020年的这篇文章——概述了他自己创建的"社会分析理论"（即塑造个体人格的社会心理分析）。这一理论可由我读这篇文章的笔记概括：（1）物种内部的竞争出现在两个层级——群体内部的个体之间和群体之间。（2）在群体内部的竞争中，个体的竞争优势三要素：身份地位，社会技能，名声。其中，社会技能的运用使个体获得更好的名声从而改善身份地位或至少名实相符。在群体之间的竞争中，领导力而不是社会技能，成为关键因素。领导力的核心是人格气质。

如图4.1，连接线的右端是罗豪淦这篇文章，左端是第四讲主题"转型期中国社会的伦理学原理"，连接线的中间是罗豪淦这篇文章对第四讲主题的意义：leadership and personality（领导力与人格学）。在印刷版心智地图最初的版本里，这条连接线的箭头指向第四讲第二部分的主题"激发与保护创造性的伦理学"下面的一个主题——"群体创造性"。但是在最终的版本里，由于许多主题被删除，软件自动让连接

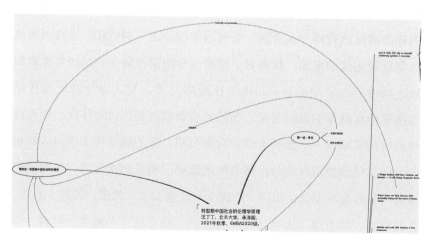

图4.1　截自印刷版心智地图，连接线右端文献：Robert Hogan and Ryne Sherman，2020，"Personality Theory and the Nature of Human Nature"（人格理论与人性的本质）

线回归到第四讲的大标题了。

　　罗豪淦的基本思路，在他 2019 年新加坡演讲的开篇，语速虽然很快，但视频可以看清楚，如图 4.2。我逐行翻译：（1）人们的生活品质依赖于他们的职业；（2）人们的职业品质依赖于他们的组织；（3）他们的组织的命运依赖于他们的领导力；（4）领导力依赖于人格气质；（5）人格气质、领导力、职业成就、组织的有效性，四者是嵌合在一起的。

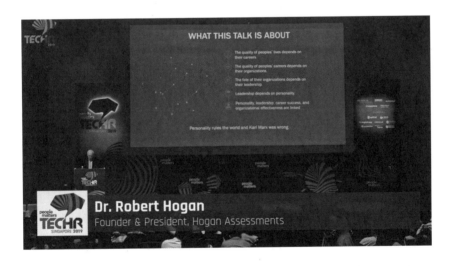

图 4.2　罗豪淦在新加坡的演讲视频截图

　　我在课堂用的心智地图里为罗豪淦 2020 年文章摘编了下列要点：（1）生命就是竞争，有群体内的竞争，有群体之间的竞争。群体内竞争有三要素：身份、名声、社会技能。其中最关键的是社会技能，因为它可使身份转化为名声。缺乏这一技能的人由于社交失败而损害名声，又因名声下降而更难有社会交往。善于社交的人凭借社会技能改善名声从而提高身份并带来社会经济收益。名声既是社交的初始条件，也是社交的效果，名声可改善身份也可损害身份，名声是一个人群体生活是否顺利的标志。（2）群体内的竞争取决于社会技能。群体之间的竞争取决于领导力。群体成员与领导者之间的关系取决于领导者的人格特质。（3）大多数关于领导力的研究，以领导者为样本。以往研究的领导者特征是：权力欲强、精力旺盛、男、高、面孔成熟并被想象为有智慧。（4）现代企业：来自不同文化的人组成团队求解同一问题。不同的人格与不同的文化。人格与个体差异，群体与文化差异。（5）调查表明，在英国，22%的被试仇恨他们的老板，52%的被试将自己的老板列为工作不满意的第一原因，20%的被试为解雇自己的老板而愿意放弃一次加薪机会。令人震惊的是，这份2018年的报告称，12%的被试承认经常想象谋杀自己的老板。2017年在美国的类似调查表明，65%的美国人愿意牺牲一次加薪换取摆脱自己的老板。据估计，美国经济（公共的和私人的），65%—75%的管理者缺乏能力，并且与他们的下属离心离德。究其理由，这些管理者的人格特征成为他们失败的第一因素。（6）尽管学术界关于优秀管理者的人格研究很少达成共识，但还是有三个主题的研究指向同一结论。这三个主题是：隐含领导学说，快速擢升的管理者与有效领导的管理者，组织有效性的研究。（7）隐含领导理论假设：由于领导者在人类历史上的重要性，人们形成了关于优秀领导者人格气质的直觉。人们对有效的领导者的想象是：整全性强、工作能力强、判断力卓越、有远见卓识。（8）问卷调查者请被试描述他们所知最好的和最坏的老板。研究者整合数百万份这样的问卷之后发现，好的领导者通有上列四项特征。整全性强，他们不食言，不撒谎，不营私舞弊，他们信守承诺。政客喜欢撒谎和舞弊，故迅速失去他们的领导者信誉。（9）基于"隐含领导力"的学说，借助谷歌提供的自然语言新闻及六千著名人物资料的大规模数据库，将数百名被试想象中的领导者人格问卷数据嵌入数据库，揭示了公众关于有效领导者之人格想象的八项要素：敏感、奉献、独断、魅力、吸引、男性、智力、强大；又称为"领导者八要素模型"。

上列的第（9）项不是罗豪淦文章的摘要，而是印刷版心智地图左下方列出的两篇最新文章：（1）Sudeep Bhatia et al.，2021-July，"Predicting Leadership Perception with Large-scale Natural Language Data"（使用大规模自然语言数据库预测想象中的领导力）；（2）Michael Holmes et al.，2021，"Building Cross-disciplinary Bridges in Leadership: Integrating Top Executive Personality and Leadership Theory and Research"（建构领导力的跨学科研究桥梁：整合顶层管理者的人格与领导力理论及研究）。

罗豪淦这篇文章的标题，如果直译就是"人的本性的本性"。现代的人性论不再承认"人性不变"假说。例如，黑格尔指出，人的本质是自由，人不能被任何"本性"定义。在都市社会，或社会学家所说的"陌生人的社会"，我们虽然放弃了人性不变的假说，但我们习惯于给陌生人"贴标签"。例如，一位年轻人求职之前，测试自己的"大五人格"得分，以便在面试时呈交。人力资源经理普遍使用大五人格，因为一目了然，这是一种贴标签的方式，节省时间。

统计学研究的结论，其实也是为现象"贴标签"。你去医院，尤其是西方的医院，先见到护士，填表，很长的表格，提供你以往的健康资料。然后你见到医生，但几乎不可能马上开始治疗。医生主要借助各种检测手段诊断，这是医疗支出的重要部分，也是免于法律纠纷的重要预防环节。有些检测手段，可能几个星期之后才有结论，然后才是治疗阶段，先讨论治疗方案，仍是基于统计数据，认真权衡各种方案的优劣之后，你同意某一方案，以及这一方案基于统计数据的疗效和风险。

推而广之，全部科学技术运用于现实世界的时候，都有贴标签的思维习惯，也就是用既有的范畴去收纳观测到的现象，哲学家称之为"理解"。例如，你走进承泽园的阶梯教室，首先看到一排座椅。你运用自己的"理解"，判断这些座椅可归入"座椅"的范畴，而座椅是用来坐的。因此，你可以走进教室，坐在其中一张座椅里。如果你没有这样的理解，你的知识结构里完全没有关于座椅的概念，你第一次见到这类事物，它们摆在教室里，而它们对你而言的用处，你一无所知。所以，你应当探索这些事物的性质，你围着它们转转，试着移动它们，敲它们的表面，推测它们可以有的各种功能，终于，你"认识"了这些事物的用处，至少现在，可以用来坐。诸友不难看到，这里出现了两种方向相反的认识过程。前者是"从观念到现象"，后者是"从现象到观念"。马克思也写过这方面的文章，在《政治经济学批判导言》的第三节，参阅我多年前的一篇文章"从抽象上升到具体——为周其仁《改革的逻辑》跋"。

　　我写了不少文章介绍"观念"的功用，例如，我的财新博客文章"观念为现象分类"（《情理与正义：转型期中国社会的伦理学原理》第四讲附录5）。我也建议了一些方法来反抗思维的这种官僚化倾向，例如，我的博客文章"思想史方法——历史情境与重要性感受"（财新博客2020年12月2日），即本讲附录1，希望诸友认真研读，因为这篇文章讨论了一种健全的心智。又例如，"个体生命，激情与历史感"（财新博客2020年11月28日），即《情理与正义》第一讲附录3。事实上，我最常引用的就是我在这篇文章里介绍的柏格森生命哲学示意图。

　　可见，贴标签是一种普适方法，功效在于使大多数人免去更深入调查研究的努力。返回罗豪淦2020年这篇文章，"身份"是一个人最重要的标签。大多数人只要知晓一个人的身份，就不会再深入考察这个人的其余情况。只有少数人，由于工作或生活在同一局部社会里，仍会继续考察这个人的言行。当然，问题意识仍是"合作伦理"，于是涉及这个人的"名声"。这里，诸友应当回顾饶毓博的社会脑学说——日落之后，日出之前，围坐篝火传播闲言碎语，也包括一个人的名声

（好的或坏的）。

博弈论的术语，"reputation"（名声），是一种"存量"，意味着一个人涉及合作的行为，日积月累，在人们的闲言碎语当中可与其他人涉及合作的行为加以比较并获得某种社会价值的排序。如果甲的这一排序高于乙，则人们倾向于与甲有更多的合作关系。我需要补充说明，名声之为一种存量，又有显著不同于存量的特征。经济学家常以水池和流水来譬喻存量和流量——水池里水的总量是存量，净流量沿时间维度的积分，流入水池的水量是正流量，流出水池的水量是负流量。一个人的名声是水池里的存量，好的行为是流入水池里的正流量，逐渐积累，就是好名声的存量。但是，哪怕他有一次背叛合作的行为，仅仅是一次（负流量），他的好名声（存量）可能瞬间全部消失。符合咱们的民间智慧：好事不出门，坏事传千里。反之，一个人的名声如果从来就是恶名，那么，他的一次善行也许可以抵消自己的大部分恶名。这也是咱们的民间智慧，"浪子回头金不换"，或者，"放下屠刀立地成佛"。

罗豪淦量表的新意在很大程度上基于他的一项基本假设：一个人的名声是他未来行为的最佳预测指标。罗豪淦指出，一个人的社会技能可用来改善他在群体内的名声从而提高他的身份。也就是说，社会技能的运用相当于正流量注入名声的水池。当然也可能是负流量，如果一个人运用社会技能于流言蜚语、无事生非、挑拨离间。

在群体之间的竞争中，罗豪淦强调群体领导者的人格气质之为决定竞争胜负的首要因素。诸友或许了解中国文化传统里与"大五人格"相似的"五行人格"模型（《情理与正义》第四讲图4.16）。根据以往的社会经验给一个人贴标签，这是人类社会的通例。很遗憾，越来越多的案例表明，稳态社会的标签不适用于转型期社会。所以，在转型期社会，尽管我们继续给陌生人贴标签，但应更加谨慎。我曾

试着在我主持的行为金融学实验班招生的面试环节运用中国传统的
"鬼谷子相法"或西方流行的"出生星盘"，以便及时判断考生的性
格。新生入学之后，我有机会检验这些方法的有效性，只有很少的成
功案例。这也符合咱们的民间智慧：人不可貌相，海水不可斗量。也
因此，我在面试考题里增加了一道，请考生们讨论四库全书《麻衣神
相》编者按语，我记得大意是：相由心生，命随心转。是以，先贤论
心不论相。

我应补充说明，虽然西方社会流行"大五人格"测试，但这类测
试的有效性与中国的五行相法类似，都很可疑。首先，大五人格测试
基于被试的自我描述，然后嵌入根据海量数据获得的可比人群的量表
得分。我试用的印象是，"海量数据"本身就很不可靠，取决于样本人
群的整体气质。咱们中国人在自我描述的时候，与西方人相比，倾向
于使用更正面的语词。所以，我三年前在杭州收集的"湖畔居"茶楼
几十名员工的"大五人格"分数，完全不符合真实状况，甚至不如传
统的"五行相法"。

如果完全不考虑可观测性，那么，我认为，如图4.3，葛浩德2010
年著作里的一张图，很直观，也相当全面。性格的三个层次：（1）最
底层是种群的共同性状，是可遗传的；（2）中间层是文化塑造的群体

图4.3　截自"转型期中国社会的
伦理学原理"2021年秋季北京大
学国家发展研究院EMBA 2020级
课堂用心智地图

通有性状，是可习得的；（3）最上层是人格气质，个人专有的，以所习得的文化性状和所遗传的种群性状为基础。

但是图4.3观测不易，尤其是"个人专有的人格气质"。诸如"大五人格"模型这类可观测的人格气质，其实是荣格所谓"persona"——假面人格，是一个人有意识或愿意承认的人格，而不是真实的人格。

罗豪淦这篇文章，在我列出的要点当中，显然其领导力研究的主要结论是第（7）项，隐含领导者的四项品质。与例如第（9）项列出的隐含领导者的八项品质对照，可见二者异同。注意，第（9）项的研究结论，基于海量数据，适用于任何组织，当然也可用于"群体创造性"的研究。

关于创造性思维的研究，至少在脑科学文献里，多数是关于"发散性思考能力"的研究，只有少数关注"收敛性思考能力"之为创造性思维的必要条件。我从最新发表的一篇文章里截图，以便说明创造性思维过程需要的两种思考能力。更全面的讨论，参见2016年写的一篇长文，"互联与深思"，即本讲附录3。

现在返回图4.2，罗豪淦2019年在新加坡的演讲要点。人们的生活品质取决于他们的职业，他们的职业品质取决于组织，后者依赖于组织领导者的人格气质。这里，职业品质，在统计数据里表现为职业成就。"生活质量—职业成就"转换为学术表达，是图4.4所示的"财富"的分布曲线和"成就"的分布曲线。如果不考虑诸如幸运这样的偶然因素，基于常识，我们会认为一个人的财富和成就取决于更基础的"智商"分布曲线。在现实社会里，并非如此。图4.4所示是大致而言这三条分布曲线的位置与形状，财富分布尤其不平等，它的峰值人群至少占人口的90%。在这一峰值人群的左侧，是社会心理学家常说的"贫困吸引子"——如果你不幸从峰值向左侧下滑了某一距离，注意，这一距离其实很短，那么，你将发现你周围的亲朋好友纷纷与你

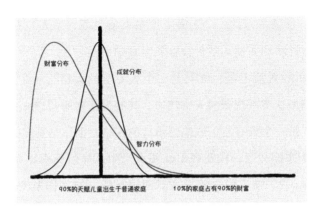

图4.4　截自"转型期中国社会的伦理学原理"2021年秋季北京大学国家发展研究院 EMBA 2020级课堂用的心智地图

保持某种"社会距离"——唯恐被你拖累，而且你将遇到一连串的负面事件，直到你被吸入贫困陷阱——"吸引子"。在峰值的右侧，我画了一条"长尾"，也许不符合现实社会的情形，因为，例如美国社会，财富分布的峰值已经变得非常陡峭。不过，我这条曲线是根据美国家庭2014年的财富分布数据绘制的。那时，所谓"中产社会"正经历迅速的两极分化。虽然，收入的两极分化并不立即改变财富分布曲线的形状。

　　图4.4所示的成就分布和智力分布，是我从施腾伯格的著作里借来的。这两条曲线的特征是：（1）峰值大致重合，（2）智力或智商峰值的两侧，尤其是右侧，通常截止于峰值右侧的4个标准差，即"智商＝160"。而成就的分布曲线，在峰值的右侧，动辄就有20个标准差，即"成就＝400"。例如音乐领域的作曲家成就，在最有名望的几个爱乐乐团的多次问卷调查中，贝多芬始终排名第一。也就是说，数十亿人，只有这一个贝多芬。我喜欢的莫扎特和数学家喜欢的巴赫，在历次调查中的排名大致在前三名之内。爱因斯坦的智商是160，比均值人群高4个标准差，大约是万分之一的概率，可是贝多芬的概率是几

十亿分之一。当然，我还可以争辩说爱因斯坦的成就（不是智商）可以是几十亿分之一的概率。总之，成就确实是"天赋＋勤奋"，还要有许多社会因素。

有鉴于此，施腾伯格写了科普著作呼吁家长们将注意力从孩子的智力转移到孩子的成就。因为，智力是先天因素主导的，而成就是后天因素主导的。家长能做的事情，当然是后天而非先天。例如，根据《财富》杂志1999年的500家大公司高管调查报告，21世纪的公司高管需要具备的品质，排在第一项的是"激情"，第二项是"社会交往技能"（例如"情商""语言""表达"），第三项才是"学历"。但是"情商"不是科学，有待改善，如何测量"激情"就是一个有待澄清的问题。学历，也有界说，必须是"liberal arts college"（甘阳译为"博雅学院"）的五年本科毕业，然后是"主流大学"的博士学位。

现在诸友可以看到罗豪淦的贡献了，群体领导者的人格气质最终影响群体内每一个人在图4.4的财富分布曲线上的位置。这是因为，一个人的财富状况与他所在的群体的"命运"（即在群体竞争中的命运）密切相关，而群体命运取决于领导者的人格气质。另一方面，一个人的才智（智力与成就）当然可能带来财富，但经济学家诸如贝克尔，将这一因素排在财富的四大决定因素的第三位。这四大因素，按照重要性排序：（1）随机冲击，（2）社会关系，（3）个人禀赋，（4）可利用的资产。参阅我的《新政治经济学讲义》相关章节。

罗豪淦的思路，"隐含领导者"的人格气质，虽然还不是葛浩德图示的真实的人格气质，但已经很好用了。因为群体成员是按照隐含领导者的人格气质来想象领导者的，如果他们的领导者缺乏隐含领导者的人格气质，那么，领导者在被领导者看来就会"名实不符"。对于"领导力"而言，这是关键的负面因素。根据我的社会学家朋友翟学伟的团队的调查报告，基层群众对领导者的态度评分，越是接近基层的，得分越低。当时的高层领导人得分最高，而对于中层领导人的评价分歧较大，统计不显著。这样的调查结果，有很多可能的解释，"名实不符"是一项重要解释。群众对高层和中层的领导人，不常接触，大多通过公众传媒观察他们，故而很难有"名实不符"的切身体验。

我在阅读上述文献时，深觉"领导"不能简单等同于"领导力"。既然我们通常将"leadership"翻译为"领导力"，那么，根据罗豪淦的这篇文章，又根据翟学伟团队的调查报告，我们应当警惕领导与领导力之间的本质差异。当然，我们应当警惕任何观念与这一观念的现实版本之间的本质差异，这就是我常说的怀特海指出的"错置实境的谬误"，即以"观念"取代在现实中被归入同一观念的"经验"。例如，我们应当警惕"教授"与"教授能力"之间的本质差异，我们应当警惕"医生"与"医生能力"之间的本质差异……

关于图4.4，我的一项注释写在图的底边，其实是我讨论的"行为社会科学基本问题"。首先，这也是"占领华尔街"运动的口号，一个社会，占人口不足1%的人占有超过90%的财富。其次，天赋儿童的分布是先天的，应当与图4.4的峰值人群保持一致，也就是90%的天赋儿童出生于普通人的家庭，这些家庭（人数）占人口的90%却分享不足1%的财富。这样两方面的事实导致的基本问题是：社会应当如何配置资源从而最大程度地减少智力资源的浪费？

上面的基本问题，不见于常见的社会科学教科书，因为它的问题意识是行为科学的，即"智力"之为稀缺资源的最优配置问题。上面的问题显然是基本问题，因为，不要忘记第三讲的图3.26，老埃森克定义的"生物智能"，任何一个长期浪费智力资源的物种，很难生存或繁衍。

根据克拉克（Gregory Clark）2014年发表的缺乏"政治正确性"的著作 The Son Also Rises（我建议的标题是"儿子也会崛起"），人类社会的智力资源浪费已经很严重了。图4.5虽然出自2022年新书《21世纪的复杂性治理》，但最初是克拉克2014年著作里的。克拉克是经济史学的权威人物，他的《告别救济》已经有严重的政治不正确性，他认为世界各族群之间的贫富差异主要归因于万年前这些族群先祖的智力差异。我发表于《学术月刊》2017年第8期的文章，《行为社会科学的三组特征事实》，介绍了"智商资本主义"学说，包括克拉克的这一观点。

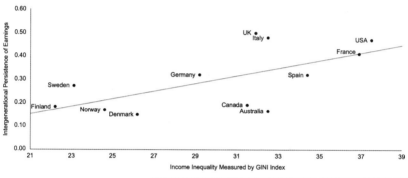

FIGURE 7.3 Inequality and Social Mobility　　Neil E. Harrison and Robert Geyer 2022 Governing Complexity in the 21st Century

图4.5　截自"转型期中国社会的伦理学原理"2021年秋季北京大学国家发展研究院EMBA 2020级课堂用心智地图

　　图中呈现了若干发达国家不平等关系的代际传承，参阅我的课程讲义《收益递增》。横轴是由基尼系数表达的收入不平等状况，纵轴是"代际收入相关性"——父辈的收入排序与子辈的收入排序之间统计显著正相关，只不过各国有不同的相关系数。

　　如图所示，收入的不平等关系在代际之间传承的情形，在美国最严重，在北欧最不严重——通常对这一情形的解释诉诸北欧"福利国家"的高遗产税。如果仅看代际收入相关系数，英国高于美国，通常对这一情形的解释诉诸英国有远比美国严重的"门第"传统。这一解释也适用于意大利，它在图中的代际相关系数略高于美国。

　　克拉克2014年著作的研究资料来自他在加州大学戴维斯校区的弟

子们在世界各国收集的家族谱系，他指出，这些族谱披露的代际相关
系数，如图4.6所示，远高于诸如图4.5这样的基于公开统计数据计算
的相关系数。图4.6的深色柱形是家族谱系揭示的代际相关系数，浅色
柱形是基于通常统计数据计算的相关系数。也许只有中国和智利的数
据，二者差异不大。

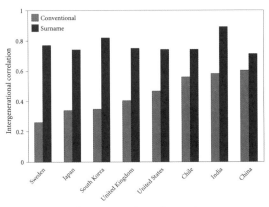

FIGURE 1.6. Conventional versus surname estimates of status persistence.

图4.6　*Gregory Clark*，2014，*The Son also Rises*

在瑞典，二者差异超过两倍。在日本和韩国，这一差异也非常显
著。似乎，越是民主国家，这一差异越大。也许因为，我推测，民主
社会保护家族隐私，并且民主社会的家族成员不愿意披露财富状况。

如图4.7，克拉克2014年著作提供的根据常见统计数据计算的代际
相关系数，与图4.5相比，这里出现了更多的国家。由图4.7可见，根
据常见的数据计算，拉美各国在右上方，既有收入分配的极大不平等，
又有强大的家族传承关系；其次是中国和印度；再次是英联邦各国、
北欧和日本。

注意，瑞典及北欧各国的纵坐标大约在0.25以下，如果按照图4.6
的真实状况将瑞典的系数乘以2或更多，就是0.5以上，相当于英国和

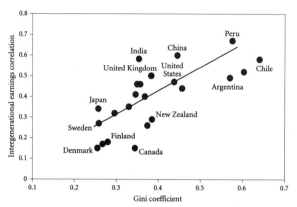

FIGURE 1.3. Intergenerational earnings correlation and inequality.

图4.7 Gregory Clark，2014，*The Son also Rises*

美国。根据同样方法调整日本的系数，也相当于英国和美国。

事实上，克拉克认为，纵坐标在世界各国几乎是一条水平直线。于是，他在这部著作里声称，如果一个读者的姓氏在克拉克收集的资料库里，那么，克拉克能够相当准确地根据姓氏以往的社会地位（在财富分布曲线上的位置）推测这个读者目前的社会地位。克拉克甚至称家族传承关系为"社会的反熵"——社会熵的含义是长期而言社会成员之间毫无差异可言，意思是"社会无序化"，故而"反熵"的含义是拒绝熵定律，恰好，这是生命的本来意义，请回忆薛定谔在《什么是生命》里提出的命题——生命就是反熵。

家族是一个生命系统，家族努力抗拒社会流动性也就是努力维持既有的社会秩序。能够写出这一解释，克拉克不愧是经济史学界的领袖。张五常写过一篇文章，也谈到家族在中国社会变迁时期的"保险"功能。

与克拉克的社会反熵问题密切相关，我写过几篇文章讨论"精英意识"与"精英失灵"问题。西方社会两次世界大战的缘起，现在史学资料已充分表明，是"精英失灵"所致。我提供的"精英"定义是：

被社会认为重要的社会成员，他们的社会功能在于保持对具有根本重要性的社会议题的敏感性。故而，"精英失灵"的意思是，这些社会成员的重要性感受越来越不是对社会而言具有根本重要性的问题。长期而言，社会解体。

缓解精英失灵，主要依靠社会的"纵向流动性"（克拉克简称"社会流动性"），即由精英群体将底层那些有"精英意识"的社会成员选入精英群体，这是一种"吐故纳新"。任何社会都有官僚化倾向，克服这一倾向的方法就是保持足够高的纵向流动性。我提供了"精英意识"的定义：保持着对社会具有根本重要性的问题的敏感性。在稳态社会，精英群体内部可以有许多有精英意识的社会成员。但是在转型期社会，这一命题失效。唯其如此，社会才不再是稳态的，才不得不进入转型期。

我的上述定义和讨论，主要基于奈特的"社会过程"学说。我在北京大学"新政治经济学"的课堂里，几乎每一学期都要讲解奈特的这一学说，以至有一位旁听生后来考入芝加哥大学，因为熟悉奈特的社会过程学说而获得教授的青睐。

回到克拉克的社会反熵问题，我们的社会学家大多希望改善社会的纵向流动性，可是，克拉克发现，家族是反社会熵的一种社会秩序。于是，家族的反社会熵的功能，很可能阻碍一个社会克服精英失灵。我们不难想象，一位来自社会底层的有精英意识的年轻人，怎样奋斗才可进入社会顶层呢？中国历史的一个主题就是皇权与绅权之间的冲突。宰相是绅权的代理人，历代王朝都有君相之争。明代是转折期，皇权最终压倒了相权。所以，清代没有宰相，只有军机大臣、大学士、内阁首辅大臣这类职务。事实上，明代的覆亡和清代的社会解体，很大程度上是因为社会缺乏纵向流动性。所谓"废科举"，是有极大弊端的，那就是剥夺了社会下层向上升的机会，于是引发社会失稳。秀才造反，十年不成。但是如果天下的秀才完全没有机会取士，这些人代表的社会智力资源就会转而配置于"造反"——社会的熵增过程。

上述原理当然适用于历代王朝，例如，汉代以后的时期，魏晋门阀崛起，家族力量或绅权的力量过于强大，以致豪门压倒皇权，后果就是社会的纵向流动性极低，财富集中于少数豪门，大量人才不能获得政治承认，于是造反。社会演化至唐代，政治主题之一就是"削藩"——皇权与豪强的斗争。若按钱穆先生的论述，宋代是一个皇权与绅权保持均衡的时期，故而有"中兴"之气象。中国两千年的王朝史，就是这五个延续三百年左右的大朝代——汉、唐、宋、明、清，产生了最重要的影响。但是在奈特"社会过程"学说的视角下，秦以来两千多年的中国社会，皇权与相权保持均衡的时期不过两百多年。

二、嫉妒之为一种演化场景

暂且不谈行为社会科学的基本问题，我继续讲这门课程的内容。不平等现象，彼得森常说，至少有3亿年的历史，因为龙虾的社会里就有不平等，而且很严重。这是所谓"帕累托定律"，与社会的具体形态无关，财富的帕累托定律见于各种形态的社会。刘小枫在《现代性社会理论绪论》里特别写了一章讨论"文革"的原因，他认为是民众的"怨恨情结"——请回忆我在第二讲介绍的名著《嫉妒》。这本书的作者舒克是维也纳的学者，他的思路带有明显的维也纳风格。

图4.8出自2017年的一本书，牛津大学出版社的，标题直译："嫉妒在工作并且在组织里"。其中第5章的这幅插图，我很喜欢，贴在这里。与1966年出版的《嫉妒》相比，图4.8更适合成为人力资源主管的现代参考。研读这幅图，可从左上角的文字框开始。文字框的标题：嫉妒的"缘起"与"调节器"。这里再次出现需要解释的语词，"antecedents"，常译为"前情"或"在先的"，可是我建议译为"缘起"。

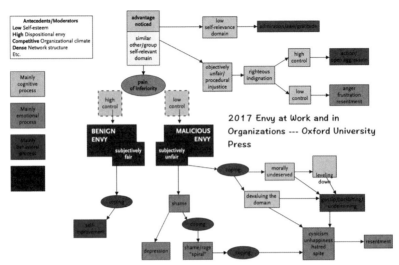

FIGURE 5.1 Model of envy as an evolving episode.

图4.8　截自"转型期中国社会的伦理学原理"2021年秋季北京大学国家发展研究院 EMBA 2020级课堂用心智地图。这张图的标题是"嫉妒之为一种演化场景的模型"

　　文字框的第一行：自我实现（self-esteem）。这一语词因马斯洛的 "需求分层理论"而流行天下，在这里译为"自我实现"可能产生误 解，我建议译为"自我期许"。源于自我期许而对他人产生嫉妒，这样 的嫉妒水平是较低的。

　　文字框的第二行：dispositional envy，这里的第一个单词很常见， 在行为金融学里译为"处置"，但若据此直译为"处置嫉妒"，至少是 令人困惑的。我的理解，这一类嫉妒源于自己可能被嫉妒对象取代。 据此，我将这一单词还原为它最初的结构：dis-position（否定位置）。 于是，我建议译为"因自己可能被取代而来的嫉妒"。这样的嫉妒，通 常有很高的水平。

　　文字框的第三行：竞争的，组织内部的气氛。确实，有许多企业 的内部竞争非常激烈，充满了"韩剧情节"——我从韩剧看到最多的 就是企业内部的竞争故事，从散播谣言到谋杀。由于这是组织内部的气氛，或公司文化，所以这一因素被认为是外在于个人因素的"调节器"——可强化也可弱化。

文字框的第四行：密度，网络结构。这一因素也是调节性的，外在于个人因素。公司里的人群密度越高，相互之间的攀比和竞争通常也越激烈，但也取决于人际关系的网络结构，人以群分。有些群体的人员密度高，却"抱团取暖"。

文字框的第五行：其他因素。

在文字框的下方，根据我们在第二讲和第三讲已经熟悉的脑区功能的分类，列出了四种"过程"：主要是认知的过程、主要是情感的过程、主要是行为的过程、多因素体验。

现在进入图4.8的模型部分，左上角文字框右侧的文字框：被行为主体注意到的嫉妒对象具有的优势。这是关于嫉妒这一情感的心理学常识：任何嫉妒都是有对象的，一个人不可能嫉妒而无嫉妒对象。一个人可以怨恨而没有怨恨对象，这是怨恨与嫉妒的心理差异。嫉妒的另一特征是，嫉妒对象局限于"可比范围"，例如"相似性""其他人或其他群体""与自己相关的人""在同一领域里"。注意，如果与自己无关，则图中右上方的箭头指向"崇拜"。

从上面这一文字框向下演化，椭圆形里的文字是：因为自卑或自认不如或竞争劣势而来的痛苦。这里的关键词是"inferiority"，直译"劣等"或"低级"。从这一椭圆形向下，有左右两支可能的演化场景。

左下方的场景是：行为主体对嫉妒心态的高控制力，这一方框向下演化导致的是"良性嫉妒"，它的右下方有注释文字"主观认为公平"。这一短语，我认为可以有两种解释：（1）行为主体自认这样的嫉妒是公平的，（2）行为主体认为嫉妒对象的现在或即将获得的待遇是公平的。

在"良性嫉妒"的下方，场景演化为一个小椭圆内的文字，"应对"，这一应对策略导致左下方的文字框：自我改进。

现在返回"因自卑或自认不如或竞争劣势而来的痛苦"椭圆形的右支，方框内的文字是：行为主体对嫉妒心态的低控制力。由此向下的演化，深色文字框：恶性嫉妒。它的左下角文字注释，"主观认为不公平"，这里的歧义也是两项：（1）行为主体自认这样的嫉妒对于嫉妒对象是不公平的，（2）行为主体认为嫉妒对象不应获得这一待遇。

不论如何，由此向下的演化场景是"羞愧"。由此繁衍左右两支：左侧的分支是"抑郁"，右侧的分支是"应对"，这一应对策略的演化场景是下方的文字框"羞愧—恼怒"，恶性循环。由此向右方继续演化，有一个小椭圆形：应对。这一应对策略导致图中右下方的文字框：犬儒主义、不幸福感、仇恨、蔑视。

返回"主观认为不公平"，由此向右的演化，是一个小椭圆形：应对。这一应对策略有右方和右下方两个分支。它的右方分支，我建议译为"行为主体认为嫉妒对象的待遇在道德视角下是不应得的"。由此衍生右方与右下方两个分支。右下方的分支是"行为主体将竞争领域视为不值得的领域"（基于道德歧视），右方的分支是"行为主体将嫉妒对象视为更低级的"（基于道德歧视），这一分支与右下方的分支导致同一场景，即深色文字框：传播闲言碎语／反讽／挖角。这一场景与右下方的分支共同指向图4.8右下方的文字框：犬儒主义、不幸福感、仇恨、蔑视。由此向右方演化为最后一个文字框"resentment"，这一语词可以译为"不满"，也可译为"抱怨"或"怨恨"。

以上就是图4.8的详解，可见，它比舒克的《嫉妒》更适合现代组织内部的嫉妒。但是，毕竟，《嫉妒》是一部名著。舒克的思想，第二讲只是提及，其实值得在这里详细介绍。舒克这部著作的两项核心结论是：（1）性嫉妒是人类最早发生从而是最原始的情感，这种情感的强烈程度仅次于仇恨；（2）防止性嫉妒的制度是人类社会演化最早形成的制度，在洞穴时代，就是所谓"固定配偶制"——例如约定某一女性只能与某几位男性有性关系，或某几位男性只能与某几位女性有性关系。根据奥菲克的《第二天性》，最初的合作秩序是洞穴之间关于火种的交换制度，和关于食物的交换制度。根据克莱因（Richard Klein）的考古研究，这些交换的信物是一些非常难以制作的鸵鸟蛋片打磨的中间有圆孔的小圆片，可能用藤条或茅草串起来，成为洞穴之间交换的礼品。我刚到浙江大学任教时，写了一篇长文介绍《第二天性》，并在杭州的枫林晚书店主持了关于这本书的讲座。我也写了一篇长文介绍芝加哥大学的人类学家克莱因的研究成果，发表于《浙江大学学报》。

我在印刷版心智地图的右方列出的另一位重要作者是社会学家特纳，参阅第三讲附录3，那里的图9和图10出自特纳的著作。特纳曾与加州大学的一位人类学教授长期合作研究灵长类尤其是类人猿的情感，并据此写了一部专著。他喜欢使用动力学的图示，这也让我喜欢收藏他的著作。我曾引用他晚近十几年出版的几乎每一部著作，包括他的《社会学的理论原则》三卷本。事实上，特纳著作最早的中译本是《社会学理论的结构》（1974年英文版），在国内社会学系几乎是必读教材。例如，浙江大学社会学系的冯钢教授就是这本书某一版的中译者。

根据特纳与人类学家的合作研究，人类先祖族群因为负面情感的种类远多于正面情感的种类，在百万年前几乎灭种，在后来也多次面临灭种危机。参阅：Jonathan H. Turner，2007，*Human Emotions: A Sociological Theory*（《人类情感：一种社会学理论》）。特纳认为，只因偶然的机遇，阴错阳差，类人猿的情感当中某些有利于合作的伦理逐渐演化为"龛位"。

我在印刷版心智地图里列出的特纳著作是《论人性：使我们成为人的生物与社会原理》，2021年出版，图4.9是这本书的封面截图。但是我仍要抄录特纳2007年的这部著作，因为与达马西奥的情感学派关

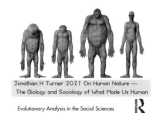

图4.9　截自"转型期中国社会的伦理学原理"2021
年秋季北京大学国家发展研究院EMBA 2020级课堂
用心智地图

系密切。他这本书的"内容提要"或"引言"，开篇是这样的：

Humans are the most emotional animals on earth. Almost every
aspect of human cognition, behavior, and social organization is driven by
emotions. Emotions are the force behind social commitments to others in
face-to-face interactions and groups. But they are much more; they are also
the driving force responsible for the formation of social structures, and
conversely, they are the fuel driving collective actions that tear down social
structures and transform cultures.（我的翻译：人类是地球上最情绪
化的动物。人类的认知、行为与社会组织，几乎每一方面都是被
情绪驱使的。情绪是社会成员投入群体以及"面对面"交往的背
后的力量。但是远比这些更多：情绪是促使社会结构形成的驱动
力量，并且负面而言，情绪是驱使那些将社会结构撕裂和使文化
发生转变的集体行动的燃料。）

图4.10是特纳2007年著作贴出的第一张图，是最重要的开端，出
自：Peggy Thoits，1990，"Emotional Deviance：Research Agendas"（　情

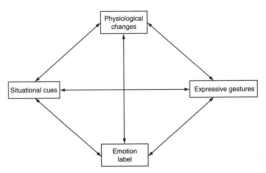

Figure 1.1 Thoits's elements of emotions.

　　图4.10　截自：Jonathan H. Turner，2007，*Human Emotions: A Sociological Theory*

绪偏差：研究提纲），收录于T. D. Kemper, ed.，*Research Agendas in the Sociology of Emotions*（《情绪社会学研究提纲》）。

　　图中左端文字是"情境触发"，汉语所谓"触景生情"，英文单词"situation"，我常译为"情境"而不译为"场景"或"局势"。例如哈贝马斯的关键概念"situational rationality"，我译为"情境理性"。

　　图中顶端文字是"生理变化"，特纳指出，这些变化似乎是人类神经解剖结构里固有的。至今尚不清楚人体内有多少种"情绪荷尔蒙"（谷歌不承认这一短语），似乎有一份报告说有五十多种。根据2015年发表的一篇评论文章：

　　Hundreds of studies have been published exploring almost every conceivable aspect of emotion, from basic stimulus processing and the replication of earlier animal conditioning studies, to the mapping of complex human emotions, such as jealousy, pride or even schadenfreude.（几乎每一种可想象的情绪特质都有数百项已发表的研究报告，从基本的刺激过程和早期动物条件反射的重复研究，到复杂的人类情绪版图，例如嫉妒、骄傲，甚至幸灾乐祸。）——Jorge L.

Armony，2015，"Searching for the One and Many Emotional Brains"
（寻找一个或许多情绪脑），*Physics of Life Reviews*（《生命物理学评论》）13，31–32。

图中右端："expressive gestures"，我译为"姿态表达"，需要解释。这一短语的意思是"为表达某种情绪而做出的姿势"，或可直译为"表达性的姿态"。

图中底端："emotion label"，特纳的解释是，情绪的文化标签，或特定的文化为各种情绪贴的标签。

上列四端相互之间都有双向箭头连接，构成"情境—文化—身心—表达"动力学系统。这幅图，在特纳的著作里，为其余各章提供了整体理解框架。合作伦理的演化，特纳指出，关键在于尽量增加正面情绪对负面情绪的比重。虽然，人类从先祖物种数百万年的演化继承的情绪，绝大多数都是负面的。参阅我的《行为经济学讲义》：人类有五种原初情感——惧怕、悲哀、快乐、愤怒、厌恶。然后是派生情感，有十几种或更多，例如羡慕、希望、怨怼、惆怅、失望、哀婉……取决于语言能够表达多少，以及每一个人感受的敏锐程度。

自然选择作用于人类情感，特纳指出，惧怕、悲哀、愤怒这三类负面情感，在特定情境内，都有利于群体内部的团结，而"抱团取暖"正是丛林时代与大型的猫科和犬类竞争的灵长类动物的生存策略。

与上述原初情感相比，嫉妒是一种派生情感，而且嫉妒的特征使它在更多情境内不利于群体团结。顺便提及，特纳写这本书的时候，只列出四种原初情感。现在我们知道，第五种原初情感是"厌恶"（disgusting），口语译为"恶心"。著名的社会心理学家海特（Jonathan Haidt）认为人类的宗教情感源于"恶心"——对不纯洁之事物的厌恶感。我们知道，宗教有利于群体内部的团结——犹太人提供了经典案例。

　　我继续探讨与嫉妒相关的议题。在英语里，嫉妒有两个单词，"envy" 和 "jealousy"（通常译为"妒忌"）。英语教科书提供的解释是：如果一个人担心已有的可能失去，这时可能产生 "jealousy"；如果一个人没有但特别希望有，这时可能产生 "envy"。晚近发表的研究报告，例如，发表于权威期刊《人格与个体差异》杂志的一篇文章，Rhiana Wegner et al.，2018，"Attachment, Relationship Communication Style and the Use of Jealousy Induction Techniques in Romantic Relationships"（依赖性、个人关系的社会交往类型与浪漫关系中诱致妒忌的技巧之使用），基于263名本科生在线填写的问卷，主要结论是：依赖性强的人比依赖性弱的人更倾向于使用技巧诱致浪漫伴侣产生"醋意"。这里，我将"妒忌"译为"醋意"是合适的。

　　晚近基于社交媒体数据发表了许多关于嫉妒的研究报告。有趣的是，其中我下载并阅读的，几乎都来自华人学者，虽然通讯作者不必是华裔。与以往的研究报告相比，这些研究报告增加了一些知识，因为：（1）社交媒体的"朋友"在现实社会里大多是陌生人；（2）基于海量数据，尤其是在线购物及经验分享数据。

　　与"妒忌"的狭义关系和有真实嫉妒对象的"嫉妒"有本质差异，社交媒体中表达的"嫉妒"，范围极广，可以说是一个完整的谱系，在其狭义的一端，是基于现实世界私人关系的嫉妒，在其广义的一端，是虚拟世界陌生人之间的"羡慕"，并且这一情感可能逐渐强化，所谓"羡慕—嫉妒—恨"。

　　此外，晚近发表的研究报告当中，越来越多地关注"schadenfreude"——这是一个从德语进入英语的单词，意思是"以他人的痛苦为自己快乐的来源"。这一德文单词在汉语里或可译为"幸灾乐祸"，但也不很贴切，似乎邪恶的程度还不够。当然，不必使用外来语，英语固有的表达是"邪恶"（evil）。纳粹的许多行为被认为是邪恶的，以致阿伦特以《纽约客》观察家身份旁听耶路撒冷审判之后，写了一本引发极大争议的小册子，因为她提出"banality of evil"。这一短语，我坚持译为"平庸之恶"，符合阿伦特的原意。她的原意是，许多人不愿意思考，由于太多的人放弃思考，邪恶得以发展到无法扼制的境地。这些人现在来审判纳粹邪恶，可是，他们也许还没有觉悟到自己不思的邪恶——平庸之恶。参阅：Hannah Arendt，1963，*Eichmann in Jerusalem：A Report on the Banality of Evil*（《耶路撒冷的艾希曼：关于平庸之恶的一份报告》）；以及"大英百科"网站发布的由 Thomas White 撰写的尖锐批评阿伦特的词条"What did Hannah Arendt really mean by the banality of evil?"（汉娜·阿伦特使用平庸之恶究竟何意？）。

姑且将"schadenfreude"译为"幸灾乐祸"，由中科院心理学研究所"行为科学重点实验室"的几位作者联名发表于《人格与个体差异》的文章，Qi Yanyan（我在中科院心理学研究所的主页检索不到这个名字）et al.，2020，"Empathy or Schadenfreude：Social Value Orientation and Affective Responses to Gambling Results"（同情或幸灾乐祸：对于赌博结果的社会价值导向与情感响应）。这篇文章报告了三组基于"社会价值导向"量表的实验结果：第一组实验要求被试对陌生人在赌局中的输赢做出反应，第二组实验要求被试亲自参加赌局并对赌局里的陌生人的输赢做出反应，第三组实验将第二组实验里的陌生人改为被试喜欢的人或不喜欢的人。三组实验的一致性结论是：社会价值导向分数高的被试对他人的输局表现出更多同情，而社会价值导向分数低的被试对他人的输局表现出更多的幸灾乐祸。

引我关注的另一篇文章，发表于 *New Ideas in Psychology*（《心理学新观点》），领衔作者王申生，毕业于南开大学，发表这篇文章时，他还是埃默里大学心理学系的"儿童心理学"博士生：Wang Shensheng et al.，2019，"Schadenfreude Deconstructed and Reconstructed：A Tripartite

Motivational Model"（幸灾乐祸的解构与重构：三元动机模型）。

由于王申生是南开毕业的，而且读博期间就在权威期刊发表文章，国内于是有所报道。其中一篇的摘要是这样的：近日有心理学家发表新论点，指幸灾乐祸在"非人性化"（dehumanize）其他人时，才会出现。美国埃默里大学心理学博士候选人王申生（Shensheng Wang）及另外2名心理学家就尝试归纳幸灾乐祸，认为是一种失去人性的表现。……王申生假设一个人对另一个人有愈多同理心，前者在后者遇难时幸灾乐祸的机会就愈低。按此推论，若一个人要因其他人而幸灾乐祸，前者须非人性化对方，即不把对方当人看待，后者才会变成幸灾乐祸的对象。上述理论日前于学术网站"The Conversation"发表。

这篇文章综述了以往关于幸灾乐祸的心理学假说之后，建议从发育心理学的思路对幸灾乐祸的心理过程重新建模。这是一个三元素模型：（1）aggression，汉语可译为"攻击性"；（2）rivalry，汉语译为"竞争性"；（3）justice，汉语译为"正义"。王申生的思路是，当一个人对另一个人的不幸感到"幸灾乐祸"时，可能由于两人之间有竞争关系，也可能出于正义感——假如他认为另一个人其实是逍遥法外的坏人，还可能因为性格里的攻击性太强。上列三种可能性的各种组合一共有七种：攻击性＋竞争性、攻击性＋正义感、竞争性＋正义感，还有上列三因素各自的单独作用，以及三因素联合作用。

印刷版心智地图左下角列出的文献里，有一篇冗长的研究报告，即罗豪淦文章若干要点当中的第（9）项的主题文章（Michael Holmes et al., 2021, "Building Cross-disciplinary Bridges in Leadership"），我特别列出其中关于公司高管"暗黑三人格"（dark triad）的负面作用的研究结论。

我写了一篇文章介绍关于暗黑人格的心理学著作，"暗黑心理学"（财新博客2020年5月21日），文章很短，故成为这一讲附录4。暗黑三人格指的是：（1）水仙花自恋症，（2）马基雅维利主义，（3）心理变态。其中，"水仙花自恋症"得名于古希腊神话里的"水仙"，诸友可检索阅读这段凄美的故事——水仙与回声的恋爱，也可检索以此为题材的名画。至于"马基雅维利主义"，可参阅我的《行为经济学讲义》相关实验报告。

"心理变态"的含义，或许需要澄清。我应当抄录"今日心理学"网站的词条"psychopathy"：

Psychopathy is a condition characterized by the absence of empathy and the blunting of other affective states. Callousness, detachment, and a lack of empathy enable psychopaths to be highly manipulative. Nevertheless, psychopathy is among the most difficult disorders to spot. （心理变态是这样一种状态，标志性的行为是没有同情心以及其他感受状态的迟钝。冷酷、疏离以及缺乏同情使得心理变态者非常喜欢操纵他人。尽管如此，心理变态是一种最难被发现的心理障碍。）

我继续抄录：

Psychopaths can appear normal, even charming. Underneath, they lack any semblance of conscience. Their antisocial nature inclines them often (but by no means always) to criminality. （心理变态者能够看上去是正常的，甚至有魅力。在深层，他们缺乏任何良知的因素。他们的反社会本性诱使他们经常［但绝不总是］有犯罪意向。）

最后一段文字：

Brain anatomy, genetics, and a person's environment may all

contribute to the development of psychopathic traits.（脑的解剖结构、基因以及一个人的环境，都可能导致心理变态性状的发展）。

现在我可以介绍土耳其伊斯坦布尔马尔泰佩大学的一位心理学家2020年发表于《人格与个体差异》的文章：Seda Erzi, "Dark Triad and Schadenfreude: Mediating Role of Moral Disengagement and Relational Aggression"（暗黑三人格与幸灾乐祸：道德无关心态与人际关系攻击性的中介作用）。她的这篇文章基于在线完成"暗黑人格"测试以及"道德漠然"测试等相关量表的309名被试构成的样本。她发现：心理变态、水仙花自恋症、马基雅维利主义，与幸灾乐祸、道德无关感、人际关系的攻击性，统计显著正相关。故而，她的结论是：暗黑人格＋道德漠然＋攻击性，三者联合可以导致最高程度的"幸灾乐祸"——我认为这里应译为"邪恶"。

三、智力—创造性—智慧

现在请看图4.11，施腾伯格2020年主编的《剑桥智力手册》，他亲自写了这套手册的第14章，智力的"生物—心理—社会"模型。我喜欢这种模型，高屋建瓴，从空中俯瞰地面。先有全景，后有细节，这是跨学科的思维方式。

可以顺时针阅读图4.11，从左上方开始，"遗传因素"，箭头指向图的顶部，"脑以及其他中枢神经系统的发育过程"。从这里顺时针向右下方，发育之后的人生阶段，"思想""行为""经验"；同时，图的底部，"环境"因素。从底部顺时针向左上方："学习"、伴随学习过程的"内部变化，例如荷尔蒙分泌"；这些箭头指向图中顶端的"脑以及其他中枢神经系统的发育过程"，与遗传因素共同作用，形成智力发展

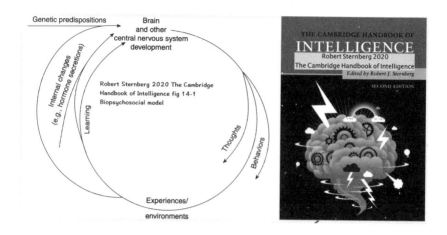

图4.11　截自"转型期中国社会的伦理学原理"2021年秋季北京大学国家发展研究院
EMBA 2020级课堂用心智地图

的循环。

　　在进入创造性这一主题之前，我还应介绍关于人格的经验研究。
下面介绍的六张插图，取自2018年的一部文集，如图4.12，《个体差异
与人格》，与权威期刊《人格与个体差异》有同一标题，只是将"个体
差异"放在"人格"之前。

图4.12　Michael Ashton, ed., *Individual Differences and Personality*, 3rd ed.，封面截图

如图4.13，大五人格模型的"宜人性"，这一维度下面有四个子维度——温和（三角形图标）、宽容（菱形图标）、灵活性（圆形图标）、耐心（方形图标），粗黑线表示"宜人性"的得分随着被试年龄增长的曲线，从15岁到75岁。

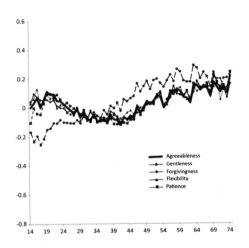

图4.13　Michael Ashton, ed., 2018, *Individual Differences and Personality*, 3rd ed., 第4章 "Developmental Change and Stability of Personality"（人格的发育改变与稳定性）

可见，宜人性的稳定性算是较高的，但有波动，十几岁的时候高于基准线，三十几岁的时候低于基准线，大约到75岁，再次高于基准线。注意，纵轴变动幅度1.0就相当于一个标准差。

图4.14所示也是大五人格的一个维度，"外倾性"，从15岁到75岁波动较大，从低于基准线30%到高于基准线30%，取决于四个子维度的波动。三角形图标代表"社会自我期许"，15岁的时候低于基准线50%，75岁的时候高于基准线40%，随年龄的变化范围最大。另一个子维度是"活跃性"，图标是菱形，随年龄的变化范围仅次于"社会自我期许"，年轻时低于基准线30%，老年时期高于基准线20%。第三个子维度，"社交勇敢性"，圆形图标，年轻时期低于基准线20%，老年时期

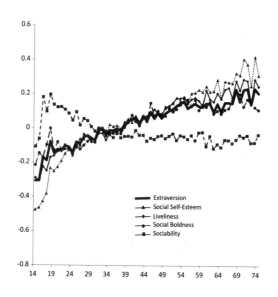

图 4.14　Michael Ashton, ed.，2018，*Individual Differences and Personality*, 3rd ed.，第 4 章

大约在基准线的水平。第四个子维度是"可社会性"，方形图标，这是齐美尔（Georg Simmel，1858-1918）1910 年著名文章"How Is Society Possible?"（社会何以可能？）的核心概念。大约 30 岁之前可社会性的波动较大，30 岁之后大致稳定在基准线下方。

　　图 4.15 所示不见于大五人格模型，这一人格气质的名称是"诚信谦虚"。我很怀疑它能否被准确测度，所以我也很少见到这一名称的量表。不论如何，这一维度的得分在 19 岁的时候是最低的，低于基准线 50%，然后随年龄单调上升至 74 岁，高于基准线 50%。第一个子维度，"公平性"，三角形图标，随年龄的变化规律几乎与主维度完全一样。第二个子维度，"得体性"（也可译为"尊严"），菱形图标，似乎在 60 岁之后显著偏离主维度的变化方向。第三个子维度，"对贪婪的规避性"，圆形图标，随年龄的变化规律与主维度一致。第四个子维度，"谦虚"，方形图标，在年轻时期和老年时期似乎都偏离主维度。

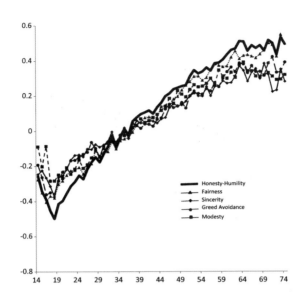

图4.15　Michael Ashton, ed., 2018, *Individual Differences and Personality*, 3rd ed., 第4章

　　我认为图4.15所示符合常识，老人阅历多，诚信谦虚的程度通常高于年轻人。当然也有老人狂妄且缺乏诚信，可能是例外吧。

　　图4.16所示是大五人格的"尽责性"维度，似乎在30岁之前远低于基准线，但在30岁之后稳定性较高，逐渐增加，老年时期略高于基准线。它的第一个子维度是"勤勉"，三角形图标，年轻时略低于基准线，随着年龄增长，与主维度保持一致。第二个子维度是"有组织性"，菱形图标，年轻时也是略低于基准线，然后就与主维度保持一致了。第三个子维度，"完美主义"，圆形图标，变化规律似乎与主维度不一致，年轻时期略高于主维度的得分，中年至老年时期又略低于主维度得分，故而成为稳定性最高的维度。第四个子维度，"谨慎"，方形图标，与主维度的变化规律一致，老人的谨慎程度通常高于年轻人。

　　如图4.17，"情绪的不稳定性"，不见于大五人格模型。这一维度的得分随年龄变化的趋势，确实符合常识。老年人的情绪不稳定性通常低于年轻人，当然有例外。第一个子维度是"焦虑"，三角形图标，随

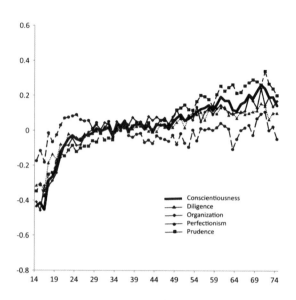

图 4.16　Michael Ashton, ed., 2018, *Individual Differences and Personality*, 3rd ed., 第 4 章

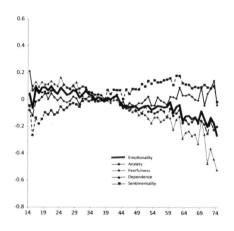

图 4.17　Michael Ashton, ed., 2018, *Individual Differences and Personality*, 3rd ed., 第 4 章

年龄增长的变化幅度最大，年轻时略高于基准线，75 岁的时候居然低于
基准线接近 60%。第二个子维度，"惧怕"，菱形图标，似乎是稳定性最
高的一个维度，毕生保持在基准线附近。第三个子维度是"依附性"，
圆形图标，随年龄的变化趋势与主维度完全一样。第四个子维度，"多

愁善感"，方形图标，30岁之前远低于主维度得分，30岁之后又远高于主维度得分。似乎与我的认识不符，年轻人通常比老人更加多愁善感。

见图4.18，"对新鲜经验的开放性"，这是大五人格的一个维度，简称"开放性"。所谓"创造性人格"，主要表现为"开放性"和"神经质"这两大维度的得分中，开放性的得分很高，并且神经质的得分适度地高于均值。大致而言，神经质这一维度对应图4.17的情绪不稳定性这一维度。这两大人格气质的可遗传性也是大五人格当中最高的，参阅我的《行为经济学讲义》。但是，根据彼得森的课程，成功人士的人格特征体现为"尽责性"和"开放性"这两大维度的得分高。

现在看看图4.18，第一个子维度是"喜欢探究"，三角形图标，30岁之前居然可低于基准线80%（完全违反常识），而且因此拉低了主维度的曲线，也显得与常识不符。这一子维度在30岁之后趋于稳定，晚年略高于主维度得分，似乎也不符合常识。第二个子维度是"美学欣赏力"（不如译为"审美能力"），菱形图标，中年之前与主维度保持一致，中年之后远高于主维度得分。我认为这一趋势反而符合常识，老年人嘛，看待事物更富于美学鉴赏。第三个子维度，"创造性"，圆形

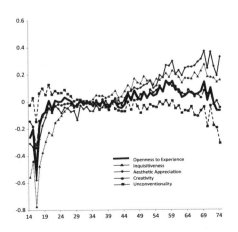

图4.18　Michael Ashton, ed., 2018, *Individual Differences and Personality*, 3rd ed., 第4章

图标，大致维持在基准线附近，与主维度随年龄的演化趋势一致。第四个子维度是"不合常规性"，方形图标，年轻时期略高于主维度得分，然后，尤其中年之后，远低于主维度得分，符合常识。

以上各图，与人格研究的基本结论一致，就是人格的不变性，年龄增加，但人格气质保持不变。根据我在《行为经济学讲义》里引述的研究报告，在可比人群当中，一个人在大五人格各维度的得分从20岁到80岁都可保持稳定。根据我在讲义里介绍的另一项研究报告，老年人大约在80岁至90岁期间，可发生人格失稳的情况。

现在，我的课程终于可以转入我根据施腾伯格的定义绘制的"智力—创造性—智慧"三元定义图示了。这张图的尺寸太大，只能每次显示一个局部。否则，那些特别小的字就很难辨认。这张示意图的根据是施腾伯格主编的《剑桥创造性手册》2019年第2版，这部手册的封面截图，可参阅第一讲的图1.20，以及我讲述的关于两位主编的故事；还可参阅第三讲的图3.69，以及我在那里的阐释。

施腾伯格和考夫曼与另一位作者联合撰写了这部手册的第16章，"The Relation of Creativity to Intelligence and Wisdom"（创造性与智力和智慧的关系），数据来自施腾伯格1985年的研究报告。第16章提供的"智力—创造性—智慧"三元定义（以下简称"三元"），基于施腾伯格最初的"隐含理论"研究。他认为公众对"智力""创造性""智慧"，从来都有自己的想象——请回忆罗豪淦关于领导者的"隐含理论"研究，公众根据自己的想象来判断一个人的智力、创造性和智慧。施腾伯格指出，一个人在社会里的成就或命运，很大程度上依赖公众的这种想象，所谓"隐含理论"。故而，他的研究集中于收集分析公众和专业群体的关于三元定义的隐含理论数据。为了看清楚细节，我只能将施腾伯格调查结论的表格切分为三段贴在下面。这张表格的标题，"Intercorrelations of Ratings based on Implicit Theories of Intelligence, Creativity, and Wisdom"，我译为"基于智力、创造性、智慧的隐含理论关于三者之间相关性的评估"。

图4.19的上半部分显示了艺术界对于三元之间相关性的评估，下半部分显示了企业界对于三元之间相关性的评估。施腾伯格注释：全部相关系数都是统计显著的。根据艺术界的评估，智力与智慧之间相关系数0.78，是最高的；智力与创造性之间的相关系数是0.55，居中；最后，创造性与智慧之间的相关系数是0.48。艺术家的这一评估，有些让我惊讶。

图4.19的下半部分，商界（企业界）的评估，更让我惊讶，创造性与智慧之间居然是负相关的，−0.24；而智力与智慧之间的相关系数是最高的，0.51；最后，智力与创造性之间只有弱相关性，0.29，也许符合企业内部的状况。

Table 16.1 *Intercorrelations of ratings based on implicit theories of intelligence, creativity, and wisdom*

	Art		
	Intelligence	Creativity	Wisdom
Intelligence	1.00	0.55	0.78
Creativity		1.00	0.48
Wisdom			1.00
	Business		
	Intelligence	Creativity	Wisdom
Intelligence	1.00	0.29	0.51
Creativity		1.00	−0.24
Wisdom			1.00

图4.19　截自：James C. Kaufman and Robert J. Sternberg, eds.，2019，*The Cambridge Handbook of Creativity*, 2nd ed.，第16章表1

图4.20的上半部分是哲学家对三元的相关系数评估，下半部分是物理学家对三元的相关系数评估。图4.21很关键，是没有受过专业训练或高等教育的普通人想象中"理想的"三元相关系数评估。

Philosophy			
	Intelligence	Creativity	Wisdom
Intelligence	1.00	0.56	0.42
Creativity		1.00	0.37
Wisdom			1.00
Physics			
	Intelligence	Creativity	Wisdom
Intelligence	1.00	0.64	0.68
Creativity		1.00	0.14
Wisdom			1.00

图4.20　截自：James C. Kaufman and Robert J. Sternberg, eds., 2019, *The Cambridge Handbook of Creativity*, 2nd ed., 第16章表1

Laypersons: Ideal			
	Intelligence	Creativity	Wisdom
Intelligence	1.00	0.33	0.75
Creativity		1.00	0.27
Wisdom			1.00

Data adapted from Sternberg (1985b). All correlations were statistically significant.

图4.21　截自：James C. Kaufman and Robert J. Sternberg, eds., 2019, *The Cambridge Handbook of Creativity*, 2nd ed., 第16章表1

　　哲学家似乎对智力与创造性之间的关系有符合常识的评估，0.56；而创造性与智慧之间的相关系数只是0.37，有些违背我的认识；居中的是智力与智慧之间的相关系数，0.42，也符合常识。

　　物理学家对智力与智慧之间的相关系数有最高的评估，0.68；其次是智力与创造性之间的相关系数，0.64，与我的认识相符；最后，有些奇怪，创造性与智慧之间的相关系数只有0.14，也许是物理学领域的真实状况。

　　如图4.21，街头走路的普通人，例如清道夫或垃圾工，他们的隐含理论，当然是他们想象的理想状态，因为他们平日不接触这类问题嘛。他们认为，智力与智慧之间有最高的相关系数，0.75，很接近物理学家们的判断；其次是智力与创造性之间，相关系数0.33，很接近企业家的判断；最后是创造性与智慧之间的相关性，最弱，只有0.27，与哲学家们的判断很接近。

现在看图4.22，这是智力的维度，施腾伯格列出六个子维度：（1）语词能力，这是智商测验的标准内容；（2）语境理解或情境理解，在智商测验里考察被试对语词由对发生的语境的准确把握，正确使用多义词的能力；（3）流体思考，这是智商测验的古典解释，即考察被试的流体智力和晶体智力，前者特指被试在流变的环境里获取新知识的能力，例如在智商测验中，被试看到考题之后迅速反应的能力，用"响应时间"衡量，智商测验要求短时间内完成大批量的考题，于是能考察被试的流体智力。晶体智力特指被试对特定领域的知识的熟悉程度，死记硬背的考生通常有较好的晶体智力；（4）各类智力的平衡与整合，这一指标可以测量被试是否极端偏重于特定的智力，例如"运动""数学""语词""宗教""艺术"，总之，争取平衡发展，整合或保持一致性；（5）目标导向与达成目标的能力，这一指标测量被试的毅力和韧性，这是取得任何成就的前提条件；（6）实践问题的求解能力，这一指标的意义在于防止被试沉湎于单纯的智力测验，从而放弃生活实践及实践问题的求解。

最后，与老埃森克的"智力"定义相对照，施腾伯格定义的智力是：智力是一个人的学习、思考并适应环境的能力。想象一台"人工智能"机器人，可以自由活动并有目前最高级的视觉、触觉、听觉，但被搁置在荒野中，故而首要的实践问题是如何寻找"电源"或"发电"给自己的蓄电池充电。根据我对机器人和人工智能的理解，由于是"狭域全局理性"的，这台机器人永远无法解决这一简单的实践问题，参阅我的博客文章"人类智能是广域局部理性而人工智能是狭域全局理性"（《情理与正义》第四讲附录3）。

见图4.23，为完整显示创造性的维度，字迹就要缩小很多。施腾伯格定义创造性为：一个人产生新的令人惊讶的并且令人信服的观念的能力。他定义的创造性有四个子维度：（1）不墨守成规的能力——

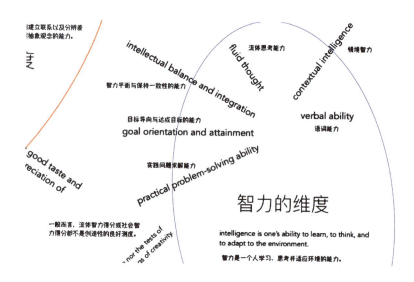

图4.22　截自汪丁丁手绘的施腾伯格"三元"定义示意图

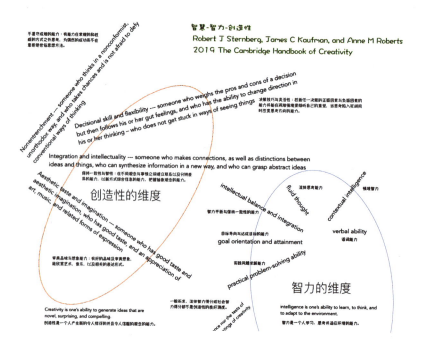

图4.23　截自汪丁丁手绘的施腾伯格"三元"定义示意图

有能力在常规的和权威的方式之外思考，为偶然的成功而不在意拒绝世俗思想方法；（2）决策技巧与灵活性——权衡任一决策的正面因素与负面因素的能力，并能在两难情境里倾听自己的直觉，当思考陷入死胡同时改变思考方向的能力；（3）保持一致性与智性——在不同观念与事情之间建立联系并分辨差异的能力，以新方式综合信息的能力，把握抽象观念的能力；（4）审美品位与想象力——有好的品位及审美想象，能欣赏艺术、音乐以及相关的表达形式。

　　注意，图4.23底部中间的小号文字：一般而言，流体智力得分或社会智力得分都不是创造性的良好测度。由于社会智力是智慧的一个子维度，故而施腾伯格的这一注释，引导我们考察他定义的"智慧"，见图4.24。

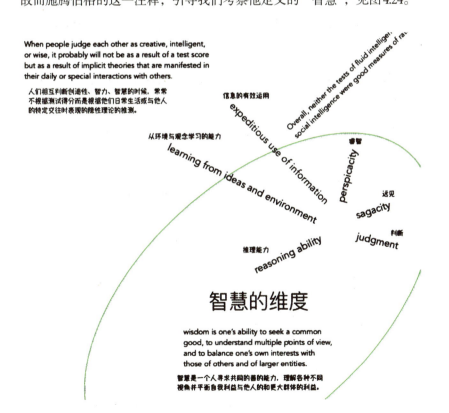

图4.24　截自汪丁丁手绘的施腾伯格"三元"定义示意图

施腾伯格定义的"智慧"是一个人寻求共同的善的能力，理解各种不同视角，并平衡自我利益与他人的和更大群体的利益。这样定义的智慧，有六个子维度：（1）判断力，（2）远见，（3）睿智，（4）有效运用信息的能力，（5）从环境与观念学习的能力，（6）推理能力。

考察上述维度之后，我认为还不能完整表达"智慧"在东方思想传统里的含义。也许，施腾伯格定义的"智慧"更容易测度。而东方思想传统里的"智慧"，例如"直觉"这一子维度，就很难测度。

此外，图4.24的左上角，我抄录了施腾伯格的一段注释文字：人们相互判断创造性、智力、智慧的时候，常常不根据测试得分，而是根据他们日常生活或与他人的特定交往时表现的隐性理论的推测。

图4.25取自施腾伯格主编的《剑桥智力手册》2020年第2版第9章，智商随年龄增长而逐渐下降。但是，请阅读我写的本讲附录2，随着年龄增长，判断力也逐渐增长，故而有我手绘的那张创造性思维能力随年龄增长的波动曲线。

图4.25显示了智商测验的五个子维度：语词意义理解力（方形图

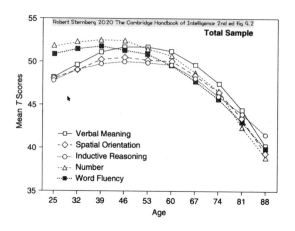

图4.25　截自"转型期中国社会的伦理学原理"2021年秋季北京大学国家发展研究院EMBA 2020级课堂用心智地图

标）、空间想象力（菱形图标）、归纳推理能力（圆形图标）、数字能力（三角形图标）、单词阅读的流畅性（方形图标内有交叉）。前三种能力从青年到中年单调增长，在中年达到峰值，然后逐渐下降。后两种能力从青年到中年大致持平，在中年之后逐渐下降。但是，在课堂用的心智地图的顶部中间位置，我贴了一幅插图，如图 4.26，选自 2021 年出版的《剑桥智力与认知神经科学手册》第 8 章。与图 4.25 相比，这幅图更全面地表达了智力水平随年龄增长而变化的情况。图中有两组曲线，随年龄单调下降的那一组曲线总称为"流体智力"，而随年龄的增长呈现单调上升的那一组曲线总称为"晶体智力"。图 4.25 和图 4.26 的横坐标一样，都是从 20 岁到 80 岁。

图 4.26 的右下角列出了晶体智力表现在语言能力中的三个子维度——同义词、反义词、希普利词汇，这些语言能力在年轻时期由于阅历不够而显得贫乏，老年人则由于世界知识的积累，在这些子维度的得分更高。

但是，如图 4.26 所示，流体智力的三组（信息处理速度、工作记

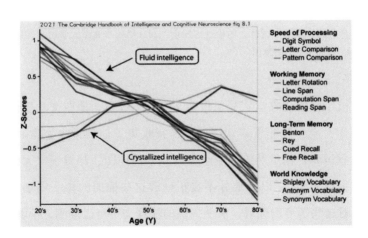

图 4.26　截自"转型期中国社会的伦理学原理"2021 年秋季北京大学国家发展研究院 EMBA 2020 级课堂用心智地图

忆、长期记忆）共11个子维度，随着年龄增长而单调下降。

图 4.27 显示的是不同级别的创造性，取自《创造力百科全书》2020 年第 3 版第 1 卷。这张插图的作者是澳大利亚的传媒学家，J. T. Velikovsky，他很年轻。我试图检索他与那位年老而且已经著名的 Velikovsky 的关系，但毫无所得。

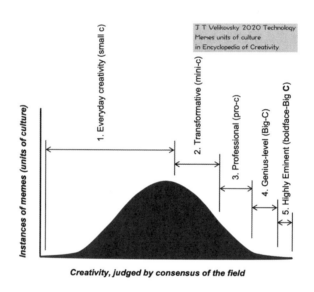

图 4.27　截自"转型期中国社会的伦理学原理"2021 年秋季北京大学国家发展研究院 EMBA 2020 级课堂用心智地图

这位年轻的传媒学家写了很多文章，关键是，他在文章里使用了许多插图，至少我非常喜欢。所以，我收集了他的不少文章。但是，我逐渐意识到，他虽然绘制了丰富而复杂的插图，却偏于"大而全"，甚至"无所不包"，以致他并不真正理解这些插图的每一项细节，或者，他对这些细节的理解，从他提供的注释文字可以推测，不够充分，甚至有误解。他也许太热衷于各种新潮学说，而且太热衷于将这些新名词引入他的传媒学文章。当然，这是传媒学者的通病。我记得我浏览了许多传媒学领域的新书之后，询问胡舒立：为何英国的作者们如此肤浅？她的答复给我的印象是：不仅英国的，而且全世界的传媒学者都很肤浅。

图4.27所示的这条创造性分布曲线，纵轴的计量方法最可疑，"文化单位迷子的发生频率"。首先，如何定义文化的"单位"，始终是一个需要澄清的议题，而且争议极大，从未达成共识。其次，"memes"（迷子）这一观念也从未获得主流学界的支持，因为这一观念是仿照生物基因建构的"文化基因"的一个名称。我们都知道，文化可以传播，而且变异速度超过生物基因。我读过一些论文，集中于研究流行歌曲的"文化基因"传播。研究者将"曲调"分解为最小单位，例如"音节"。这是很容易的，音乐界一直就这样做，例如，五线谱就清楚呈现了一个一个的音节。这样，研究者可以为全部流行歌曲的音节"测序"，找到一些共享的"基因"——音调的最小单位。换句话说，假如短于音调的最小单位，音调就不再保持原来的音调。这样的研究思路，可能取得一些成果，但很难推广至文化的"基因测序"。

图4.27的横轴排列着作者收集来的各种等级的创造性，它们常见于创造性和创新研究的文献。其实，纵轴不必是文化单位的迷子发生频率，只需要表示全部已知的创造发明就足够，参阅本讲附录3。

在全部样本的分布密度曲线上，峰值及其左端的全部样本都可归入"日常级别的创造发明"——小写的"c"，据说只要是人类就有这种日常创造性。不仅人类，许多猿类和鸟类也有这样的日常创造性。然后，从峰值右侧开始，大约两个标准差的长度，这一段样本可归入"原型改造级别的创造发明"——用介于大写的"C"和小写的"c"之间的字号表示，仍是小写的"c"，据说只要改变某一物的用途，例如将若干把"椅子"改为一只"梯子"（当然要有杂技团演员的技能），就属于这一类创造性。从此处继续向右移动至第三个标准差的位置，这一段距离的样本可归入"专业级别的创造发明"——记为"专业 c"（仍是小写字母"c"）。从"专业 c"继续向右移动，到第四个标准差的位置，这一段距离的样本可归入"天才级别的创造发明"，通常记为大写的"Big-C"。被公认为"天才"的发明家，诸如特斯拉这样的人物，他的全部发明当中的若干项发明，被认为属于这一级别。由此向右，到第五个标准差的位置，这一段距离上的样本被称为"有极高重要性级别的创造发明"，用粗体字"Big-C"来表达，特斯拉的至少一项发明（交流电机），被至少一部分专家认为属于这一级别。但是许多重大发明都不是突然出现的，而是基于以往许多小的发明。所以，研究技术进步的经济学家简单将技术进步划分为两类：（1）渐变性进步，（2）突破性进步。

注意，图 4.27 的底边写了一行注释文字：基于"领域内的共识"判断下的创新。这一注释意味着，作者依据的是齐申义模型，如图 4.28，"关于创造性的一个通用模型"。

图 4.28 取自齐申义为席梦顿 2014 年主编的威力出版集团《天才手册》（又称"威力天才手册"）撰写的一篇文章，标题是"关于创造性的系统模型"。我在课堂用的心智地图里写了一段注释文字：齐申义的系统模型，三大因素不可或缺：首先是"文化"，它设立规则于各领域，不能进入任何领域的人不论多么有天赋也无法获得承认；其次是"场域"及"守门人"；再次是"个人因素"——遗传学的和环境的。

关于齐申义，我在课堂用的心智地图里也写了一段文字：他的姓名太难记，为此，我想了一个中文译名"齐申义"，他生于克罗地亚（1934），卒于美国加州克莱蒙（2021 年 10 月 20 日），享寿 87。齐申义的父亲在二战结束后是社会主义的匈牙利派驻意大利的大使。1956 年"匈牙利事件"，齐申义离开意大利，赴美留学，1965 年获得芝加哥大学人类发展博士学位，确立"心流"理论，1970 年返回芝大任教，成

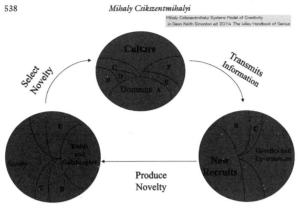

Figure 25.1　A general model of creativity.

图 4.28　截自"转型期中国社会的伦理学原理"2021 年秋季北京大学国家发展研究院 EMBA 2020 级课堂用心智地图

为心理学系主任，1999 年应聘任教于加州克莱蒙研究大学，并创建第一个"积极心理学"博士项目。

　　关于目前流行的"积极心理学"，我在课堂用的心智地图里抄录齐申义 2014 年这篇文章的一段文字：In the winter of 1998, my wife and I booked a week's vacation at a resort on the Kona Coast of Hawaii. By a vanishingly rare coincidence, the second day of our stay, Martin Seligman and I almost literally ran into each other at a nearby beach.（1998 年冬季，我妻子和我准备了一个星期的假期，在夏威夷的科纳海滩的一所度假屋。由于极罕见的巧合，我们在那儿的第二天，马丁·塞利格曼和我在附近的海滩上几乎面对面撞到一起。）

　　事实上，积极心理学成为 1999 年的心理学旗帜，正是他们两位那次在夏威夷合作的结果——这是齐申义"系统模型"的一次成功应用。根据齐申义这篇文章，他将图 4.28 所示讲解给塞利格曼，因为后者正在筹备就职美国心理学会主席的演讲及展开相关的研究项目。他们于是共同策划了在美国心理学年会之前的一系列调查研究，并共同规划了图4.28所示的"场域"和"守门人"。注意，图中右下方的圆圈左侧是"新手"——正在进入各场域的新手。他们的研究成果将提交给心理学各场域的"守门人"审阅，并决定是否录取，所以，左下方的圆圈左侧标识文字是"社团"——在这里就是美国心理学会。由各场域的守门人选拔的研究成果提交给"文化"，即图中顶端圆圈里的各文化领域，并在那里被广泛阅读和欣赏。最后，从文化领域有一个箭头指向右下方的圆圈，将以往被接纳到文化领域里的"新手"成功或失败的消息反馈给新手进入的各领域。

于是，我应当介绍席梦顿提供的图4.29，取自他2018年的科普小册子《天才的清单：关于你怎样能够成为一名创造性天才的九项悖论性贴士》。我在图的右方写了席梦顿画的这条成就随年龄的变化曲线所据的资料：由Cox收集的301位天才人物的资料当中192位创造性天才的生平及成就，这192位创造性天才一律分布于艺术领域和科学领域。这张图使用公式从席梦顿1976年著作表1及表2报告的统计分析中抽取散点。

图4.29的横轴表示样本年龄（20—90岁），纵轴表示样本成就的杰出程度（100—250）。席梦顿的解释：一个人要么在30岁之前已经成名，要么在接近90岁时才可成名。这里，"成名"的标准是取得杰出程度超过175的成就。齐申义的弟子，R. Keith Sowyer，2006年著作《解释创造性：人类创新的科学》提供了一张比席梦顿的图更精确的图示，如图4.30。

图4.30显示的这条曲线，是作者将席梦顿著作里的数据拟合为由一条曲线表达的数学方程——两个幂指数之差：创造力之为年龄的函数，假设潜在最大产出是305。这里，"创造力"的测度，在纵轴上表示为"每年产出的原创观念的数目"。横轴从20岁至80岁，时间跨度

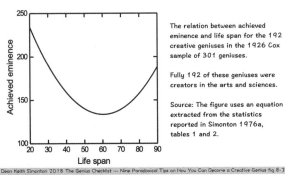

Figure 8.3

图4.29　截自"转型期中国社会的伦理学原理"2021年秋季北京大学国家发展研究院EMBA 2020级课堂用心智地图

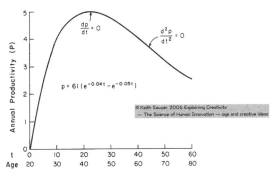

FIGURE 9.4. The periodical relation between career age, time, and annual production of creative ideas, $p(t)$, according to Simonton's (1984) model. In this figure, e is the exponential constant, the ideation rate $a = .04$, the elaboration rate $b = .05$, and the initial creative potential $m = 305$. Reprinted from *Developmental Review*, 4(1), pp. 86; Simonton, 1984, "Creative Productivity." With permission of Elsevier. Copyright © 1984.

图4.30　截自"转型期中国社会的伦理学原理"2021年秋季北京大学国家发展研究院EMBA 2020级课堂用心智地图

为60年。原创观念的年产出峰值大约在40岁，然后，非线性递减，大约在65岁出现一个拐点——意味着创造力下降的速率变慢。我很高兴引用这张图，因为这是对我的一种鼓励。

　　注意，图4.30使用的数据是席梦顿于1984年发表的，哪怕对于研究"创造性"的学者而言，也略嫌过时，需要补充晚近几十年的新资料，例如，来自"特尔曼天赋儿童项目"的资料。

图4.31，取自同一作者的同一小册子。这里，样本被分为三组：艺术、科学、学术（通常指人文与社科类的学术）。横轴仍是年龄，纵轴刻度是毕生工作沿着年龄阶段分布的百分比，例如，在20至30岁之间完成了毕生工作的5%或20%。

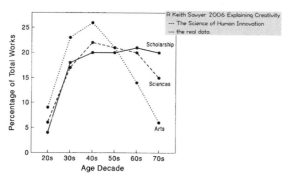

FIGURE 9.5. Typical age curves for three general domains of creativity, based on data from Dennis, 1966. Reprinted from *Psychology, Science, and History*, Simonton, 1990. With permission of Yale University Press. Copyright © 1990.

图4.31　截自"转型期中国社会的伦理学原理"2021年秋季北京大学国家发展研究院EMBA 2020级课堂用心智地图

图4.31显示，艺术家平均而言，见短虚线图标，在40岁之前已完成毕生工作的50%以上。科学家平均而言，见长虚线图标，据我目测，大约在50岁之前可以完成毕生工作的50%以上。对于学者而言，见黑色实线图标，颇有"活到老，学到老"的态势。

其实，我自己的感觉是，R. K. Sawyer 2006年的这本小册子，比他2017年的《群体天才》写得更好，也许因为它主要记述了齐申义的贡献与生平，所以格外生动有趣。我读2017年的那本书，从未感觉到作者是乔布斯早年公司的同事。

　　2006年小册子里的另外几张图也很有趣，值得逐一介绍。首先如图4.32，样本的学历与样本的成就，二者之间呈现了非线性关系。尤其是领导人的学历，与纵轴代表的杰出程度直接就是反比关系。创造性人物的学历与创造性人物的杰出程度之间的非线性关系，在学士与硕士之间达到峰值。不过，我仍要指出，作者使用的数据还是来自席梦顿的研究报告，这次是席梦顿1983年以前的数据，而作者的小册子发表于2006年。

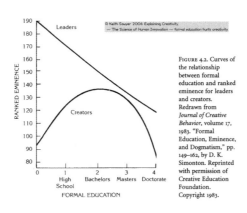

图4.32　截自"转型期中国社会的伦理学原理"2021年秋季北京大学国家发展研究院EMBA 2020级课堂用心智地图

　　晚近的数据显示，创新者群体的平均学历远高于学士，尤其在生物学领域，基本上都是博士或博士后研究员。应当认为，这是战后长期和平与经济繁荣的结果：一方面，高等教育在西方社会大幅度普及；另一方面，求职竞争导致学历的膨胀。

　　例如，根据美国人口普查局2020年3月30日发布的数据，2010年至2019年，25岁以上的美国人拥有大学或大学以上文凭的百分比，从30%跃升至36%。回溯至1940年，那时25岁以上美国人拥有大学文凭的比例略低于5%。而在席梦顿发表1983年论文的时候，25岁以上美国人拥有大学文凭的比例仅为17%，拥有高中文凭的比例高达70%。

关键是学历与收入之间的关系，对于美国人而言，这是他们接受正规教育的最大激励。根据美国商务部网站发布的数据（最后更新于2020年4月23日），2017年，有大学本科文凭或更高学历文凭的美国人平均年收入是98 369美元，而有高中文凭的美国人平均年收入仅为38 145美元。前者是后者的2.58倍，这就是人力资本教科书里"高等教育对高中教育"的收入比。1975年，这一比值是2.13倍。长期而言，这一比值大约以每年略高于1%的速率上升。故而，在两代人的时间里，这一比值上升了60%以上。

另一方面，美国高等教育的费用，2019—2020年间私立机构的学生平均费用为32 417美元；2018—2019年间这一费用为31 527美元；2017—2018年间，30 274美元；2016—2017年间，27 436美元。与大学文凭的收益数据对照，粗略地说，大学文凭每年收益超过高中文凭的部分，相当于一年私立大学的教育费用（忽略高中教育费用）外加高中学历者一年的收入。尽管晚近十几年高等教育费用迅速膨胀，但与高中文凭相比，大学文凭仍显得很合算。

席梦顿长期研究天才人物，故而收集了许多天才人物发疯的数据。图4.33取自席梦顿2019年6月发表于《行为科学前沿观点》的文章："Creativity and Psychopathology: The Tenacious Mad-genius Controversy Updated"（创造性与精神病理学：关于顽强而疯狂的天才的争议更新版），*Current Opinion in Behavioral Sciences*，vol.27，pp.17–21。这篇文章实际上是他1999年旧作的修订版。

两千多年来，天才容易发疯，几乎是常识。席梦顿这篇论文的摘要是这样开篇的：The mad-genius controversy concerning the relation between creativity and psychopathology is one of the oldest and most contentious in the behavioral sciences（疯狂天才的争议涉及创造性与精神

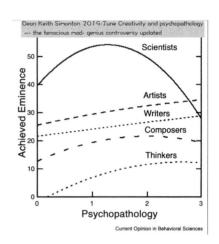

图4.33　截自"转型期中国社会的伦理学原理"2021年秋季北京大学国家发展研究院EMBA 2020级课堂用心智地图

病理之间的关系，是最古老也最易引起争议的行为科学主题）。稍后的一张图，似乎提供了一种最新解释。不过，席梦顿的图4.33呈现的是数据直观。

图中的横轴代表样本的精神病严重程度（0—3），纵轴代表样本成就的杰出程度（0—60）。样本分为五个群体：科学家（黑色实线图标）、艺术家（长虚线段图标）、作家（短虚线段图标）、作曲家（长虚线图标）、思想家（短虚线图标）。

根据这幅图：（1）成就杰出程度是40的科学家，精神病程度是0，然后，杰出程度随精神病程度单调增加，直到取得最杰出成就，得分55的科学家，精神病程度大约是1.3。成就杰出程度是25的科学家，精神病程度是3，并且在精神病程度1.3至3之间，成就的杰出程度是精神病程度的反比函数。（2）艺术家和作家，精神病的程度随成就的杰出程度单调上升。（3）取得最低杰出成就的作曲家精神病程度是0，取得最高杰出成就的作曲家精神病程度是2，而精神病程度介于2和3之间的作曲家取得的成就，杰出程度略高于精神病程度是0的作曲家。（4）取得最高杰出成就的思想家精神病程度大约是2.5，取得最低杰出成就的思想家精神病程度大约是0.2，并且，成就的杰出程度随精神病程度单调上升，在精神病程度达到2.5之后，杰出程度随精神病程度的增加而略有下降，但其成就远高于精神病程度是0的思想家。

我经常推荐"鸡血"家长们读席梦顿的这篇文章，主旨在于使他们理解"天才的代价"，而且希望他们理解各学科成就的杰出程度与精神病程度之间的关系。稍后，我会介绍另一张图，解释天才与疯狂之间的联系。我记得有句名言说："There is no great genius without some touch of madness"（没有一个伟大天才是不沾点儿疯狂的）。这次检索得知，是亚里士多德说的，因为有一本2019年的新书以这句话为标题。我在牛津英文修订版《亚里士多德全集》中检索"genius"，出现三次却都没有这句话。我又检索"madness"，出现14次，《诗学》里有这样一句：Hence it is that poetry demands a man with a special gift for it, or else one with a touch of madness in him（所以正是诗需要一个人有特殊天赋，要么就沾点儿疯狂）。

在课堂用的心智地图里，席梦顿的图4.33位于2019年考夫曼和施腾伯格主编的《剑桥创造性手册》封面截图的左侧。我在席梦顿的图的右侧写了一段注释文字：格拉维雅努和考夫曼，第一章"创造"，思想史的综述，第一段，从第一句开始，每一句是一项要点：（1）我们都是创造性的，至少潜在地是；（2）创造的意思是使新的观念或事情成为现实；（3）创造并非奢侈，而是今天变化中的世界之必需；（4）创造性是在生活的一切领域里，个人的与专业的，成功之关键；（5）创造性能够而且应当通过教育而获得；（6）在多数文明社会里，创造性从不会太多。然后，第二段，他们宣布，以上六项要点是目前关于创造性的学术研究与公共政策之广泛共识，即创造性是普适的原则，它定义了人类与人类社会的特征。事实上，它是现代的观念和现代的价值，是从个人的自由与创新逐渐发展而成的一种价值观，故而应被嵌入社会

的、科学的、技术的、经济的和政治的语境之内获得理解。在这样的
理解中，它是流变的古老却不断涌现新生的观念。创造性这一名词首
次出现于1875年《英语戏剧文学的历史》，论及莎士比亚的"诗一般的
创造性"。这一名词又至少经历了50年的潜伏期，直到两次世界大战
之间的思想潮流，才突然崛起，并从英语世界扩展到全世界。文明史
记载的创造性活动，也许最直观的就是图4.34。

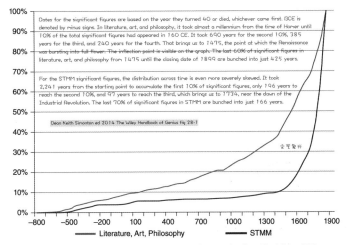

Figure 28.1　Cumulative percentage of significant figures who flourished from 800 BCE tc 1899.

STMM：科学、技术、数学、机械。

图4.34　截自"转型期中国社会的伦理学原理"2021年秋季北京大学国家发展研究院
EMBA 2020级课堂用心智地图

　　图4.34的作者，是另一位长期坚持"政治不正确"的政治学家，很
有名，因为他是1994年引发激烈批评的《钟形曲线：美国生活中的智商
与阶级结构》的第二作者，参阅：Richard Herrnstein and Charles Murray,
2010, *The Bell Curve: Intelligence and Class Structure in American Life*。这
幅图出自席梦顿2014年主编的"威力天才手册"第28章，"Genius in
World Civilization"（世界文明中的天才），撰稿人 Charles Murray，现在

是右翼著名智库"美国企业研究院"的讲座学者。

图中横轴是年代（公元前800年至1900年），纵轴是人类文明积累的成就（百分比）。浅色曲线代表"文学、艺术、哲学"，深色曲线代表"科学、技术、数学、机械"。这张图很直观，不需要更多解释。

在最近百年关于"创造性"的研究文献里，我的印象是，齐申义是一位绕不过去的人物。他的思想远比其他人更深刻，他建立的模型也远比其他模型影响更深远。他早期建立的模型，"心流"，如图4.35，至今仍是主流模型。他晚期建立的模型，"关于创造性的系统模型"，正在成为主流模型。我在课堂用的心智地图里介绍了齐申义的"系统模型"的缘起——译自齐申义自己的文章。他特别指出，创造不仅有供给因素，还要有需求因素。

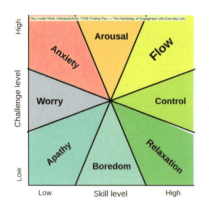

图4.35　截自"转型期中国社会的伦理学原理"2021年秋季北京大学国家发展研究院EMBA 2020级课堂用心智地图

齐申义1976年发表的研究报告称：他们跟踪研究艺术专业的学生，从最富于创造潜质的到最平庸的，直到他们毕业十年后——那时，远比男生更富于艺术潜质的女生，全都从事与艺术完全无关的职业。男生当中，更富于艺术潜质的，并未留在艺术领域。这些观察使他确信，创造，不仅依赖于个人因素，而且更重要地依赖于环境因素，故而，他建立了关于创造的"系统模型"：首先，什么是"创造"？主要基于相关领域权威人士的判断，这些人扮演着"守门人"的角色，通过他们的推荐，社会才承认"创造"。这一特征被齐申义称为"创造性的社会属性"。

齐申义的"心流"图示，图4.36最早（1975年），图4.35其次（1998年），图4.37最晚（2008年）。最直观的是图4.35，所示为齐申义最初提供的论证，其中的横轴表示"技能的水平"，纵轴表示"挑战的难度"，这张图被广泛运用于从日常生活到科学艺术与研发的心理活动。

图4.35最靠近原点的区域，行为主体的技能恰好足够应付任务的挑战难度，而挑战难度又太低，故心灵很容易陷入"缺乏激情"（索然无味）的状态，这就是"apathy"（冷漠、无兴趣）。注意，这是一个等腰三角形，挑战的难度可以从原点上升至中等程度，只要行为主体的技能恰好足够应付挑战，心灵就仍在这一区域之内。从这一区域向右方移动，行为主体的技能水平相对于挑战难度而言很高，这时心灵陷入"boredom"（无聊）。从无聊区域继续向右移动，行为主体的技能相对于挑战难度而言太高，于是进入"轻松"（relaxation）的区域。

另一方面，从原点向上方移动，行为主体的技能水平不足以应付挑战，则心灵进入"worry"（担心）的区域。如果从"担心"继续向上移动，行为主体的技能水平远不足以应付挑战，就会产生"焦虑"（anxiety），心灵在焦虑区域之内无法学习任何技能或知识。

现在看看图4.35的右上方三个等腰三角形区域，从"轻松"区域向上移动，从而挑战的难度接近行为主体的技能可以应付的上限，这一区域被齐申义称为"control"（控制）。例如，我学自由泳的某一阶段，手的动作像是机器人，因为要协调手与呼吸的节奏，这种有意识的协调，就是"控制"，这里缺乏"自由感"。

另一方面，从"焦虑"区域向右移动，从而技能水平勉强可以应付高难度的挑战，这一区域称为"激活"（arousal）。例如，我初次进入某一款最流行的电脑游戏（单机版），当我的双手操作速度、注意力和反应速度刚好能够应付游戏难度时，我就开始振作起来。在"激活"区域里，由于行为主体仍需要更多训练才可以游刃有余地应付高难度的挑战，故而与在"控制"区域类似，心灵并不自由。

最后，从"控制"区域向上移动，或者，从"激活"区域向右移动，心灵就进入著名的"心流"（flow）区域，在这里有了"自由感"，随之而来的是喜悦与创造——伴随着创造的喜悦。在特定体育项目上最具天赋的运动员常在这一区域里感受到"神"的创造性喜悦，犹如艺术家常说的"神韵"。积极心理学崛起于塞利格曼1999年就职美国心理学会主席的演说，从哈佛大学到斯坦福大学，几年之内风行天下。究其理由，我认为，首先，长期以来主导着临床心理实践的精神分析学派（弗洛伊德）或分析心理学派（荣格）或深层心理学的其他学派，可以统称为"负面的"，即与"正面的"相反的意思。正面的与积极的，是同一单词；而负面的与消极的，是同一单词。正面心理学，通常译为"积极心理学"；负面心理学，也可译为"消极心理学"。故而，积极心理学是对长期以来统治大众的消极心理学的反叛。这一反叛之所以在如此短期内风行天下，足以表明大众再也无法忍受消极治疗。我推测，积极心理学将继续主导心理治疗30年以上，然后，人类的心理治疗才可能进入平衡阶段——"整合心理学"。

其次，消极心理学在大半个世纪里主导临床心理治疗，却未能使大多数患者获得心灵的自由感。事实上，由于临床心理治疗与培训机构的官僚化倾向，越来越多的患者放弃了治疗，同时，越来越多的心理系学生不再选择这一专业领域。晚近出版的心理学著作，几乎每年都有几种，宣称心理治疗这一职业的"死亡"，或提出挽救心理治疗于濒死状态的方案。

再次，在全球化时代，西方人深感佛教心理学可能挽救濒死的心理治疗各学派。晚近20年，积极心理学家和消极心理学家都转而从佛教心理学汲取资源，而积极心理学远比消极心理学更接近佛教心理学。事实上，1995年以来美国医保的"另类医疗"（alternative medicine）开支首次超过"常规医疗"（conventional medicine）。大约十几年之后，美国国立卫生研究院设置了"补充医学"（complementary medicine）与"整合健康"（integrative health）领域。在西方社会，越来越多的"西医"开始关注"整合健康"。

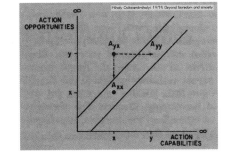

图4.36　截自"转型期中国社会的伦理学原理"2021年秋季北京大学国家发展研究院EMBA 2020级课堂用心智地图

　　现在看看图4.36，横轴表示行为主体从事特定活动的能力，纵轴表示行为主体从这一活动中获得的机会。假如行为主体最初的位置在"A_{yx}"，也就是说，从这一活动中获得的机会很多，但从事这一活动的能力不足以从这些机会中获取收益，根据图4.35，行为主体可能处于焦虑区域或担心区域。故而，教练或行为主体自己，应当向下移动（适当减少"机会"）或向右移动（适当加强"能力"）。向下移动的最优位置是"A_{xx}"，向右移动的最优位置是"A_{yy}"。这是因为移动到这两个位置都可使行为主体沿着指向"心流"的通道向右上方移动。

　　最后看看图4.37，横轴与纵轴的含义与图4.35相同，但是，图4.37明确标识了"心流通道"（flow channel）。行为主体应当始终在这一通道之内，逐渐进入心流区域，例如"A_4"，而不应从位置"A_1"移动到

"A_2"，或移动到"A_3"。注意，图4.37底部有一行注释，齐申义询问：为何意识的复杂性随着心流体验而增加？这是因为，我的解释是：心灵在自由状态是最富于创造性的，故而，随着心灵的创造性增强，有意识的复杂性增加。

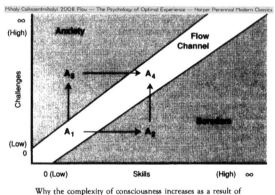

Why the complexity of consciousness increases as a result of flow experiences

图4.37　截自"转型期中国社会的伦理学原理"2021年秋季北京大学国家发展研究院EMBA 2020级课堂用心智地图

齐申义的"心流"观念可追溯至实验心理学创始人冯特发现的"冯特曲线"，图4.38出自2019年出版的一本关于人工智能与创造性编码的小册子：Marcus du Sautoy, *The Creativity Code: Art and Innovation in the Age of AI*（《创造性的编码：人工智能时代的艺术与创新》）。作者是牛津大学的数学博士，专研"群论"和"数论"，还擅长科普写作，在BBC讲解趣味数学，获得牛津大学"杰出教授"称号，现在是牛津大学"公众对科学的理解"讲座教授。

图4.38的横轴表示特定事物对行为主体而言从"熟悉"到"全新"的连续变化，纵轴表示特定事物对行为主体而言的"欢愉价值"（从负到正）。横轴与纵轴相交于原点——欢愉价值对行为主体而言"无差异"。由原点向右移动，行为主体对这一事物的熟悉程度逐渐降低，故

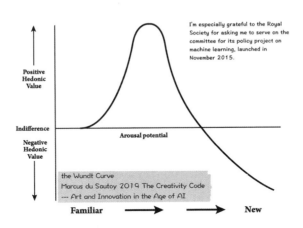

图4.38　截自"转型期中国社会的伦理学原理"2021年秋季北京大学国家发展研究院 EMBA 2020级课堂用心智地图

而开始"激活"，因激活而产生正的欢愉价值，直到欢愉价值随激活程度的增加达到峰值，然后开始下降，因为行为主体对这一事物太不熟悉，从而产生担心或焦虑，对应负的欢愉价值。

　　图4.39是毕加索画作的成交价与毕加索的年龄之间的关系。这是艺术品拍卖的常识，如果一位艺术家的创造性随着年龄下降——请回忆图4.29，那么他的作品价格将逐渐上升，并且在他辞世之后跃升一个阶梯。可是毕加索的画作价格随着他的年龄增长而迅速下降——他精力旺盛，享寿接近92岁。我看黄永玉的画作价格也是图4.39描述的趋势，首先，他精力旺盛，百岁老人丝毫不显老，画作数量于是继续增加。其次，这是规律，艺术家每次增加一件作品都会增加未来创新的难度，所谓"挑战自己"。想想罗斯科（Mark Rothko，1903-1970）的自杀，以及他自杀之后他的画作价格飙升，直到列入"世界最贵的十大画作"。顺便提及，毕加索的画作在他死后价格飙升，现在也列入"世界最贵的十大画作"，排在罗斯科之前。

　　图4.40是塞尚画作的成交价与塞尚的年龄之间的关系，与图4.39

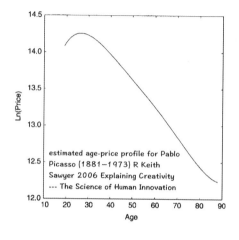

图4.39　截自"转型期中国社会的伦理学原理"2021年秋季北京大学国家发展研究院EMBA 2020级课堂用心智地图

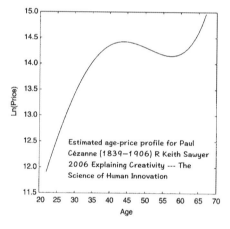

图4.40　截自"转型期中国社会的伦理学原理"2021年秋季北京大学国家发展研究院EMBA 2020级课堂用心智地图

形成鲜明对照，因为塞尚创新能力超强，晚年仍有突破性创新。毕加索的名言：塞尚是我心里唯一的大师。马蒂斯的名言：塞尚是我们的教父。塞尚的作品在他活着的时候就已升值，在他死后价值更是飙升，现在列入"世界最贵的十大画作"第三名（根据2011年成交价），在达·芬奇和高更之后。

　　注意，塞尚的画作价格在他年轻时很低，而毕加索的画作价格在他年轻时很高。我在课堂用的心智地图里塞尚作品价格与年龄关系曲线的旁边写了一段思想史注释：凡·高的风格仅在第一次世界大战之后才获得认可。欧洲知识界的审美观念被那次战争彻底改变了。战前的真善美成为"古典的"，战后的真善美体现于凡·高绘画表达的受难与战栗。经历了第一次世界大战的西方文明，充满着神经质与焦虑感。根据德鲁克的回忆录，欧洲精英的三分之二死于第一次世界大战。从现有的文献判断，第二次世界大战越来越像是第一次世界大战的余绪。虽然，两次世界大战之间的20年，是西方思想的另一次喷涌期。在西方艺术传统之内，凡·高的风格也许不必经历世界大战就会获得社会承认。因为19世纪末叶的艺术家们厌倦了写实主义的风格，他们需要表达更激烈的情绪，年轻一代总要批判传统。所以，不仅有凡·高，还有德国表现主义（马克、康定斯基），以及法国的印象派，毕加索，马蒂斯，达利，杜尚……总之，艺术作品的创造性，一方面靠内因，一方面靠外因。

就我自己的偏好而言，我喜欢德国表现主义早期宗师马克（Franz Marc，1880–1916）晚期的作品。罗斯科的作品被归入"抽象表现主义"，他自己也不同意。但是，我确实在罗斯科晚期作品中感受到些许与马克晚期作品之间的联系。罗斯科在鼎盛时期割腕自杀，马克死于第一次世界大战。罗斯科自杀前的作品，"黑叠加于灰"（Black on Grey），被认为预示着自杀。马克被炮弹碎片击中头颅之前的作品，1914年"Creation II"（创造之二）的木刻（Woodcut，23.7 × 20 cm，Städtische Galerie im Lenbachhaus，Munich），似乎也表现了死亡的征兆。

现在可以介绍图4.41，关于天才与疯狂之间关系的最新解释，出自考夫曼和施腾伯格主编的2019年《剑桥创造性手册》第2版第14章"创造性与心智疾病"。作者Shelley Carson，2001年获得哈佛大学心理学博士学位，现在是哈佛大学心理学系的讲师，专研创造性与精神病理学。

她这篇文章的思想史回顾的第一段文字，值得全文抄录：

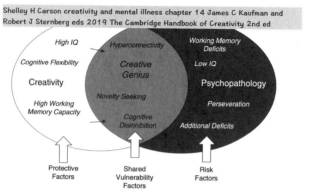

Figure 14.1 *The shared neurocognitive vulnerability model of creativity and psychopathology (from Carson, 2018)*

图4.41　截自"转型期中国社会的伦理学原理"2021年秋季北京大学国家发展研究院 EMBA 2020级课堂用心智地图

Since the time of the ancient Greeks, writers have speculated on a connection between creativity and certain types of mental illness. Plato, for example, remarked that poets, philosophers, and dramatists had a tendency to suffer from "divine madness," one of the four types of madness cataloged in his Phaedrus (360 b.c.). In Aristotle's Problemata, the author asked why all those who have become eminent in philosophy, poetry, or the arts tend to be melancholic (Aristotle,1984). These appear to be the first historical references to a tendency for creative individuals to suffer from mania and depression respectively. （我的译文：古希腊时代的作者已推测在创造性与某种类型的心智疾病之间存在联系。例如在《斐德罗篇》，柏拉图将疯狂分为四种类型，在谈及其中一种类型时，柏拉图指出，诗人、哲学家和戏剧家有一种被"神圣的疯狂"折磨的倾向。亚里士多德在《问题集》里询问为何每一位杰出的哲学家、诗人、艺术家都倾向于抑郁。这些似乎是历史上

关于创造性个体受难于癫疯与抑郁的倾向的最早文字。）

图4.41的标题是"The Shared neurocognitive vulnerability model of creativity and psychopathology"（源自她2018年的论文）。我根据她撰写的这篇文章的主要内容，建议译为"关于创造性与精神病共享的神经认知脆弱性模型"。这里，"共享的"是一个关键词，可包容争议双方的论据。

一方面，社会学家认为：（1）社会为"天才"贴上行为怪异的标签，于是富于创造性的人或自认富于创造性的人，倾向于行为怪异；（2）民主社会倾向于将离经叛道的人视为危险分子，于是给他们贴上"精神病"的标签；（3）不喜欢循规蹈矩生活的人倾向于认为自己更适合创造性的工作——音乐、写作等艺术，与主流社会保持距离，从而显得有些怪异。

另一方面，脑科学家和遗传学家发现的大量证据表明，在创造性与精神病之间确实存在生物学的联系：（1）创造性思维要求极大的发散性思考，而这也是"注意缺陷多动障碍"和"精神分裂症样障碍"的特征；（2）创造性思维与抑郁症之间共享某些基因。

这样铺叙了之后，我认为诸友很容易读懂图4.41：左边的圆圈代表"创造性"，右边的圆圈代表"精神病"，这两个集合的交集代表"创造性天才"。

在创造性的集合里，她列出的要素是：（1）cognitive flexibility（认知的灵活性）；（2）high working memory capacity（超常的工作记忆）；（3）high IQ（高智商）。在这一集合的底部，她写着：保护性因素。通常，社会对创造性提供某种保护，前提是这种创造性不会成为既有秩序的颠覆力量。而天才人物的创造性，常被社会视为具有颠覆性。

由超常的工作记忆可以导致：（1）"cognitive disinhibition"（认知

不受抑制）。由高智商可以导致：（2）"hyperconnectivity"（脑回路的超级连接）。这两大特征都是"创造性天才"这一集合的要素，它们是"novelty seeking"（求新）的充分条件——我认为不是必要条件。同时，这两大特征也是精神病的特征，于是有"共享的脆弱性"（shared vulnerability）。她在左右两集的交集底部写着"共享脆弱性的因素"。注意，认知不受抑制和脑内神经元网络的超级连接，仅当处于不利环境时，由于外部因素的冲击，才表现为心智的脆弱性——其实就是"大二"人格模型里的心智稳定性维度得分很低。

在精神病集合里，她列出的要素是：（1）working memory deficits（工作记忆的缺陷）；（2）low IQ（低智商）；（3）perseveration（病态多语）；（4）additional deficits（其他方面的缺陷）。在这一集合的底部，她写着：风险因素。也就是说，精神病的上列特征，仅当环境具备了风险因素时，才表现为精神病的症状。这是社会学家长期以来对精神病的态度，例如福柯的著作《疯癫与文明：理性时代的疯癫史》。

图4.42所示与齐申义的心流模型和冯特曲线类似，似乎还受到彼得森《意义的地图》的某种影响。这张图出自2020年的一本新书：Natalie Nixon，*The Creativity Leap: Unleash Curiosity, Improvisation, and Intuition at Work*（《创造性的跳跃：释放好奇心、即兴表演与工作中的直觉》）。图中显示了三个集合，最大的圆圈可视为"创造性的循环"，它的内部有两个圆圈：左边的集合，名称是"奇幻"，括号内的名称是"混沌"；右边的集合，名称是"严谨"，括号内的名称是"秩序"。这两大集合的交集，应当有，却没有名称，其实是"创造"，也可以有括号内的名称，"在秩序的边缘"。最后，最大的圆圈，我称之为"创造性的循环"，作者写了三个环节，分别对应这本书副标题里的三个关键词：（1）探究，（2）即兴，（3）直觉。

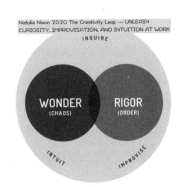

图 4.42　截自"转型期中国社会的伦理学原理"2021年秋季北京大学国家发展研究院EMBA 2020级课堂用心智地图

四、群体创造性

图 4.43出自2017年的一本书：Florian Rustler，*Thinking Tools for Creativity and Innovation: The Little Handbook of Innovation Methods*，5th ed.（《为创造性和创新而备的思想工具：创新方法的小手册》第5版）。由版次可知，这

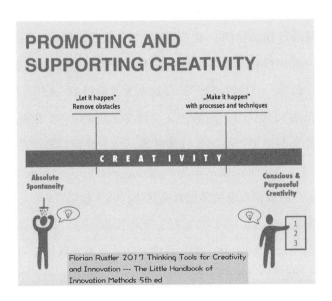

图 4.43　截自"转型期中国社会的伦理学原理"2021年秋季北京大学国家发展研究院EMBA 2020级课堂用心智地图

本小册子很受欢迎。这位作者2012年写过一本《傻瓜心智地图》，由著名的心智地图发明人博赞（Tony Buzan）作序。我在《行为经济学讲义》里介绍过博赞的心智地图，因为这是我最喜欢的表达方式。我从博赞心智地图的第4版开始使用，直到第8版，才改用"iThoughtsX"——更适合我的表达方式。不过，我仍关注博赞的软件。我评估了几十种思维导图软件，至今，我认为只有我列出的这两款最优秀。

图4.43左侧的人形，思维状态的名称是"absolute spontaneity"（绝对的自发性），意思是，完全不控制思绪，让心智自发涌现各种新奇观念。右侧的人形，思维状态的名称是"conscious and purposeful creativity"（有意识并且充满目的性的创造性），人形的一只手正在按键1、2、3，诸如此类的思维程序。疫情防控期间，我检索文献注意到最近几年流行这种有程序的创造性思维。例如，斯坦福大学或麻省理工学院推广的这类工作坊，名之为"设计思维"，如图4.44。我收集了两种设计思维手册，印象是，这类思维工具很适合集体创造。

图4.44出自2020年的一本"设计思维"手册，*Design Thinking: The Handbook*，五位作者的第二位是中国人，在斯坦福大学。这张图的标题是"设计思维：非线性过程"，是这本手册的最后一张图。图示的过程，由左至右阅读：（1）同情，又可译为"同理心"，意思是设计产品的人首先要与消费产品的人同情共感；（2）界定，意思是界定创新概念的范围，以免研发团队的思路过于发散；（3）形成观念或设计；（4）制作新产品或新观念的其他真实载体；（5）检验。

以上流程，从（1）到（2）有一个正反馈——"同情有助于界定问题"，从（4）到（3）有一个负反馈——"从真实载体学习从而产生新的观念"，从（5）到（2）有一个负反馈——"检验揭示重新界定问题的洞见"，从（5）到（3）有一个负反馈——"检验为项目创造新观念"，最后，从（5）到（1）有一个负反馈——"通过检验更多地了解

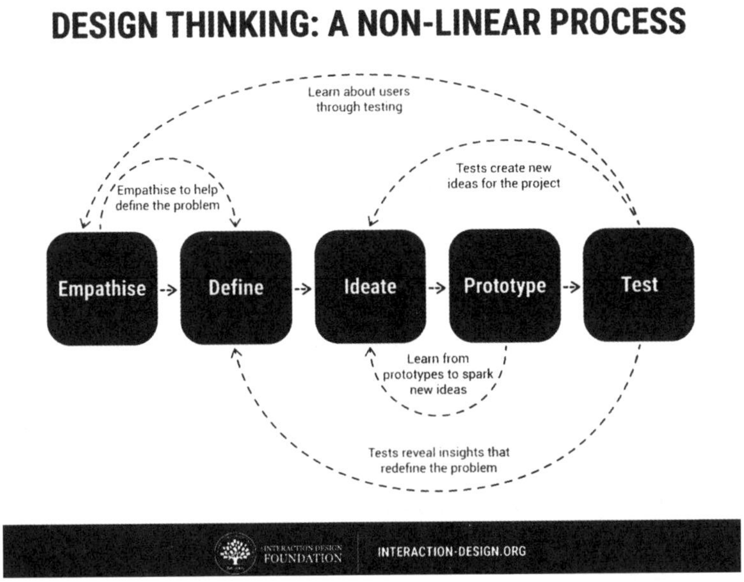

DESIGN THINKING: A NON-LINEAR PROCESS

图4.44　截自"转型期中国社会的伦理学原理"2021年秋季北京大学国家发展研究院 EMBA 2020级课堂用心智地图

产品的使用者"。

可见，设计思维手册假设每一个人都是傻瓜，一群傻瓜走进设计思维流程，就可以有所创造。这是美国"杜威主义"教育的特征，将傻瓜培养成有用的人。欧洲教育不是这样的，你必须首先是聪明人，否则你甚至无法毕业。因为老师不会给你讲课，通常也不认真指导你写博士论文。并不是导师不负责任，而是，导师假设你有能力完成博士论文。

人工智能时代的人类，必须尽快转入全职创造，否则就可能被机器人取代。虽然，目前还没有出现可与人类智能相比的机器人——根据库兹韦尔的预言，大约在2030年出现。设计思维，假设每一个人都是傻瓜，这里有某种紧迫感。以往30年，我批评应试教育体制，而且我主持体制内的实验教育10年，深感应试教育体制很难使中国人免于被机器人淘汰。虽然，我也同情应试教育，承认它有许多优点，而且是目前中国社会保持最低限度的纵向流动性的一种途径。我也观察甚至直接参与了体制外的实验教育，但失败的案例远多于成功的案例，而且，少数成功的案例至今也难以推广。

我写了几篇文章，旨在论证"市场失灵"（market failure）的两大领域，其一是医疗，其二就是教育。尽管，我承认，在这两大领域内，很可能还有"政府失灵"（government failure）。不过，市场失灵更符合常识，因为，市场从来只有"雇佣劳动"，而不顾及劳动力是怎样培养教育的以及劳动力的养老医疗等问题。经济学家的名言：让恺撒的归恺撒，让上帝的归上帝——意思是上帝不可越界来管恺撒的事务，当然，恺撒也不越界去管上帝的事务。可是天下的事务绝不如此简单，唯其如此，我长期呼吁"复杂思维"。我也理解张五常的名言：世界如此复杂，所以需要简单思维。五常教授的意思是，世界复杂，所以模型要简单。我的意思是，没有什么模型能够一劳永逸地为恺撒和上帝划界。中国问题，尤其复杂，经济学家固然可以画地为牢，只研究经济问题，于是满足于"世界复杂故而模型简单"之类的方法论。我不满足，我不认为我仅仅是经济学家。

如图4.45，不同于荣格使用的字词联想方法，RAT＝remote associates test（远距离联想测验），我在图内写了注释：对给定的单词组，找到正确的词义联想，既不特别接近（足够发散的思考能力），又不特别遥远（足够的收敛思考能力）。如图示，虚线代表有更强创造性的人群，实线代表创造性较弱的人群。图中横轴列出五个单词，由左至右为椅子、衣服、木头、腿、食物；纵轴表示联想距离，一个有趣的现象是，与创造性较强的人群相比，创造性较弱的人群可以从"椅子"联想到更远的单词，却难以从"食物"联想到更远的单词。这幅图出自《创造性百科全书》2020年第3版，Sandra W. Russ and Jessica D.

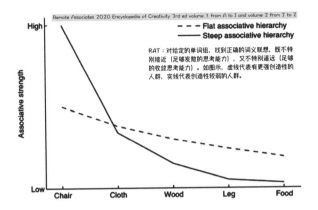

图4.45　截自"转型期中国社会的伦理学原理"2021年秋季北京大学国家发展研究院
EMBA 2020级课堂用心智地图

Hoffmann 撰写的词条"associative theory"。这一词条的第二作者，是耶鲁大学医学院"情绪智力研究中心"的科学家。

注意，"emotional intelligence"（情绪智力）不同于"情商"（EQ），也不同于西方思想传统固有的"智力"，而是"情绪——感受到或尚未感受到——的智力"。这是荣格"心理类型"学说的理论基础：心理有四种机能——思考（thinking）、感受（feeling）、知觉（sensation）、直觉（intuition）。荣格指出，一个人往往受限于自我的心理类型而难以在全部四种机能上表现出色。在荣格参与的最后一部科普作品《人及其象征》由荣格撰写的第一部分，我截取了一幅"心理机能"示意图，注释文字应当是编辑的而不是荣格的，即图4.46左方的文字。

此图在《人及其象征》的中译本中有明显的翻译错误。这本书的英文简本，我查阅了，根本没有这幅插图，也许因为是荣格早期至中期（1913—1918年）的作品，《荣格全集》第六卷"心理类型"没有插图。我检索《荣格全集》，短语"four functions"出现了38次，有一幅插图（即图4.47），阿兹特克的浮雕，第五卷"转化的象征"（Symbols

The "compass" of the psyche—
another Jungian way of looking at
people in general. Each point on the
compass has its opposite: for a
"thinking" type, the "feeling" side
would be least developed. ("Feeling"
here means the faculty of weighing
and evaluating experience—in the
way that one might say "I *feel* that is
a good thing to do," without needing
to analyze or rationalize the "why"
of the action.) Of course, there is
overlapping in each individual: In
a "sensation" person the thinking
or the feeling side could be almost
as strong (and "intuition," the
opposite, would be weakest).

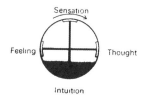

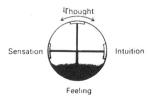

图 4.46　截自：Carl Gustav Jung et al.，1964，*Man and His Symbols*

图 4.47　截自：普林斯顿大学出版社 2014 年 *The Collected Works of C. G. Jung* 第 2 版，第五卷，图 38 "World Plan from an Aztec Codex"（世界的规划，取自阿兹特克的抄本）

of Transformation）第 II 部分第 7 章 "The Dual Mother"（双重母亲）图
38，荣格的注释文字：

> These are archetypes like the anima, animus, wise old man, witch,
> shadow, earth-mother, etc., and the organizing dominants, the self, the
> circle, and the quaternity, i.e., the four functions or aspects of the self (cf.
> pls. LVI, LX) or of consciousness. It is evident (figs. 38 and 39; pl. LIXb)
> that knowledge of these types makes myth interpretation considerably
> easier and at the same time puts it where it belongs, that is, on a psychic
> basis.（我试着翻译：这些原型诸如阿尼玛、阿尼姆斯、智慧老人、
> 巫史、暗影、大地母亲等，以及具有组织功能的主导因素，自我、
> 圆，还有四元框架，也就是四种机能或自我的或意识的四种性质。
> 图 38 和图 39，以及版图 LIXb，很显然，关于这些类型的知识使
> 神话的阐释变得特别容易，而且同时将它置于它原本所属的地方，
> 亦即置于一种精神的［心理的］基础上。）

　　图 4.47 与图 4.46 有显著的相似性，二者都是四元框架，也就是说，
有四个象限。图 4.47 的中央原点是大神，而图 4.46 的原点是 "ego"——
我在《荣格全集》第十八卷第 I 部分见到了与图 4.46 一样的插图，原点
是 "ego"（自我意识），如图 4.48。
　　回到图 4.46，如果一个人是"知觉型"的，如图中右侧上图所示，
那么，与知觉对立的机能"直觉"通常会被暗影遮蔽，因此，这一机
能的一部分被黑色覆盖。如果一个人是"思考型"的，如图中右侧下
图所示，那么，与思考对立的机能"感受"通常会被暗影遮蔽，因此，
这一机能的一部分被黑色覆盖。根据图 4.46 左边的注释文字，被黑色
遮蔽，意味着这一机能很弱或较弱，而不是完全消失。荣格在分析席

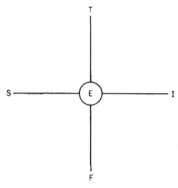

Fig. 1. The Functions

图4.48 截自：普林斯顿大学出版社2014年 *The Collected Works of C. G. Jung*第2版，第十八卷。E代表"ego"，T代表"思考"，F代表"感受"，S代表"知觉"，I代表"直觉"

勒和歌德的人格类型时指出，这四种机能或许在极少数人身上都没有被遮蔽。荣格解答听众提问时多次强调，他的"四种机能"学说主旨在于提醒心理学家注意自己的局限性。荣格指出，他自己是内倾型主导的人格，而弗洛伊德是外倾型主导的人格，于是，他与弗洛伊德最终分道扬镳，虽然痛苦异常，却很难避免。

图4.48出自《荣格全集》第十八卷。据《荣格全集》编辑的注释，第十八卷是在全集已完成之后收集汇编的各类文字，相当于全集的"补遗"。那么，图4.48不同于图4.46是可以理解的，尤其，我更喜欢图4.46，因为那里明确图示了被暗影遮蔽的机能。

回到图4.46，任何一个人在主导机能之外，还有另外两种机能不被遮蔽。例如，图中右侧的上图，主导机能是"知觉"，被遮蔽的机能是"直觉"，不被遮蔽但被知觉主导的两种机能是"思考"和"感受"。

中译本之所以发生明显错误，也许因为这四种机能的名称在汉语里容易引发各种歧义。例如，"sensation"，我建议译为"知觉"，与"直觉"对立，但也可译为"感觉"，即完全借助五种感官来认识世界。另一方面，"feeling"，我建议译为"感受"，与"思考"对立，因为在汉语里，感受与感觉之间差异极小，为避免歧义，我将后者译为"知觉"。但是，此处出现了"知"字（与汉语的"智"字相通），与英文"sense"的原意不符。翻译的两难，只好权衡，不好造字。

依照荣格的解释，"feeling"之所以与"thinking"对立，因为后者通过"思考"来认识世界，而前者通过"感受"来认识世界。这样就回到耶鲁大学医学院的"情绪智力研究中心"了，情绪是一种感受，情绪的智力，与思考的智力，二者之间的异同，是可以研究的主题。例如，我自认是由"思考"主导的，于是我的感受机能很大程度上被我的暗影遮蔽了。我的"自性化"过程，我的"英雄之旅"，是进入我的无意识世界，直面我的暗影，与我的暗影握手言和，然后，遮蔽我的感受机能的暗影将消退。那时，我将是一个更完整的人。

关于图4.48，我注意到，《荣格全集》第十八卷的第I部分，"The Tavistock Lectures"（塔维斯托克演讲），荣格不再强调与主导机能对立的机能被暗影遮蔽。荣格于1935年应邀在伦敦塔维斯托克心理诊所（即现在的"医学心理学研究院"）发表演讲，那是他的成熟时期，也称为"鼎盛期"。在这次演讲的问答阶段，有相当多提问是关于四种心理机能的。荣格的答复让我想到他鼎盛期的表述与他在《荣格全集》第五卷"心理类型"里的表述，二者之间有相当大的差异。不过，他在第五卷里评论席勒和歌德的人格类型时，也多次解释过，外倾型的人格也可能有很好的感受机能，而内倾型的人格也可能有很好的思考机能。

不论如何，我仍最喜欢图4.46，这是荣格1961年作品的插图——这本书在他辞世后，于1964年出版，这是他辞世前最后作品的插图。

回到图4.45，根据维基百科词条"Remote Associates Test"，标准的测试需要在40分钟内完成30或40道题。每一试题列出三个看上去无关系的单词，要求被试写出第四个单词，它必须与前三个单词有某种关系。这里有一道例题：widow（寡妇），bite（咬），monkey（猴子）。

提供这道例题的，是将RAT正式确立为中学和大学测验的Sarnoff A. Mednick（1928–2015）教授及其妻子，在他们联合发表于1959年的一份报告里。从例题可知，这类测验必须以母语进行。例如，我将这一例题译为中文，许多能够建立联系的线索可能就消失了。

另一方面，图4.45与维基百科这一词条的介绍不相符。图中横轴上排列了五个单词，相当于每一道试题只提供一个单词，而不是三个单词。根据《创造性百科全书》这一词条的两位作者Sandra W. Russ和Jessica D. Hoffmann的解释，这里的RAT测试，每一试题只提供一个单词，要求被试列出尽可能多的相关词语。例如图中"食物"，被试可能列出的相关词语包括饥荒、消化药、止泻药、分享、猴群、合作、火、洞穴、仓库……似乎无穷无尽。这样的创造性思维，我认为不达标，应当能够被人工智能取代。

例如图4.49，取自2021年的新书：Oliver Bown，*Beyond the Creative Species: Making Machines that Make Art and Music*（《超越创造性物种：制造能产生艺术与音乐的机器》）。这里显示的，是卫星接收天线。这种天线的形状出乎我的想象，它是通过遗传算法获得的最佳天线形状。

我年轻时是北京第一商业局研究所电子车间的主任，沉迷于无线电电子学，但没有见过这样的形状。卫星天线的约束条件很多，其中

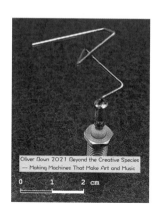

图4.49 截自"转型期中国社会的伦理学原理"2021年秋季北京大学国家发展研究院EMBA 2020级课堂用心智地图

一项就是节省能源，在发射功率不变的前提下。我看这张插图，感觉这个天线的底座很像我年轻时使用的大功率三极管，很可能不是，而是卫星天线的绝缘子。

　　再例如图4.50，是一幅人工智能艺术作品。我尽可能放大这幅插图，还是有一些模糊，印刷版应当更清晰，这幅插图收录于席梦顿主编的2014年"威力天才手册"，它表现的艺术气质应当超过我几年前在"知乎"介绍的另一幅人工智能艺术作品。我请教过一位艺术家，给他看我在"知乎"介绍的那幅作品。他认为，仍可看出机器制作的痕迹，尽管已经很像艺术作品。我在"知乎"介绍的作品发表于2017年关于精神分裂症的一份研究报告里，作者自己的一幅油画，由一款称为"深梦"的人工智能软件加工为梦境。

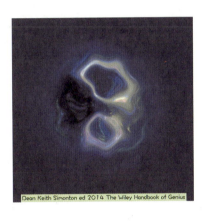

图4.50　截自"转型期中国社会的伦理学原理"2021年秋季北京大学国家发展研究院EMBA 2020级课堂用心智地图

　　图4.51与图4.49出自同一本书，但是，图4.51呈现的不是遗传算法的寻优结果，而是被称为"求新算法"的寻优结果。图中左图左下角的白色实心圆试图接近左上角的白色空心圆，用通常的寻优算法，由于白色实心圆的位置和迷宫的形状，算法每次都死锁，那些黑点都是死锁的结果，迷宫左下角几乎全被黑点覆盖了，迷宫的右上方只有少数黑点，最终都没有走出迷宫。右图是"求新算法"的结果，这一

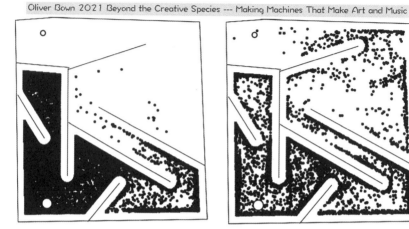

图4.51　截自"转型期中国社会的伦理学原理"2021年秋季北京大学国家发展研究院
EMBA 2020级课堂用心智地图

算法只要求采取以往从未探索的路线。从黑点（死锁）的分布可见，这一算法效率远高于普通的寻优算法。

　　在图4.51的左图，算法之所以频繁死锁，原因如图4.52所示，计算机寻优的绝大部分算法都是所谓"爬坡算法"，参阅我的《行为经济学讲义》关于西蒙"E算法"的章节，这些算法的寻优只是局部最优，也就是说，算法在某一个局部找到了最优值，继续向周围探索就都是次优值。克服这一缺陷，通常引入"淬火算法"，当算法"锁入"一个局部最优时，调用"淬火"程序增加寻优的"步长"。例如，算法从初值出发，每一步的步长是"s"，爬坡找到一个局部最优，如图4.52的A，然后，调整步长，例如，重设每一步的步长是"Ms"，只要M足够大，算法总可以一步就从图4.52的点A跳跃到点B附近，再将步长调整为"s"，继续寻优即可达到图4.52的全局最优点B。但是，普通的寻优算法必须有足够小的步长，否则，一步就错过了最优点，再返回一步又错过了最优点，这样震荡而无法收敛，也是一种死锁，称为"循环

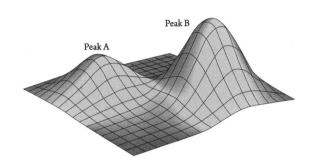

图 4.52　截自：Marcus du Sautoy，2019，*The Creativity Code: Art and Innovation in the Age of AI*

死锁"。寻优算法的三大参量：初值、步长、收敛区间。第三参量也很
关键，如果收敛区间界定得太宽泛，算法可能在远离任何最优值的地
方就停止。又如果收敛区间界定得太狭窄，算法在任何最优值附近都
无法进入收敛区间，于是陷入循环死锁状态。

　　我之所以不厌其烦地介绍寻优算法，就是要凸显人工智能的要害
问题：缺乏人类智能关于重要性的感受能力。寻优算法的三大参量，
通常是由计算机操作员设置的，因为人类有这种重要性感受——判
断每一参量合适的数值范围。现在"阿尔法狗"似乎也有一些"判
断力"，其实不然，击败围棋大师的阿尔法狗，是借助了淬火算法。
图 4.52 就是作者为了解释阿尔法狗借助淬火算法战胜围棋大师而绘制
的。作者指出，现在阿尔法狗甚至能够精确估测它自己的算法胜过围
棋大师们的传统策略大约"两目"（俗语所谓"胜出两个棋子"）。作者
引述中国围棋大师的预言：围棋进入了一个全新时期，"人机结合"系
统将探索围棋最后的秘密。

　　参阅《情理与正义》第四讲附录 3，其实，人机结合系统的优势就
在于，一方面发挥电脑在给定参量之后的寻优能力，另一方面发挥人
脑在寻优算法参量设置领域的判断能力。但是人工智能机器人何时能
够完全独立于人类智能，自己在荒野里求生存？目前，我还没有见到

任何求解这一问题的方案。

返回图4.45，RAT测验的主旨，我再次提醒诸友，是考察被试的"发散性思考"与"收敛性判断"。这里不仅要求足够大范围的发散思考能力，而且要求在范围足够发散之后返回主题的判断力。在介绍淬火算法时，不难看到，算法缺乏这样的判断力。它能做的，是在寻优收敛之后激活"淬火"程序，然后继续寻优。但它不能判断当淬火之后寻优变得更糟糕时，需要多么糟糕才放弃寻优并返回淬火之前的最优点。所以，程序员必须为淬火算法预先设置"变得更糟糕的区间的上限"，并据此调整淬火的"步长"。

创造性思维过程，尤其是群体的创造性思维过程，与上述的淬火算法有相似之处，必须有足够好的判断力，否则就会发散到不可能创造的境地。请回忆图4.42的"精神病"集合，这是理解第四讲最后一部分内容"群体创造性"的关键环节。我们观察许多创新小组的"头脑风暴"会议，不难发现，这些会议经常跑题，而且很难返回主题，虽然，主题本身需要随时调整。事实上，我刚才介绍的"设计思维"，很重视群体的"头脑风暴"，而且因为设计思维是一套程序，很容易纠正跑题。但是也因此就发生另一方面的困难，即群体的发散性思维常常收敛得太早，以致很难形成原创观念。

于是，群体创造性的两难困境是：（1）发散太大，（2）收敛太早。图4.45的RAT测验，参照系统就是精神分裂症患者的思维发散程度，他们见到这些单词的时候，可能联想到完全无关系的单词，于是，他们的RAT曲线，是正常被试的RAT曲线的上限。目前关于群体创造性的研究，"设计思维"程序可以防止收敛太早但不利于获得足够原创的新观念。我赞成罗豪淦的思路，群体的创造性，归根结底取决于群体领导者的人格气质。

领导者的人格气质之所以能决定群体的命运，不论采纳罗豪淦的思路还是饶敦博的思路，理由都是"合作秩序"——优秀领导者的人格气质有利于人类合作秩序的不断扩展。我愿意宣称：关于合作秩序的伦理学，也就是转型期中国社会的伦理学。请诸友回忆第一讲图1.3，也就是你们的学期论文主题。

图4.53取自出版于2003年的文集，列出了群体创造性的三重制约因素：（1）群体可能过早达成统一的见解从而无法产生原创观念；（2）群体成员可能有"免费搭车"的心态从而不仅降低群体努力而且压抑个体努力；（3）群体成员可能不愿意分享"私有信息"从而群体在共享信息的基础上只能形成常见的观念而非原创观念。

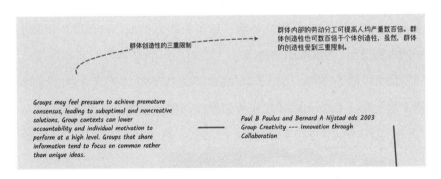

图4.53　截自"转型期中国社会的伦理学原理"2021年秋季北京大学国家发展研究院EMBA 2020级印刷版心智地图

我在这部文集的上方写了这样一段文字："群体内部的劳动分工可提高人均产量数百倍。群体创造性也可数百倍于个体创造性，虽然，群体的创造性受到三重限制。"这段文字，实际上界定了社会科学视角下"群体创造性"的基本问题。也许因为人类社会的群体普遍缺乏原创能力，天才就显得格外稀缺，而社会也就格外需要天才。

使上述困境更糟糕的是，相当多的群体领导者有"暗黑三元人格"

（参阅本讲附录4），格外压制了群体的创造性潜力。据我观察，暗黑三元人格最初也许只有自恋人格，然后演化为自恋＋马基雅维利主义，再演化为暗黑三元人格。

群体创造性也需要制度创新，参阅我写的"互联与深思"（本讲附录3）。有利于群体创造的制度条件，我的论证是：首先，不能完全没有竞争以及与竞争相关的紧张感；其次，不能有过度的竞争以及与此相关的焦虑感。根据群体成员的个性和群体成员之间的关系，寻求适合特定群体的创造性潜力的内部制度，这是群体领导者的职责。群体成员也因这样的制度而建立"归属感"，甚至获得"心流"体验。

课堂用心智地图的左下方，如图4.54，我从2021年出版的手册《创造性的成功团队》（*Creative Success in Teams*）摘编了一段文字：心理安全、支持型领导力、团队体验、适度的智力类型分散程度、很高水平的内部交流、明确的任务聚焦。

图4.54的右下角，是Sawyer 2017年著作《群体天才》的封面截图；右上角，是Rustler 2017年《创造性与创新思维工具小手册》的一

图4.54　截自"转型期中国社会的伦理学原理"2021年秋季北京大学国家发展研究院EMBA 2020级课堂用心智地图

幅插图，标题是"混合的、跨学科的创新团队"。图4.54的主体部分，是发表于《行为科学现代观点》的一篇论文中唯一的图示："Factors Affecting Group Creativity：Lessons from Musical Ensembles"（影响群体创造性的因素：来自音乐合奏的启发），*Current Opinion in Behavioral Sciences*，2019，27: 169–174。这篇文章体现了《群体天才》的音乐合奏思路以及"跨学科创新团队"图示的理念。这幅图示的左半部分显示的是一位音乐家的创造性因素，右半部分显示的是一群音乐家合作（音乐合奏）的创造性因素。

影响个人演奏创造性的八项因素是：动机、人格气质、有意识的演奏还是即兴演奏、在特定领域内的训练、脑内默认网络与执行网络之间的契合程度、身体和脑的神经化学状态、脑区之间的功能连接方式、演奏过程的调节模态。

影响音乐合奏创造性的八项因素分为两组。（1）创造性的调节要素：创造性训练、相互匹配的创造性技能与合作方式、群体氛围；（2）适用于特定合作的因素：关于互动的预期或规则、手势或姿势、面部表情、社会要素（诸如想象中的社会地位之类）、内生的韵律。

我预先说过我不可能讲完这幅课堂用的心智地图。不过，已讲完的部分，已有足够密集的知识，也有足够充分的理论概括。我优先讲解的，都是最重要的图——每一幅都提供了特定视角下的理论概括。

现在可以下课。

附录1 思想史方法——历史情境与重要性感受

作者按语：今日检索"重要性感受＋历史感"，发现了这篇文章，应当是世纪文景选编的，根据我的《经济学思想史进阶讲义：逻辑与历史的冲突和统一》（世纪文景/上海人民出版社，2015年10月）。恰好，三日之后我为朗润园EMBA 2019级讲授"转型期中国社会的经济学原理"。这篇文章，经我修订之后，适合同学们预读。

自从有了文字以来，后人若要理解前人的思想，通常有两条途径：其一是文本分析方法（例如经典阐释学）；其二是思想史方法。文本，也包括口述史的文本。因此，在文明史阶段（不是史前史阶段）——或许更晚，在西方社会，"实践智慧"的传统中断之后，文本成为思想传承的主要途径。

但是，随着人类社会范围的迅速扩张，最初嵌入具体情境的文本脱离了原来的情境，于是很容易误导后人陷入怀特海所谓"错置实境的谬误"（the fallacy of misplaced concreteness），或者陷入詹姆士（William James）所谓"vicious abstractionism"（邪恶的抽象主义），总之，这些文本或概念容易误导后人以抽象概念取代真实情境中的切身体验，因此很难获得关于重要性的感受。可是，重要性感受消失了之后，哪里可能有智慧呢？知识取代智慧，这就是文字传承的代价。

　　在一个缺乏常识的时代，我认为上述第二种途径——就是通过思想史方法来理解前人的思想，可能更好一些，当然也更累一些。至少，对以前的人物和他们的思想，我们通过思想史方法可以有韦伯所谓"同情的理解"。

　　在运用思想史方法时，我们首先试图想象作者的生活情境（物质生活、社会生活、精神生活），然后试图感受作者通过作品试图表达的重要性。我们常要重复这一过程，直到获得比单纯文本分析所得的更令人信服的理解。现在，这种思想史方法被用于理解古典政治经济学家的和他们之前的经济学思想。

　　思想史方法与经济学方法的最关键差异在于，经济学家通常只关注统计显著性或曰"一般"，而不关注相对于统计显著性的"例外"。可是思想史家必须关注这些例外或曰"个别"。经济学家根据切身体验推测具有一般意义的命题，并借助统计方法检验这些命题；思想史家试图找到有特殊意义但缺乏统计显著性的命题，并考察这些特殊命题蔓延或消失的过程。

　　这里，我再次描述思想史的基本方法——同情理解，并引余英时自述感受来说明思想史家怎样可以进入历史情境。根据余英时的感受，广泛阅读的主要功能是帮助读者感受特定历史情境，并由此理解当时的作者在他们的著作里希望表达的重要性感受。作者想要表达的感受可能有许多，哪些是对我们而言重要的？

　　在思想史研究中，这是一门艺术，可以称为"感受艺术"。回到我的三维理解框架——物质的、社会的、精神的，并非真有三维空间，因为这里没有测度也没有数量关系，甚至也不能肯定三个维度之间有正交关系。我称之为"理解框架"，而且很好用，几十年来，它从未让我失望过，它帮助我不遗漏任何重要性。如果没有这样的三维理解空间，你可能是一位文学评论家，那么，你最容易漏掉"物质生活"维度，因为你擅长分析"社会生活—精神生活"平面里的事情。结果呢，可能你研究的思想史人物，例如美国诗人和侦探小说家爱伦·坡，他恰恰感受到了某种例如技术进步的重要性。于是，因为没有一个完整的理解框架，你的思想史分析可能就很偏激——遗漏了重要角度的分析，要么是偏激的，要么是平庸的。

回到余英时的案例，他是汉语史学和思想史泰斗，他研究朱元璋的时候，最初无甚感觉，于是踌躇，直到他细读中共史学大家吴晗的《明教与大明帝国》一文，对朱元璋当时的生活情境"才获得了一种比较近实的理解"。正是基于这一感觉，余英时《宋明理学与政治文化》着力探讨明朝酷刑，尤其"恶虐士类"——王阳明是第一个"去衣受杖"的士大夫，究竟基于何种理由——然后阐发明代士大夫政治文化之远逊于汉、唐、宋，故可理解为何"相权"衰微而"皇权"独大始于明代。由此也可理解，王阳明"龙场顿悟"之后理学的转向——由朱熹的追求外王之道，转为阳明的追求内圣之道。

可是我读余英时晚年这部作品《论天人之际：中国古代思想起源试探》，意识到他对神秘主义缺乏重要性感受。因此，他谈及列子那段故事的文字，就显得很苍白无力，远不如南怀瑾（《庄子諵譁》）对这段故事的阐述那样令人信服。南怀瑾先生在修身方面，我认为，肯定是有重要性感受的。我读他的文字，主要是感受他修身的重要性感受。

最后，我写了"感受艺术"的三阶段：（1）通过当时思想者的感受，我们感受当时具有重要性的问题。（2）感受贯串一切时代的重要性，一旦可以感受，也就可能表达，于是完成思想史的任务。此处，我画了一个箭头指向"历史"——我们研读历史，除了陶冶性情之外，就思想而言，应是理解贯串历史的最重要议题。可是，最后一段文字，"我们有限的感受力，常约束我们在自己的时代和局部社会之内并将局部感受理性化。"此处，我画了一个箭头指向"逻辑"——在我的理解中，当我们需要为自己（在局部社会网络里）的生活提供意义（理由）的时候，我们运用包括逻辑在内的理性化手段。所以，（3）思想史感受艺术的最高境界，如黑格尔所言，是"历史与逻辑的同一"，也就是说，每一次理性努力（哲学），一方面是特定历史阶段的理性形态，另一方面还是"世界精神"整体历史的一个环节。我要再次提醒你们，黑格尔的逻辑是涵盖了形式逻辑的辩证逻辑。这一洞见，黑格尔《逻辑学》（所谓"大逻辑"）"第二版序言"（关于"逻各斯"在"形式逻辑"之外）和"导论"（关于"科学"的真正合理开端）有详尽的论证。

治经济学思想史，重要性感受的能力是首要条件。任何一位经济学家，在我们想象里被嵌入上述的三维理解框架之后，他的精神生活中哪些事件是特异性的？他的社会生活和物质生活中哪些事件是特异性的？例如小密尔，我们知道他童年是天才，但没有真正的童年生活，据此不难理解他与台劳夫人相遇时的情感爆发，以及后续的故事，以及他基于切身感受而写作《论自由》，以及他在这本书里表达的自由观念之偏激性质。不过，我们还需要考察小密尔的社会生活，例如，他是当时最重要的一名国会议员，运用他的影响力，他积极推动了妇女权益法案，又因为女权运动与劳工运动的密切关系，他也积极推动了劳动权益法案。我们还应考察小密尔的物质生活世界，不过这方面的传记资料相当少。最后，也是最重要的，我们应从中国角度重新审视小密尔的思想。例如，严复翻译了他的两本书，其一是《论自由》（严译标题"群己权界论"），其二是《逻辑学》（严译标题"穆勒名学"），由商务印书馆收录在"严译八种"之内。那么，严复为何如此看重小密尔的思想？为何在西学百千可译之书当中，严复翻译八种，而小密尔独占两种？他的自由理念对中国知识界产生了怎样的影响？由此而对当代中国有何影响？

举一反三，你们可以研究马歇尔，还可以研究凯恩斯。他们两位与小密尔相似，各自有相当特殊的个人史。注意，我写了一个英文单词"empathy"。这是余英时先生在谈论思想史方法时引用的韦伯术语，有时候翻译为"同情共感"，也有时翻译为"入神"，在心理学教材里翻译为"移情"。我们研究思想史人物时，应当带着这样的同情共感来阅读和理解他们。

熊十力先生有更精彩的描述，他说，读书的时候，要用全副生命体验去撞击文字，方可迸发出思想火花（《佛家名相通释》）。这才是读书！也就是说，你用你的经历、你的生命体验、你的痛苦与快乐的感受，去和作者的文字撞击。不如此，就不是阅读。

然后，回到上述思想史阅读的第二层次，我们争取获得某种"贯通感"，就是贯串着一切时代的重要性感受。这样，我们再争取将这种贯通感表达出来。如果表达不出来，根据怀特海命题——在理解之前先有表达，在表达之前先有重要性感受——你也很难理解你的感受。这就是"历史"，即表达出来的贯通感。

我们在经济学教育中学习到的，都仅仅是逻辑表达，是局部感受的理性化，而不是贯通感。当然，我们的有限感受力通常无法让我们感受例如西周时期的生活及具有根本重要性的议题。所以，治思想史和历史，怎样获得重要性感受，这是最关键的环节，它也最难。可是，在我的理解里，这种贯通感也是最具有人文意味的环节，甚至可以说它就是人文。

我在第一讲介绍了国内的经济史学家李伯重的感慨，西方的科学化的史学要求史学家必须科学建构每一个历史环节，否则就不是可信的。例如，我们若要建构美国早期奴隶贸易的历史细节，可能要计算每年多少奴隶从西非被贩卖到北美，使用了多少只船，中途死亡率很高，于是怎样影响了奴隶的售价，诸如此类的计算，最终，我们要解释奴隶劳动为何越来越昂贵，从而废止奴隶劳动是符合经济理性的。这类研究可信，而且得了诺贝尔经济学奖。但是我们中国人在史学里寄托了人文情怀，如果因为不能建构关键性的细节而让我们寄托了丰富情感的一些历史不再是可信的，这就很痛苦。

我常想到梁漱溟自述年轻时的一段感受，那时，他一心要入佛门，为了独处修炼，他还要学医，当然还拒绝结婚。某一日，他在书房里研读，周身血脉固结，喘不过气来，突然，随手翻开一本儒家的小册子，顿时如沐春风，百穴顿开，幡然醒悟。他明白儒家最适合他的生命。自从这一体验之后，梁漱溟没有再离开过儒家，他关于人生问题和中国问题这两大问题的求解，都不再离开儒家思想。

其实，哪怕科学和技术的进步足使我们建构全部历史细节到可信的程度，我还是不能相信这样的历史。因为，人类理性若要理解人类命运实在是微不足道的，近代以来科学昌明，从1500年算起，不过500年。冥冥之中，或六合之外，或许有远比人类能理解的更宏大的秩序在运行并决定着人类命运。我读斯密《道德情操论》，感受到斯密相信存在着上述这种人类永远无法企及的宏大秩序。人类好比在茫茫大海上随风漂泊的一叶扁舟，根本不知道大海的秩序，也不知道向何处去。人类充其量以微弱的理性之光窥见了神的先定和谐秩序的一个极小局部，所谓"管窥"。然后，他将这种管窥之见写出来，例如《道德情操论》和《原富》。以斯密的上述立场，他很难认为自己的著作有多么伟大——如同今天他的著作在我们经济学家心目中的这种崇高地位，他始终对神的先定和谐秩序怀着古代斯多亚学者那样的敬畏感，他在《道德情操论》里几十次引述斯多亚学派的见解。史家公认斯密是斯多亚学派的追随者，而且，斯密关于"无形之手"的信念，完全类同于斯多亚学派关于神的先定和谐秩序的论述——善与恶的合理共生，为了实现善而允许必要的恶，或者善源于恶。

这样一种对冥冥之中、六合之外存在着决定性地影响着人类事务而且远非人类理性可能洞察的宏大秩序的信念，在"科学"的时代被称为"神秘主义"。

那么，还有没有科学理性之外的其他方法可以让我们洞悉或领会上述那种宏大秩序对人类事务的决定性影响呢？当然有。我们要有开放的心态，否则就很难接受科学之外的任何方法。事实上，神秘主义有远比科学传统更悠久也更丰富的传统。例如，最近几年，我和一位同学共同探讨天体运行对地球上人类事务的影响。元培学院一位新生得知我对星相学的这种兴趣之后批评我迷信，可是我不认为我们应继续让科学方法封闭自己的心灵，况且在上帝的眼睛里，难道人类如此相信科学就不是迷信吗？很可笑呀，人类凭借科学就妄想洞察宇宙秩序，一点儿敬畏感都没有。我认为获取上述的那种贯通感，在很大程度上不能凭借科学建构，而要凭借神秘主义的感通性。当然，这是题外的话题，不是经济学思想史学术传统之内的话题。

所以，我们生活在一个迅速变迁的经济当中，很难想象，或许永远无法想象此前长达千年的稳态时期中国人的日常生活。那时候，什么是真正重要的呢？也许如孔子所言，"丘也闻有国有家者，不患寡而患不均，不患贫而患不安，盖均无贫，和无寡，安无倾"（《论语·季氏》），才是最重要的。反观当代中国人的日常生活，什么是真正重要的？是平等吗？或许，经济学家普遍认为，是机会平等。但或许不是，或许只要每个人的收入都在迅速增加，也许没有必要太计较平等问题。当然，如果致富机会完全被少数人垄断而多数人的收入停止增长，平等问题就成为首要的问题了。也许因此，反腐败才是最重要的问题。

那么，在下图中，你们决定研究哪一段历史情境里的思想史人物呢？多数人，只要不是天才人物，只能想象转型期社会的历史情境。如果你是天才，你可能直接想象夏商周三代的历史情境。所以，在迅速变迁的历史阶段，我们能够理解斯密吗？或许小密尔、马歇尔、凯恩斯，他们所在的社会远比斯密所在的苏格兰社会更稳定？你们在选择学期论文时，需要做出这样的判断。

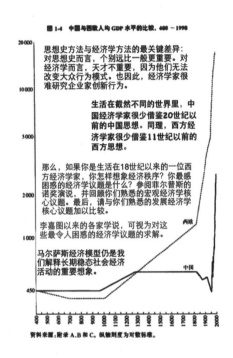

（财新博客 2020年12月2日）

附录2　观念纠缠

观念之所以难以定价，因为观念纠缠（ideas entangelment）。许多观念盘根错节，从中涌现的观念又与其他观念纠缠，如此孕育，因缘际会，可能形成新的"商业观念"（business ideas）。十年前，我在《行为经济学讲义》里讨论了现在时髦的术语"量子纠缠"。其实，我更中意"观念纠缠"。

创造性思维的两项条件，这是我多年来鼓吹的主题（参阅例如我写的长篇文章，"互联与深思"）：其一称为"发散性思考"（diversified thinking）；其二，常被忽略，我称为"良好的判断力"（good judgement）。关于发散性思考与儿童创造性之间的关系，根据丹麦幼儿园教育的一份研究报告，简单的汉语学习似乎更能激活不懂汉语的丹麦儿童的创造性。关于良好判断力与成年人创造性之间的关系，已有不少值得参考的心理学研究报告。事实上，群体创造性之所以与群体成员平均的社会敏感度保持正相关性，深层的理由，这是我的体会，倾听他人意图其实是抑制偏激判断的最佳方式。

仍是根据我的体会，上列两项条件在观念纠缠的过程中最容易同时出现。反观我自己的观念纠缠过程，也许应当这样描述：借助"合适的"（运用判断力）关键词，检索诸如"Science Direct"（科学导航）这类学术服务器数千份期刊发表的最新文献，尤其是文献的"摘要"

及"重要插图"，来自各领域的观念提供许多可能的视角，其中——这是判断力的运用——有一些视角最可能聚焦弥散于问题意识之内的重要性感受。然后，寻求合适的观念表达，这也是判断力的运用。我注意到，年轻学者常有的劣势是关键词不合适，故而检索来许多不能激发重要性感受的文献。这是学术研究中的实践智慧：首先，只有运用你自己的判断力，才可找到最适合你自己问题意识的关键词；其次，只有在学术传统里长期熏陶的学术判断力，才可找到合适的观念来表达由特定视角聚焦的重要性感受。

我观察过企业研发人员的观念纠缠过程，不妨这样描述：首先是来自同行的竞争压力，注意，这时形成的问题意识很可能是被竞争意识扭曲了的。当然，竞争意识是企业研发人员最难避免的心态。不论如何，你带着自己的问题意识走进咖啡厅或会议室，与相识的许多人交谈，最好是遇到能交谈的陌生人或演讲人来自遥远领域，例如，软件研发与文学批评。然后，你回家，白天交谈时吸纳的来自遥远领域的观念在淋浴中突然发生纠缠。淋浴与创新密切相关，这是硅谷流传的一项民间智慧。脑科学研究表明，淋浴时的脑内网络，静息态远离工作态——就是更加放松的意思，思绪最容易"跳出盒子"，引来新奇的意念。有更多研究数据支持的情形是，当你即将但尚未沉入"快速眼球转动"（REM）睡眠之前，奇异的事情可能发生。如果你是普通人，那么，你每晚可以有五个正常的睡眠周期，其中大约三个REM睡眠之前的阶段最可能出现奇异的事情。我故意要用"奇异的事情"这一短语，因为，你应当知道发现"苯环"的那次睡眠，一条蟒蛇咬住自己的尾巴。这样的意象很多呢，笛卡尔因为三个重要梦境而成为哲学家笛卡尔。当然，孔子晚年有一个重要梦境，预示"死之将至"。

观念纠缠涌现的新观念，就算价值连城，也很难判断参与纠缠过程的每一观念的"边际贡献"。何况，还有竞争意识带来的重要性感受扭曲。所以，我始终赞成观念不定价。与利益无关的观念纠缠，仅仅为要理解宇宙奥秘，在企业界是罕见的，在学术界也越来越罕见。尽管如此，我仍喜欢"观念不定价"。

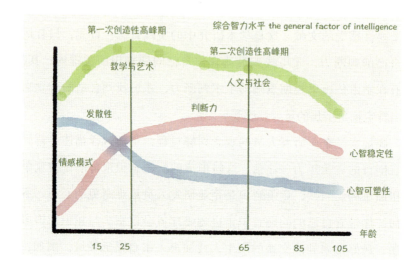

我于2020年5月7日手绘的创造力随年龄变化图示：尽管儿童和青少年常有很强烈的发散性思考倾向，但良好的判断力很少形成于25岁之前，故而，只有少数天才人物在这一年龄段，在特定领域取得伟大成就。多数人在45至55岁之间形成良好判断力，但这一年龄段的发散性思考能力即使不是完全消失，也已降至很低的水平。幸而，观念是存量，而且很难"折旧"。所以，随着阅历的丰富，来自遥远领域的观念或许缓慢地纠缠着。人文学科与社会科学的创造性，常见于中年，并于晚年获得承认。极少数的人，可于105岁的高龄阶段仍有创造性，基于深刻觉悟，我称之为"宗教的"创造性

（财新博客2020年9月15日）

附录3　互联与深思

　　深思意味着对一切生活方式的反思，包括对互联网生活方式的反思。但是，互联与深思不是相互独立的，故而有必要讨论互联以何种方式妨碍并且以何种方式帮助深思。为此，这篇文章应从界定"深思"本身开篇。

　　其实，思就是深思，而不是浅思。但它在汉语里太常出现在"政治思想"口号里，以致无法表达深思之意，只得与"深"字联用以达其本义。按照字的构造，"想"的原初形态是"相"呈现于"心"。甲骨文字有"相"，如目在树上远眺状。甲骨文有思而无想，"思"的形态是"囟"（脑）呈现于"心"。也因此，金岳霖（《知识论》）认为，"思议"是比"想象"更抽象的阶段，因为后者毕竟有"相"可依。字源学考察，英文的"think"（思考）源于古日耳曼或古萨克森语"thenkian"，既有"想象"又有"感谢"之意，因此更接近汉字的"想"而不是"思"。由希腊文"νοῦς"（心灵、理解、知性）传入英文的"nous"（汉译"努斯"），含义与"想象"和"直觉"相近。故而，西语传统里似乎没有对应于甲骨文字"思"的单词。就想象和直觉而言，苏格拉底是西方思想者的楷模。他的思想方式，很大程度上是想象和直觉的。真正与汉语"思"相近的西方的思，可能的转型期是后苏格拉底诸学派，例如斯多亚学派和新柏拉图学派。当然，也很可能发生于基督教的教父哲学时期，例如圣奥古斯丁的思，也就是真正的"反思"。所以，阿伦特阐述（Hannah Arendt，*The Life of the Mind*，vol.I "Thinking"），思想（*Vita Contemplativa*）的前提是从行动（*Vita Activa*）中抽身而出，才可进入反思。沉思的传统始于柏拉图和亚里士多德，但将沉思与实践完全分离的传统，应发生于亚里士多德之后（汪丁丁《新政治经济学讲义》第七讲）。

我们如何反思？这是界定"深思"时必须解答的第二个问题。意识与反观意识自身，不可能同时发生。所以，意识只能在记忆中反观自身，即反观过去的意识。根据认知科学家波佩尔在《意识的限度：关于时间与意识的新见解》里报告的关于人类意识"现在"和"过去"的实验结论，通常（统计意义上的"平均而言"），我们说的"现在"，时间范围大约是3—5秒。所以，5秒之前意识的内容属于"过去"。我们反观自己过去的意识内容，从中得到什么？在斯多亚学派的思想传统里，反思就是在自由意志指导下使人生与宇宙的自然律保持协调。至今，检索"deep thinking"（深思）仍可见到现代英语中这一短语用于宗教阅读（deep reading）或与思考人生终极目的相关的阅读。在现代英语中，深思似乎总是以思考的结果出现，即"deep thought"。可以理解，因为这是一个消费主义的时代，重要的是结果而不是过程。结果是，深思的结果呈现为文字时表现为"悖论"——因为思考者在思考过程中逐渐颠覆了思考由以开始的前提。例如，日常生活中我们关于幸福的思考常有这样的表达：若不受苦，则无幸福。

深思之为思考的过程，首先意味着，相对于日常生活中大多数人在大多数情境内的思考而言，深思似乎是更长的思考过程。其次，基于特殊的体验，深思其实可以跳跃，从而不占用很长的思考时间——例如，强烈的宗教体验，或人在战争中刻骨铭心的体验，或其他类型的刻骨铭心的体验。当我们没有这类体验时，为了深思，我们往往要从喧闹的日常生活中抽身而出，如阿伦特描写的那样，避入静室，让时间成为唯一陪伴我们的消费品。或可假设，没有特殊体验的人若要深思，就要有足够长不受干扰的思考时间。也就是说，存在一个阈值s，它取决于思考的主题和思考者的人生体验（包括人格特质和以往的阅读与思考）。深思若要有所结果，则思考时间T必须超过s。但这里的"结果"是一个待定义的概念，它取决于思考者的预期"a"和满意的标准"k"，例如，仅当x—a＞k时停止思考，此处x是思考的内容，假设在思想中存在"超越"与"不足"这类运算关系。

仅就上述最粗浅的思考而言，互联时代的深思很可能是艰难的事情。因为思考者很可能没有足够的时间用于思考，于是很难满足T＞s。如果任一社会的任一社会成员都不能满足T＞s，那么，社会的思想x就不能满足任何给定的a和k。在奈特的"社会过程"学说视角下，这样的社会很危险，因为它完全没有能力感受那些对它的生存至关重要的问题（汪丁丁《新政治经济学讲义》第四讲第五节和第五讲第一节）。我们知道，一个社会总有"精英群体"——由承担着"感受重要问题"这一职能的社会成员组成。在更古老的人类社会里，这些社会成员通常有最丰富或最深刻的人生体验且因此而有智慧。现代社会的危险首先不在于每一个人用于思考的时间越来越少，而在于精英群体不再由有智慧的人组成，我称之为"精英失灵"——类比于"市场失灵"和"政府失灵"。

深思常要求批判性思考（critical thinking），尤其是在思考难以深入的时候。批判性思考的德文含义是将思考运用于思考自身，所谓"反身性"（reflectivity），康德解释过，就是"为观念划界"。任一观念，例如"理性"，必有适用范围。越出适用范围，观念的运用就成为滥用，所以，理性的反身性，在康德那里，就要求理性为理性自身划界。另一方面，在休谟的时代，英文"critics"常指文学批评。一般意义的文学批评不仅是文学的，而且更多是历史的和政治的，从而与"智慧"相关。在文学批评中，批判性思考意味着"换位思考"。例如，休谟和斯密在分析人类通有的同情共感能力时，表现出典型的换位思考——我们对他人苦难的同情心引发我们的正义感，我们对他人快乐的同情心引发我们的仁慈感。

深思的令人满意的结果，往往导致原创观念（original idea）。也因此，与深思联系着的是原创性思考（original thinking）。这两个短语共通的中文翻译，我认为是"原创思想"。在我的阅读范围内，原创思想有至少三种来源：（1）神启，这是人类体验并记录的原创思想的最古老来源。（2）天才，自从有了人群，就有关于"天才"的记录，这些记录由现代关于天才的科学研究报告继承并拓展。天才虽对人类的贡献万千倍于普通人，却很少能够生存。这就意味着，我们知道的天才人物的数量不足被我们扼杀了的天才人物数量的千分之一。对天才的研究表明，一个社会能够享有的天才数量正比于该社会的宽容程度。稍后，我将回到这一主题。（3）发散性思考（divergent thinking），这是埃森克（Hans Jurgen Eysenck，1916–1997）在确立"精神质"（psychoticism）这一人格维度时提供的解释，今天被广泛承认。脑内的神经元社会网络结构，依照演化和分工的原则，分化为各种功能模块，也称"局域网络"。在每一局域网络内部形成的任何观念，因为不新，故不是原创的。埃森克以及后来的脑科学研究表明，创造性的观念过程（creative ideation）伴随着大范围脑区的激发，图1取自Rita Carter，1998，*Mapping the Mind*，University of California Press，p.196。

这里呈现的是被试用单词描述看到的行为时的脑图，第一行是内侧前额叶的激活状况，第二行是脑左半球的激活状况。左列是被试执行艰难认知任务时的脑区激活状况，中列是被试执行熟悉的认知任务时的脑区激活状况，右列是被试努力寻找更合适的语词时的脑区

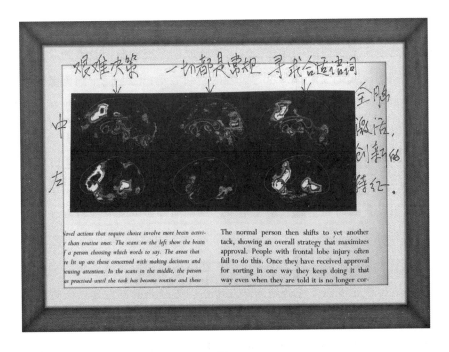

The normal person then shifts to yet another tack, showing an overall strategy that maximizes approval. People with frontal lobe injury often fail to do this. Once they have received approval for sorting in one way they keep doing it that way even when they are told it is no longer cor-

图1

激活状况。这一组功能核磁共振脑图表明：人脑倾向于将熟悉的任务交给专业化的脑区模块处理，故只有局域脑区激活。当人脑处于完全的创新阶段时，被激活的脑区范围最大。最新发表的文献意味着，原创思考是脑的整体性质（参阅：Maria Starchenko et al., conference paper abstract, 2014-November, "Brain Organization in Creative Thinking", *International Journal of Psychophysiology*, vol.94, pp.120–261）。最近发表的关于原创观念的一份研究报告表明：与我们关于深思的经典见解似乎相反，群体思考（group thinking）远比个体思考更适合求解高难度问题。稍后，我将回到这一主题。

　　大量关于原创思想的记录和研究报告表明，原创思想伴随着激情。思想者，恰如罗丹的同名雕塑，沉浸于激情之中。更确切的心理学描述是：对将要发生的突破性进展的预期与直觉，指引着思考的路向并激励思考者紧张地探索一切可能的突破方向。

这里需要探讨的问题是：（1）伴随原创思想的激情是否为某一类特殊情感，或是仅由紧张思考引发的情绪波动；（2）完全的无激情状态，是否不可能产生原创思想，与此相关的是情感交往和网络社会科学的研究课题。稍后，我将回到这一主题。

阅读2010年以来发表的关于"原创观念"脑科学的几十份研究报告，可列出有助于产生原创观念的条件：（1）认知能力。这是心理学相当经典的研究主题，延续至今，每年都有不少研究报告发表，关键词检索"cognition"＋"creativity"可看到相关文献。例如关于一位数学天赋儿童的脑科学报告显示，他脑内的神经元网络对数字格外敏感，运算速度似乎比普通人快几十倍。更经典的案例是人工智能专家们关于国际象棋大师脑活动的研究报告，大师的脑区已经非常专业化了，所以他们可以迅速调动几百种棋局。由于是经典主题，此处推荐一篇2007年的报告：Eric Rietzschel et al, "Relative Accessibility of Domain Knowledge and Creativity: the Effects of Knowledge Activation on the Quantity and Originality of Generated deas", *Journal of Experimental Social Psychology*, vol.43, pp. 933–946。认知能力，人脑毕竟有限，所以电脑"深蓝"可以击败国际象棋大师。但电脑的原创能力似乎不如人脑，这就意味着，原创性可能主要来自认知能力以外的其他方面。（2）想象（perception）或注意力的合理配置，这是经典的也是目前最活跃的研究领域，尤其在互联时代，真正稀缺的不是知识而是注意力。但是集中注意力不必甚至根本不能导致原创观念，与此相反的共识是，发散型思考最可能产生原创观念。危险在于，过度发散的思考往往导致很高的精神分裂性人格得分（参阅：Kyle Minor et al., 2014, "Predicting Creativity: the Role of Psychometric Schizotypy and Cannabis Use in Divergent Thinking", *Psychiatry Research*, vol.220, pp.205–210）。所以，原创思考要求心智在正常状态与癫疯状态之间保持平衡。（3）社会交往情境，这是真正现代的心理学研究主题（古典心理学主要研究个体心理而非社会交往心理）。例如"idea sharing"（观念分享）实验，有五种难度级别的思考任务，在最难级别的思考之前，如果允许被试有30秒时间分享他们的思考，那么，这组被试在最高难度思考任务的得分显著高于不允许分享的被试（参阅：Andreas Fink et al.，2010，"Enhancing Creativity by Means of Cognitive Stimulation: Evidence from an fMRI Study"，*NeuroImage*，vol.52，pp.1687–1695）。（4）睡眠模式，这也是现代心理学的研究主题。古典心理学的观点是，睡眠有助于创造性。借助各种仪器，人类每天的睡眠被分为若干"快速眼球转动的睡眠"（REM sleep）周期和非快速眼球转动睡眠（NREM sleep）周期的组合。1990年代后期的研究表明，快速眼球转动的睡眠对于哺乳动物个体将白天习得的生命攸关的知识从短期记忆转入长期记忆非常重要。晚近的研究表明，在非快速眼球转动睡眠周期之内存在一种波长可变的睡眠模式（CAPs），根据脑电波显示仪，这一模式又可分为三种类型，A1、A2、A3，其中A1类型被认为与原创思考时大脑的发散模式密切相关，而这一类型反映的是大脑皮质在睡眠过程中"若即若离"的状态，既非完全休息又非完全清醒（参阅：Valeria Drago et al.，2011，"Cyclic Alternating Pattern in Sleep and its Relationship to Creativity"，*Sleep Medicine*，vol.12，pp.361–366）。（5）社会网络的整体性质与社会网络的局部性，这一领域文献极多，与创造性思维密切相关的是所谓"小世界"网络研究。首先，灵长类的脑演化与群体规模之间有强烈的正向关系，如图2所示。

横轴表示根据灵长类各种群样本计算的"新脑比重"，即新脑皮质体积与大脑皮质其余部分体积之比；纵轴表示灵长类各种群平均群体规模（取10的对数）。包括人类在内的猿类由空心圆图标表示，人类的空心圆在最上端。这张图表明：（1）群体规模与新脑比重显著正相

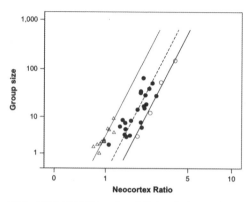

Fig. 1 – Mean social group size plotted against neocortex ratio (the ratio of neocortex volume to the volume of the rest of the brain) for individual primate genera. Triangles and dotted line: prosimians; solid circles and dashed line: tarsier and Old and New World monkeys; open circles and solid line: apes (including humans). After Dunbar (1998).

图2

关，（2）人类群体规模突破了100这一长期限制。参阅：Robin Dunbar，2009，"Darwin and the Ghost of Phineas Gage: Neuro-Evolution and the Social Brain"，*Cortex*，vol.45，pp.1119–1125。（3）人类群体规模突破（2）所说的100限制，是长期演化的结果，如图3。参阅：Coward and Gamble，2008，"Big Brains, Small Worlds: Material Culture and the Evolution of the

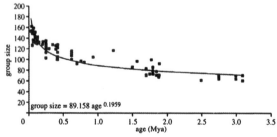

Figure 1. Group sizes predicted for extinct hominins from the strong relationship demonstrated between neocortex ratio and group size among extant primates. Data from Aiello & Dunbar 1993. In fossil hominins, the expansion of the neocortex accounts for the increase in total brain size that can be measured in fossil crania. Mya, million years ago.

图3

Mind", *Philosophical Transactions: Biological Sciences*, vol. 363, no.1499, The Sapient Mind: Archaeology Meets Neuroscience, pp. 1969–1979。

　　图3的横轴表示时间回溯，单位是"百万年"；纵轴表示群体规模，单位是"群内个体数量"。样本是灵长类种群内个体平均的"新脑比重"。此图表明，人类群体规模在100以下停留了300万年，只在最近25万年才开始突破这一限制。最后，目前尚未达成共识的一项研究发现：当大脑处于静息状态时，它的内部影响网络，被视为"有向图"的时候，具有"小世界"拓扑结构。参阅：Lu（南京大学医学院）and Chen（成都电子科技大学）et al., 2011, "Small-world Directed Networks in the Human Brain: Multivariate Granger Causality Analysis of Resting-state fMRI", *NeuroImage*, vol.54, pp.2683–2694。法国的一组作者发现，马尔科夫模型可以更好拟合功能核磁共振信号的脑关联结构，但是这一更好的拟合必须假设脑内神经元网络具有"小世界"拓扑结构。参阅：G. Varoquaux et al., 2012, "Markov Models for fMRI Correlation Structures: Is Brain Functional Connectivity Small World, or Decomposable into Networks?", *Journal of Physiology* — Paris, vol. 106, pp. 212–221。荷兰和伊朗的一组作者发现，唐氏综合征儿童的脑内神经元网络结构类似于受到干扰的小世界网络。参阅：Masoud Gharib, 2013, "Disrupted Small-world Brain Network in Children with Down Syndrome", *Clinical Neurophysiology*, vol.124, pp.1755–1764。中科院自动化所与台湾学者联合发表的一篇研究报告表明，精神分裂症患者的脑结构可视为受到干扰的小世界网络。参阅：Jiang and Lin, 2012, "Anatomical Insights into Disrupted Small-world Networks in Schizophrenia", *NeuroImage*, vol.59, pp.1085–1093。

　　关于"小世界"网络的经典论文是：Duncan Watts, 1999, "Networks, Dynamics, and the Small-World Phenomenon", *American Journal of Sociology*, vol.105, no.2, pp.493–527；Duncan Watts, 2004, "The New Science of

Networks", *Annual Review of Sociology*, vol.30, pp.243–270。这位作者以建立"小世界"研究范式著称于世。1999年这篇文章里，他列出小世界网络的四项必要条件：（1）网络所含节点总数远大于节点平均度数；（2）节点平均度数远大于节点总数的对数；（3）最大节点度数远小于网络所含节点总数；（4）局部网络有较高的团块性。至今，在数百万年里，人类社会经历了三种网络状态：（1）洞穴时代的社会网络，每一洞穴内的十几名人类成员构成完全连接的局部网络，故平均团聚性很高（接近1）。但洞穴之间几乎没有联系，故社会网络的平均距离很远（接近1）。（2）工业化时代的社会网络，典型的，小世界网络。平均距离和平均团聚性都介于0和1之间。（3）完全随机连接时代的社会网络，十分接近今天我们所处的"互联时代"。平均距离和平均团聚性都很近（接近0）。在他2004年的文章里，如图4，上述三种基本的社会网络被概括为单一参量（随机改接的纽带数目占总纽带数目的比例）连续变动的结果。

许多作者考察了现实世界的网络结构，例如经典文献：H. E. Stanley et al., 2000, "Classes of Small-world Networkds", *Proceedings of the National Academy of Sciences of the United States of America*, vol.97, no.21, pp.

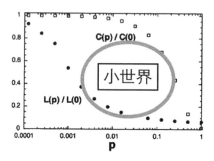

Figure 1 (*a*) Schematic of the Watts-Strogatz model. (*b*) Normalized average shortest path length *L* and clustering coefficient *C* as a function of the random rewiring parameter *p* for the Watts-Strogatz model with *N* = 1000, and ⟨*k*⟩ = 10.

图4

11149-11152。根据这些考察，网络社会科学界达成共识的结论之一是（Matthew Jackson，2008，*Social and Economic Networks*，Princeton University Press）：关于合作（或不合作）的信息（或病毒）在小世界网络里有足够小的传播成本，并且小世界网络的局部团聚性足够支持各种合作行为，所以，"小世界"是最有利于合作秩序不断扩展的社会网络。与此相比，合作秩序在洞穴人的社会网络里难以扩展，而在完全随机的社会网络里又太缺乏信任感支持。

在图4显示的三种基本社会网络中，左上角代表"洞穴人"的社会网络，右下角代表"完全随机"的社会网络。在现实世界里，传统农村社会——所谓"熟人社会"和"鸡犬之声相闻，老死不相往来"，可视为"洞穴人"网络结构。另一方面，现代都市社会——强烈的冷漠感（太弱的团聚性）和强烈的随机性（太短的平均距离），可视为"完全随机"的网络结构。

现在我们可将想象中的"思考者"试着分别嵌入上述基本社会网络，从而推测他的原创思考能力在何种程度上受到激发或被压抑。

有一种文化现象，至少被人类学家视为文化现象，最初由克鲁伯（Alfred Louis Kroeber，1876-1960）注意到，并就此发表了一些初步的研究成果。关于美国人类学最初的几位泰斗，我在《新政治经济学讲义》第八讲有这样一段文字："洪堡的文化人类学观念由他的学生博厄斯（Franz Boas，1858-1942）带到美国哥伦比亚大学，成为美国人类学和现代人类学的开端。"克鲁伯于1901年获得哥伦比亚大学人类学博士学位，他的导师就是博厄斯。克鲁伯注意到，伟大文明的创造性是突发性的，而不是均匀分布的。他收集了西方文化传统中的创造性作品的大量数据，如图5，后来，他指导的一名博士生也成为人类学名家，继续研究文明的创造性问题，图6取自他的这位学生发表的文章（参阅：Charles Edward Gray，1966，"A Measurement of Creativity in Western

Civilization", *American Anthropologist*, vol.68, no.6, pp.1384–1417）。

　　克鲁伯的图5显示的是公元前900年至公元400年之间古代希腊罗马文明的创造性波动，他收集的数据仅限于艺术和哲学。纵轴代表极富原创性的艺术作品和哲学作品的件数，鼎盛时期（对应柏拉图的时代）不过十几件这样的作品，可见克鲁伯的标准很苛刻。格雷，就是克鲁伯的学生，用另一指标来度量文明创造性，图6纵轴代表极富原创性的人物按照重要性加权得到的数目，横轴代表时间，接着老师的工作，从公元850年到1935年。这里出现了三次创造性突发期：1620年

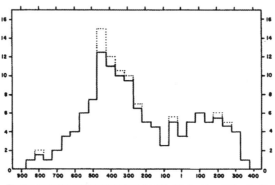

FIGURE 1. Cumulative profile of items in figure on p. 690 of *Configurations of Culture Growth*.

图5

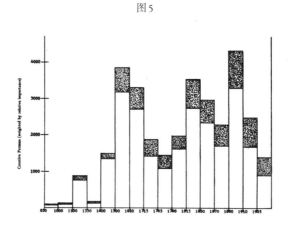

图6

代，1830年代，1900年代。

　　荣格多次阐述"意识"的结构，他将"集体无意识"视为一种心理能量流。图7是三年前我读荣格著作时绘制的示意图。荣格认为，不仅人类分享而且人类与哺乳动物甚至更低级的动物分享集体无意识。似乎，地球上的心理能量流（the psyche energy）决定了全体生命现象。也因此，荣格描述的生命现象（图示"the inner world"），更像是地下生长的根茎团块，纠缠交错，仅当这些根茎偶然涌现到地面之上时，才表现为个体生命（图示"personality"），才有单独的枝干和果实，所谓"外部世界"（图示的"the outer world"）。关于创造性活动的心理学研究，晚近十几年有大量文献发表。研究者们试图理解的最令人困惑的心理现象是：原创性与精神分裂（或"狂躁—抑郁"两极化）人格特质之间呈现统计显著且强烈的正相关性。

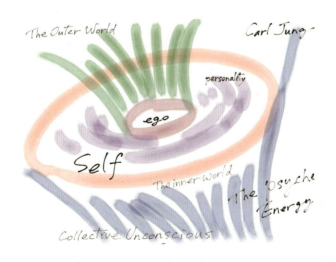

图7

　　相当多的文献作者注意到，原创观念的最大特征是思考者的强烈发散型的思维方式，故而他们试图从演化学说寻求解释，将精神分裂型人格（通常由强烈发散型的思维方式引发）视为生命个体为使他们所属群体保持一定的创新能力以适应变幻莫测的生存环境而支付的代价。我在行为经济学课堂介绍过这些文献，此处不赘。图5和图6意味着，地球上的心理能量流显然不是常量，故原创观念或原创人物的涌现是突发性的。我在介绍苏格兰启蒙学派和维也纳学派的文章里也探讨过这一主题：人类社会的天才人物，沿时间维度的分布密度非常不均匀。总之，存在一些蛛丝马迹向我们暗示，人类的创造性确实是痉挛式降临的。创造性极强的人物密集出现在某些时段，而在其余的时段则完全消失。

我们可从图5和图6推测人类原创性的几个爆发期，第一次爆发期对应雅典城邦的鼎盛期，而雅典的民主制度始终被认为是最优越且后来者无法模仿的（因为人口迅速增加而不再有雅典式"直接民主"）。第二次爆发期大致对应"文艺复兴"运动，那时的意大利城邦似乎也被认为是采取了很优秀的制度。第三次和第四次爆发期分别在19世纪初叶以及19和20世纪的交替处，很难判断那时的社会制度是否比现代的更优越，但我们从第一次世界大战之后弥漫欧洲知识界的悲观主义情绪不难判断，大战之前的一百年在他们看来确实是西方文明的黄金时代。

波默尔关于制度和企业家才能之间关系的文章（参阅：William Baumol，1990，"Entrepreneurship: Productive, Unproductive and Destructive"，*Journal of Political Economy*，vol.98，no.5，Part 1，pp.893–921），与上述主题密切相关。图8取自2011年我在北京大学讲授的新政治经济学研究生课程第六讲，充分展现了波默尔这篇文章的含义。人格心理学家Hans Eysenck（1916–1997）关于创造能力的研究工作支持了波默尔的这一假设：给定时期给定人群的企业家才能总量不变。所以，图中我画了一条概率密度分布曲线，大约是正态分布，在同一坐标系里，老埃森克画了一条创造能力的分布密度曲线，表现了人群当中少数人（在正态分布峰值的右侧）的创造性的分布。事实上，这条曲线是老埃森

图 8

克临床观察到的被他定义为"精神质"的人格特质的分布密度。构成
这一分布的样本，至少具有"反社会型人格"，多数具有"犯罪倾向"，
而在最右侧的则是精神分裂症患者。我在正态分布曲线和精神质人格
分布曲线中间画了一个宽箭头，指向"企业家才能总量"，意思是，企
业家才能其实是这两条曲线之间的某种平衡——不能太平庸如普罗大
众，也不能太孤僻如精神分裂症患者。

　　波默尔的论点是，如果一个社会的制度有利于企业家才能被引导
至生产性（企业）和建设性（文化、政治、艺术）的领域，那么，这
一社会的犯罪率就应大幅度下降。反之，当制度阻碍企业家才能的宣
泄时，犯罪率大幅度上升。因为，对于深层心理分析学家而言，这是
一项基本事实：人类的创造力源自无意识世界，如同一口沸腾的大锅，
涌现到意识之内的只是极少数的泡泡，表现为"创意"。有鉴于此，制
度对企业家才能的疏导就显得至关重要了。图 9 仍取自 2011 年我在北
京大学讲授的新政治经济学研究生课程第六讲，根据老埃森克和波默
尔的上述论点，我大致刻画了有利于疏导人群创造性冲动的制度特征，
当然，是理想特征。

　　这些理想特征，或许"宽容"之于天才人物的顺利生存是最重要
的社会因素，其次才是诸如"自由""民主""效率"等因素。虽然，
所有这些特征，长期而言，取决于奈特定义的"社会过程"。奈特的

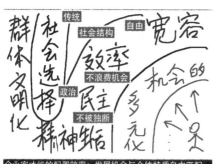

企业家才能的配置效率：发展机会与个体特质自由匹配。 图9

社会过程学说意味着这样的"社会选择"基本议题：任一文明可能达到的文明水平，最终取决于这一文明能够容忍和鼓励多元化（个体自由），同时维系自身不致因这样的个体自由而瓦解的能力。

如果一个社会陷入完全无序状态，它就很难保护或鼓励原创观念或有极强创造性的人物的生存。另一方面，如果一个社会只停留在洞穴时代，从无可能获得新鲜的与众不同的信息，那么，它也很难产生原创观念。如果这一判断可以成立，那么，只有"小世界"社会网络适合产生原创观念。

对于制定与互联网相关的公共政策而言，真正困难的不是上述这些基本原则，而是寻找适合特定时期特定社会情境的小世界网络。因为，我们知道，符合小世界拓扑结构的社会网络的集合，几乎涵盖了纯粹的官僚科层权力结构之外的大部分结构。

当然，小世界网络的集合哪怕包罗万象，也绝不意味着任何一个小世界网络必定是自我稳定的。事实上，目前的互联技术趋势很可能使人类社会迅速离开"小世界"并进入冷漠时代的拓扑结构。也因此，晚近几十年兴起于西方的"社群主义"思潮的追随者们热衷于"面对面的交往"（face-to-face communication）。换句话说，在世界趋于冷漠（完全随机互联）的时候，为使更多的原创观念有机会涌现出来，公共政策必须充分顾及人与人之间的深层情感交流（in-depth emotional involvement）。

附录4 暗黑心理学

　　晨4时检索英文新书，以"心理学"为题，2019年和2020年的，共计77种，其中20种，可归入"暗黑心理学"（dark psychology），占比居然超过四分之一，于是引发我的研究兴趣。随后，我在百度检索"暗黑心理学"，仅得一本书，2015年英文版，包括"知乎"在内，令人惊讶，国内没有"暗黑心理学现象"。当然，中国有最悠久的暗黑心理学。李零说过，兵家乃百家之祖。

　　德文单词"Schadenfreude"，英语没有单词只有短语与之对应，汉译是"幸灾乐祸"，更确切的含义是"由他人痛苦而引发的快感"。十多年前，我在《斯坦福心理学年鉴》的一篇脑科学报告里见到这一短语，那时，我的兴趣是演化心理学，尤其关注人类的五种原初情感（喜、怒、悲、惧、厌）脑结构的演化顺序。

　　幸灾乐祸当然不是原初情感（primary feelings），就这个德语单词表达的复合情感而言，它甚至不是次级情感（secondary feelings），因为，在这种情感之内，首先要有他人痛苦引发的同情共感，其次要有快感，再次，"世界上没有无缘无故的爱和恨"，承受痛苦的人与感受快乐的人之间必有更复杂的情感关系。

在诸多新书当中，我慎重选择了最少"标题党"嫌疑的一本书，James Williams，2019，*Dark Psychology: The Practical Uses and Best Defenses of Psychological Warfare in Everyday Life*，标题直译"暗黑心理学"，副标题通常很长，"在日常生活心理战中的实践技巧及最好防卫"。这本书的篇幅，在这类书常见的短篇当中，是最短的，不足百页。由于简短，作者必须扼要，于是就有了我最中意的暗黑心理学定义：Dark psychology is a study of the human condition in relation to the psychological nature of humans to prey on others.（我的翻译是：暗黑心理学研究与相互猎取的心理性质有关的人类境况。）此处，"人类境况"是一个大词，大陆翻译阿伦特名著 *The Human Condition*，常见的标题是"人类的条件"，台湾的译本标题是"人类境况"。这两个译名都可接受，前者凸显的是人之为人需要的基本条件，后者强调的是人类生存的基本状况。

不论如何，我的"千字文"之后，还应公平地贴出去年和今年出版的暗黑心理学主要著作的封面：

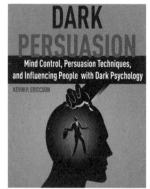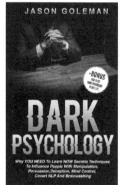

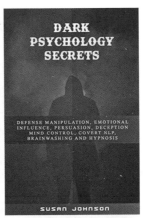

（财新博客 2020 年 5 月 21 日 ）

附：第一讲之前的课程讨论群对话摘要

　　这份附录根据我保存的课程讨论微信群聊天记录整理，是夏威夷时间，而不是北京时间。

　　2021年9月11日，班主任李然建立课程讨论群（选课人数限定为45），一律实名。我逐一将选课学员确认为我的微信朋友。这样，学员们可每日浏览我发布在微信朋友圈里的学术内容。因为，我有许多课程内容是发布在朋友圈里的。然后，我将教务老师杨昕和三位义务助教（连莲、李文生、黄霁）加入课程讨论群。所以，这一微信群的总人数是51。

　　当天，我在微信群里发布了图1，希望同学们讨论并提出修订建议。我告诉同学们："这是你们班独一无二的一张课程提纲，从朗润园到承泽园。"经过数年努力，北京大学国家发展研究院的新办公场所"承泽新园"正式启动。我的心智地图，最初的标题写了"朗润园"，后来的修订稿应写"承泽园"，这一稿是由旧变新，打印版文档已发给杨昕，然后才改写办公场所。故而，图1是独一无二的。

　　我继续写："这是最简约的地图。我手里的这份地图规模已经大到几平方米，正在物色更节省版面的软件。"吴蒙发言：谢谢丁丁老师，已打印出来学习了。我：哈哈哈。你的打印机好迅速。吴蒙答复：主

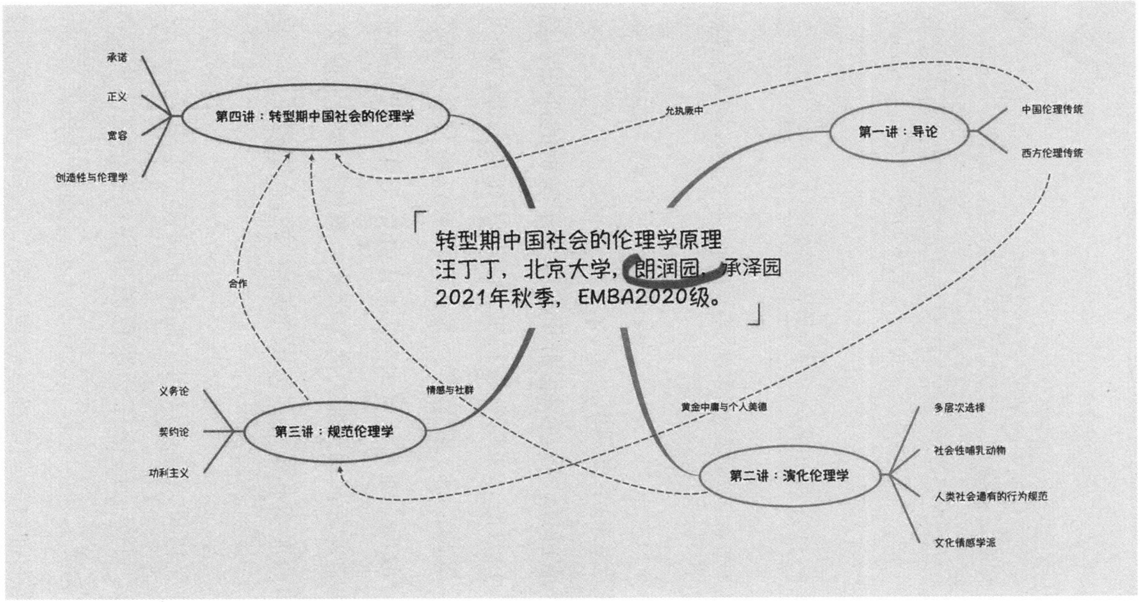
转型期中国社会的伦理学原理
汪丁丁，北京大学，朗润园，承泽园
2021年秋季，EMBA2020级。
第一讲：导论
中国伦理传统
西方伦理传统
第二讲：演化伦理学
多层次选择
社会性哺乳动物
人类社会通有的行为规范
文化情感学派
第三讲：规范伦理学
义务论
契约论
功利主义
第四讲：转型期中国社会的伦理学
承诺
正义
宽容
创造性与伦理学
允执厥中
合作
情感与社群
黄金中庸与个人美德

图1　我发布在课程讨论群里的“印刷版心智地图”中心区域，简称“课程纲要”，显示了四讲的主题及它们之间的关联

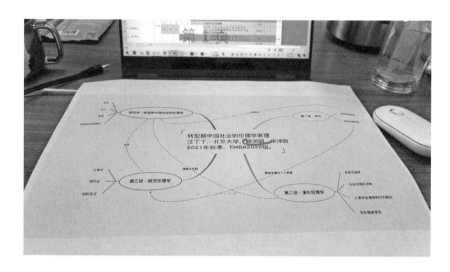

图2 吴蒙同学在我发布课程纲要之后不到一分钟打印并拍了这张图发布在课程群里

要是随时关注您发的学习知识。

2021年9月13日，我在课程群里发布关于教材的通知：杨昕与出版社联系了，10月底，可以有教科书，就是去年这门课的讲义。于秀志同学发言：老师，早。我答复：秀志早。我这里其实很早，但早餐之后要去海边散步。通常，每天7点半才开始工作，此前都在锻炼身体。吕金荣同学发言：每天能去海边散步，有助思考啊［愉快］。我答复：夏威夷只有海水和阳光。杨正光同学发言：刚查了一下夏威夷时间，5∶12AM，汪老师好早。

2021年9月15日，我建议同学们课前阅读三本中文书，我在经济学课程群建议阅读这门伦理学课程的也许仅有的三本中文参考书：（1）《创造的起源》，（2）《第二天性》，（3）《超级合作者》，希望你们继续阅读。你们即将收到伦理学心智地图，里面完全是英文目录，没有中文的书可以推荐。

黄柏文同学发言：收到。我询问：柏文隔离期满了吧？黄柏文答复：正在厦门隔离，刚满七天。这三本书带在身边，还没读完。

黄柏文说普通话有福建口音，在台湾和福建两地办公，家在高雄。2021年7月，他选修了我的"转型期中国社会的经济学原理"。那一课程，我要求选课同学撰写的学期论文主题是每一位同学熟悉的自己公司里发生的收益递增现象及分析。黄柏文写的是台积电，思路清晰，概念准确，得分很高，列入前三名。

张力同学询问：汪老师有推荐的英文书目录吗？先发我找找电子版，也可能有中文版。我答复：英文目录太多，都是最新发表的文献目录。我没有计划让你们读，我只需要在课堂上讲解并串接为一些思想脉络。张力发言：WPS软件有翻译功能，我们看英文太慢的话，可以用来快速浏览文献。我答复：可以，那就让杨昕尽快给你们印刷版地图。吕金荣发言：@张力 把电子书快点找出来发来［愉快］。张力答复：@吕金荣 上面那三本都发过电子书啊。黄柏文提醒：你发在前一门课的群。张慧雯同学发言：力哥是图书馆，通过力哥分享已经完成

图3　黄柏文发布的照片显示他隔离期间随身带去的三本中文书，买了之后就进入隔离期，还没有开始阅读

《第二天性》的阅读。我的提醒：还有阅读的顺序，很关键，按照我刚才列出的顺序读这三本书，速度可以更快。

当天上午8时，我继续发言：教材是：汪丁丁，2021，《情理与正义：转型期中国社会的伦理学原理》，上海人民出版社10月底发行。前天我在这里发布的课程纲要，第一讲和第三讲，都写在讲义里，我在课堂上不多讲，留给你们自修。今年的四次课程，我讲的是全新的内容，所以没有中文资料可用。我找到两篇中国学者发表在英文权威期刊的论文，可在课堂上顺便讲解。今年的内容之所以全新，就是因为国内没有相关的研究报告。演化理论，新演化综合，扩展的新演化综合，这一思路的文献，我在财新博客里写了五篇文章，你们有时间可去浏览："生命系统""从生命系统到系统生物学""从系统生物学到意识发生学"。不过，我会在课堂详细展开这一思路，不读我那些博客文章也罢。这是第一讲和第二讲的主题。然后是第三讲和第四讲，创新、创新的心理学研究、领导力与群体创新。它们之所以成为第四讲的主题，是因为中国也被AI革命带入一个新时代里，不能创新的人，只好失业。所以，中国需要"创新伦理学"。我检索这一短语发现西方和中国在"创新伦理学"词条下都只谈如何用老的伦理原则约束从事创新的人。其实，将来的伦理学必须是激发与保护创新的伦理学。换句话说，谁的行为压抑创新，就是"不伦"。当然，创新必须符合例如2019年Simonton演讲列出的三项判据。在这样的视角下，你们周围将有许多人的行为是不伦的，例如官僚主义者，例如对他人的创新活动羡慕嫉妒恨的人，例如永远不支持创新活动的人……当然，我也不敢贸然倡导我的创新伦理学。超前10年，我敢，超前20年，我不敢。讲给你们听，超前20年可以。你们多活20年，看看是否正确。以上"创新伦理"的主要根据是：（1）在AI或AGI的时代，人类必须全职从事创新活动；（2）没有能力创新的人，将不再具有"人"的核心属性；

（3）每一个人都有创新潜质，关键是开发这一潜质；（4）根据我的论述，知识社会的基本问题就是开发"均值人群"的潜质；（5）由此形成的，是激发与保护创新的伦理学原理。去年E19的讲义（就是今年这本《情理与正义》），第四讲标题是"尼采之后的伦理学"，主要介绍荣格深层心理分析的思路，以及每一个人的"英雄之旅"。结合阅读我在《腾云》杂志发表的几篇文章，例如"企业家创新的英雄之旅"，或者"官僚政治是企业家精神的死敌"。今年继续发展这一思路，尤其要探讨"群体创造性"与领导力之间的关系。中国社会的传统及当代状况非常不利于群体创造性，这是中国在科学技术领域落后于西方的最堪担忧之处。根据各方面的研究报告，"群体创造"常可解决难度相当于"个体创造"数百倍的问题。斯密考察的制针业，仅仅将全部流程划分为18个分工环节，由18名工人合作的团队，每日生产的大头针数量，是制针业"大师"的400倍。可是，我们似乎很难见到18名知识劳动者组成的团队可产出数百倍于某一创新大师的产出。那么，斯密劳动分工的原理失效了吗？

陈涛同学发言：咱中国人擅长相对比较机械的集体活动，比如大型团体操；不擅长相对需要分工协调各司其职的集体活动，比如踢足球。

我请张力使用他的翻译机器：你可以试着翻译这篇短文，也是咱们课程的五篇核心文章之一。这位核心人物的演讲视频，是上次我让瞿娜收看的。"印刷版心智地图"右下方：Robert Hogan, Ryne A. Sherman, 2020, "Personality Theory and the Nature of Human Nature"（人格理论与人性的本质），*Personality and Individual Differences*（《人格与个体差异》），152: 109561。张力答复：好，试试看［抱拳］［咖啡］。WPS软件翻译的版本。

2021年9月16日晨4时，我见到张力在北京时间9月15日夜间将中译文发布在课程群里，于是表扬：哈哈哈，好迅速。我马上给你第二篇核心论文。

我请张力用机器人翻译的第二篇核心文献，"印刷版心智地图"右上方：Gerd B. Muller, 2017, "Why an Extended Evolutionary Synthesis is Necessary"（为什么扩展的演化综合是必需的），*Interface Focus*（《英国皇家学会跨学科通讯》），7: 20170015。我提醒张力：这篇长一些，而且难度增加若干倍。如果第二篇翻译仍可接受，我准备给你一本书翻译！张力发布第二篇核心论文的中译文：您评审一下是否可以接受［抱拳］。

我答复：我读了摘要，几个名词都翻译正确。你这个翻译软件了不起，可以试试下面这本新书！我去散步，回来看你翻译的作品。

我请张力用他的机器人翻译的，是特纳的新书：Jonathan H. Turner, 2021, *On Human Nature: Biology and Sociology of What Made Us Human*。

大约半小时之后，张力发布了特纳2021年新书的机器人译本，引发了学习委员解海中的赞美：哈哈，力哥，厉害［强］［强］［强］。应

INTERFACE FOCUS

为什么需要进行一个扩展的进化综合

rsfs.royalsocietypublishing.or

GerdB。ü婴儿车[1, 2]

[1]维也纳大学理论生物学系，奥地利维也纳
[2]康拉德·洛伦茨进化和认知研究所，奥地利克洛斯特纽堡
GBM, 0000-0001-5011-0193

审查

引用这篇文章：MllerGB, ü为什么需要进行扩展的进化综合。
接口焦点7: 20170015。

http://dx.doi.org/10.1098/rsfs.2017.
0015

20对主题问题的贡献

自20世纪40年代上次主要的进化生物学理论整合——现代综合（MS）以来，生物科学已经取得了重大进展。分子生物学和进化发育生物学的兴起、对生态发育、生态位构建和多重遗传系统的认识、"组学"革命和系统生物学的科学等发展，为有关进化变化的因素提供了丰富的新知识。其中一些结果与标准理论一致，另一些结果揭示了进化过程的不同性质。由本期的几位作者所主张的一个更新和扩展的理论综合，旨在将从新领域出现的相关概念与标准理论的元素结合起来。由此产生的理论框架在其核心逻辑和预测能力方面不同于后者。MS理论及其各种修正集中于种群的遗传和适应性变异，而扩展的框架强调了建设性过程、生态相互作用和系统动态在生物复杂性进化及其社会和文化条件中的作用。单水平和单线性因果关系被多层次和相互因果关系所取代。除其他后果外，扩展的框架克服了传统的基因中心解释的许多局限性

图4 截自张力的机器人翻译的第二篇核心论文

该是付费的版本，可以直接翻译PDF。张力答复：WPS会员有送翻译。

我散步返回家中，晨7时23分：错误极少，金山软件，刮目相看。"组组织"，这种翻译，很容易发现。

1	人类的自然？	1
2	在人类之前：回顾进化的时代	28
3	为什么人类会成为最情绪化的动物在地球上	53
4	人类家庭为什么以及如何进化呢？	81
5	对物种生存的人际交往技能	100
6	人类固有本性的精化	123
7	进化的认知复杂性与人性	138
8	进化的情感复杂和人性	163
9	进化的心理学复杂性与人性	182

图5 张力的机器人翻译特纳2021年新书的目录截图

我问张力：还没有睡？我推测你的WPS翻译软件只能在网上运行。因为，我刚才找不到这款可装机的软件。而且，也只应在网上翻译，因为新的科技名词来不及转化为电脑软件。我这里有三本新书，因为你们不喜欢读英文，故而只在心智地图里列了其中一本最简单的，现在可以请张力翻译为中文！

于是，我陆续发布了三本英文新书，列于"印刷版心智地图"的右下部：（1）Nichola Raihani, 2021, *The Social Instinct: How Cooperation Shaped the World*（《社会本能：合作是怎样塑造世界的》）；（2）Kim Sterelny, 2021, *The Pleistocene Social Contract: Culture and Cooperation in Human Evolution*（《更新世的社会契约：人类演化中的文化与合作》）；（3）Veronica O'Keane, 2021, *The Rag and Bone Shop: How We Make Memories and Memories Make Us*（《破布与骨店：我们怎样制造记忆以及记忆怎样制造我们》）。

　　关于上列第二本新书，我发表感慨：这是我上个月推荐给"湛庐文化"的书。现在我一丝一毫也不惊讶我的学生贾拥民连续翻译十几本书了。只要用你这套软件翻译出来，然后通读一遍，修订几个明显错误，就可交给出版社。

　　关于上列第三本新书，我说：这是另一本我上个月推荐给"湛庐文化"的。@张力 请你翻译上面的三本书。

　　几分钟之后，我发布了上列第三本新书的另一个版本：（4）Veronica O'Keane, 2021, *A Sense of Self: Memory, the Brain, and Who We Are*（《自我的一种感觉：记忆，脑，以及我们是谁》）。

　　故而，我提醒张力：最后两本书，你随意选一本翻译即可，因为我浏览了，两本书内容一样，只不过第一个是企鹅版，可能更畅销。但第二个的标题更学术。

　　随后，我又发布了几种英文新书请张力翻译：如你的翻译软件还有力量，请继续翻译下面的新书，都是咱们课程可以阅读的。其中，第（7）也列在你们的心智地图里，不过，我没有计划讲解它。首先，它的内容太科普；其次，它忽悠"脑科学的管理学"。关于第（8），这篇《科学》杂志的文章，科普性质，很适合这门课程阅读。因为，我打算展开的思路，主要依靠你们对"人格心理学"这门科学的理解。关于第（9），这是第四讲开篇就介绍的内容。不过，你如果翻译，我就压缩讲解。关于第（10），这本的思路有趣，创造性的科学，这个短语包含了矛盾。不过，你翻译之后，可让同学们阅读：（5）Philippe Aghion, Celine Antonin, Simon Bunel, 2021, *The Power of Creative Destruction: Economic Upheaval and the Wealth of Nations*（《创造性毁灭的力量：经济激变与各国财富》），2020年法文版，translated by Jodie Cohen-Tanugi；（6）Niall Ferguson, 2021, *Doom: the Politics of Catastrophe*（《末日：灾难政治学》）；（7）Michela Balconi, 2021, *Neuromanagement: Neuroscience for*

Organizations（《神经管理学：为组织而写的神经科学》）；（8）*Science*, 2021, June-11, "A Sense of Self"（自我的一种感觉）；（9）Kevin Vallier and Michael Weber eds., 2021, *Social Trust*（《社会信任》）；（10）Feiwel Kupferberg, 2021, *Constraints and Creativity: In Search of Creativity Science*（《约束与创造：探索关于创造性的科学》）；（11）Allegra de Laurentiis, 2021, Hegel's Anthropology: Life, Psyche, and Second Nature（《黑格尔的人类学：生命，精神，第二天性》）。

关于上列新书第（11），我告诉张力：这本书是研究黑格尔"第二天性"的哲学著作，我知道，你的翻译软件遇见这本书，可能要面对一次"终极挑战"。以上就是我留给你的翻译软件的家庭作业。考察任何新生事物，总要有终极挑战。以上总共是10本新书，我等你的翻译软件产出。

我继续发布新书：（12）Frank Furedi, 2021, *Why Borders Matter: Why Humanity Must Relearn the Art of Drawing Boundaries*（《为什么边界很重要：人类为何必须再次学习划定边界的艺术》）。这本书的机器翻译有些困难，不在于它的内容，而在于它似乎不容易被自动辨识。但是，这是家庭作业的额外作业。（13）*The Leadership Quarterly*, 2021-July, "The Role of CEO Emotional Stability and Team Heterogeneity in Shaping the Top Management Team Affective Tone and Firm Performance Relationship"（CEO情绪稳定性与团队异质性在塑造顶级管理团队情感基调与企业绩效之间关系中的作用）。下面这篇短文佐证了我将要在第四讲介绍的一套结论：（14）Cass R. Sunstein, 2021, *This Is Not Normal: The Politics of Everyday Expectations*（《这可不是正常的：日常预期政治学》）。这位作者，桑斯坦，是法经济学的权威人物，每年都写书，今年他写了两本。这本是我最喜欢的思路，不妨翻译给同学们读。

解海中感慨：丁丁老师的阅读量，太惊人了。我答复：可能是已经积累的知识存量足够大，所以，只要浏览这些新书就可理解主旨。
吕金荣询问：丁丁老师有无做过统计，你一年平均读多少本书啊？估计100本以上了。我答复：100本可能是我一星期的阅读量？我浏览英文文献，主要在北大的"Science Direct"服务器，以前写书时我总要介绍这套服务器的存量——大约2000份学术期刊至少最近10年发表的文献。每年的10月至11月我浏览第二年即将出版的新书，每年几百种。

吕金荣继续询问：这么高的阅读效率，是怎么培养起来的，丁丁老师，或者是天生的吧？我答复：哈哈哈，我写了不少文章介绍读书方法。因人而异，我在教育实验班观察学生们的时候，也常建议量身定制的阅读方法。我自己的方法之所以迅速，是因为，读书三要素：作者、标题、出版社。然后，浏览目录和参考文献，最后才认真读"摘要"和"导言"。在跨学科教育实验班，同学们都知道，每当进入一个新领域时，必须研读该领域的思想史。因为，思想史提供了一份核心人物的清单，然后再浏览前沿文献，围绕核心人物以及他们的问题。这套方法通常不适合你们。因为你们的阅读是应用导向的。而每一学术领域核心人物的思考是基本问题导向的。不过，我是偶然因素，我倡导"跨学科研究"，于是，我成为一切领域的旁观者。

解海中自嘲：我大概是漫无目的导向的。我的评论：也许你是我这一类型的。其实殊途同归，阅读的捷径是要获得"重要性感受"。解海中答复：有同感。但阅读能力完全没法跟您比，只能仰视。

我的解释：原因可能是两方面的：（1）你岁数不够大，你知道，我13岁（1966年）开始认真读书，18岁思想启蒙（1971年），开始研读《马恩全集》和《列宁全集》。（2）你已经吸收的知识需要建立一个基本的"理解框架"，以便你将新的知识融入这一框架。

解海中答复：嗯嗯，老师说得对，自从上了您的课程，我就在尝试这样做。吕金荣答复：谢谢丁丁老师，要寻找适合我们自己的读书方法。丁丁老师的境界太高，我们学不来［捂脸］。做名好学生，也是不错的［呲牙］。我答复：我总是说咱们"共勉"。因为你们有实际经验，是理解知识的关键成分呀。完全没有经验的人，阅读知识就找不到"重要性感受"。教学相长，我经常借助你们的重要性感受。吕金荣答复：教学相长，相得益彰！［拳头］

2021年9月16日下午2：36，张力通知：汪老师稍等，我研究一下如何又快又方便，零成本批量翻译［偷笑］［呲牙］，软件可以单机安装，但是需要联网从服务器提取云计算结果。我答复：哈哈哈。那就是依赖于网络计算。云的问题是，每次回国和每次出国，各带来一次麻烦。没有更多的书要翻译了，谈不上"批量"生产。因为，每年的新书，值得读的不过几百本。张力答复：几百本最新的英文版电子书也很有价值，每本原版估计得上百美元［笑脸］。吕金荣评论：估计平均50—100美元。都很贵。

我提醒张力：湛庐的朋友等候你优先翻译上列第（2）本新书呢。因为，他们似乎不很相信软件翻译的品质。张力答复：这本翻译好了，参考［咖啡］。我浏览之后的评论：太好了，我转给他。可是这次出现了不少翻译错误。人名太多，人名很容易翻译错误。这些都是显然的错误，很容易纠正。术语的翻译，我觉着大多是正确的。特纳的那本书，框图的翻译不容易，但大多可以看懂。特纳喜欢画图，所以，是对翻译软件的考验。请@张力继续完成家庭作业。一个坏消息是，我细读翻译软件的产品，意识到，你们可能完全读不懂。@解海中你可以读一次试试理解多少。例如，读最短的那篇论文，作者是Hogan。

张来生评论：翻译软件可靠度应该不高，尤其是这种专业性很强的书籍。［微笑］我答复：另一个坏消息是，我讲课使用的心智地图已经贴图到这样的程度啦，图6是今天的图。

我继续发言：好消息是，今年我先用Zen（即"Xmind"）制作了基础地图，杨昕在印刷所那里确认了尺寸，大约是1平方米。然后，保持基本地图架构不变，我在空白处贴各种图表，以及，在缝隙里填写解释文字。张来生答复：［强］辛苦老师了［玫瑰］，但是全英文心智地图对我们大多人估计困难很大［流泪］。杨正光评论：这个是藏宝图啊，我们在里面淘宝知识［强］。我继续评论：Zen这类软件只适合读书笔记，不适合课程。毕竟，它的空间利用率很低，所以才有更清楚的分支图。我估算过面积，你们的印刷版地图大约1平方米，对角线是1.41米，那么，放大10倍，对角线长度就是14米，地图的面积就要达到100平方米（10m×10m）。可是，充分利用面积，在我刚才这张图里的字，要放大15倍才可看清楚。图7是你们将获得的印刷版地图。结构十分清楚，这是最关键的。

张来生同学询问：丁丁老师给我们传授下快速阅读技巧吧［抱拳］［呲牙］。吕金荣答复：来生大哥往上爬楼，有丁丁老师的读书绝技。

杨正光发言：刚看了开头，翻译软件的通病，词语相对准确，但是语句、语法上的翻译问题不能解决。这是英文语法和中文语法之间的差别，需要专业的人来解决，比如这一句"我开始考虑人类进化在世纪之交"这明显就是按照英文的顺序直接翻译，明明就是"在世纪之交我开始考虑人类计划"。官僚主义者的心理形成原因是什么？比较、内耗、攀比这些是不是人性问题？是天生还是后天的？后天的教育、经历或组织的机制影响有多大？内在的觉悟能解决这些问题或者部分解决吗？据我的观察，现实世界中，无论什么体制或类型的组织，随处可见官僚主义，程度不同而已。不同形态的组织中，有制度导致的，有分工导致的，也有官僚主义者自身的问题。那么这些行为或现象的产生，本质上是主观问题，还是客观经历或社会角色塑造的，抑或是两者或其他更多的因素导致的？有时候还观察到，儿童官僚主义的问题就比较少，但是存在羡慕嫉妒恨的问题。随着社会角色的变化，

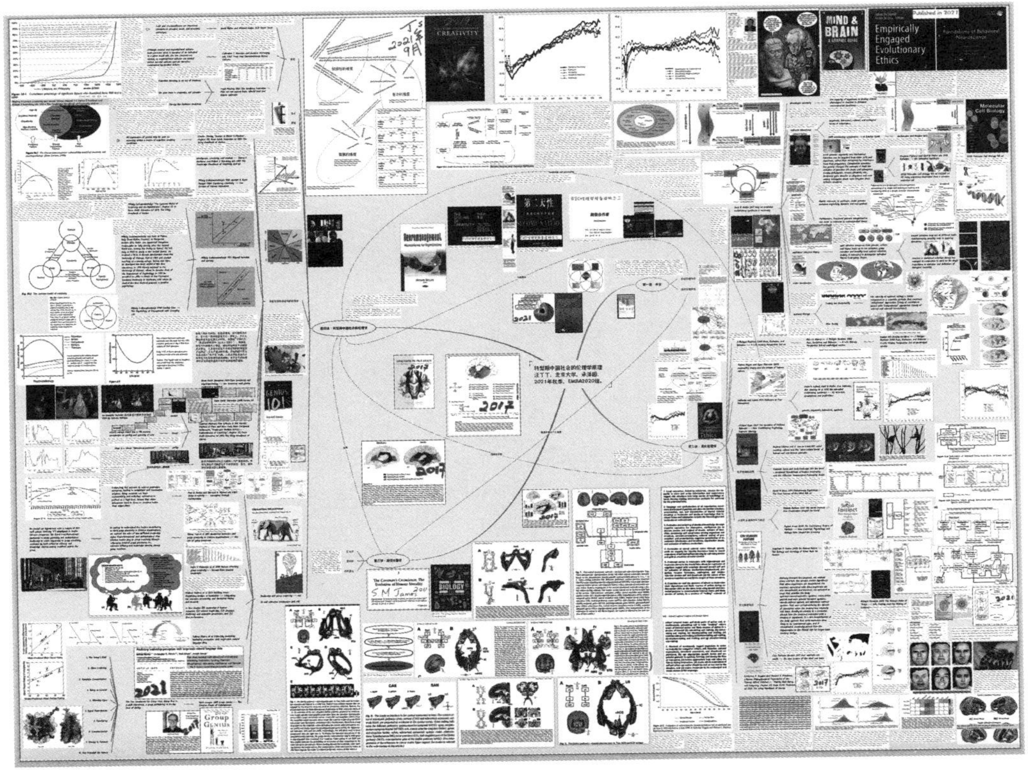

图 6　截自我正在制作的 "课堂用心智地图"（2021 年 9 月 16 日）

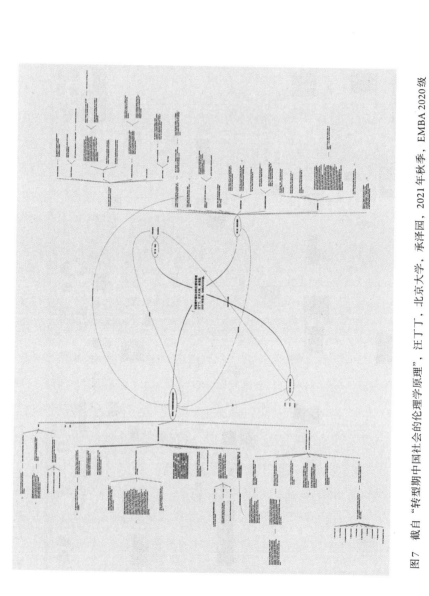

图7 载自"转型期中国社会的伦理学原理",汪丁丁,北京大学,承泽园,2021年秋季,EMBA 2020级

随着年龄的增长，儿童逐渐长大的过程中，官僚主义也逐渐表现出来，只要他们进入社会分工中或社会角色中。另外，官僚主义是中性的还是贬义的？当角色、分工明确的情况下，是不是权力就出现了，或者互相之间的影响、关系就出现了？只要分工一旦确立，无论何种形式，就势必要对关系进行调整或对影响进行分配。这能否说明，官僚主义、比较、内耗、攀比等天然存在，是人类进化的结果？这些问题，真是越思考越混沌。我的答复：表扬你的思考！尽管官僚主义普遍存在，但制度毕竟有优劣之分。这就是为什么你应当选修我的上一门课——经济学原理。杨正光答复：看来我需要补课［呲牙］。

袁海杰同学发言：汪老师，思维导图我打印后贴在我的办公室，时刻补课学习，谢谢大师汪老师［握手］［抱拳］。杨正光评论：刚才汪老师说放大10倍之后，就大概有100平方米，建议用地图装修办公室，让眼睛所及之处，知识随时输入，让办公室变成知识的海洋，让海杰成为知识海洋中的杰出代表。

张力发布了我上列新书（1）（2）（3）的机器人翻译版，大约于2021年9月16日下午5时。杨正光开始阅读第（3）本新书并发表评论："我能感受到我内心，我判断它存在。我可以触摸到这个世界，我同样判断它的存在。我所有的知识都结束了，剩下的就是施工。"这基本达到了翻译所要求的"信""达""雅"标准。

张力又陆续发布了上列新书（5）（7）（8）（9）（10）的机器人翻译版，并提醒：@杨正光 汪老师提供的最新电子书价值很高，机器翻译也有存在价值，浏览快。接触新思想。有些翻译不准是正常的。杨正光答复：我觉得内容比书名翻译得好，总之，这个翻译软件还是很强大的。如果算法越来越强大，翻译越来越准确，那以后搞翻译的是不是有被替代的风险？张力答复：人工智能会替代很多工作，看看特斯拉的CPU功能。

　　终于，张力发布了新书第（11）的机器人翻译版。我的评论：你的翻译软件至少在我的终极挑战面前，表现尚可。软件知道精神和心灵交替使用！目录的翻译，颇有黑格尔味儿。当然，贺麟老先生若见到这样的翻译，恨到不能再生。

　　稍后，张力又发布了（12）和（13）的机器人翻译版。我的评论：哈哈哈，这期刊的名称翻译有趣，*Leadership Quarterly*，机器人的翻译是"领导季度"。说实话，leadership，我从来不同意翻译为"领导力"。但是"领导层"？太势利眼啦。

　　最后，张力发布了（14）的机器人翻译版：您前面发的书和文章都机器翻译完成@汪丁丁。我答复：感谢张力！你的软件远比现在同类软件高明！杨正光评论：@张力 18个工人的团队、18个知识劳动者的团队、18个智能机器人的团队的产出比较，分工理论的原理失效了吗？

　　我继续发言：我的义务助教李文生，多年来就是我的IT老师，他调查的结论是：@张力 你的WPS翻译软件很可能用的是"翻译狗"，专业级的文献翻译。杨正光发言：感谢汪老师！感谢力哥！感谢软件开发者！感谢文献作者！

　　浏览（14）的机器人翻译版：哈哈哈，我希望你们懂得桑斯坦开篇这一段文字的意思，见图8。然后，我浏览（13）的机器人翻译版，边读边笑，见图9，机器人翻译的错误确实很可笑。

　　我问张力：据朋友圈想买这款软件的人说，费用极高。就连刘东也来询问。解海中评论：WPS的会员费应该不高，是每年付费的方式。金山自从雷军出马接任董事长之后，逐渐恢复活力。张力答复：@汪丁丁 我在试如何零成本［耶］。解海中询问：力哥，你现在使用的是WPS全文翻译功能对吧？是每翻译一篇都单独收费吗？张力答复：会员有赠送几百页免费，不是按篇。解海中评论：我没有买WPS的翻译功能，微软的WORD也有翻译的功能，我尝试过一个简短的医学相关如果你的政府因为人们的政治信念而监禁他们，你可能会认为如果政府人员读了你的电子邮件会那么糟糕。如果你生活在一个官员经常偷公共资金供自己使用的社会里，如果一个官员要求一点贿赂来换取让你开一家小企业，你可能会不太介意。如果性骚扰在你的社会中很猖獗，如果男性雇主与女性雇员调情，你可能不会太反对。在一个普遍贫困的国家，享有医疗保健权的想法可能不会得到太多关注。是什么激起我们的愤怒取决于我们周围的环境——我们认为的"正常"。

图8 截自张力的机器人翻译的桑斯坦2021年新书《这可不是正常的》

ABSTRACT

在本文中，我们的目标是通过解决来自战略领导的持续呼叫来弥合微观宏观鸿沟，并影响研究人员检查黑盒，以考虑CEO特征如何与顶级管理团队(TMT)情感体验相关，进而产生坚定的结果。我们进一步考虑了一个关键的上下文因素在这种关系中的作用：TMT的异质性。我们预测，CEO的人格，特别是情绪稳定性，与TMT的情感音调呈正相关。此外，我们假设TMT情感音与稳健表现之间的关系依赖于TMT任务相关的异质性，因此正情感音有利于异质TMTs中的稳健表现，而消极情感音有利于同质TMTs中的稳健表现。我们使用一种新的方法来测量CEO和TMT的关键心理方面，我们检查了来自上市公司的50个tmt，以测试我们的预测。我们的研究结果为战略领导、影响力和多样性文献以及高层CEO选择和管理和管理多样性的管理应用提供了理论贡献。

图9 论文摘要的截图，取自张力的机器人翻译的论文 *The Leadership Quarterly*, 2021-July, "The Role of CEO Emotional Stability and Team Heterogeneity in Shaping the Top Management Team Affective Tone and Firm Performance Relationship"

文档翻译，翻译得还是可以接受的。我转发微信朋友圈诸友的评论：软件还没试过。刚才在金山网页上传了一本书，翻译结果下载要200多元。这是一位朋友的留言。可见，张力今天开销上千元。

2021年9月17日17∶14，我提醒：请诸友抽时间浏览我推荐的三本中文书呀，见图10。张来生答复：收到，我的三本书还在快递路上，节后能到［呲牙］。吕金荣答复：收到，丁丁老师，在看电子版，好累啊，看着没啥感觉，咋回事［呲牙］。感觉不是一个语境。我的答复：@吕金荣 我采取的是"听书"，将epub格式的电子版，装在苹果设备里，最好是"豆丁"阅读，因为它的汉语朗读最流畅。事实上，我听

图10 截自我正在制作的课堂用心智地图

完了十几本中文书，都是在闲暇时段（你们说的垃圾时间）。听到关键段落，可记住，然后，回家之后找到这一段落，细读，复制，都可以。"豆丁"可以显示目录，你按照目录查找你要读的段落。吕金荣询问：和樊登读书模式一样的吗？一本厚厚的书，他们30分钟左右就讲解完了。我的答复：不是，你必须自己听原文。读书不能靠别人！！！我早就批判了罗胖那一套贩卖焦虑。他贩卖焦虑挣钱，但他很慷慨，与知识界分享。不过，我是永不参与的。吕金荣答复：明白了。是的，听了之后，没深度，比较浅。批评他们，也说明现在人的惰性大啊［呲牙］。贩卖焦虑挣钱，这样发展下去，人类文明会退化的。

　　解海中答复：我快读完了，然后感觉都忘了。我的评论：那就是完全没有重要性感受吗？可是，创造性的起源呢？还有，他反思自己以往对"亲缘利他"假说的态度过于激烈。还有，他解释了许多以往他做得不够好的地方。这是他晚年的科普作品，很可能是他反省自己一生的作品。语言是人类创造性的主要来源。其实，案例很重要。例如，围绕"火种"进行的交换活动。以及，老威尔逊描述的，围绕篝火进行的社会交往活动，英雄神话的起源。在任何理论学说之前，对我们的思考最有帮助的，是"故事"。柏拉图讲了三个隐喻，流传两千多年，而且人们每年都要发表文章继续讨论这些隐喻。亚里士多德说，隐喻，是天才使用的语言。

　　解海中的感慨：非常赞同。看到隐喻，云里雾里，我就告诉我自己是个蠢材，不要太强求［大哭］。人类当初把狼驯化，演化出各种不同用途的狗狗，为什么不考虑把猩猩这种更接近人类智商的家伙驯化出来呢？张来生答复：人不就是猩猩的某个分支进化过来的吗？万磊同学发言：之前看过一个有趣的说法，是病狼弱狼驯化了人类。狼里面的老弱病残在狼群里面混不下去，一部分被迫靠近人类，通过报警（看家）、狗剩（不贪）、吃屎（共生）、助猎（共赢）等一系列利主的行为逐步融入人类，最终变成狗。而人类也慢慢因为有了狗，生存能力变强。

　　解海中继续发言：是不是因为猩猩比较聪明，逃过了被驯化的命运？其实驯化后，基因可以更好地延续，不被驯化，强一点的动物都被人干掉了。尤瓦尔·赫拉利也说，小麦和水稻驯化了人类。刘廷超同学发言：还有人说鸡是最成功的，但我觉得这不是鸡想要的。吕金荣发言：还有一说，猪是最成功的。张来生发言：要是这么说，除了人，其他动物都很成功，就因为只有人是高级动物啊［偷笑］。吕金荣评论：做人最不成功啊。张来生答复：这是不是就是伦理学可以回答的问题呢？［呲牙］@吕金荣。吕金荣答复：能通过伦理学搞明白，人是动物中最不成功的物种，也是一个极大的收获啊。解海中推荐：有一本书《驯化》，可以看着玩，见图11。

　　2021年9月21日21∶54，张力发言：开始看《超级合作者》了，很精彩［呲牙］，丁丁老师作的推荐序［强］。

　　2021年9月22日2∶40，姬美伊同学贴了罗素的名言"只有合作才能拯救人类"。易涛评论：命运共同体［憨笑］。张来生评论：可以这么理解［呲牙］。解海中陆续发布《第二天性》"史前经济学"的截图：看样子，解释这些问题，是一个读博士的好方向。我答复：但是风险

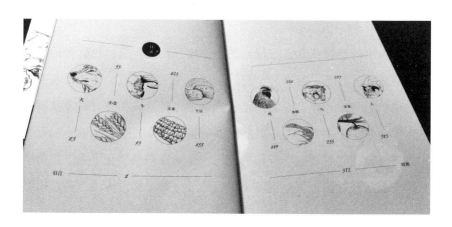

图11　解海中发布的《驯化》图示

很大。因为你的解释敏感依赖于将来的出土文物。解海中答复：嗯嗯，确实是个很大风险的事。我去忽悠我女儿。

2021年9月30日，解海中发布上海交大与《科学》杂志联合提出的"科学125问题"。

2021年10月1日，我的评论：浏览了，其实很不像"科学"的水平，而像是高中生提出的问题。科学问题必须有严谨的界定，例如，希尔伯特提出的那些问题。而不能是小孩子提问这样，例如，上帝是否真的不存在？我浏览这份交大125周年纪念的问题清单，其中不少问题显得太缺乏思考和界定，让科学家很难解答。解海中答复：这些问题也许提问题的人也没指望科学家来回答，少年人用来开发自己的智力也好［呲牙］。姬美伊发言：很多隐性能量的存在都不科学，却真实存在，期待丁丁老师带我们去探索［吃西瓜］。

2021年10月4日，解海中发布诺贝尔生理学或医学奖的报道。我的评论：我始终不很信任翻译，专业术语最好直接读诺奖委员会官网。今年这两位，应是"分子行为科学"奠基者啦。吕金荣询问：分子行为科学的社会意义有多大，有望诺奖吧？我答复：我自己瞎编了这个专业，刚才你问，我就在谷歌检索，发现有一个这样的研究中心。诺奖还距离很远。这次你们的伦理学课程将有大量的行为科学内容。因为，伦理当然是"行为"。解海中发言：论迹不论心。我的答复：哈哈哈。表扬海中！

我通知诸友：杨昕说，出版社给你们班印制的"试读本"已经寄到办公室了。我看了她发来的照片，白封面。试读本就是《转型期中国社会的伦理学讲义》，E19的课程，整理文稿，编辑加了标题"情理与正义"，我的标题变成副标题。

解海中发言：也好，白封面，阅读不受影响。相信丁丁老师给的读本，内容是一流的。

2021年10月5日，解海中发布诺贝尔物理学奖报道，关于"复杂物理系统"。

2021年10月8日，解海中贴图（"走向未来"丛书老威尔逊《新的综合》封面）并发言：淘了一本旧书，编委会名单有亮点。我的评论："走向未来"丛书呀，需要批判性思考。你看扉页写了阳河清"编译"，这种编译不可靠。这个编委会大部分人都是我们认识的。我还申报了一本书呢。那时没有像样的学者，都是自学成才。解海中答复：就是觉得，1980年代，能出来这些书，也不容易。我的答复：当然。有保存的价值，文物嘛。易涛的评论：80年代，思想自由的年代。解海中继续发言：这个编委会名单还是很有趣的。

2021年10月9日，杨立贺同学贴图（吴冠中的几幅作品）。

2021年10月10日，李然发言：发现一条"漏网之鱼"［捂脸］@Nina Qu 丁丁老师，您的铁粉瞿娜同学来了哈，之前对名单的时候漏掉了，抱歉抱歉［合十］［合十］。瞿娜同学发言：@李然 谢谢然老师，帮我这条漏网之鱼重新回到大家庭［笑脸］［笑脸］@汪丁丁 我来继续和老师学习并充当冒牌翻译了［偷笑］［偷笑］。解海中发言：欢迎娜娜，我还以为你不来了［笑脸］。吴蒙发言：欢迎娜娜回归。

2021年10月11日，解海中转发文章"经济学原理有东西方之分吗"。我的评论：不争论。哈哈哈。我和周其仁在浙大讲课的那些年，有一年，我去杭州讲课发现没有安排其仁的课程，于是询问朋友们，才知道，选课系统漏掉了他的课程！后来，老友张旭昆将自己的课程让一门给其仁讲授，免了一场误会。@解海中 我与马浩几个月前在老教授群里讨论了这样的问题，见图12。解海中发言：我其实蛮赞同丁丁老师的论断的，所谓的宏观经济学家，其实也都是些微观经济学家……易涛发言：领导希望听宏观，学者也就喜欢讲宏观了。吕金荣询问：具体社会的属性，怎么理解啊？我答复：例如，中国人，印度人，美国人，德国人。有一位中世纪哲学家逢人便问，你见过"人"吗？吕金荣答复：对"人"的定义不一样，这样问也是有道理的啊。什么是"人"，我们是不是"人"，再说"人"的什么问题。丁少华同学发言：做事情首先要考虑解决人的问题。丁丁老师，可以这么理解

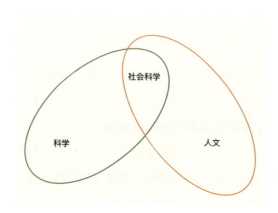

图12　我为马浩手绘的图示：社会科学的尴尬处境。社会科学的四个学科——经济学、社会学、法学和人类学，都夹在人文学与科学之间，所以，只要你应用社会科学于具体的现实社会，就有人文问题，当然还有科学问题。人文问题当然依赖于具体社会的属性，这是斯密（道德情操论）和德国历史学派的核心观点

吗？@汪丁丁。瞿娜发言：金荣妹妹，我觉得作为搞"人事"工作的，你具备探究人性（社会属性的重要来源）的智慧。丁少华发言：金荣兄，我这还在懵懵懂懂呢［害羞］［害羞］［害羞］。丁丁老师的境界不是我们一时半刻所能悟［抱拳］。吕金荣答复瞿娜：我不具备研究人性的智慧，太高深了。

解海中发布诺贝尔经济学奖的报道。张力发布其中一位获奖者的名著《基本无害的计量经济学》中译本（李井奎翻译）。瞿娜转发文章"中国大学最卷的专业，让我读上了"（指经济学）并发表评论：精英们都跑去了经济学院［调皮］。我的评论：这是市场经济的本性。海德格尔《尼采》说过，人类全体，都被拉低到"金钱"标准上加以衡量。解海中发言：中学时代，我最讨厌的课程就是政治经济学，全是死记硬背的东西。如今，满脑子被政治经济学占据……一切现象似乎都是政治经济学，原本以为文化、政治、经济应该是三个正交的维度，现在怎么觉得，文化就是个底子，政治、经济是个面子。我的评论：哲学，是哲学。张来生的评论：对"金钱"的认识可能跟小时候的环境和教育有关系，我一直对"金钱"没有清晰的概念，也许小时候农村家里太穷，很少见到钱。不过，现在也不愁吃、不愁穿的，还能做自己喜欢做的事情，工作、学习都可以自由，感觉还是很幸福［呲牙］。我转发《文化纵横》的文章"抛弃'二手货'人生，过'第一手'生活"并评论：我的文字，《文化纵横》是从我的《新政治经济学讲义》抄录的。如果我为这篇文章命名，就应当是：富裕之后呢？解海中评论：好问题。

张来生的评论：我认为，幸福和富裕没有必然联系的，比如今天中午我吃煎饼当午餐，我就觉得很幸福，因为很久没吃，想吃就可以买得到。幸福很简单。因此，我不认为富裕了人才会幸福。至少，我从小也没觉得不幸福啊。我答复：但是马斯洛的需求层次，适用于大多数人。张来生继续评论：前段时间有个报告，中国目前有9亿多人每月平均工资只有1000元，应该谈不上富裕了，所以，现实是富裕的只是极少数人。应该要研究，为什么人不富裕也会感觉到幸福。解海中评论：因为你不够穷。杜康同学发言：幸福是个比较级，只是有些人习惯跟自己比，有些人喜欢跟别人比。吕金荣评论：心态好，境界高，幸福指数高。张来生答复：相对富裕的人，我还是比较穷的，我只是心态好而已。解海中评论：幸福感基本来源于横向比较。张来生贴图（他的午餐）并答复：我的午餐，煎饼吃完了，感觉很幸福的。我的评论：幸福经济学是一个新的经济学领域，我在《新政治经济学讲义》里介绍了这一领域的研究结论。例如，人到45岁的时候，幸福感最高。还有，当人均收入很低的时候，幸福感随着收入增加而上升。但是，超过某一阈值之后，幸福感不再随着收入增加而上升。经济学不同于文学，经济学只研究人群，不研究个体。

　　吴蒙询问：老师，幸福经济学我很感兴趣呢，从哪里起步学习？易涛发言：我觉得，幸福＝财务自由＋健康＋心灵的宁静，财务自由的标准和欲望相关。加入国发院后，开始喜欢跑步了，现在不失眠了，很幸福。张来生修正易涛：幸福＝健康＋心灵的宁静（＋或－）财务自由，这样更贴切。杜康的评论：幸福是个主观感受，与财富自由或者钱这种客观事物相叠加，注定不会幸福的。吕金荣发言：之前我们老家有个叫花子，一次和众人说他很幸福，给他县长的岗位都不愿意做。张来生继续发言：有没有发现一个现象，现在很多90后并不在乎说给他们加多少工资才会怎么样，他们感觉好就会全力以赴去工作，似乎跳过了需求层次理论的某些阶段，直接到归属感和认同感了。易涛同意：是的，乞丐也会帮助人，虽然自己温饱还没搞定。马斯洛需求层次理论，不一定对。张来生答复：这个要问问丁丁老师的看法［抱拳］［呲牙］。所以要看丁丁老师推荐的《超级合作者》《第二天性》，感觉很有启发，受益了［呲牙］。吴蒙发言：涛哥，您这个定义太偏向高端人群，我研究的是普通人的幸福，毕竟，这个群体基数更大，复杂性也更强，研究这种幸福模式更有意义。易涛答复：幸福在彼岸，人生有动力。满足人民对美好生活的向往，是向往，不是享受。

瞿娜发言：记得有一个幸福感指数的调研，当物质达到一定水平后，不会单纯因为物质而幸福，如何持续获得幸福就是一种要训练的能力了。张力发布截图介绍奥尔德弗的ERG理论，见图13，基于大量实证研究，人有三个需求层次：生存（E）、关系（R）、成长（G）。如果较高层次的需求得不到满足，行为主体就转而在较低层次寻求更大的满足。

2021年10月12日凌晨0：47，解海中发言：一时一刻的幸福感相对是最容易的，难得的是长久的幸福感。按照人类的五种基本情感划分，所谓幸福和快乐，不过就是更少的痛苦和悲伤之类。易涛发言：ERG理论，我觉得比马斯洛的更接近真相。

2021年10月12日6：37，我的评论：马斯洛是他们全体的开端。现在有几十种发展理论。例如张力转发的，@易涛 ERG，其实对应我的三维空间。@张来生 来生的幸福观，在最初的全球幸福调查结论里有：阿富汗农民的幸福感全球第一。纽约人的幸福感靠近全球底线。2021年10月12：38，张来生转发哈佛大学幸福研究报告（"哈佛大学75年研究：什么样的人最幸福？答案颠覆你的想象"）并答复：哇，这个结论很有意思，不过应该是符合逻辑的。

我发布2021年幸福感调查的世界地图，2021年10月12日14：50，如图14，并发言：这是2021年全球幸福地图，以及2021年全球幸福调查报告列出的幸福五大要素。陈涛询问：幸福与否还是以自我评价为准。我答复：是的。这类调查都是看主观感觉。但是，海量数据可以识别真相。全球调查都是抽样问卷。社会没有幸福感。

陈涛发言：幸福是主观感受，这个主观感受里，有一些客观因素

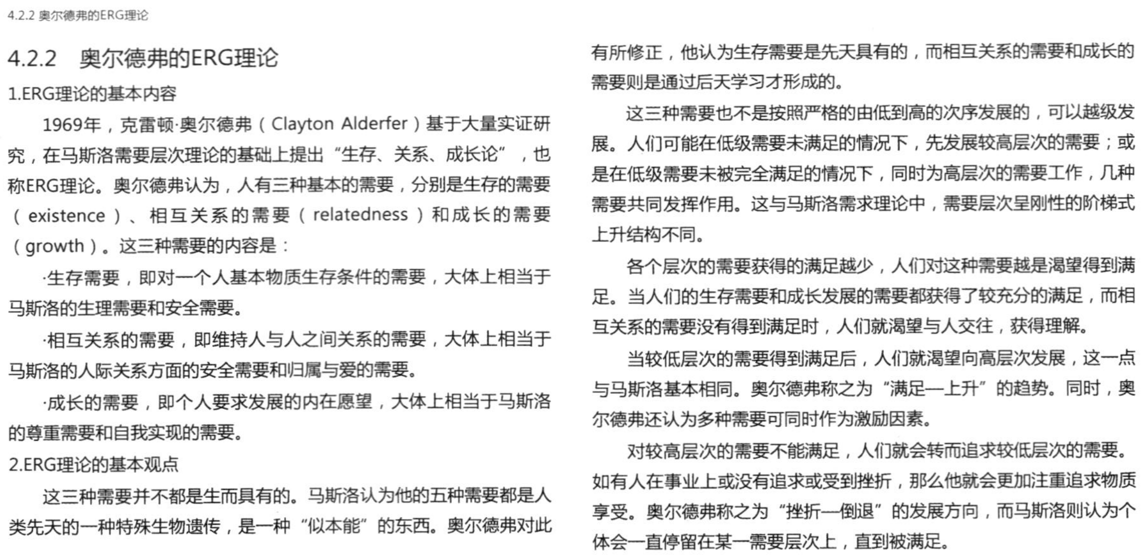

4.2.2 奥尔德弗的ERG理论

4.2.2　奥尔德弗的ERG理论

1.ERG理论的基本内容

1969年，克雷顿·奥尔德弗（Clayton Alderfer）基于大量实证研究，在马斯洛需要层次理论的基础上提出“生存、关系、成长论”，也称ERG理论。奥尔德弗认为，人有三种基本的需要，分别是生存的需要（existence）、相互关系的需要（relatedness）和成长的需要（growth）。这三种需要的内容是：

·生存需要，即对一个人基本物质生存条件的需要，大体上相当于马斯洛的生理需要和安全需要。

·相互关系的需要，即维持人与人之间关系的需要，大体上相当于马斯洛的人际关系方面的安全需要和归属与爱的需要。

·成长的需要，即个人要求发展的内在愿望，大体上相当于马斯洛的尊重需要和自我实现的需要。

2.ERG理论的基本观点

这三种需要并不都是生而具有的。马斯洛认为他的五种需要都是人类先天的一种特殊生物遗传，是一种“似本能”的东西。奥尔德弗对此有所修正，他认为生存需要是先天具有的，而相互关系的需要和成长的需要则是通过后天学习才形成的。

这三种需要也不是按照严格的由低到高的次序发展的，可以越级发展。人们可能在低级需要未满足的情况下，先发展较高层次的需要；或是在低级需要未被完全满足的情况下，同时为高层次的需要工作，几种需要共同发挥作用。这与马斯洛需求理论中，需要层次呈刚性的阶梯式上升结构不同。

各个层次的需要获得的满足越少，人们对这种需要越是渴望得到满足。当人们的生存需要和成长发展的需要都获得了较充分的满足，而相互关系的需要没有得到满足时，人们就渴望与人交往，获得理解。

当较低层次的需要得到满足后，人们就渴望向高层次发展，这一点与马斯洛基本相同。奥尔德弗称之为“满足—上升”的趋势。同时，奥尔德弗还认为多种需要可同时作为激励因素。

对较高层次的需要不能满足，人们就会转而追求较低层次的需要。如有人在事业上或没有追求或受到挫折，那么他就会更加注重追求物质享受。奥尔德弗称之为“挫折—倒退”的发展方向，而马斯洛则认为个体会一直停留在某一需要层次上，直到被满足。

图13　张力发布截图介绍奥尔德弗的ERG理论

- Social support
- Freedom to make life choices
- Generosity
- Perceptions of government/ business corruption
- Positive or negative affects (Recent experience of emotions)

图14　截自《世界幸福报告2021》

或条件影响主观因素，1000个人有1000个人的幸福认识。大体上，有一些共性的某些方面的幸福感觉是一样的，这和社会发展程度有关吧。张来生发言：这样在社会主义和资本主义制度下，个人幸福指标是否也不一致呢？丁少华发言：应该跟受教育程度也有很大关联。杨正光发言：社会制度影响人的思想，思想不同，主观满足程度不同，所以指标维度也不一样，在这个大背景下，个人幸福指标也不同。这个推演成立不？

我答复，见图14：这里列出的就是全球通有的因素：（1）社会支持度，（2）自由选择人生，（3）慷慨程度，（4）想象中的政府和商业腐败程度，（5）近期经历的情感事件。

解海中发言：这五条挺有道理的，有普适性。易涛发言：央视是不是每年都有幸福指数调查？我答复：央视的就算啦，太肤浅。我发布的是荷兰学者的研究报告。杨正光发言：社会保障、社会公平、社会公益、自由选择、个人稳定。是否可以作这样的理解？我答复：有道理。英文的"慷慨"，不仅是公益，还有个人美德。

丁少华发言：丁丁老师是不是也先天下之忧而忧，后天下之乐而乐？我答复：我是旁观者，朋友们说我来自外星。我继续评论图14：2021年东亚幸福感上升，主要事件是新冠疫情。杨正光发言：用中国语境里的话语，也就是要社会和谐。

我解释图14：海量问卷，几十万个维度，然后使用主元素分析，降维至五个要素。这里有英文版：The World Happiness Report 2021。@易涛 送你这本教科书：Bruno S. Frey，2018，*Economics of Happiness*。这位作者也是荷兰人，目前全球幸福经济学的领袖。武汉大学有一位社会学系主任翻译了这本书。吕金荣询问：中国有哪些权威机构研究幸福经济学的？我答复：可能还是武汉大学社会学系。因为那位系主任是这位（我刚发给易涛的书）作者的弟子呀。吕金荣答复：那还真有可能是啊。丁丁老师可以在北大开幸福经济学的课，我们报你的博士。我答复：哈哈哈。你多浏览几本书就明白，这个领域不需要高智商。

解海中询问：塞利格曼有好多心理学书，关于幸福的，丁丁老师怎么看？我答复：对，他是1998年美国心理学会主席，就职演说开启了"积极心理学时代"。我也赞成积极心理学，总不能永远关注负面心理学吧。解海中提醒吕金荣：推荐你看看湛庐出的中文版。另外，平克的《当下的启蒙》也不错。这些书看完，幸福感飙升。陈涛发言：看书是一回事，关键得自己悟。杨正光发言：人生的基本问题，如何获得幸福？比如读个幸福经济学的博士获得幸福感［呲牙］，看《当下的启蒙》获得幸福。吕金荣发言：如果有幸福经济学的博士，可以读一读 @杨正光。先把自己搞幸福了，再去影响一大片人一起幸福、共同幸福。答复：@吕金荣 正确！幸福感可以认为是抑郁症的反面。最新的抑郁症研究，不要扎堆在抑郁人群里。我贴图并介绍：@吕金荣 这位瑞士教授很幸福，他是目前幸福经济学的领袖，见图15。

杨正光发言：这说明幸福感是不是就是个认识问题，来点阿Q精神，给自己心理暗示，也能提升幸福感。吕金荣询问：丁丁老师，有无人观察过，Bruno Frey 的个人幸福度比平常人高出多少，有哪些具体体现，比如生病少、思维敏捷、性情开朗、人缘好等？我答复：真不知道呢。要去问问他的武大弟子。吕金荣发言：我理解啊，研究幸福的人自己未必幸福。我答复：哈哈哈。@吕金荣 你又一次正确

图15 截自谷歌图像搜索 "Bruno Frey"   Bruno Frey 2010

了。维基百科，他的词条，我也刚发现的：In July 2011, the University of Zurich established a commission to investigate allegations of publication misconduct (self-plagiarism) by Frey and his co-authors. In October of the same year the commission reported that Frey had committed misconduct, namely self-plagiarism. In July 2012, the Faculty of Business, Economics and Management at the University of Zurich decided to not extend the employment contract Frey had after having become emeritus professor. In 2012, the government of Bhutan appointed Frey to an international group of experts to investigate "a new development paradigm designed to nurture human happiness and the wellbeing of all life on earth." 吕金荣评论：to nurture human happiness and the wellbeing of all life on earth，这个课题太大，估计没什么具体结论吧。

张力询问：@汪丁丁 中文版书名是《幸福经济学》吗？吕金荣答复：很多人评价State-owned enterprises，墙上挂的比如"拼搏，团结，友爱"的文化标语或价值观，事实上他们还真是缺少这些东西，"缺什么吆喝什么"是有道理的。吕金荣贴图之后发言：大部分是欧洲国家，欧洲人咋那么幸福啊，见图16。瞿娜答复：因为贫富差距小。我答复：@吕金荣 是北欧始终如此，称为"北方迷思"，至今仍在研究原因。瞿娜答复：@汪丁丁 我看称之为social innovation呢，帽子好大。

```
The happiest countries are:
Norway        7.54
Denmark       7.52
Iceland       7.50
Switzerland   7.49
Finland       7.47
Netherlands   7.40
Canada        7.32
New Zealand   7.32
Australia     7.28
Sweden        7.28
```

图16　吕金荣发布的截图，源自《世界幸福报告2021》

我答复瞿娜：但是我仍不打算去丹麦或瑞典居住。因为寒冷、自杀，这两大因素对我都是威胁呢。瞿娜答复：我们老板总是想说服我们中国员工过去轮岗两年，然而最近五年只有一个去的。我出差的时候9月的丹麦就下冰雹了。

吕金荣评论：除了经济因素、社会治理与社会福利因素外，应该和各国的文化背景（此背景下形成的三观）有密切影响。瞿娜答复：如果你了解丹麦人就不太难发现，从祖先那一辈他们就是战斗、争夺，稳定下来就是幸福了，没有富足的资源，没有良好的天然资源，每个人只能争取，劳作勤奋对丹麦人是基本要求。弹丸之地出了很多大公司，乐高，马士基。吴蒙发言：我之前做了一个企业幸福中心，效果还可以。现在觉得核心还应该延伸到普通人的幸福感觉，找到并提升大众人群幸福指数。

2021年10月12日下午4时，我通知学习委员：@解海中 我从杨昕那儿得知，你们周末听马浩讲课时，可到李然那儿领取伦理学讲义（就是"试读本"），以及下个月讲课的心智地图。

张力发言：在WHR中，报告给出了"六大要素"及其他一些关联因素来衡量国民与国家的幸福：

（1）人均GDP（GDP per capita）

（2）社会保障（Social support）

（3）预期健康寿命（Healthy life expectancy）

（4）人生选择自由度（Freedom to make life choices）

（5）国民慷慨度（Generosity）

（6）社会清廉度（Absence of corruption）

我评论：@张力 你列出了完整清单。其中人均收入对发达国家不适用，因为刚才说的"Easterlin paradox"，另一项，期望寿命，对发达国家也不适用，因为都已经超过80岁了。北欧的幸福感，确实是一个谜。我以前认为那儿的两大不利因素是寒冷、自杀率较高。以往解释北欧奇迹的两大要素是福利国家、文化单纯。晚近十年也被否定了。影响中国人主观幸福感的因素，根据2020年报告（你刚刚发布的），应当是腐败和不自由。不过，你看看2021年的报告，疫情政绩大大提高了中国人的幸福感，见图17。你看看图17的左下角，前社会主义阵营的幸福感，最大影响因素是人均收入，占比一半以上。你看看图17的左上角，美国的幸福感，最大影响因素是身体健康，所以，奥巴马的医改最受穷人欢迎。

吕金荣询问：中国人的幸福感最大影响因素，来自什么呢？我答复：这是中国社会的传统——江南熟，天下足。但这也是中国社会的传统——夫有国有家者，不患寡而患不均。吕金荣答复：不患寡而患不均，这是文化的根啊。

我继续补充：我记得最初的全球幸福调查，中国排在美国之上。现在中国排在美国之下不晓得几条街。这个调查报告最初是平庸的学者做的事情。但成为世界热点之后，项目经费吸引来许多高智商学者，逐渐就有了2020年这样的排序。而且阿富汗居然排在世界最末。总之，这类工作，参考而已。

丁少华发言：游戏世界里最幸福，那个虚拟世界里可掌控可信任。这些什么报告和新闻都不知道出自哪里，也不知道想干吗？！这两年

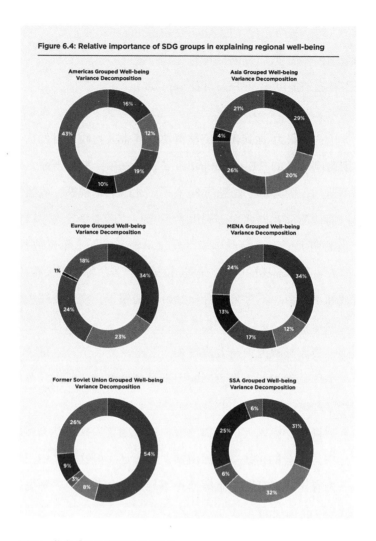

图17　截自《世界幸福报告2021》

在社区工作多了，有个普遍感受，大部分小老百姓过好日子、吃饱肚子、早点睡觉没有什么不好的，就是有一班人患得患失，闲着没事扯淡，这这那那，唯恐天下不乱。

瞿娜发言：这本书写得真好！但有个疑惑，objective well-being 里面提到专家可以来评估，但数据分析的基础又是主观的调研和一些经济数据，怎么能确保是客观的呢？有点没懂。我答复：Happiness, as the subjective appreciation of life, is based on the adoption and application of standards. People adopt standards knowingly or unknowingly, and are free to adopt whatever standards they prefer. They may adopt very different standards and even inconsistent or immoral standards, and may change them whenever they want to. This freedom must be respected, but it can be a source of confusion. Happiness of different individuals will be incomparable if their standards are very different; it will be complicated if they adopt inconsistent standards, and it will be unstable if they change their standards very often. Happiness can even be immoral, and unfit as a general standard, if people adopt immoral standards. Through research we know that people usually adopt consistent, comparable, and morally acceptable standards, and do not change them very often, but there is nevertheless substantial confusion about these issues. 那就继续读下面这几段。然后你可以读我的《新政治经济学讲义》。我的讲义里介绍了一篇论文，作者是Easterlin的弟子。解海中发言：终于回到中文读物了。瞿娜答复：明白了！尊重个体差异又有普世标准。张力发布Jan Ott 2020年著作的机器人翻译版。我的评论：我想起来了，你这是自动翻译版！！因为我马上发现这是傻瓜计算机的翻译：这种自由必须得到尊重，但它可能是一种混乱的根源。如果不同的人的标准非常不同，那么他们的幸福将是无与伦比的。"无与伦比"是错误的用语！

张力发布Johan Graafland 2022著作的机器人翻译版。我的评论：表扬计算机翻译，格拉方德，这个名字像是真人的翻译。建议你干脆也让计算机翻译下面这两本报告，我是浏览完毕了，不过，也许你们当中有些同学想读呢。我发布《世界幸福报告2020》和《世界幸福报告2021》的英文版，请张力翻译，并询问：你翻译仍然很贵吗？张力答复：不会，费用不用担心。我答复：我还是担心费用问题。朋友说，一本书要200元，相当于我这里两公斤北海道大米啦，或者一磅阿拉斯加国王三文鱼。一想到这样的比价，我宁可不翻译这些东西。张力答复：套餐便宜。没事，汪老师不用担心费用，我大学读电子专业，但是有学点经济学，投资杠杆用很好，炒房都以小博大。

义务助教黄霁发言：正如老师文字所言，"幸福"一词如同"善良"一词，因各自标准大不同，也无细微恒定不无常的标准存在，于是从另一呼应角度观察，该词不是"世俗谛"（世俗真理），无法放入东方信仰体系（佛法）中进行讨论，信仰中可讨论的反而是满足科学性、哲学性、实践性的"谛实不虚"的概念。我答复：有道理。谛实不虚，可能依赖于信仰。

2021年10月13日下午5：23，我通知张力：可以翻译这本图册，帮助同学们熟悉脑科学：Angus Gellatly, 1998, 2013, *Introducing Mind and Brain: A Graphic Guide*. 我手边的电子版180MB，太大。你可试试这个epub文档。那些插图里的文字很多，见图19，我的心智地图里有这张图。真希望你的机器可以翻译。你自己浏览这个文档之后再决定，否则，可能浪费你的资源。张力答复：没问题的，试试看，好像图片也可以翻译。我答复：那就再好不过！张力通知我：图形文件是单独免费翻译的，图18的翻译，您评价一下是否还能接受翻译的结果。我答复：哈哈哈。不错的成绩。"心智"被译为"介意"了。图内的其余文字居然都翻译正确！右下角文字框里的英文可能完全误解。

我发布图19右下方的文字，请张力翻译：Genetic variation of a trait in a given environment can be characterized as the variation among genotypes in their target phenotypes. Phenotypic plasticity of a trait is variation of the target phenotype for a given genotype in different environments. In particular, a reaction norm characterizes plasticity by describing how the target phenotype

图18 截自我正在绘制的课堂用心智地图

for a specific genotype varies as a function of an environmental variable. Finally, developmental instability is the deviation of particular instance of a trait. These definitions based on target phenotype are compatible with the decomposition of variation in quantitative genetics. Also note that these definitions do not make any reference to the measurements that are needed to quantify the respective item. For instance, the definition of developmental instability does not refer to fluctuating asymmetry. In practice, of course, fluctuating asymmetry is used to quantify developmental instability in the overwhelming majority of studies, but the theoretical concept is not inevitably tied to this method for estimating it. 这是原文。你可让机器试试看。

解海中发言：微信翻译的：一个性状在特定环境中的遗传变异可

以被描述为目标表型的基因型之间的变异。性状的表型可塑性是指特定基因型在不同环境中的目标表型变异。特别是，一个反应规范的特点可塑性描述如何为一个特定的基因型的目标表型作为环境变量的函数变化。最后，发展不稳定性是一个特征的特定情况下的偏差。这些基于目标表型的定义与定量遗传学中的变异分解是一致的。还要注意的是，这些定义并没有提及量化各个项目所需的测量。例如，发展不稳定的定义并不是指波动性不对称。在实践中，当然，波动不对称是用来量化发展的不稳定性，在绝大多数的研究，但理论概念并不必然联系在这种方法估计它。

张力发言：机器翻译：给定环境中特性的遗传变异可以表征为其靶表型中基因型之间的变异。特性的表型可塑性是不同环境中给定基因型的靶表型的变化。特别地，通过描述特定基因型的靶表型如何随着环境变量的函数而变化的靶表型如何表征可塑性。最后，发育不稳定是特定特定实例的偏差。基于靶表型的这些定义与定量遗传学的变异的分解相容。另请注意，这些定义不会对量化相应项目所需的测量来说，这些定义不作出任何引用。例如，发育不稳定性的定义不参考波动不对称。实际上，当然，波动不对称用于量化大多数研究中的发育不稳定，但理论概念不可避免地与这种估算方法相关联。

我的评论：哈哈哈。机器翻译远超微信翻译。机器知道将"发展"翻译为"发育"，马上表现出生物学专家的姿态。但是机器毕竟有些外行，将"性状"翻译为"实例"，让读者难以理解。@张力 不要麻烦你那位机器人翻译图册了，它肯定无法胜任。我这里还有一本"表观遗传学"的图册等着它翻译，但是，它没有通过我的检验。表观遗传学图册更难了，因为，许多术语在百度里都没有词条。我现在又要推翻重来了，心智地图的内容，我怕你们难以忍受。

张力答复：您发出来看看，或者可以找到中文版。我答复：好的。

我给你：2017，*Introducing Epigenetics: A Graphic Guide*。图19是我使用的插图。

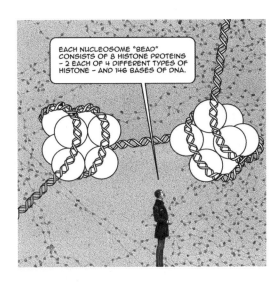

图19 截自：2017, *Introducing Epigenetics: A Graphic Guide*

张力找到一个中译本。我浏览之后答复他：哈哈哈，你找到的是一本教材的中译本，英文是2007年的，译文是2009年的。我发给你的书名，是"图解"，2017年的。这门学科的进展很快，必须要最新的材料。张力答复：图解，2017年的，再找找看，估计难。随后，张力找到了中译本并发布了封面，见图20。我的赞美：这本书对！图20封面是英文原书的插图，见图21，在这本书成了封面。这就是在经济学课程群我对瞿娜说过的"核小体"。

张力答复：京东有销售。我感慨：现在国内专业翻译进步很快呀。没错，京东这套书都是这一系列的，图22这本书就是你翻译的。京东的翻译是"思维与大脑"，有误解，应当是"心智与脑"。脑有三层结构，大脑只是第三层。好啦，我劝你们都放弃这类中译本。图21这一页结尾：核小体与组蛋白的修饰是一个非常活跃的研究领域，可修饰组蛋白的方法的清单每年都在增长。图23这一页很有趣，他不认为这

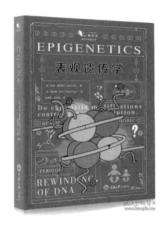

图20　张力在孔夫子旧书网找到了这本书的中译本

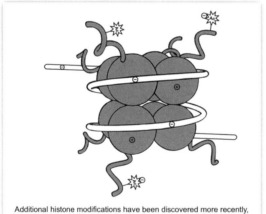

图21　《表观遗传学》英文原版的插图

一领域能如此快速地变得如此复杂。生物学领域整体而言不可靠。这是我学习多年的感受。@Nina Qu @Viwen 你们读英文，可下载张力发布的原版。我在朋友圈里多次感慨，岁数越大，阅历越丰富，我就越喜欢看图。我继续发表感慨：京东这套书，如图22，英文版是2017—
2018年的，翻译速度很快呀，超过教材更新速度。难道也是机器翻译
吗？系列栏目里列出9本。我这里电子版大约50本，不过，大多数图
册是京东不感兴趣的。张力答复：这应该不是机器翻译的。

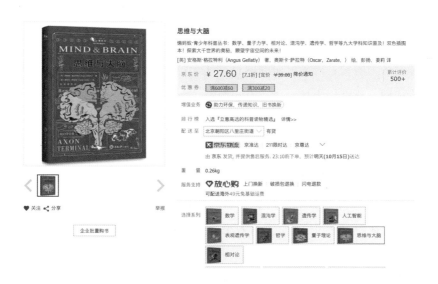

图22　截自京东商城

图23　截自：2017, *Introducing Epigenetics: A Graphic Guide*

张力发布了 *Introducing Epigenetics: A Graphic Guide* 的机器人翻译版，并发言：机器翻译也有好处，可以比较快浏览大概内容。我答复：同意，前提是，你读了能理解。你的机器刚才将"心智与脑"，这是那本书的标题呀，翻译成"在意与大脑"。扉页的翻译还不同呢。我不希望你们读了翻译之后更加困惑，以后甚至拒绝任何这一主题的材料。但是我要表扬你的机器人，图19的翻译很好，不过，图24内的文字没有翻译。张力答复：PDF里面的图目前还无法单独翻译，图形翻译技术还不成熟。我继续表扬：这一页很关键，翻译也大致正确，见图25和图26，张力这本书的翻译好过上一本。张力答复：文字多一些估计翻译会好一点。还有个可能就是类别库用得不一样，上一本用医学库，这本用其他库，里面的词汇或者语法可能有不同。

2021年10月16日晚间6时，我提醒同学们：不要忘记去找班主任领取心智地图。拿到地图，看看效果如何。

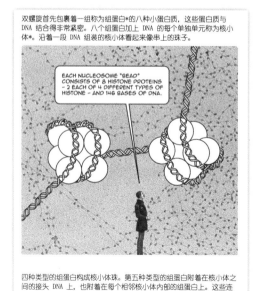

图24 截自 *Introducing Epigenetics: A Graphic Guide* 张力的机器人翻译版

组蛋白修饰

像 DNA 一样，组蛋白可以用甲基标记，也可以用大量其他分子标记，每个分子都具有不同的功能。大多数修饰被添加到组蛋白"尾巴"——从核小体结构核心突出的蛋白质部分。与 DNA 甲基化模式相比，组蛋白修饰模式的变化更频繁、更迅速。一般来说，它们似乎与基因激活模式的短期波动有关，而不是由 DNA 甲基化介导的长期变化。

正如某些蛋白质与甲基化 DNA 特异结合以关闭基因转录一样，解码器蛋白质与每种类型的组蛋白修饰特异性结合并调节附近基因的活性。

由于 DNA 甲基化会影响特定的单个 C 碱基，因此识别每个甲基的精确位置相对容易。每个核小体，

图 25　截自 *Introducing Epigenetics: A Graphic Guide* 张力的机器人翻译版

带电组蛋白。这种干扰放松了核小体的结构，使 DNA 更容易转录。组蛋白磷酸化是另一种修饰，了解较少，但与 DNA 修复和转录激活有关。

最近发现了其他组蛋白修饰，包括 ADP-核糖分子，这是较大的组蛋白修饰之一。组蛋白 ADP 核糖基化似乎以类似于乙酰化的方式起作用，物理破坏核小体结构，使 DNA 更容易转录。某些更大的蛋白质也可以直接连接到组蛋白尾部。SUMO 和泛素蛋白的附着似乎与基因沉默和基因激活有关，这取决于附着位点。

识别并理解额外的组蛋白修饰仍然是一个非常活跃和持续的研究领域。已知的组蛋白修饰列表及其已知和可能的作用似乎每年都在增加！

图 26　截自 *Introducing Epigenetics: A Graphic Guide* 张力的机器人翻译版

　　张力发布德鲁克自传《旁观者的冒险》机器人中译本。我评论：这次很有趣。机器人翻译"正确的苍蝇"为正确的飞翔。解海中转发文章，"耶鲁大学教授：共情对道德具有腐蚀作用"。我评论：这位教授的观点，多年前我读过，他是平克的弟子。不过，他不代表脑科学主流。同情共感，斯密《道德情操论》的核心命题，至今仍是主流。我也专门去看YouTube上他与老师平克的访谈，平克就不是这样偏激。偏激的思路越来越多，也说明西方社会趋于解体。解海中答复：嗯，这个观点的确很偏激。我继续评论：布鲁姆其实只提醒我们不要感情用事。但是，他居然公开批评斯密的道德学说，就流于偏激了。我观察平克这样的知识分子，岁数已经很大，却仍坚持中庸。例如，他晚近发表的《我们心中较好的天使》，广泛受到批评，但他不为所动，继续发表新著。《当下的启蒙》终于挽救了他的声誉。他的新妻子更精彩，是麦克阿瑟天才奖教授，哲学博士论文是哥德尔定理，然后转入莎士比亚以及斯宾诺莎，Rebecca Goldstein。解海中发布丛书并提醒：这里面有《当下的启蒙》中文版。

　　2021年10月17日下午2时，我发布图27和图28并评论：机器人翻译的这一页，可真不能达标了。稍后，张力发布图29并答复：单独翻译图表的。我的评论：嗯，这次好多了。张力建议：或者把心智图单独发我，用机器翻译图表试试？吕金荣评论：人"造"的结果，感觉还是不一样的。说明有些事，还是离不开人。张力答复：主要是目前PDF里面图表翻译还没成熟，后面图表翻译衔接好，就会通顺。

　　我发布图31请张力再试试：请你让机器人翻译这张图。我在心智地图里大约用了上百张这类示意图。请诸友去看我刚才发布的朋友圈，其中有一张心智地图的全貌说明。@张力 还有这张，图32。我选几十张关键性的插图给你翻译。先试试上面这些（我发布了9张图），达标

图27　截自 *Introducing Epigenetics: A Graphic Guide*

图28　图27的机器人翻译版

图29　张力的机器人专门翻译图27所得结果

之后，我发更多的图。

　　稍后，张力发布了图31，机器人翻译的图30。我评论：第一图勉强达标，"捐款"是错误翻译，应当是"贡献"。

　　张力发布了图33，机器人翻译的图34。我评论：第二图的翻译达标了。无花果不必有，英文是"图"。

　　解海中发布《思维简史》。我评论：你发布的《思维简史》2015年英

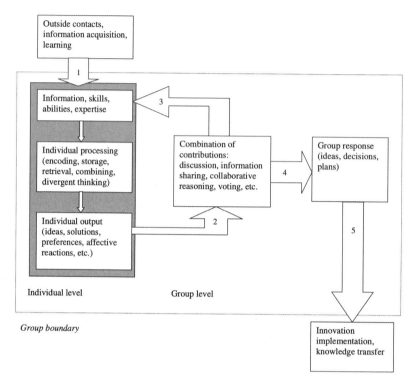

Figure 15.1. *A Generic Model of Group Creativity*

图30　关于群体创造性的一幅插图，请张力的机器人翻译

文版的中译本，达标！但是，我从来不认为中信出版社的产品有学术标准，我说这本书"达标"，仅仅是这本书。解海中答复：有一本算一本，我可以读一读了。我的答复：但是，你读这本书，可能发现里面的内容都是你读过的。解海中答复：嗯，适合快速翻阅。书本知识，有些是大块知识，有些是小块知识，还有些是灰浆知识，灰浆知识适合溜缝。

　　我与张力继续探讨机器人翻译：其余的图，你的机器人犯难了吧？张力答复：就发，我修改一些太明显的错误。

　　张力随后发布了一系列机器人翻译的图（如图34和图35），我的评论：哈哈哈。你的机器人被我这些图搞得"认知错乱"啦。错误太

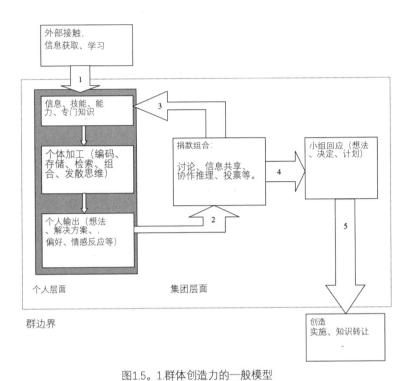

图1.5。1.群体创造力的一般模型

图31　群体创造力的一般模型，张力的机器人翻译

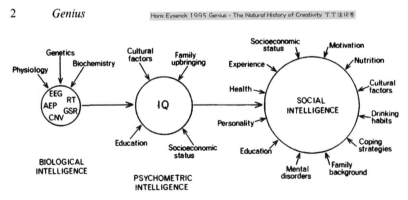

Fig. 0.1 The relations between biological intelligence and psychometric intelligence, and social or practical intelligence.

图32　截自：Hans Eysenck, 1995, *Genius: The Natural History of Creativity*

2　　　　天才

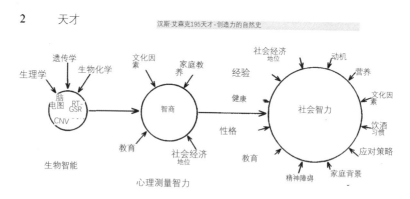

无花果0.1生物智力和心理测量智力之间的关系，以及社会智力
实用智能。

图33　张力的机器人翻译的图32

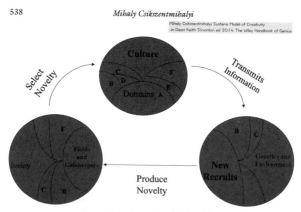

Figure 25.1　A general model of creativity.

图34　截自：Mihaly Csikszentmihalyi, "Systems Model of Creativity", in Dean Keith Simonton ed., 2014, *The Wiley Handbook of Genius*

多。停止翻译。咱们再等几年时间，估计可以代替人工。

　　我评论解海中发布的《思维简史》:《思维简史》的作者居然认为乔普拉是精神领袖，好吧。在美籍印度人当中，他算是一位，但在我看来，克里希那穆提之后不再有什么精神领袖。我收集了乔普拉的大

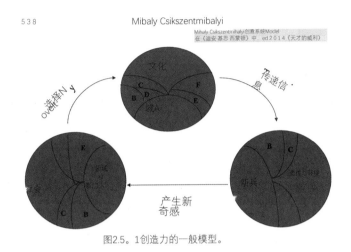

图2.5。1创造力的一般模型。

图35　张力的机器人翻译的图34

部分著作，商业气息很浓。我认为《思维简史》很肤浅。解海中答复：克里希那穆提的书，我有不少，挺好看的。我答复：而且中译本的品质也高，例如，胡因梦翻译的，即使后来上海华东师范大学出版社翻译的，也很好。解海中答复：我读的胡因梦翻译的。黄霁评论：可惜，克里希那穆提的诸多不错的观点，始终没有立起一个系统的脉络与宗义。解海中评论：也许这就是他本来的样子。黄霁答复：是是，咱们可以接受。

我答复黄霁：是，克里希那穆提大约7岁就被贝赞特夫人从恒河沙滩上选中并带到英国，所以，他很奇特，先天禀赋极富"空性"，但后天教养完全是西方古典式的。在YouTube可以下载克里希那穆提的视频，大多由克里希那穆提基金会整理发布，很可靠。我在大连办学期间曾下载并选了十几个推荐给学生们。我的感觉是，他最重要的禀赋就是他在传记里说的，保持警觉的空性。我知道南怀瑾没有这一描述，事实上，台湾的修道者从来没有发现克里希那穆提的这一重要感受。黄霁答复：是！丁丁老师概括直击要义！他是天生可洞见空性实相，其"警觉空性"可对应佛法四宗要义中的"唯识"，与"大乘中观见地"有些差异。我答复：感谢黄霁！原来与唯识宗相近呀，难怪很容易打动我。黄霁答复：大乘唯识宗义：一切由心所造，一切外境"自性"为空。回头一看，丁丁老师的学术生涯，真是一步跨学科思想史。吴蒙评论：@Richie黄霁［强］［强］［强］师兄精辟总结啊。黄霁答复：@吴蒙［拥抱］［调皮］咱们观察丁丁老师是旁观者＋勇敢者游戏！学术研究与人生思维中都是"逢山开路，遇水搭桥"的特点，基本不在意有"学科边界"这个令人类大大倒退的词语概念。我答复：哈哈哈。赞成黄霁这段描述：基本不在意学科边界。跨学科研究只追踪"基本问题"，逢山开路，遇水搭桥。唉，咱们东财的那些学生是很难跟着咱们前行的，他们毕竟更关注世俗利益。黄霁答复：三重转型期的当下中国。

我继续发言：@解海中 这本书，中译标题《剧变》，英文是2019年的，中信财大气粗，抢购版权，翻译粗制滥造，浪费人类思想。但是，无奈，我推荐给湛庐，简学答复：中信有版权。这本书值得你读，戴蒙德的新著。远超你刚才发布的戴蒙德作品。这本书的英文版含有上千幅插图！李进超发言：丁丁老师，在没有英文原著对比的情况下，很难判断翻译质量。以前亚马逊还在国内卖纸质书的时候，他们的大数据做得很不错，推荐的书比较精准，算是符合我的口味。但是现在国内的其他电商，很难做到这样的推荐水平了。解海中答复：就我的英文能力，只好接受中信的翻译。

2021年10月17日晚7时，我询问：@解海中 你们看到心智地图了吗？还有谁没有领取地图以及教材？没有看图，我就无法在这里预热课程。刘廷超答复：昨天发的。多数同学都领了。教材和挂图都发了。吴蒙答复：丁丁老师，本周基本就会领完了，上周末上的是A班的课。解海中答复：领到了，老师，我还没顾上打开。我答复：好的。我等

候诸友看图之后再讨论。李进超发布照片，见图36，并询问：丁丁
老师，您说的是这个图吗？我答复：是的。还有教材。解海中发布
图38，他收到的教材的照片。

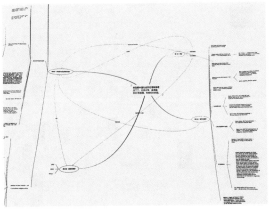

图36　李进超同学发布收到的印刷版心智地图照片　　图37　解海中发布他收到的教
材的照片

2021年10月18日下午3时，我发布图38并通知诸友：请诸友记住
咱们课程内容的顺序，从右上角的大号字体开始，顺时针旋转，读到
左上方。

瞿娜答复：拿到了，老师。我答复：很好，瞿娜，一共七个单元。
瞿娜评论：我们的图没有您的图片数量多、颜色丰富。我答复：哈哈
哈。是。我每天都改变。今天的，又改了。现在给你们保存的，是前
天的。解海中询问：不够清晰，丁丁老师，有更清晰一些的截图吗？
我答复：这已经是最清晰的截图了。因为面积超过100倍屏幕或者是
17倍于你们的地图。不必看细节，我每日变化。我写了七行大字，你
们只要记住这七行大字。@解海中 希望你们继续读好书，三本参考读
物之外，这里是第四本："科学元典"丛书（第2辑），《人有人的用处：
控制论与社会》，维纳，北京大学出版社，2010。维纳的控制论，当年

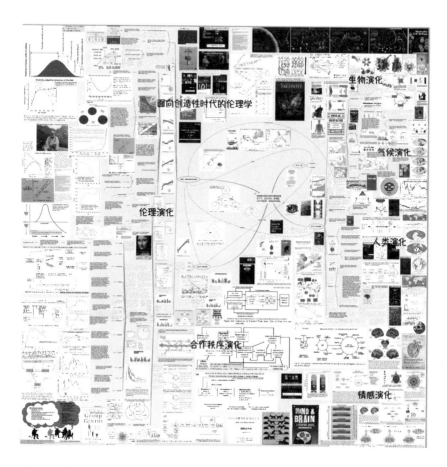

图38　我发布已完成的"课堂用心智地图"，从右上角开始，顺时针旋转，大号黑体字
显示七大部分的主题

启发了杨小凯，现在是达马西奥"文化情感"学说的核心内容，对我
们理解"稳态社会"最有助益。

　　解海中答复：嗯，谢谢丁丁老师的推荐。我现在有时间就啃您的
讲义，如果还有剩余精力，基本上就是顺着您讲义里的推荐读物找书
来读。我答复：海中勤奋！第五本书："二十世纪文库"，《社会控制》。
我推荐给你们的五本书，都是可靠的中译本。但是《社会控制》，美国
社会学名著，有两个中译本，下面这个译本的译者是黎明，我上世纪

的朋友，现在是民间著名学者。可参考上面的中译本一起阅读。解海
中答复：前三本都读完了，不过还是脑子不好使，读了就忘，需要经常
回过头来翻一翻目录来回顾。我评论：能浏览目录回忆内容，就是很好
的阅读功夫。我读博时期的一位教授，他父亲是斯坦福大学教授，他喜
欢夏威夷，我的导师从斯坦福大学来这儿创建经济系时，他也应聘来任
教，他是系里公认的全才，他讲"自然资源经济学"，他喜欢我写的一
篇课程论文。然后，我和他就联合写这篇文章。那时，我常去他家聊
天。我注意到他在家里聊天喜欢随意游走，然后站在某一书架的某一
本书前，对着标题琢磨内容。他对那些书，都可以看标题就回忆内容。

　　解海中答复：我需要看目录来回忆，如果隔的时间太久，还需要
看一下前言甚至打开翻阅一下。有个别冲击思想比较重的书，会记得
久一些。比如，哈耶克的《通往奴役之路》，我至今记得，第一次读这
本书，是2013年，那时候已经41岁，之前基本上没有读过经济学的图
书（大学时代的马哲、社建，高中时代的政治经济学，都没有入心），
几乎是一口气读完的，至今印象深刻，虽然不能复述原文，但书中的
道理几乎是一下子就看懂了。

　　李进超发言并发布照片，如图39：刚开始看序，确实有同感，丁

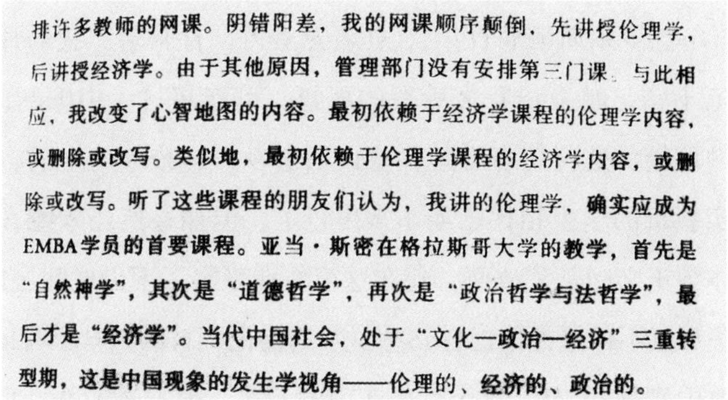

排许多教师的网课。阴错阳差，我的网课顺序颠倒，先讲授伦理学，
后讲授经济学。由于其他原因，管理部门没有安排第三门课。与此相
应，我改变了心智地图的内容。最初依赖于经济学课程的伦理学内容，
或删除或改写。类似地，最初依赖于伦理学课程的经济学内容，或删
除或改写。听了这些课程的朋友们认为，我讲的伦理学，确实应成为
EMBA学员的首要课程。亚当·斯密在格拉斯哥大学的教学，首先是
"自然神学"，其次是"道德哲学"，再次是"政治哲学与法哲学"，最
后才是"经济学"。当代中国社会，处于"文化—政治—经济"三重转
型期，这是中国现象的发生学视角——伦理的、经济的、政治的。

图39　李进超发布的《情理与正义》"自序"照片与课程有关的内容

丁老师应该先讲这门课，经济学的放在后面，相对会好理解一些。解海中发言：政治经济学，只能靠我们自己啃讲义了。十几岁时，讨厌死了课堂上的政治经济学，如今满眼望去，到处都是政治经济学。应该说是这会儿才明白，政治经济学的重要。易涛发言：大一的时候学"政治经济学"，大二的时候学"西方经济学"，那时候年轻，就发现两个理论两个方向，要选一个相信的，就果断抛弃政治经济学。我老觉得，老师在骗我。小时候越忽悠孩子信什么，长大了他越不信。陈涛发言：西方经济学是术，政治经济学是道。

解海中发言：丁丁老师的这个试读本，前面的序言里有一句"稳态社会的经济学基本问题是万事万物如何定价，转型期社会的经济学基本问题是存量如何定价，而转型期中国社会的经济学基本问题是如何实现潜在的交易机会"。豁然开朗。

2021年10月18日晚7时，我补充评论：黎明的中译本根本不是同一本书，他主持编译的是文集，标题是"社会控制论"，文集来自1978年国际控制论的会议。而且黎明的团队翻译也有很多错误。唯一的优势是，这本文集收录了不少控制论权威人物的文章，例如，我在博客文章里写的老米勒。

2021年10月19日凌晨3时，解海中转发文章"正义的社会不应该'内卷'|纪念罗尔斯诞辰百年"，作者惠春寿、徐琳玲。我的评论：徐琳玲文笔不错，她采访我之后写的那篇，可能超过《中国新闻周刊》采访我的那篇。这位惠春寿是你的山西老乡，1989年出生的，与我们在大连实验班的学生相比已经非常出色了，但他显然还未能在中国社会深入体会正义问题。故而，他在这篇文章里写了不少成问题的观点，还有一些观点不像是如他这样熟悉罗尔斯传记资料的哲学家写的。

解海中答复："惠"这个姓氏在中国不多。很古老的姓。我知道最老的记录是"惠施"。惠施，在春秋时期提出的一些问题，现在看都是很有趣的。惠子的十个命题：

（一）至大无外，谓之大一；至小无内，谓之小一。

（二）无厚不可积也，其大千里。

（三）天与地卑，山与泽平。

（四）日方中方睨，物方生方死。

（五）大同而与小同异，此之谓小同异；万物毕同毕异，此之谓大同异。

（六）南方无穷而有穷。

（七）今日适越而昔来。

（八）连环可解也。

（九）我知天下之中央，燕之北，越之南也。

（十）泛爱万物，天地一体也。

我评论：他是庄子的挚友。也许是庄子唯一的人间朋友。我转发周其仁文章"在辛庄看经济演化"并评论：其仁这次发言，主题是，合作。我在《行为经济学讲义》里阐释的"行为经济学基本问题"：合作何以可能？

2021年10月20日下午5时，瞿娜发言：老师，在复习您的古埃及思想和印欧的关系，有点不太明白，影响的层面在政治文化方面的深度有多少。我答复：对西方社会的深层影响犹如先秦文化对当代中国社会的深层影响。瞿娜答复：真希望有时间可以深入讨论下。您每年讲的都不太一样，感觉可以每年听一遍。我发布图40，并答复：我给E18讲伦理学这门课时的地图，以文化心理为主要内容。你适合在E18里。@Nina Qu 没错，我不能重复自己讲过的内容，会出汗。

李进超询问：是不能允许自己每年没有进步吗？我答复：嗯，说到我弱点了。我这几天焦虑，就是因为偶然见到我的大学数学系笔记（扫描），发现许多内容居然都记不住了。那时，1977年，我34岁，今

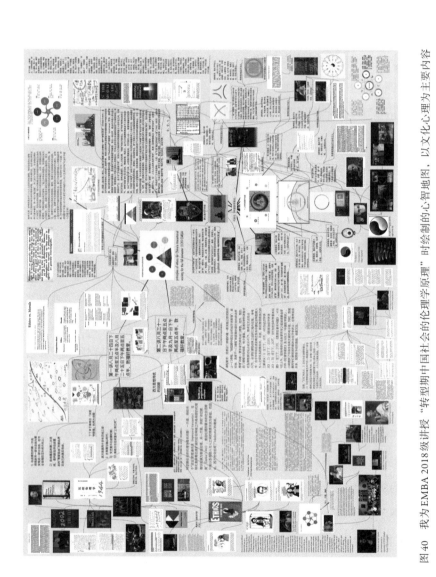

图 40 我为 EMBA 2018 级讲授 "转型期中国社会的伦理学原理" 时绘制的心智地图, 以文化心理为主要内容

年，我68岁。经过几天大范围检索最新出版的英文和中文教科书，终于缓解了我的焦虑。陈素英同学发言：［强］［强］［强］特别喜欢和敬佩这样的老师。我答复：所以，我总要与诸友共勉，这就是一起进步的意思。陈涛询问：@汪丁丁 您本科专业是什么呀？张慧雯答复：@陈涛 数学。瞿娜答复：@汪丁丁 您是学无止境的典范［呲牙］。E18课程的优秀同学我们可以拉个群，交流下。@陈涛 老师是数学系外星人。陈涛答复：数学系都是神人。我觉得我现在大约是小学三年级数学水平。瞿娜答复：毕竟咱是学法律的。

2021年10月21日下午2时，解海中提问：丁丁老师，50年之后，国界会不会事实上消失？我答复：不会。张来生发言：假如消失了，会不会是因为人类毁灭，变成原始社会了？回到原始社会，应该没有国界，从单细胞生物开始。陈涛发言：@张来生 动物都有自己的领地意识。我们的国界只是动物领地意识的一种直观体现。随着社会科学的进化，人类的社会属性进一步增强，但是千万不要忘记我们自身的自然属性。吴蒙发言：哈哈，还记得丁丁老师的软件测试吗，不同属性的人随着时间推移演变。吕金荣发言：没有国界，就会有其他类似的"界限"。人性啊，难灭"你的""我的""他的"。解海中追问：您为什么如此肯定？我答复：你的问题太难回答了。吴蒙发言：@解海中 您为什么觉得会消失？我评论：哈哈哈。@吴蒙 你的问题很精彩。

义务助教李文生发言：@解海中 或许可以逆向思考一下，如果真的可以消失，那么需要哪些前提条件，这些条件是否有希望在50年之内全都满足［微笑］？解海中答复：好问题［强］［强］［强］。李进超发言：今天走路上还在想，为什么一个地级市有不同的区，这些区的界限就是一条街，那扩大一点，市界和省界也就是一条河、一座山、一座桥、一条路。这些界限分隔开的又是什么呢？是掌管这个区域的组织（政府）的势力范围/权力范围/责任范围。吕金荣发言：权力，责任，利益。解海中继续评论：刚才文生师兄提的问题是个很值得思考的问题。不妨换个角度，国家存在的必要条件有哪些？丁丁老师的三维框架是个不错的工具。陈涛发言：第一条就是人性。人作为动物中的一种，领地意识是自然属性引致的必然结果。解海中答复：人不是纯粹的动物。更何况，动物的领地形态也多种多样。蚂蚁和老虎是不一样的。我们还是切换到人性来讨论比较好。陈涛答复：对，所以人类与老虎、蚂蚁的共同点在于都有领地意识，不同点在于领地意识反映在客观世界的结果和老虎、蚂蚁不一样。国界就是人类领地意识的客观实践之一。解海中询问：国界，这个事实上的界限，将来会被哪一种界限替代？比如商界。

张慧雯询问：@解海中 请教一下解哥，丁丁老师伦理课领取的纸质资料多吗？解海中答复：惠雯客气了。一本《情理与正义》，一张心智地图。心智地图装在这样一个桶桶里，如图41，书是这样的，如图42。

图41　解海中发布他收到的"印刷版心智地图"的包装纸筒照片

图42 解海中发布他收到的《情理与正义》试读本的照片

张慧雯答复：谢谢啦，看来这次去北京上课应该只有把书和资料都寄回来了。解海中询问：你这周不来北京啊？三门课呢，还有一门必修课。马浩老师的课，五本书加一本讲义，那是真的很重。张慧雯答复：这次来北京，扎扎实实9天。然后我已经有好几个月都没去线下上过课了，我感觉我之前还有一大堆东西没有领。

吴蒙感慨：解哥是书王啊，哪有这么多时间看书。解海中答复：买好多书，假装看书，这还是能做到的。丁丁老师，您说的可是三联出版的《何枝可依》一书？这书十多年前刚出的时候我买的，读得很快，就记得名字了，今天读您的讲义，立刻想起来了，就再次翻出来看看。原来内容还在脑子里，只是被埋住了。不知道李零教授在这里说到的陈平，是不是那个曾经在国发院待过，后来去了美国的陈平教授。他好像有个著名的"和亲"论，被很多人吐槽。李零的书，读了不少，比较喜欢的还是《丧家狗》《我们的经典》(四册)。《兵以诈立》也是一本好书，记得有个观点我蛮赞同的，就是李零反对在商学院讲孙子兵法。这个是中华书局版本的《兵以诈立》，这些观点十多年前读到，很让我受益。

2021年10月22日晨7时，我答复解海中：《何枝可依》是李零以往各书的自序的集合，很好看。@解海中 应当修正。@张力 麻烦张力帮助不读英文的同学们将这本书交给翻译机器人，Antonio Damasio, 2018, *The Strange Order of Things: Life, Feeling, and the Making of Cultures*。张力答复：好的，一会午饭后就处理。我答复：不急不急。达马西奥是葡萄牙人，现在是脑科学领域的第二号领袖，他写英文用词斟酌太甚，可能机器人的翻译会很差，不过，聊胜于无。诸友拿到张力的翻译作品就可直接读第13章，见图43，这次是"拟课程内指定阅读"。读不懂，没关系。我会详细讲解他的思路，并扩展至最新的文献。

13

THE STRANGE ORDER OF THINGS

The title of this book was suggested by two facts. The first is that as early as 100 million years ago some species of insects developed a collection of social behaviors, practices, and instruments that can appropriately be called cultural when we compare them with the human social counterparts. The second fact is that even further back in time, in all likelihood several billion years ago, unicellular organisms also exhibited social behaviors whose schematics conform to aspects of human sociocultural behaviors.

图43 截自：Antonio Damasio, 2018, *The Strange Order of Things: Life, Feeling, and the Making of Cultures*

张力提醒我：我找到这本书的正式翻译版，见图44。我答复：啊哈，太好了！我不晓得有中译本。是湛庐文化的？解海中答复：浙江教育出版社，2020年版。我评论：明白了。李恒威是浙大的，我见过他。没错，这本书还是湛庐的，在你截图的左上角。我为这套书写

图44　Antonio Damasio, 2018, *The Strange Order of Things: Life, Feeling, and the Making of Cultures* 湛庐文化2020年中译本的封面

了中译本总序。随后我发布我那篇总序的长截图。我最初的标题最恰当——从理性和感性走向演化理性。张力评论：这个标题更好，直译会古怪一点。

张力发言：您评估一下翻译质量。我答复：这是李恒威的中译本，很靠谱的。他现在应当是院士了吧？我检索看了，不是院士，但也可靠。我见他是在我与唐孝威的讨论班里。

2021年10月23日下午3时，解海中发布三套丛书，其中有《荣格文集》中译本。我的评论：你发布的《荣格文集》，翻译质量超过晚近出版的荣格《红书》。

2021年10月24日下午1时，解海中发布消息："心流"之父辞世，享年87岁。我很惊讶：前几天还活着，现在去世了？解海中答复：看这个文章介绍，是20号去世的。我随后检索谷歌"Mihaly Csikszentmihalyi"词条，确认谷歌也更新了。他在我的心智地图里占了相当大的篇幅，见图45。

2021年10月26日下午1时，瞿娜发言：丁丁老师，这两天我们都

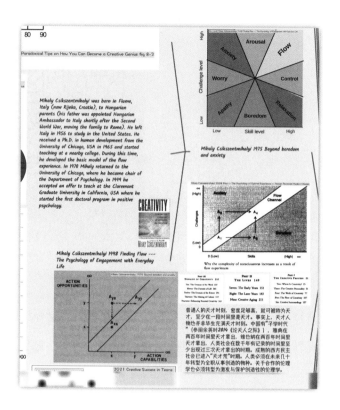

图45　我为 EMBA 2020 级 2021 年秋季课程"转型期中国社会的伦理学原理"制作的"课堂用心智地图"中关于齐申义的截图

在上春花老师的管理课程，第三天了，每天早8点到9点的节奏，同学们学习热情不减，昨天辩论赛都把丁丁老师的理论抬出来了。

2021年10月28日晨5时，我提问：诸友读教材，可能知道何为伦理学基本问题。陈涛答复：伦理学基本问题是"什么是人心"。我答复：你的回答可以是对"人文学基本问题"的解答。解海中答复：我想到老师给的教材《情理与正义》。这个书名或许就是伦理学的基本问题了。什么是情，什么是义。我评论：海中也是没有读这本教材的。不过，我承认，我写这本讲义的时候没有强调核心问题。但还是出现了多次的，在心智地图和讲义里。张来生答复：也许还是，人性。我评论：看起来，你们拿到教材也无暇通读。那就等我上课再解释。张来生答复：这周得好好把讲义看完，不然上课肯定听蒙了。我答复：不必通读讲义，因为我为你们班准备的伦理学课程，内容完全不同了。张来生答复：嗯，请丁丁老师指点。下周疫情不能出差，在家可以看了。我现在都不敢说我住在昌平了，昨晚叫代驾，人家还要和总部确认能不能去。

姬美伊同学发言：昨天收到丁丁老师的书和心智地图了，特别开心。打开地图就哭了，看不懂。我答复：你是说心智地图是英文的吗？没关系呀，我在课堂上有讲解。

张慧雯发言：丁丁老师，外地学生是才拿到教材和地图。外地学生现在也在想怎么离开北京了，在京不容易。

我感慨：疫情影响真大呀。陈涛发言：@Viwen 好好享受在北京的生活吧。别着急走。张慧雯答复：嗯，我在北京"莫名其妙"地就没健康宝证明了，现在走哪儿都不行。张来生评论：是啊，影响太大了，感觉控制有点过度了。可以从伦理学角度解释下吗？丁丁老师。我答复：今年的主题是关于创造性的伦理学。中国的疫情防控方式缺乏创造性。但是，群体创造性需要的许多条件，中国人并不具备。

我继续回答诸友的发言：人性不是伦理学基本问题，而是全部人文学的基本问题。

陈素英询问：丁丁老师课程什么时候讲？我抽空把书阅读了。我答复：你们就抽时间通读嘛，反正是浏览，是浏览呀。志芳是一个新人，贵姓？王志芳答复：丁丁老师好，我叫王志芳。我答复：好。我加你朋友呢，你要许可，然后可浏览我的朋友圈，每天都发布的。@Nina Qu 读特斯拉很认真呢。瞿娜答复：哈哈，谢谢老师，您的朋友圈发的东西我都觉得是精华中的精华，不能错过［偷笑］，而且确实有趣，很有意思。

我答复：同意，尤其是我写的一些评论。瞿娜发言：我那天就在思考，如果特斯拉不是那样的思维模式，甚至说小孩脾气，可能他的梦想会更早实现，但也可能就没有梦想了……为什么才华和其他能力不能兼容？我答复：哈哈哈，是一个问题。特斯拉的智商应当高于170，太高了，不适合生存。我在伦理学课程里将介绍一篇文章，在你们拿到的心智地图的右下角，就是著名的"特尔曼天才儿童"项目。

瞿娜答复：我从小一直有个疑问，怎么知道一个人智商高，因为表现出来的不一定正确，后来知道有很多题，卷子，测试，也有专家说大家智商相差不大，但我仍觉得很大，只是有没有筛选机制。我答复：你可以浏览智商手册。我研究智商大约十多年了。瞿娜答复：好的，我去翻阅下。特尔曼的项目，我觉得是不是有点悖论，因为它说并非成功，那要看成功的定义，普世的成功定义本就可能狭隘了，再别说这些天才，他们大多应该是自我激励在自己世界的人吧……@汪丁丁 您推荐哪个智商手册？搜了下，感觉鱼龙混杂。我贴图并答复：这是今年的版本，见图46。张力发言：汪老师推荐的书都是精华，都用机器狗翻译一下。我答复：太难了。瞿娜答复：哈哈，快，力哥，你来，等你翻译的，我正愁怎么看呢。张力答复：原版先发。然后，张力发布了这本手册的机器人中译本。我的评论：第一章的开篇，我就很难理解。不过，权当是浏览内容吧。@Nina Qu 智商研究，在咱们课程里不重要。创造性，这是重点。

解海中提问：丁丁老师，有些疑问，关于转型。我们转型，会转向什么型？我相信不是为了转型而转型，转型原始动力从哪里来？内部or外部？政治转型、文化转型、经济转型，此外还有什么维度？维稳和转型之间是否矛盾？我答复：西力东渐，鸦片战争。我建议过你们阅读徐中约的《中国近代史》。

图46　2021年出版的 The Cambridge Handbook of Intelligence and Cognitive Neuroscience（《剑桥智力与认知神经科学手册》）封面截图

　　解海中致谢并答复：我手机里有简体版本的，上下册。我答复：@解海中 我的讲义里写得清清楚楚，伦理学基本问题是"允执厥中"如何实现。我费了多少篇幅呀，为探讨那个"厥"字的古意。@张力请你的机器狗翻译这本书给同学们参考：James C. Kaufman and Robert J. Sternberg, eds., 2019, The Cambridge Handbook of Creativity, 2nd ed.（《剑桥创造性手册》第2版），见图47。这本书也是许多插图的来源，见图48，我的心智地图有至少8张插图来自这本书，而且这本书对中国人很关键呢。咱们这门课大约需要几十本参考书，几百幅插图。

　　2021年10月29日下午4时，张力发布《剑桥创造性手册》的机器人翻译版。我提醒张力，图48所示那本书很重要。张力说正在翻译，稍后，他发布 David Reich, 2018, Who We Are and How We Got Here: Ancient DNA and the New Science of the Human Past 的机器人翻译版。我发言：那么，我继续给你任务：如图49，2020年出版的 Encyclopedia of Creativity，3rd. ed.，vol.1（《创造性百科全书》第3版第1卷）。

 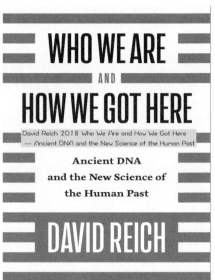

图47　James C. Kaufman and Robert J. Sternberg, eds., 2019, *The Cambridge Handbook of Creativity*, 2nd ed.（《剑桥创造性手册》第2版），封面截图

图48　David Reich, 2018, *Who We Are and How We Got Here: Ancient DNA and the New Science of the Human Past*（《我们是谁以及我们从何处来：古DNA与关于人类过去的新科学》），封面截图

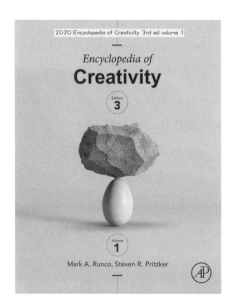

图49　*Encyclopedia of Creativity*, 3rd. ed., vol.1（《创造性百科全书》第3版第1卷），封面截图

　　我浏览张力发布的《剑桥创造性手册》并发表评论：很有趣的翻译。"创造力理论回顾：我们是什么问题试图回答？"不过，至少我没有见到荒唐的错误。很可能你增加的专业词库起作用了。我继续读，如果可能的话，这本书可以是你们班这门课的指定参考书。我自己翻译了这一段，写在心智地图里了，现在读机器翻译的，感觉有些可笑，但能接受。"我们都是有创造力的，至少是潜在的。创造意味着将新的想法或事物带入现实。在当今瞬息万变的世界中，创造力不是奢侈品，而是必需品。创造力是在几乎所有生活领域，个人和专业领域取得成功的关键。创造力可以而且应该受到教育。在大多数文明社会中，你永远无法获得足够的它。"读了几章，初步判断诸友可以读这本书的机器翻译，指定参考书。@Nina Qu 这本手册对你的工作应当很有帮助。瞿娜答复：我办公桌上现在堆满了您推荐的书，特别有档次［得意］［得意］［得意］。

　　我继续发布关于创造性的手册：其实还应当有第三本，《天才手册》。@张力 如果可能的话，可将《天才手册》翻译给他们。张力询问：@张来生 有出版纸质书吗？哪个出版社的？张来生发布封面截图并答复：《剑桥创造性手册》这本有出版。我答复：@张力 @张来生 赶快撤单。这是第一版，1999年的，太老啦。张力给你们翻译的都是最新的。张来生答复：明白［捂脸］。已退货，看电子的吧［呲牙］。我继续评论：嗯，我觉着2014年这本《天才手册》，已经是相当老的了，不过，没有更晚近的，也就是这本最权威。@张力 如果有余力，可翻译这两本给他们读。

　　我发布了另外两本书的封面截图：其一，如图50，Lewis Dartnell, 2019, *Origins: How Earth's History Shaped Human History*（《起源：地球的历史如何塑造人类的历史》）。其二，如图51，Geert Hofstede et. al., 2010, *Cultures and Organizations: Software for the Mind*, 3rd ed.（《文化

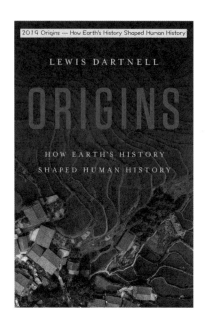

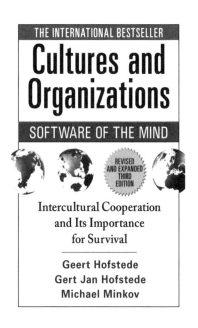

图 50　Lewis Dartnell, 2019, *Origins: How Earth's History Shaped Human History* (《起源：地球的历史如何塑造人类的历史》)，封面截图

图 51　Geert Hofstede et. al., 2010, *Cultures and Organizations: Software for the Mind*, 3rd ed. (《文化与组织：心智的软件》，封面截图

与组织：心智的软件》)，是最晚的版本。我估计，国内可能有中译本，2010 年的书，现在如果还没有中译本，就很奇怪。

张力发布机器人翻译版：David Reich, 2018, *Who We Are and How We Got Here: Ancient DNA and the New Science of the Human Past*。我答复：我读了之后认为，如果可能，这本书也应成为课程指定参考书。瞿娜发言：这本太好了，基本问题讨论。

我发现了一处可理解的翻译错误："但是，当傅乔梅在我的实验室完成这项工作时，她的结果对这些古老的狩猎采集者几乎没有任何了解。"应当是"付巧妹"，这是她的真实姓名。她在北京的中科院古脊椎动物与古人类研究所工作，饶毅的"知识分子"平台专访过她。@张力 这次有不少术语错误，可能是用错了专业词库，图 52 这里，无论如何"唱片"的含义很难理解。还有，图53非常重要，我反复讲解过，应当是"颜那亚人"。

2021年10月29日晚6时，张力陆续发布了图50、51、52和图47、48、49所示参考书的机器人翻译版。我发表评论：《创造力百科全书》勉强可以，也算课程内部的参考书啦。不过，我心智地图里有这本书的两幅插图，所以，你们可以读中译本。以上三本书都是2019—2020年出版的，而且是权威的，足以代表关于创造力的前沿知识。感谢张力，为提高课程质量所做的努力！对公司高管而言，尤其对人力主管，《文化与组织》是枕边必读。瞿娜答复：是的，感谢老师推荐［玫瑰］。上您的课等于上很多节课，太赚了［偷笑］［偷笑］，应该开10门选修。

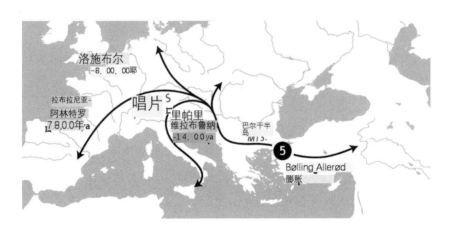

图52　截自张力发布的机器人翻译版David Reich, 2018, *Who We Are and How We Got Here: Ancient DNA and the New Science of the Human Past*

2021年10月30日凌晨2时，解海中发布三幅照片显示他新买的书：丁丁老师，刚买了《意义地图》和《中国史纲》，其中《中国史纲》有两种，一是商务印书馆出版的，张荫麟著，一是张荫麟、吕思勉、蒋廷黻合著，钱穆作序的版本。我答复：彼得森的《意义地图》中译者是专业心理治疗师，译文应当可靠。张荫麟的《中国史纲》，是为民国

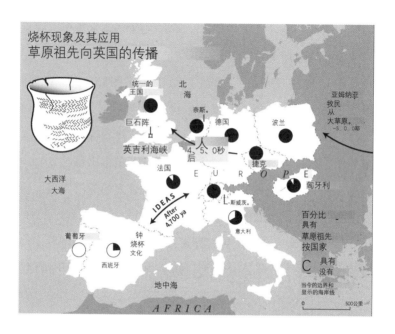

图53　截自张力发布的机器人翻译版 David Reich, 2018, *Who We Are and How We Got Here: Ancient DNA and the New Science of the Human Past*

教育部编写的中学课本，应单独阅读。陕西师大出版社在这一领域应当是可靠的，虽然，我并不知晓张荫麟与吕思勉和蒋廷黻有联合著作，而且钱穆作序。

　　解海中阅读教材并发布照片，见图54，并发言：读书，享受丁丁老师的智慧。稍后，解海中拍照，见图55，并询问：这里，杨昕是我们的教务老师吧。我答复：杨昕是我见过的最佳教务老师。

　　解海中继续发布照片并评论：这套《中国史纲》很有点不知从何而来的感觉，只在后记里看到一点说明，但还是模模糊糊的。我浏览解海中发布的照片之后评论：似乎不对头。我记得这是钱穆为他自己的《中国史纲》写的序言。你认真翻阅里面的书，是否为三位作者联合著作？果然不是。你贴的最后一页文字表明，这套书是陕西师大自己攒的。读者如何能相信编者的眼光？！我也读过吕思勉的中国制度

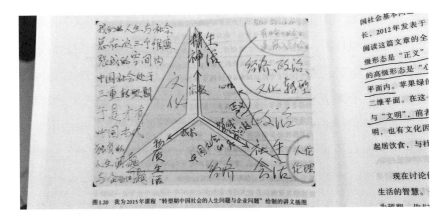

图 54　解海中发布的照片，源自《情理与正义》试读本

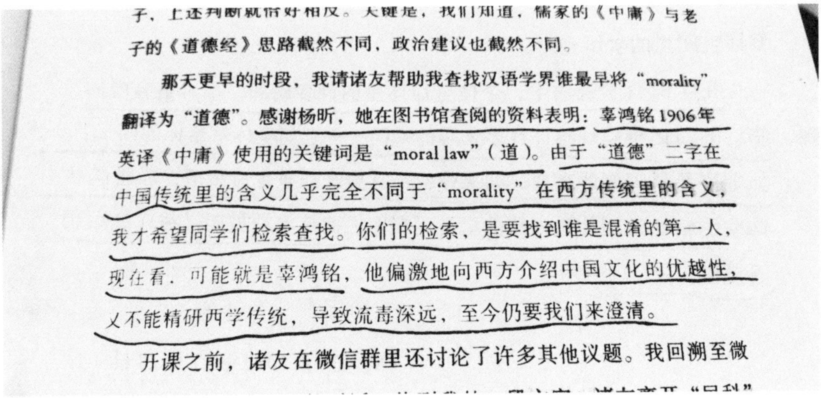

图 55　解海中拍照《情理与正义》的一段文字

史和古代史，文风与张荫麟的截然不同。

　　解海中答复：我也是拿到书，看前言和后记，发觉不大对劲，来路不明。我提醒：我劝你退掉这套书。你们既然走进国家发展研究院，眼界及洞察力就可超过陕西师大出版社的读者。解海中答复：我已经拆开了，不好再退了。有您和其仁老师、维迎老师这样的大师指点，有杨昕老师这样的教务鞭策，有这么一大群爱学习的同学，幸福［愉快］［愉快］［愉快］。

　　2021年11月1日晚6时，我发布京东商城的《情理与正义》图书照片，正式出版日期，2021年10月31日。而且现在京东还无货。杨正光发言：面对当下，从中西传统思想中寻找实践智慧。这本书启发心智，探索本质。吾辈有幸先读，并将亲听老师讲解，实在是人生之幸事。感谢老师付出，祝贺老师大作出版，希望有更多人受惠！解海中发布照片，如图56，并询问：丁丁老师，您的"收益递增经济学"预计什么时间可以面世？迫不及待了，想先睹为快。我答复：感谢海中赞美。我正在重写，试图用讲义取代那本书，所以，你明年见到这本讲义就会发现，确实是你们听过的课程，却有许多内容从未讲过。

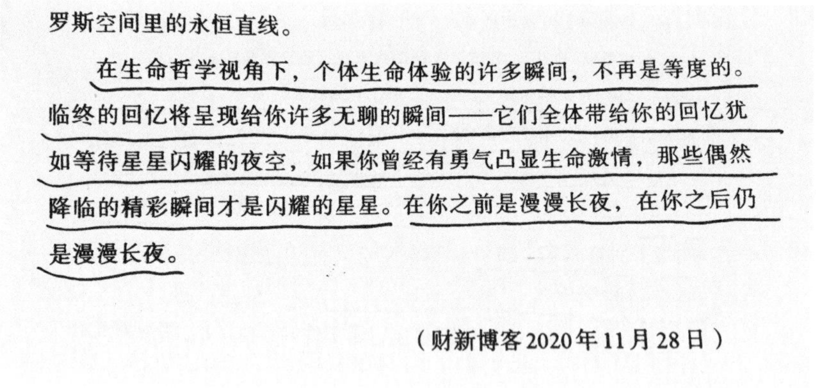

> 罗斯空间里的永恒直线。
>
> 　　在生命哲学视角下，个体生命体验的许多瞬间，不再是等度的。临终的回忆将呈现给你许多无聊的瞬间——它们全体带给你的回忆犹如等待星星闪耀的夜空，如果你曾经有勇气凸显生命激情，那些偶然降临的精彩瞬间才是闪耀的星星。在你之前是漫漫长夜，在你之后仍是漫漫长夜。
>
> 　　　　　　　　　　　　　　　　　（财新博客2020年11月28日）

图56　解海中拍照《情理与正义》附录的结语并发表评论：充满诗意的智慧之语

　　2021年11月2日下午2时，瞿娜发言：@汪丁丁 那句话，有勇气凸显的精彩瞬间太有意思了！让我联想起宗教里通常把人来到时间形容成修为、渡劫、磨炼的过程。解海中发布"见识丛书"并评论：这套书里有丁丁老师讲义里提到的《为什么不平等如此重要》。我答复："见识丛书"各辑之间有重复，这一次，斯坎伦2018年发表的那本书很重要，可能中译文有语病，我浏览发现了几处，但第一章的主旨很清晰。平克这本书在许多人看来让他的信誉降低了至少20%，不过，他随后又写了一本，《当下的启蒙》，恢复了自己的信誉。

我发布了一本书的插图（图57）并通知：@Nina Qu 我记得你说过你们公司白人也嫉妒，这本2017年的书探讨企业组织里的嫉妒问题，这张图尤其重要。

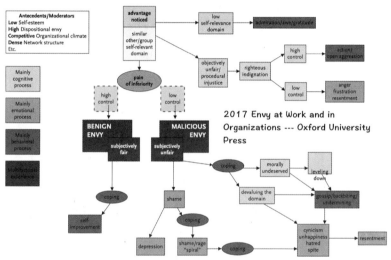

FIGURE 5.1 Model of envy as an evolving episode.

图57　截自：2017, *Envy at Work and in Organizations*, Oxford University Press，我建议的标题是"组织里的嫉妒"

2021年11月4日晨3时，易涛发布"印刷版心智地图"的局部照片，见图58，并发言：打开藏宝图了。我的评论：我不认为硅谷的科技发展在未来十年可能提供VR或AR，就如我在韩剧《阿尔罕布拉宫的回忆》里看到的那样真实。我探讨过这一技术可能性，结论是近期不可能。所以，扎克伯格改名也是噱头。解海中发言：很认同丁丁老师的判断。我这些年的经验，所谓的虚拟现实和增强现实，进展缓慢，不过都是仿真意义上的，距离理论上的"现实"还很远很远。

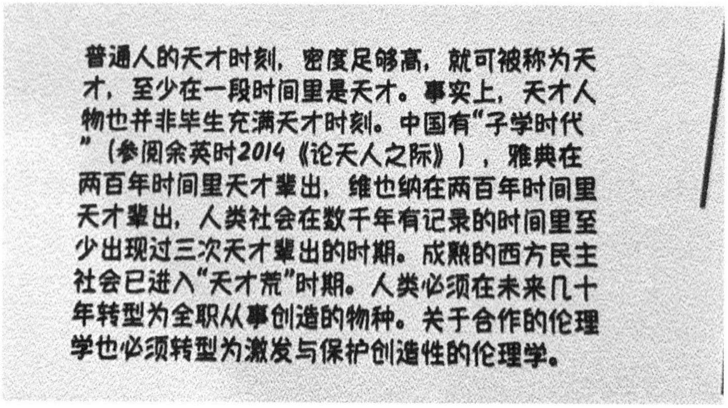

普通人的天才时刻，密度足够高，就可被称为天才，至少在一段时间里是天才。事实上，天才人物也并非毕生充满天才时刻。中国有“子学时代”（参阅余英时2014《论天人之际》），雅典在两百年时间里天才辈出，维也纳在两百年时间里天才辈出，人类社会在数千年有记录的时间里至少出现过三次天才辈出的时期。成熟的西方民主社会已进入“天才荒”时期。人类必须在未来几十年转型为全职从事创造的物种。关于合作的伦理学也必须转型为激发与保护创造性的伦理学。

图58　易涛拍照“印刷版心智地图”左半部分的局部

2021年11月5日晨5时，解海中询问：丁丁老师，您了解李泽厚吗？我答复：哈哈哈，我1985年出国时，箱子里放了几本书，其中就有李泽厚的“思想史三论”（古代、近代、现代）。后来始终关注他的思想演化，而且与他的三位弟子是朋友。刘东是李泽厚的直传弟子，赵汀阳是李泽厚的小弟子（也被认为最富创意），刘小枫是李泽厚欣赏的对话者。

随后，解海中发布李泽厚“思想史论”三部曲并询问：丁丁老师说的是这三部作品吗？我答复：是的。对我影响最大的，是现代思想史论。我鼓吹他的中国知识分子代群假说。

解海中继续询问：老师，我比较好奇，您在日本的酒店里写书，书中那么多参考文献，是怎么背着满世界走的。我答复：都是电子版呀，随身携带。黄霁发言：两块大硬盘+互联网。当年的北大文史哲三个系，如果不熟读李泽厚，也都不好意思互相串门蹭课。解海中感慨：真是好时代。睡觉了，丁丁老师，黄霁兄晚安。

我继续发布消息：@易涛 我记得你存疑最大的就是“三分之一定

律"。如果你读我那本《行为经济学讲义》第八和第九讲，我那时的结论是，这一定律至今没有数学证明，它仅仅是仿真的常见结果。我将数学证明的任务交给助教马英举，他似乎能够提供证明。不过，我怀疑。不论如何，我决定降低"三分之一定律"在讲义里的地位。易涛答复：感谢丁丁老师还惦记着我的问题，我才疏学浅，问题也是东一锤西一锤的，没啥章法。三分之一定律对我来说，还是特别有启发的。我继续研读，尽力多接近一些您的浩瀚学识。张来生发言：上周我们请的人力资源咨询公司阶段总结过程中说了三分之一定律，正好一部分干部我给他们讲过了，他们说还好我讲了，否则不知道这是个啥。和大家同感，@汪丁丁 教会了我们很多让我们受用的知识，我们也多看了很多书，开拓提升了思维。

张来生询问：丁丁老师，在公司有个别干部自己带不好队伍，还老觉得其他人都没干活，都不如他，好事都是他干的，不好的就都是其他人的问题。他这样的行为是天生的，还是后天养成的习惯呢，或者，是他心理有问题？［呲牙］我答复：啊哈，这样的人很多，心理学家称之为"水仙花综合征"。"水仙花"与"回声"的恋爱是一段古希腊神话，后来，水仙花成为自恋的英文词源。自恋的深层原因很多，所以，有自恋倾向的人也很多。例如，高智商人士的自恋概率较高，但确实还有不少高智商人士没有自恋问题。又例如，家庭教育导致自恋倾向，在中国社会很常见。此外，心理创伤也可催生这一倾向。还有一部分同性恋，可以有自恋倾向。吕金荣发言：大龄剩女，是不是也符合水仙花综合征的特征啊，总觉得自己的羽毛更漂亮，别人的搭配不上。解海中批评吕金荣：你这个说法会被骂。张来生答复：这就明白了，"水仙花综合征"，确实从他的行为表现来看，属于高智商人士自恋。有啥好的应对策略吗？每天都要被他气死。李进超询问张来生：是生活还是工作中啊？张来生答复：工作接触多，生活交集少。

认识也快20年，生活估计也如此。十年前离婚再婚，据说和现在老婆AA制过日子。易涛评论：只要有才华，这都不是事。乔布斯也自恋，暴躁。张来生答复：逻辑上对，关键是没那么有才华，成不了事。@易涛。

解海中发言：读丁丁老师的书，顺着书里的各种参考书，孔夫子旧书网上各种找书，我媳妇说，丁丁老师是带货王。

解海中发布他订购的几本书的贴图，并发言：多年之后，我意识到，这是中国文化的命运。数千年求善，善蜕化为伪善，与其承受真实人生的痛苦，不如快乐地度过虚幻人生。——丁丁老师语录。易涛评论：李泽厚谈中国智慧，有一条，乐感文化。中国人普遍意识或潜意识，很少彻底的悲观主义，总愿意乐观地眺望未来……瞿娜建议解海中：语录可以有个合集［笑脸］［笑脸］。解海中答复：好主意啊［笑脸］。

2021年11月6日晨4时，我转发"108岁周有光对话83岁李泽厚"并答复：那么，下一次"文革"，这本语录就成为我的"罪行"啦。解海中评论：哇，这两位智者的对话有趣［玫瑰］。

瞿娜发言：@汪丁丁 昨天看了西南联大的纪录片，不知道您对梅老熟悉吗？海归派在那个时代真的很有情怀和担当。我感觉您有一天回国办个私立大学很靠谱［愉快］。我答复：梅贻琦，你可以问张宇伟，他研究那一段历史，很熟悉梅校长的故事。哈哈哈。我这里始终有几位老友要拉我办学，不过，自从东财实验教育被"限期整改"之后，我再也不要做这类事情了。解海中发言：有个叫《南渡北归》的书，很值得一读。并发布套装《南渡北归》。我补充：@Nina Qu 宇伟负责DPS项目招生工作。@解海中 你真收集了不少书！《南渡北归》是一套很好的书。

2021年11月9日下午4时，我发布通知：@张力 我这几天终于将200多幅插图按照顺序编号（心智地图很难有顺序），希望借助你的翻译机器人给不懂英文的同学们翻译这些插图，以前你试过几幅，很难，结果很差，但是，我争取给你容易翻译的。至少那些书的封面，可以翻译。我每次给你10幅，顺序发布。诸友拿着张力的翻译图，不妨试着贴在心智地图里。

在随后的不到两天时间里，我陆续发布了大约253幅插图，依照在心智地图里出现的顺序编号。例如，图59是第1幅，图57是第227幅。这些插图构成我课堂用的心智地图的主要内容。实际上，许多插图都要详细解释，才可澄清它们与课程的关系。四次网课，我只讲解了大约50幅插图。例如，我完全没有时间讲解对于理解表观遗传学相当重要的图60和图61。所以，我在课程讨论微信群里发布的253幅插图，

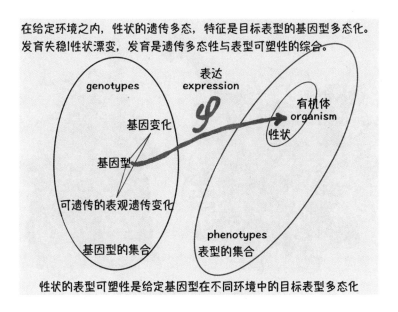

图59　我为课堂用的心智地图在iPad Pro上手绘的遗传学和表观遗传学"映射"图示（App："Paper"＋"Tayasui Sketches Pro"，然后用"预览"写说明文字），这是253幅插图的第1幅

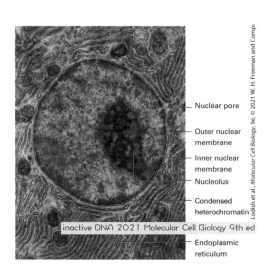

图60　这是253幅插图的第24幅：不活跃的DNA集中在靠近细胞核的内壁附近——被压缩的染色质，于是可防止被复制。截自：2021，*Molecular Cell Biology*，9th ed.（《分子细胞生物学》第9版）

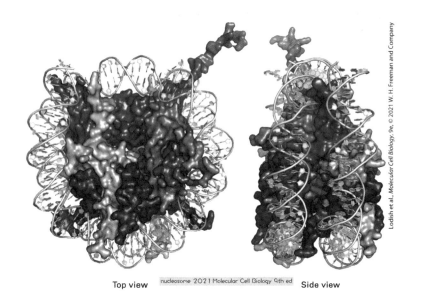

图61　这是253幅插图的第32幅：构成核小体的一部分的四对组蛋白，图中可见向上凸出的H3组蛋白尾。组蛋白控制着染色质的缩放（参阅图60），激活组蛋白尾是基因编辑的首要步骤。截自：2021，Molecular Cell Biology，9th ed.

由张力结成两册图集，供选课同学们长期参考研读。为这一目的，我在每一幅插图里都写了插图源自文献的索引。

我继续发布插图，并提醒：能读英文的同学可直接看这些插图，非常精彩。诸友切不可强求读懂这些图片。因为，这些都是我心智地图上贴的，课堂上肯定讲不完。@张力 等你进入工作状态，我继续发布。张力答复：前面的图片有部分机器翻译太差，内图框架有的偏离，需要花时间修正，您可以继续发布后续的图片，不影响［抱拳］［咖啡］。我答复：好的。我现在继续发布图101—120，每批20图。张来生答复：用微信的翻译看了，也算比较准确，结合一起读读还可以。

2021年11月10日下午3时，我表扬张力：250图的教科书。张力昨天组装的图册很优秀。张力发布插图结成的图册第二卷并答复：汪老师辛苦！

2021年11月11日晨2时，张力发布图册第一卷的机器人翻译版并提醒：图片翻译不成熟，有的封面翻译很差，还不如用原来封面。参考看看，还是看汪老师发的原图好。

2021年11月12日晚7时，我发布"读图要旨"：诸友可将我下面这段文字录入张力组装的图册，最好在首页。读图的要旨：（1）感受作图者的重要性感受。图是表达了的意象或符号（象征），在作图者意象中的重要性感受，首先是被认为重要的观念，其次是这些观念之间的关系。（2）图是否重要，取决于作图者在学术思想传统里的重要性，还取决于作图者的灵感与悟性。（3）不幸的是，现代社会诸学科的创始人虽然重要，却因为印刷术的制约，很少留下图示。所幸，前现代社会的重要感受，有不少图示。更早，遥远时代的刻符，留存至今，知道重要，却不可索解。

张力答复：我等下更新文档。我答复：好的。不过，我注意到，第一张图几乎没有空白了。可以单独制作一页读图要旨。因为，没有要旨，读200多图，多么恐怖呀。

　　2021年11月15日00∶17，杨昕发布《情理与正义》正式出版的消息并贴出新书的版权页，见图62：今天上架了，书号都齐全了［笑脸］。吕金荣答复：恭喜恭喜［强］［强］［强］。我们很幸运，提前拿到讲义了。杨昕继续提醒：大家拿到的版本等丁丁老师回来签字后，日后价值千金［笑脸］。我们四渡赤水课程发的汇编阅读材料，旧书网上要价好几百元。解海中答复：千金不换。张力发布新书封面，如图63：当当网显示缺货，京东和淘宝都还没开始卖。这个是书的封面。

图62　杨昕发布的新书版权页照片

图63　张力发布的新书的封面效果图

　　吕金荣提问：丁丁老师的书里，红线部分怎么理解（图64），是说朝代更迭与气候变迁有关系吗？如果有关系，那是不是可以说，气候具有一定的可预测性，朝代的更迭也是可以根据气候变迁进行预测？

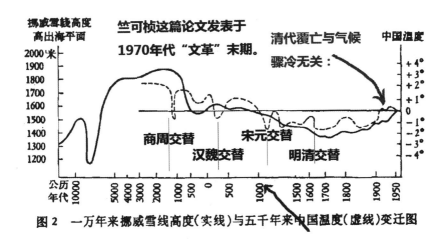

图64 截自《情理与正义》

杨昕发布补充阅读材料"竺可桢：中国近五千年来气候变迁的初步研究"，以及牟重行1996年"中国近五千年来气候变迁的再考证"。我的评论：这些工作都很重要，但无法否定"竺可桢规律"的有效性。因为，竺可桢规律主要的根据是挪威的雪线高度与海平面之差的下降与上升标识的地球表面温度周期性，至于中国的气候变迁，由于缺乏资料，他反复强调只是"初步研究"，辅佐证据而已。关键是，王朝变迁的周期与气候骤冷的时期非常吻合。@吕金荣 但是，不要以为气候是可预测的，恰好相反，科学家认为气候是最难预测的。其次，竺可桢规律在1700年以后失效，因为，全球气候1700年以来越来越暖。事实上，挪威雪线显示的骤冷时期反而更接近中国王朝更迭的时期。尤其是商周交替，断代工程判定为公元前1046年。汉魏交替与宋元交替，这是需要竺可桢的中国气候变迁曲线来论证的。王国维说，商周之变，乃五千年中国历史最剧烈的改变。从挪威雪线的指示，是可以得到支持的。周至清，根据挪威雪线，气候始终在变冷，但没有骤冷。我浏览牟重行1996年著作对竺可桢文章的修订，主要是细节，并未颠覆竺可桢曲线在汉魏交替与宋元交替这两段时期显示的"骤冷"结论。

吕金荣答复：谢谢丁丁老师细致而专业的解读。如此看来，气候变迁也能一定程度上反映国运兴衰。气候应该是能影响一个民族的气场的，进而影响社会发展快慢与时代更迭。我答复：我会在第一讲或第二讲介绍一下这方面的思想。李然通知：丁丁老师"伦理学"课程时间，本周六日上午8：30—12：00（下午是"金融科技"课程），请来学校现场观看视频的同学接龙，方便安排。

张力发布黄建中《比较伦理学》。张来生询问：@解海中 就咱俩去现场啊？解海中答复：不急，还会有。张力答复：我想来线下课啊，可是一回福建就要隔离14天［流泪］，只能12月份来线下课了。易涛答复：北京高风险地区都解禁了。张力答复：昌平还没解禁吧，只要有一个中风险区，都不行。瞿娜询问：@张力 北京现在对于外地都算中风险了吗？张力答复：我转个北京本地宝进出京的解说。陈臻答复：北京回厦门也要隔离14天。所以我都直接不回福建了，不然就要居家健康监测14天。

2021年11月16日，张慧雯发布她整理的课程微信群讨论纪要。我评论：@Viwen @张力 感谢两位同学，黄建中的书，张力发布的版本最清晰。慧雯爬楼整理的微信群纪要很及时，对我准备周末课程也有预热作用。我贴图（关于宽容），见图65，并发言：截图取自我的《行为经济学讲义》第100页至102页，有趣的描写，杨东睿的回答。我这几天赶稿子，同时也常看我的心智地图，我发现如果你们见到地图，会很紧张，尽管你们都已有图册。所以，上课之前，我在这里提醒诸友，咱们这次讲课要尽可能轻松，就算是"看图闲聊"。

易涛提问：丁丁老师，社会科学中，您认可"均值回归"吗？我们过于努力，是不是孩子就倾向不努力了？我们享受国运亨通，是不是后代就麻烦一些了？闲聊放松点，挺好。吕金荣确认：《长津湖》电

杂特的市场批判思想，还表达在 1942、1944、1946 年《Ethics》发表的他的三篇论文里，你们可以在 JSTOR 下载。阿罗提出类似的命题，大约 1970 年代后期，不过我们下午研究生班才会讨论阿罗命题。

作为注释，马克思和黑格尔，取自这篇文章，图 2.27 我写的文字：整体论可爱，但不可信，因为它缺少可行的研究方法。个体论可信，却不可爱。

另一位思想家，爱因斯坦，曾写信给一位工程师，当时爱因斯坦已经流亡到美

100

第二讲

国，摆脱了纳粹统治，那位工程师则仍然每天忍受着纳粹统治带来的痛苦。于是爱因斯坦在这封感人至深的私人信件里表达了这样的见解：创造是个体的，从来就是个体行为。但是自由，却是整体的，请你们思考爱因斯坦的命题：为什么自由是整体的？爱因斯坦经历过纳粹时期，他体验了真正不自由的生活，基于他的体验，他宣称，自由是整体的事情。太深刻了，我今天不讲解。图 2.28 是我从《爱因斯坦谈人生》这本书里截取的爱因斯坦这封信的中译文：

101

行为经济学讲义

你们可以看到他是怎样论证自由的：宽容，这是一种整体性质。没有宽容的社会，个人自由也将消失。爱因斯坦的体验，对我们今天的中国人真是重要的。因为我们正在走向一种整体的不自由，我们社会的宽容精神正迅速减少。充斥着报纸和网络的，是激烈的不宽容情绪。官方和民间都是这样。我们需要呼吁新闻的自由，比新闻自由更重要的是，我们需要呼吁宽容，而宽容是民众的整体性质。其实，自由的新闻，在很大程度上可以培养宽容的精神。记住爱因斯坦的体验：自由是整体的事情。虽然，创造是个体的事情，创造性的个体需要宽容。

昨天课间休息时，我们讨论"李约瑟问题"，你们知道的，他发现中国技术进步速率一开始领先但随后就远远落后于西方社会了。为什么要的？最近我们中心的一名研究生（游五岳）提出一个假说，中国的皇权政治压制不够的精神。这一见解肯定是有道理的。这时旁边一位北大数学系的同学（杨东标）指出，中国之所以后来的技术进步缓慢，主要是因为中国社会缺乏宽容。我当即点头赞同，因为他的见解当即击中了我的情感。

图65　截自：汪丁丁，2011，《行为经济学讲义》，第100—102页

影里说，我们这一代打仗，就是希望下一代不打仗。我答复：当然，这是通例。我引用Jordan Peterson的判断：好时代造就软弱的人，软弱的人导致坏时代，坏时代造就坚强的人，坚强的人导致好时代。

易涛评论：这段话太好了，亦适合处于困境的行业。吕金荣评论：时势造英雄和英雄造时势，彼此相生相依啊。陈涛评论：好与坏也是相对而言的。对于朱温来说，唐朝末年就是一个最好的时代，相反，对于芸芸大众来讲，就是一个糟糕的时代。现在有的行业比较艰难，但是资产价格低，是收购的好时机，对于资金充裕的人来说反而是一个很好的机会。

我发言：这两天赶稿子，也包括这篇文章——"再谈竞争与合作"（汪丁丁财新博客2021年11月18日），为你们写的，插图就是你们每位手里的张力图册的第1页。

2021年11月17日，解海中贴图（图66）并评论：今天鼓吹正热的"激活个体""激活组织""共生演化"，丁丁老师早在2003年底的一次演讲中就已经在宣扬了。张力发布《激活组织：华为奋进的密码》。

2021年11月18日，李然通知：主题：E20"转型期中国社会的伦理学原理"课程，北京时间：2021年11月20—21日，27—28日，

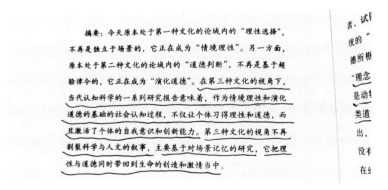

图66 解海中发布的截图

8：30—12：00（夏威夷时间14：30—18：00）加入Zoom会议。

三位同学（张来生、解海中、吕金荣）将在现场听课。吕金荣发言：三个学生现场上课的课堂，多感人啊！！随后又有两位同学——李进超和袁海杰，预订现场听课。

2021年11月19日（北京时间11月20日上午8：09），杨昕发布现场截图（图67），张宇伟在前排旁听。

图67　杨昕（她的头像出现在左上方）发布的承泽新园345教室现场截图

我讲课开始时，黄霁截图发布在课程微信群里，见图68，并确认：屏幕清晰。第一讲即将结束时，李然发布课程作业的要求："转型期中国社会的伦理学原理"课程作业，自己企业内部熟悉的合作伦理问题（提示：宽容、承诺、正义三个维度），课程结束后一个月内（12月21日前）发到作业信箱里。WORD备注：姓名＋伦理学作业。参考：张力编辑图册的226号"合作伦理"。李文生随后发布了共享屏幕"合作伦理"截图，见图69。

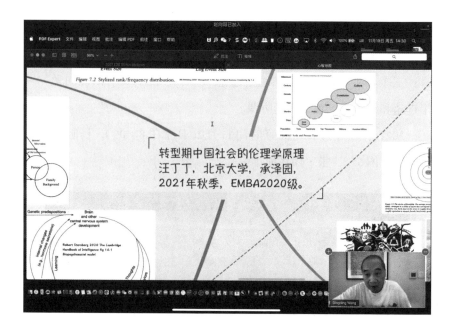

图68　黄霁发布的共享屏幕截图，右上角显示夏威夷时间11月19日周五14：30，右下角是我的头像

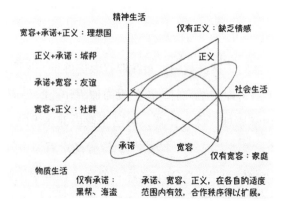

图69　李文生发布的课程作业参考：我手绘的"合作伦理"三要素示意图

文
景

Horizon

社 科 新 知　文 艺 新 潮

演化与创新：再谈转型期中国社会的伦理学原理

汪丁丁 著

出 品 人：姚映然
责任编辑：李 颐
营销编辑：胡珍珍
装帧设计：安克晨

出　　品　北京世纪文景文化传播有限责任公司
　　　　　（北京朝阳区东土城路8号林达大厦A座4A 100013）
出版发行　上海人民出版社
印　　刷　北京启航东方印刷有限公司
制　　版　北京金舵手世纪图文设计有限公司

开 本：700mm×1020mm　1/16
印 张：37.25　字 数：419,000　插页：2
2023年10月第1版　2023年10月第1次印刷
定 价：148.00 元
ISBN：978-7-208-18506-7/C·697

图书在版编目（CIP）数据

演化与创新：再谈转型期中国社会的伦理学原理 /
汪丁丁著. —上海：上海人民出版社，2023
ISBN 978-7-208-18506-7

Ⅰ.①演… Ⅱ.①汪… Ⅲ.①社会公德－研究－中国
Ⅳ.①D669

中国国家版本馆CIP数据核字（2023）第159222号

本书如有印装错误，请致电本社更换 010-52187586